Istio
最佳实战

[美] Christian Posta, Rinor Maloku　著

马若飞 宋净超 罗广明　译

Eric Brewer　作序

Istio
in Action

电子工业出版社
Publishing House of Electronics Industry
北京·BEIJING

内 容 简 介

Istio 作为服务网格技术最具代表性的产品，历经多年发展已日渐成熟，并受到越来越多开发者的青睐。本书以 Istio 服务网格为核心，内容包括基本概念、核心功能、运维、企业级落地四大部分，从基本的安装部署到功能实践，从底层原理分析到故障排查，从进阶操作到企业级实战，由浅入深地介绍了 Istio 服务网格的各个方面。

本书适合正在使用或关注 Istio 的开发工程师、运维工程师、架构师等云原生领域从业者阅读。无论你是服务网格技术的初学者，还是该领域的专家，都能从本书中寻找到有借鉴意义的理论及实践指导。

版权贸易合同登记号 图字：01-2022-4059

图书在版编目（CIP）数据

Istio 最佳实战 /（美）克里斯汀·波斯塔（Christian Posta），（美）里诺·马洛库（Rinor Maloku）著；马若飞，宋净超，罗广明译 . —北京：电子工业出版社，2023.7

书名原文：Istio in Action

ISBN 978-7-121-45739-5

Ⅰ. ①I… Ⅱ. ①克… ②里… ③马… ④宋… ⑤罗… Ⅲ. ①互联网络—网络服务器 Ⅳ. ①TP368.5

中国国家版本馆CIP数据核字（2023）第103976号

责任编辑：孙奇俏

印　　刷：三河市君旺印务有限公司
装　　订：三河市君旺印务有限公司
出版发行：电子工业出版社
　　　　　北京市海淀区万寿路 173 信箱　　邮编：100036
开　　本：787×980　　1/16　　印张：28.5　　字数：638.4 千字
版　　次：2023 年 7 月第 1 版
印　　次：2023 年 7 月第 1 次印刷
定　　价：138.00 元

凡所购买电子工业出版社图书有缺损问题，请向购买书店调换。若书店售缺，请与本社发行部联系，联系及邮购电话：（010）88254888，88258888。

质量投诉请发邮件至 zlts@phei.com.cn，盗版侵权举报请发邮件至 dbqq@phei.com.cn。

本书咨询联系方式：faq@phei.com.cn。

我将本书献给我的妻子和女儿。

——Christian Posta

我将本书献给所有在网络上分享知识的人。

——Rinor Maloku

译者序

服务网格，让应用开发回归本源

2017 年，我的团队正在将开发了 10 年之久的单体架构改造成微服务架构。在迁移的过程中，我时常困惑：在微服务架构下，服务间通信因为网络的介入，使我们不得不实现流量控制功能，以及解决弹性相关问题。也正是这一年，服务网格技术诞生，我惊喜地发现，之前所面临的困难迎刃而解，它就像是为微服务架构量身打造的网络通信基础设施，能以近乎无侵入的方式实现服务的流量控制、安全性和可观测性。

随着学习与研究的深入，我对服务网格的创新性设计理念深感认同，也逐渐成为一名布道者，热衷于分享、传播服务网格技术。与此同时，在服务网格中国社区里，我结识了宋净超、罗广明两位挚友，对技术的一腔热忱和一致见解让我们很快成为知己。我们一起审阅、翻译服务网格领域最新的国外文章，组织社区成员完成 Istio 官方文档的翻译工作，并带领社区核心成员一起撰写了《深入理解 Istio：云原生服务网格进阶实战》一书。几年的合作，也为我们一起翻译这本书打下了坚实的信任基础。

从某种意义上说，服务网格并不能算作一种全新的技术，它是开发者在追求以更优雅的方式解决服务通信问题时诞生的产物。当我们想要实现分布式系统中因网络介入所带来的一系列非功能性需求（如服务发现、超时、重试等）时，最简单也最原始的方式就是将这些承载非功能性需求的控制逻辑夹杂在真正的业务逻辑中。显然，这样的耦合是软件开发过程中最不应该出现的。因此，这些控制逻辑被提取、被封装，成为可复用的类库或者框架。但这些共享库依然没有实现真正意义上的解耦，语言绑定和编译，以及配置层面的侵入决定了此类解决方案并不是解耦的完全体形态，直到服务网格的出现。

作为一种思路上的创新，服务网格将原有的代理模式演变为边车（Sidecar）模式，以进程外的方式实现服务通信层面的非功能性需求，最终完美实现了控制逻辑与业务逻辑的解耦。当然，任何技术实现都具有两面性，我们不能否认服务网格也存在缺点，但我们也欣慰地发现，该领域的开发者依然在孜孜不倦地推动服务网格技术不断进化，业内也出现了无代理模式（Proxyless）、无边车模式（Sidecarless）、中心化代理等新的方向。而这些新的尝试也让服务网格向着更平衡、更成熟、更加多样化的方向持续演进。

在我看来，服务网格是最能诠释云原生理念的技术之一。云原生倡导基于动态的云环境构建和部署应用，其背后更深层的含义是充分利用云平台提供的资源、服务、工具、基础设施来简化应用的构建，让软件开发过程从包含了软硬件的管理与维护变为只针对软件的维护，从开发功能性需求（业务需求）和非功能性需求变为只开发功能性需求。而实现业务本身，不就是软件开发的本质吗？服务网格正是秉承了这样的理念，抛离了开发者原本不应该关注的通信层面的非功能性需求，让开发工作聚焦业务本身。而这，正是所谓的回归软件开发的本源。

从 2017 年发布至今，Istio 作为服务网格领域的代表产品，其发展历程可谓一波三折。从作为技术新星受到万众瞩目，到用户体验令人失望；从早期的高速迭代，到经历架构调整的停滞不前。历经 6 年沉浮，Istio 及其团队通过两次颠覆性的架构演进实现了涅槃，终于从稚嫩走向成熟。目前，Istio 也回归正轨，成为云原生计算基金会（CNCF）的孵化产品，并以每年 4 个版本的速度持续更新。Istio 的发展稳定且迅速，但相关图书的出版速度似乎无法跟上其更新的脚步，这是我们作为布道者和技术分享者所不愿看到的场景。

当得知业内著名的服务网格专家 Christian Posta 正在撰写 *Istio in Action* 时，我突然闪过一个念头，何不借此机会翻译此书？这可以让国内的开发者学习到业内顶级专家的实战经验！在和宋净超、罗广明商议后，我们一致希望能将此书引入国内。于是，我立即通过邮件和 Posta 取得联系，表达了想翻译 *Istio in Action* 的意愿。在初步获得原作者的认可后，我又马上和自己多次合作的电子工业出版社联系，说明想法。功夫不负有心人，在经历了漫长和焦灼的等待后，这本书被引进，我们的翻译工作也终于提上了日程。

作为技术作者、布道者，我们在服务网格领域摸爬滚打多年，虽不能妄自尊大，但也忝列专家之位，因此还是自信能将书中内容以准确无误的方式传递给读者。但即便有多本图书的写作和翻译经验，我们在 *Istio in Action* 的翻译过程中也是谨小慎微、诚惶诚恐的，生怕因翻译问题而糟蹋一本好书。

技术图书的翻译和母语写作不同，需要解决的往往不是准确直译的问题，而是直面中英两种语言在结构、句式、语法、表达方式，甚至文化差异上的不同。如何避免枯燥晦涩的直译，以中文习惯准确而流畅地传递出作者的写作意图，真正做到"信达雅"，这才是最大的难题。为此，书中的很多地方我们都需要先直译以理解作者想要传达的信息，再将其以中文表达方式重新组织。这种近乎二次创作的翻译方式让人精疲力竭。但初心未泯，在准确传递知识的同时，让读者有流畅舒适的阅读体验，是我们的初衷，付出再多，心亦无悔。

这本书共 14 章，其中罗广明负责文前及第 1~5 章的翻译，我负责第 6~10 章的翻译，宋净超负责第 11~14 章及附录的翻译。作为译者，我们殚精竭虑，不敢有丝毫懈怠。然而，人无完人，书亦如此。内容中如有疏漏，望读者斧正。

另外，也借此机会感谢在翻译过程中帮助我们的朋友。首先感谢本书的原作者 Christian Posta，他在服务网格领域的专业性和技术深度是这本书极具价值的前提。感谢本书的责任编辑孙奇俏老师，多次的合作让我们更加信任彼此，她严谨专业的态度是保证本书质量的关键。还要感谢我的两位挚友宋净超、罗广明，相同的技术追求和理念让我们成为知己。这本书的引进、翻译和出版离不开大家的共同努力，谢谢大家！

由衷希望本书的读者们能从中找到自己想要的答案。探寻技术的道路漫长悠远，虽千里不辞，但未来可期。谨以此书敬上，与君共勉。

马若飞

2023 年 3 月于北京

序　言

　　服务网格可以最大限度地提高整个组织的开发速度，它支持数千个独立的微服务，这些微服务自动支持扩缩容策略。这本书讨论了 Istio 的许多其他优势，但它们在很大程度上遵循这个前提。

　　这就引出了一个中心问题，"什么是服务网格，为什么我需要它？"我经常被问到这个问题，答案并不简单。服务网格不是关于安全或遥测技术的，其关注点也不是一些人声称的其他好处。你也不需要为应用程序自动提供一个服务网格，特别是当应用程序是一个单体架构时。

　　真正的解决办法是将应用程序与基础设施解耦。Istio 是朝着这个方向迈出的第三步。第一步，Docker 提供了一种将应用程序（及其依赖库）与运行它的机器分开打包的方法。第二步，Kubernetes 使创建自动化服务变得很容易，以帮助实现服务自动伸缩和管理。Docker 和 Kubernetes 共同推动了微服务的实际改造迁移运动。这本书将指导你如何使用 Istio 实现一个服务网格，以实现第三步：应用程序解耦。

　　微服务使团队能自主实现更快的整体迭代速度。在理想情况下，你的团队可以在不与其他团队进行深度互动的情况下更新微服务。Istio 的顶级目标是在一定范围内实现这一点——使拥有数千个微服务这件事变得容易（谷歌拥有超过 100 万个微服务）。

　　但是，实现服务快速迭代并不仅仅是将其与机器分离，服务还必须与共享策略解耦。每个企业都有适用于所有服务的策略，如果需要，我们必须能够快速更改这些策略。传统上，这些策略被嵌入服务中，作为代码的一部分，或者作为服务依赖的库。无论怎样，这些策略都很难被更新并重新执行。

Istio 将大量流量控制策略（主要是涉及 API 的策略）从应用服务转移到服务网格中，通过部署在服务前的代理来实现。当正确完成这一操作时，所有的服务不需要做额外工作就能满足这些策略，而且更改策略也不需要更新应用服务。这就是我们追求的解耦。

在本书中，Christian 和 Rinor 对如何实现将应用程序与基础设施解耦的目标提出了一个清晰的愿景。我希望，你会像我一样喜欢这本书。

——Eric Brewer

基础设施副总裁及 Google 研究员

前　言

构建软件是困难的，通过网络连接不同的服务更困难。任何时候，通过网络发送数据包、消息或请求都不能保证其结果。这个请求会发送成功吗？它需要多长时间？如果请求失败，会有人知道吗？

Docker 和 Kubernetes 已经内置了很多功能来支持像微服务这样的分布式服务架构，但是它们加剧了现有的通信问题。一个运行异常的服务可能会毁掉一切。

在与全球各地的采用微服务的组织合作时，我发现让团队持续思考和解决沟通问题是非常困难的，其中涉及许多问题：他们将如何落实服务发现？是采用超时、重试、熔断，还是链路追踪、身份验证这样的方式？像 Netflix、Twitter 和 Google 这样的大型云计算公司开创了一些早期成功的微服务架构。这些公司必须建立许多自己的开发者工具和基础设施来解决上述问题，幸运的是，他们开源了其中的大部分功能。那么，其他组织可以使用 NetflixOSS 全家桶或 Twitter Finagle 吗？可以，而且有些组织确实这么做了，但这样做会带来一个新的运作上的问题。

例如，NetflixOSS 全家桶主要是为 Java 开发人员编写的。那么 Node.js、Golang 和 Python 团队怎么办呢？这些团队要么自己构建库，要么将其在互联网上找到的各种各样的功能组合在一起，而且还必须将这些与"网络通信"相关的代码混合到业务逻辑中。这增加了传递依赖性，使代码变得混乱，并且使修订变得更加困难。使用这些应用程序网络库来构建服务架构、升级、打补丁，以及跨不同语言来进行这些操作，是非常复杂且容易出错的。

　　服务网格是解决此应用程序网络问题的更简洁的解决方案。通过服务网格，我们将应用程序网络逻辑抽象成一个专用的基础设施，并将其应用到所有的服务中，而不管这些服务是用什么语言编写的。

　　Istio 是一个可扩展的、成熟的、功能强大的服务网格实现方案，它最初来自 IBM 和 Google 的一个项目。我于 2017 年 1 月来到 Istio 团队，并且很早就开始承担这个项目的相关工作。2018 年年底，我在初创公司 Solo.io 担任全球领域首席技术官，专注于服务网格技术的研发和服务网格落地的推进。

　　从头开始创建一家公司，推动这项技术的发展，并就这个话题写一本深入的书，不是一件容易的事情。我需要一个有奉献精神和有激情的人来帮助完成；所以，当我做到一半的时候，Manning 团队和我邀请了 Rinor Maloku 加入进来。感谢我们二人在 Solo.io 工作期间为社区和客户共同努力而度过的时光。其中一些客户负责世界上最大的 Istio 部署项目，Rinor 和我已经能够根据实际经验为 Istio 编写一本优秀的书。我们希望这本书能向你展示 Istio 的价值和力量，并让你像其他许多人一样，轻松地将这项技术应用到生产环境中。

致　谢

本书的出版得益于很多人的支持。

特别感谢我们的朋友 Gentrina Gashi、Dimal Zeqiri 和 Taulant Mehmeti，他们为我们提供了宝贵的反馈意见。

感谢在 Manning Early Access Program（MEAP）在线论坛上发表评论的读者——Takahiko Suzuki、George Tseres、Amol Nayak、Mark O'Crally，以及论坛主持人 Ayush Singh。

真诚地感谢我们的编辑 Elesha Hyde，她在回答我们的问题时总是很有耐心。最重要的是，感谢她在我们未能如期完稿时给予理解和支持，并让我们专注于为读者写一本更好的书。

非常感谢我们的技术编辑 Gregor Zurowski 和 Brent Stains，以及我们的技术校对 Gregory Reshetniak。

感谢所有的审稿人：Alceu Rodrigues de Freitas Junior、Alessandro Campeis、Allan Makura、Amitabh Cheekoth、Andrea Cosentino、Andrea Tarocchi、Andres Sacco、Borko Djurkovic、Christoph Schubert、Dinkar Gupta、Eriks Zelenka、Ernesto Cardenas、Fotis Stamatelopoulos、Giuseppe Catalano、James Liu、Javier Muñoz、Jeff Hajewski、Karthikeyan Mohan、Kelum Prabath Senanayake、Kent R. Spillner、Leonardo Jose Gomes da Silva、Maciej Drożdżowski、Michael Bright、Michael J Haller、

Morgan Nelson、Paolo Antinori、Salvatore Campagna、Satadru Roy、Stanley Anozie、Taylor Dolezal、Vijay Thakorlal、Yogesh Shetty。他们的建议使这本书变得更好。

感谢 Istio 社区的关键人物，包括 Louis Ryan（Google）、Shriram Rajagopalan（Google）和 Sven Mawson（Google），他们是 Istio 项目的三位创建者。同样感谢 Dan Berg（Digital.ai）、Lin Sun（Solo.io）、Dan Ciruli（Zuora）、Idit Levine（Solo.io）、John Howard（Google）、Kevin Connor（Red Hat）、Jason McGee（IBM）、Zack Butcher（Tetrate）、Ram Vennam（Solo.io）和 Neeraj Poddar（Solo.io）。

最后，我们感谢整个 Istio 社区，其正在努力构建一项令人惊叹的技术，使我们每天的工作和写作都是一种乐趣。

我非常幸运能从事技术方面的工作，这是我从小就热爱的。如果没有家人的爱和支持，我不可能有今天的成就。我的父亲 Cask Posta 于 20 世纪 70 年代初移民到美国，他为我和妹妹打下了坚实的基础，也教会了我努力工作的重要性。我美丽的妻子 Jackie 一直在我身边，陪我度过了所有的未知和不确定，给我坚定的支持和爱。Jackie：谢谢你，没有你，我们不可能完成我们所做的一切。最后，我要感谢我的两个可爱的女儿，Maddie 和 Claire，无论日子过得如何，她们都能让我的脸上绽放笑容，我和妻子也情愿为她们努力工作。

——Christian E. Posta

我要感谢我的父母 Sahadi 和 Sheride，还有我的兄弟 Aurel 和 Drilon，他们给了我一个无忧无虑的童年，让我可以探索许多爱好：一个是编程，变成了使我快乐的职业；另一个是写作，促成了本书的完成。我还要感谢我的女朋友 Rinora，感谢她无尽的爱和支持。我要向 Christian Posta 表达我永远的感激之情，感谢他对我的信任，让我加入本书的写作中，这对我第一次写作就能写出最好的作品至关重要。

——Rinor Maloku

关于本书

谁应该读这本书

    本书面向开发人员、架构师，以及服务运营商，他们运维或计划运维分布式服务，如面向用户的 Web 应用程序、API 和后端服务，并希望向用户提供高可用的服务。如果你隶属于平台工程团队，为组织内的许多开发团队提供基础设施和支持组件，如日志管理、监控、容器编排等，本书将告诉你如何给用户提供合适的工具，让他们的应用程序安全、有弹性且可观测，降低发布新特性的风险。

    如果你已经在测试环境或预发布环境中使用了 Istio，但对它的工作原理感到困惑，那么本书将为你揭开 Istio 的神秘面纱。特别是后面的章节，将向你展示如何在组织中扩展服务网格，当它的行为不符合你的期望时，如何排除故障，以及自定义策略并对其进行扩展以满足企业需求。

    如果你已经是 Istio 专家，本书对你可能仍然很有用，因为我们非常仔细地将过去三年在该领域工作中学到的东西融入其中。

    如果你对构建容器很陌生，不熟悉 Kubernetes 的 Deployment、Pod 和 Service，那么本书可能还不适合你。有很多资源可以帮助你学习这些预备知识。我们强烈推荐 Marko Lukša 的 *Kubernetes in Action*（Manning, 2017）；这本书全面介绍了这方面内容，引人入胜。在你理解了 Kubernetes 的基础原理和资源定义，以及 Kubernetes

控制器是如何工作的之后，你就可以回来深入了解 Istio 服务网格。

你还应该对网络知识有基本的了解，我们说的是基本的。如果你熟悉网络层（第 3 层）、传输层（第 4 层），以及它们与应用层（第 7 层）的区别，那么你就已经准备好阅读这本书了。

本书的组织方式：路线图

本书分为 4 部分，共 14 章。第 1 部分介绍了服务网格的概念和 Istio 的实现。这 3 章涵盖了 Istio 架构、Envoy 如何融入 Istio，以及 Istio 如何使你的组织受益：

- 第 1 章介绍了 Istio 的优势和服务网格给组织带来的价值。
- 第 2 章是在 Kubernetes 集群中部署 Istio 的实践教程。我们将应用程序部署并集成到网格中，使用 Istio 的自定义资源对其进行配置。本章借助 demo 应用程序概述了 Istio 的开箱即用能力，并涵盖了可观测性、弹性、流量路由等内容。
- 第 3 章是关于 Envoy 的——它是如何产生的、解决了什么问题、为何适用于服务网格架构。

第 2 部分将深入探讨 Istio，重点转向了实际案例。我们回答了操作上的一些关键问题——如何保护进入集群的流量，使服务更具弹性，以及如何利用服务代理中的遥测技术，使系统可观测。这部分共分 6 章：

- 第 4 章教你如何使用和配置 Istio 入口网关，安全地将流量从公共网络导入集群内部服务（我们称之为南北流量）。
- 第 5 章展示了流量进入集群后，如何使用 VirtualService 和 DestinationRule 以细粒度的方式路由流量，降低使用复杂的部署模式发布软件时的风险。
- 第 6 章探讨了应用程序团队如何从 Istio 中受益。我们讨论了如何通过在服务网格中实现重试、熔断、跨区域的负载均衡和位置感知负载均衡来增强服务的健壮性。
- 第 7 章介绍了 Istio 如何通过指标、追踪和日志来实现服务的可观测性。在这里，我们将深入研究由服务代理生成的指标和其中记录的信息，以及如何对这些信息进行自定义。
- 第 8 章介绍了如何使用遥测可视化工具来理解收集的数据。我们使用 Prometheus 来收集指标，使用 Grafana 进行可视化，使用 Jaeger 将服务发送的请求的追踪数据连接在一起。本章还将介绍 Kiali，使网格中服务的故障排除变得轻而易举。
- 第 9 章详细阐述了 Istio 如何保护服务间流量，为服务配置身份，以及如何使用身份来实现访问控制和缩小潜在的攻击范围。

第 3 部分是一些进阶操作。该部分介绍了如何解决数据平面的问题，维护控制平面的稳定性和性能。阅读完这部分，你将对 Istio 的内部原理有一个确切的了解，你将能够自主发现和修复问题：

- 第 10 章展示了如何使用 istioctl、Kiali 等工具，以及收集到的可视化数据来解决数据平面的问题。
- 第 11 章讨论了影响 Istio 性能的因素，主要展示了如何配置 Istio 以使控制平面获得更高的性能——这是构建一个健壮的服务网格的基础。

本书的第 4 部分，也就是最后一部分，展示了如何让 Istio 真正成为你的得力工具。企业具有跨边界运行的服务，例如不同的集群、不同的网络，或者云原生工作负载和传统工作负载的混合。在第 4 部分结束时，你将知道如何将工作负载加入单一的网格中，并使用 WebAssembly 定制网格的行为来满足特殊的需求：

- 第 12 章展示了如何连接不同 Kubernetes 集群中的工作负载，而无论它们在哪里运行，比如不同的云服务商、本地或混合云中。
- 第 13 章展示了如何将运行在虚拟机中的传统工作负载集成到网格中，并扩展这些工作负载的弹性和高可用性。
- 第 14 章教你如何使用 Lua 脚本和 WebAssembly 的代码扩展和定制 Istio 的功能。

关于代码

本书包含了许多源代码示例，它们以编号清单的形式显示，或者与普通文本一致。在这两种情况下，源代码都被格式化为固定宽度的字体，以便与普通文本区分开。有时代码也会以**粗体**显示，以突出显示与本章前面步骤不同的部分，例如当一个新特性被添加到现有的代码行中时。

在很多情况下，原始的源代码已经被重新格式化；我们添加了换行符，并修改了缩进，以节省版面。在极少数情况下，这甚至还不够，清单中还包括行延续标记(➥)。此外，当在文本中描述代码时，源代码中的注释通常会被从清单中删除。许多代码中都伴随着注释，突出了重要的概念。

你可以在 https://livebook.manning.com/book/istio-in-action 上，从本书的 liveBook（在线）版本获得可执行的代码片段。本书中示例的完整代码可从 Manning 网站 www.manning.com 和 GitHub 网站 https://github.com/istioinaction/book-source-code 下载。

关于作者

Christian Posta（@christianposta）是 Solo.io 公司副总裁，全球领域首席技术官。他在云原生社区中以作家、博主（https://blog.christianposta.com）、演说家，以及服务网格和云原生生态中各种开源项目的贡献者身份而闻名。Christian 曾在传统企业和大型互联网公司工作过，现在帮助组织创建和部署大规模的、云原生的、弹性的分布式架构。他擅长指导、培训和领导团队在分布式系统概念、微服务、DevOps 和云原生应用程序设计方面取得成功。

Rinor Maloku（@rinormaloku）是 Solo.io 公司的工程师。他为采用应用网络解决方案（如服务网格）的客户提供咨询服务。此前，他在 Red Hat 公司工作，在那里，他开发了中间件软件，使研发团队能够确保其服务的高可用性。作为一名自由职业者，他服务了多位 DAX 30 成员，以充分利用云计算技术的潜力。

关于封面插图

《Istio 最佳实战》封面上的人物是"Femme Islandoise",意为"冰岛女人",取自 Jacques Grasset de Saint-Sauveur 于 1797 年出版的一本作品集。该作品集中的每张插图都是手工绘制和上色的。

昔日仅凭人们的衣着就很容易判断其住所、从事的行业和社会地位。Manning 图书的封面设计通过人物衣着复现了几个世纪前世界各地的多样文化,以此来表现计算机行业的创造性和主动性。

目　录

第 1 部分　理解 Istio

1 **Istio 服务网格** 2

1.1　快速迭代带来的挑战 3

1.1.1　不可靠的云基础设施 5

1.1.2　服务通信需要弹性 6

1.1.3　实时可观测性 6

1.2　使用应用程序库解决问题 7

1.3　基础设施的解决思路 9

1.3.1　应用程序感知服务代理 9

1.3.2　认识 Envoy 代理 10

1.4　什么是服务网格 11

1.5　Istio 服务网格简介 13

1.5.1　服务网格与企业服务总线的关系 14

1.5.2　服务网格与 API 网关的关系 16

1.5.3　在非微服务架构中使用 Istio 17

1.5.4 在分布式架构中使用 Istio 18

1.5.5 使用服务网格的缺点 19

本章小结 19

2 Istio 的第一步 21

2.1 在 Kubernetes 上部署 Istio 21

2.1.1 使用 Docker Desktop 来演示样例 22

2.1.2 获取 Istio 发行版 22

2.1.3 将 Istio 组件安装到 Kubernetes 中 24

2.2 了解 Istio 控制平面 25

2.2.1 istiod 简介 26

2.2.2 入口网关和出口网关 30

2.3 在服务网格中部署你的第一个应用程序 31

2.4 Istio 的可观测性、弹性和流量路由 36

2.4.1 Istio 与可观测性 37

2.4.2 Istio 与弹性 44

2.4.3 Istio 与流量路由 46

本章小结 50

3 Istio 的数据平面：Envoy 51

3.1 什么是 Envoy 代理 51

3.1.1 Envoy 的核心功能 53

3.1.2 Envoy 与其他代理的比较 58

3.2 配置 Envoy 58

3.2.1 静态配置 58

3.2.2 动态配置 60

3.3 Envoy 实战 61

3.3.1 Envoy 的 Admin API 65

3.3.2 Envoy 的请求重试 66

3.4 Envoy 与 Istio 的融合 67

本章小结 69

第 2 部分　保护、观察和控制服务网格中的流量

4 **Istio 网关：将流量导入集群** **72**

4.1　流量入口概念 73

4.1.1　虚拟 IP 地址：简化服务访问 73

4.1.2　虚拟主机：来自单个接入点的多个服务 75

4.2　Istio 入口网关 75

4.2.1　声明 Gateway 资源 77

4.2.2　虚拟服务的网关路由 79

4.2.3　流量整体视图 82

4.2.4　对比 Istio 入口网关与 Kubernetes Ingress 82

4.2.5　对比 Istio 入口网关与 API 网关 83

4.3　保护网关流量 83

4.3.1　使用 TLS 的 HTTP 流量 84

4.3.2　将 HTTP 重定向到 HTTPS 88

4.3.3　使用 mTLS 的 HTTP 通信 89

4.3.4　为多个虚拟主机提供 TLS 服务 92

4.4　TCP 流量 93

4.4.1　在 Istio 网关上暴露 TCP 端口 94

4.4.2　使用 SNI 直通的流量路由 96

4.5　网关使用建议 99

4.5.1　拆分网关的职能 99

4.5.2　网关注入 101

4.5.3　入口网关访问日志 102

4.5.4　减少网关配置 103

本章小结 104

5 **流量控制：细粒度流量路由** **105**

5.1　减少部署新代码带来的风险 105

5.2　Istio 的请求路由 109

5.2.1　清理工作空间 109

5.2.2　部署 catalog 服务的 v1 版本 110

5.2.3　部署 catalog 服务的 v2 版本 111

　　　　5.2.4 将所有流量路由到 catalog 服务的 v1 版本.........................112

　　　　5.2.5 将特定请求路由到 v2 版本.........................114

　　　　5.2.6 在调用链路内部进行路由.........................115

　　5.3 流量迁移.........................117

　　5.4 进一步降低风险：流量镜像.........................125

　　5.5 使用 Istio 的服务发现路由到集群外部的服务.........................127

　　本章小结.........................131

6 弹性：应对应用程序的网络挑战.........................132

　　6.1 实现应用程序的弹性.........................132

　　　　6.1.1 为应用程序库构建弹性能力.........................133

　　　　6.1.2 使用 Istio 解决弹性问题.........................134

　　　　6.1.3 实现去中心化的弹性能力.........................134

　　6.2 客户端负载均衡.........................135

　　　　6.2.1 开始使用客户端负载均衡.........................136

　　　　6.2.2 构建应用场景.........................138

　　　　6.2.3 测试不同的客户端负载均衡策略.........................139

　　　　6.2.4 理解负载均衡算法的差异.........................144

　　6.3 位置感知负载均衡.........................144

　　　　6.3.1 位置感知负载均衡实验.........................145

　　　　6.3.2 利用加权分布对位置感知负载均衡进行更多的控制.........................149

　　6.4 透明的超时和重试.........................152

　　　　6.4.1 超时.........................152

　　　　6.4.2 重试.........................154

　　　　6.4.3 高级重试.........................160

　　6.5 Istio 中的熔断.........................162

　　　　6.5.1 利用连接池设置防止服务过慢.........................163

　　　　6.5.2 利用异常点检测剔除不健康的服务.........................169

　　本章小结.........................172

7 可观测性：理解服务的行为.........................174

　　7.1 什么是可观测性.........................175

　　　　7.1.1 可观测性与监控.........................175

      7.1.2   Istio 如何帮助实现可观测性 176

  7.2   探索 Istio 的指标 176

      7.2.1   数据平面指标 177

      7.2.2   控制平面指标 182

  7.3   使用 Prometheus 抓取 Istio 指标 184

      7.3.1   安装 Prometheus 和 Grafana 186

      7.3.2   配置 Prometheus Operator 抓取 Istio 控制平面和工作负载的指标 ... 187

  7.4   自定义 Istio 标准指标 190

      7.4.1   配置现有的指标 193

      7.4.2   创建新指标 197

      7.4.3   使用新属性分组调用 199

  本章小结 201

8   可观测性：使用 Grafana、Jaeger 和 Kiali 观察网络行为 202

  8.1   使用 Grafana 观察 Istio 服务和控制平面指标 202

      8.1.1   安装 Istio 的 Grafana 仪表板 203

      8.1.2   查看控制平面指标 205

      8.1.3   查看数据平面指标 206

  8.2   分布式追踪 206

      8.2.1   分布式追踪是怎么工作的 207

      8.2.2   安装分布式追踪系统 209

      8.2.3   配置 Istio 实现分布式追踪 210

      8.2.4   查看分布式追踪数据 213

      8.2.5   追踪采样、强制追踪和自定义标签 214

  8.3   使用 Kiali 观察服务网格 220

      8.3.1   安装 Kiali 220

      8.3.2   结论 225

  本章小结 225

9   确保微服务通信安全 227

  9.1   应用程序网络安全需求 227

      9.1.1   服务间认证 228

      9.1.2   终端用户认证 228

9.1.3 授权 228

9.1.4 单体和微服务应用的安全比较 228

9.1.5 Istio 如何实现 SPIFFE 230

9.1.6 Istio 安全简述 230

9.2 自动 mTLS 231

9.2.1 安装环境 232

9.2.2 理解 Istio 的对等认证 233

9.3 授权服务间流量 238

9.3.1 了解 Istio 中的授权 239

9.3.2 设置工作区 240

9.3.3 当策略被应用于工作负载时行为的变化 241

9.3.4 默认使用一个全局策略拒绝所有请求 242

9.3.5 允许来自单一命名空间的请求 243

9.3.6 允许来自非认证的工作负载的请求 244

9.3.7 允许来自单一服务账户的请求 245

9.3.8 策略的条件匹配 246

9.3.9 了解值匹配表达式 246

9.3.10 了解评估授权策略的顺序 248

9.4 终端用户的认证和授权 249

9.4.1 什么是 JWT 249

9.4.2 入口网关的终端用户认证和授权 251

9.4.3 使用 RequestAuthentication 验证 JWT 252

9.5 与自定义的外部授权服务集成 256

9.5.1 外部授权实践 257

9.5.2 配置 ExtAuthz 258

9.5.3 使用自定义的 AuthorizationPolicy 资源 259

本章小结 260

第 3 部分　Istio 运维

10 数据平面的故障排查 262

10.1 最常见错误：数据平面配置错误 263

10.2　识别数据平面的问题 ……………………………………………… 265

10.2.1　如何验证数据平面是最新的 ………………………………… 265

10.2.2　使用 Kiali 发现配置错误 …………………………………… 266

10.2.3　通过 istioctl 发现配置错误 ………………………………… 268

10.3　从 Envoy 配置中发现错误 …………………………………………… 270

10.3.1　Envoy 管理界面 ……………………………………………… 270

10.3.2　使用 istioctl 查询代理配置 ………………………………… 270

10.3.3　应用程序的故障排查 …………………………………………… 276

10.3.4　使用 ksniff 检查网络流量 …………………………………… 282

10.4　通过 Envoy 的遥测能力了解应用程序 …………………………… 285

10.4.1　在 Grafana 中查看请求失败率 ……………………………… 286

10.4.2　使用 Prometheus 查询受影响的 Pod …………………… 287

本章小结 ……………………………………………………………………… 288

11　控制平面性能优化 …………………………………………………… 290

11.1　控制平面的主要目标 ………………………………………………… 290

11.1.1　了解数据平面同步的步骤 …………………………………… 291

11.1.2　决定性能的因素 ………………………………………………… 292

11.2　监控控制平面 ………………………………………………………… 293

11.3　性能调整 ……………………………………………………………… 298

11.3.1　设置工作区 ……………………………………………………… 299

11.3.2　测量优化前的性能 ……………………………………………… 299

11.3.3　忽略事件：使用发现选择器缩小发现的范围 ……………… 303

11.3.4　事件批处理和推送节流特性 ………………………………… 305

11.4　性能优化准则 ………………………………………………………… 308

本章小结 ……………………………………………………………………… 310

第 4 部分　在组织中落地 Istio

12　在组织中扩展 Istio ………………………………………………… 312

12.1　多集群服务网格的好处 ……………………………………………… 312

12.2　多集群服务网格概述 ………………………………………………… 313

12.2.1 Istio 多集群部署模型 314

12.2.2 在多集群部署中如何发现工作负载 316

12.2.3 跨集群的工作负载连接 317

12.2.4 集群间互信 318

12.3 多集群、多网络、多控制平面的服务网格 319

12.3.1 选择多集群部署模型 320

12.3.2 建立云基础设施 320

12.3.3 配置插件式 CA 证书 321

12.3.4 在每个集群中安装控制平面 322

12.3.5 启用跨集群的工作负载发现 325

12.3.6 设置跨集群连接 327

12.3.7 跨集群的负载均衡 334

本章小结 339

13 将虚拟机工作负载纳入网格 340

13.1 Istio 的虚拟机支持 341

13.1.1 简化虚拟机中 sidecar 代理的安装与配置 341

13.1.2 虚拟机的高可用性 343

13.1.3 网格内服务的 DNS 解析 346

13.2 设置基础设施 348

13.2.1 设置服务网格 349

13.2.2 配置虚拟机 350

13.3 将网格扩展到虚拟机 352

13.3.1 向虚拟机暴露 istiod 和集群服务 352

13.3.2 使用 WorkloadGroup 表示一个工作负载组 353

13.3.3 在虚拟机中安装与配置 istio-agent 356

13.3.4 将流量路由到集群服务 359

13.3.5 将流量路由到 WorkloadEntry 360

13.3.6 虚拟机是由控制平面配置的：强制执行双向认证 363

13.4 揭开 DNS 代理的神秘面纱 364

13.4.1 DNS 代理如何解析集群内主机名 364

13.4.2 DNS 代理知道哪些主机名 366

13.5 自定义代理的行为 367

13.6　将 WorkloadEntry 从网格中删除 ⋯⋯⋯⋯⋯⋯⋯⋯⋯⋯⋯⋯⋯⋯ 368

本章小结 ⋯⋯⋯⋯⋯⋯⋯⋯⋯⋯⋯⋯⋯⋯⋯⋯⋯⋯⋯⋯⋯⋯⋯⋯⋯⋯⋯⋯ 369

14　在请求路径上扩展 Istio ⋯⋯⋯⋯⋯⋯⋯⋯⋯⋯⋯⋯⋯⋯⋯⋯⋯ 370

14.1　Envoy 的扩展能力 ⋯⋯⋯⋯⋯⋯⋯⋯⋯⋯⋯⋯⋯⋯⋯⋯⋯⋯⋯⋯ 371

14.1.1　了解 Envoy 的过滤器链 ⋯⋯⋯⋯⋯⋯⋯⋯⋯⋯⋯⋯⋯⋯ 371

14.1.2　用于扩展的过滤器 ⋯⋯⋯⋯⋯⋯⋯⋯⋯⋯⋯⋯⋯⋯⋯⋯ 374

14.1.3　定制 Istio 的数据平面 ⋯⋯⋯⋯⋯⋯⋯⋯⋯⋯⋯⋯⋯⋯ 374

14.2　使用 EnvoyFilter 资源配置 Envoy 过滤器 ⋯⋯⋯⋯⋯⋯⋯⋯⋯ 374

14.3　调用外部的限流请求 ⋯⋯⋯⋯⋯⋯⋯⋯⋯⋯⋯⋯⋯⋯⋯⋯⋯⋯⋯ 379

14.4　使用 Lua 扩展 Istio 的数据平面 ⋯⋯⋯⋯⋯⋯⋯⋯⋯⋯⋯⋯⋯ 384

14.5　使用 WebAssembly 扩展 Istio 的数据平面 ⋯⋯⋯⋯⋯⋯⋯⋯⋯ 387

14.5.1　WebAssembly 简介 ⋯⋯⋯⋯⋯⋯⋯⋯⋯⋯⋯⋯⋯⋯⋯ 387

14.5.2　为什么使用 WebAssembly ⋯⋯⋯⋯⋯⋯⋯⋯⋯⋯⋯⋯ 388

14.5.3　使用 WebAssembly 构建新的 Envoy 过滤器 ⋯⋯⋯⋯⋯ 389

14.5.4　使用 meshctl 工具构建新的 Envoy 过滤器 ⋯⋯⋯⋯⋯ 389

14.5.5　部署新的 WebAssembly Envoy 过滤器 ⋯⋯⋯⋯⋯⋯⋯ 391

本章小结 ⋯⋯⋯⋯⋯⋯⋯⋯⋯⋯⋯⋯⋯⋯⋯⋯⋯⋯⋯⋯⋯⋯⋯⋯⋯⋯⋯⋯ 393

A　自定义 Istio 安装 ⋯⋯⋯⋯⋯⋯⋯⋯⋯⋯⋯⋯⋯⋯⋯⋯⋯⋯⋯⋯⋯ 394

B　Istio 的 sidecar 及其注入选项 ⋯⋯⋯⋯⋯⋯⋯⋯⋯⋯⋯⋯⋯⋯⋯ 401

C　Istio 安全——SPIFFE ⋯⋯⋯⋯⋯⋯⋯⋯⋯⋯⋯⋯⋯⋯⋯⋯⋯⋯⋯ 407

D　Istio 故障排查 ⋯⋯⋯⋯⋯⋯⋯⋯⋯⋯⋯⋯⋯⋯⋯⋯⋯⋯⋯⋯⋯⋯⋯ 417

E　如何配置虚拟机接入网格 ⋯⋯⋯⋯⋯⋯⋯⋯⋯⋯⋯⋯⋯⋯⋯⋯⋯⋯ 425

读者服务

微信扫码回复：45739

- 获取本书参考资料。
- 加入 Istio 读者交流群，与译者互动。
- 获取【百场业界大咖直播合集】（持续更新），仅需 1 元。

　　说明：本书有些章节中提及的"链接 1""链接 2"等相关信息，可从本书参考资料（"参考资料 .pdf"文件）中查询。

第1部分

理解 Istio

你使用什么编程语言来实现微服务或应用程序？Java、NodeJS，还是 Golang？无论你使用哪种编程语言或框架，最终都必须通过网络与服务进行通信。对于应用程序来说，网络是一个极其容易出错的地方。那么，在服务发现、超时、重试、熔断以及安全保障上，你是如何做的呢？

Istio 是一个开源的服务网格，无论你使用何种编程语言或框架，它都可以帮助你解决云和微服务环境中服务间连接的问题。在第 1~3 章中，我们将解释为什么服务网格是微服务和云原生应用架构的关键基础设施，以及 Istio 如何提供帮助。Istio 被构建在开源代理 Envoy 之上，我们将详细介绍这个代理，为以后章节中介绍的 Istio 的其他功能奠定基础。

Istio服务网格

1

本章内容包括：
- 利用服务网格解决面向服务架构的问题
- 介绍 Istio，以及它如何帮助解决微服务问题
- 比较服务网格与其他早期技术

软件是当今公司的命脉。随着我们进入一个更加数字化的世界，消费者在与企业交互时期待获得便利的高质量服务，而软件将被用作传递这种体验的媒介。客户不能很好地遵守结构、流程或预定义的框架。客户的需求和需要是流动的、动态的和不可预测的，我们的公司和软件系统也需要具有这些相同的特征。对于有些公司（比如初创公司）来说，能否构建灵活的、能够应对不可预测的市场环境的软件系统，将决定其成败。对于其他公司（比如现有的公司）来说，若不能将软件作为一种区分标准，则将意味着增长放缓、衰落，并最终倒闭。

当我们探索如何更快地利用像云平台和容器这样的新技术时，我们过去遇到的一些问题将进一步被放大。例如，网络是不可靠的，当构建更大、更分布式的系统时，网络必须成为应用程序设计的中心考虑因素。应用程序是否应该实现网络弹性，如重试、超时和熔断？一致的网络可观测性呢？应用程序层安全呢？

弹性、安全性和指标收集是通用的关注点，不是特定于应用程序的，而且在不同的业务流程中也没有差别。开发人员是大型 IT 系统中的关键资源，他们的时间值

得花在构建以不同方式交付业务价值的功能上。在实践中，应用程序网络、安全性和指标收集是必要的功能，但它们并不是非常有特色的功能。我们希望找到一种方法，以与语言和框架无关的方式实现这些功能，并将它们作为策略加以应用。

服务网格是一个相对较新的术语，用来描述分布式应用程序网络基础设施，让应用程序安全、有弹性、可观测和可控制。它描述了一个由数据平面和控制平面组成的架构，数据平面使用应用层代理来管理网络流量，控制平面用于管理代理。这种架构使我们能够在应用程序之外构建网络功能，而无须依赖特定的编程语言或框架。

Istio 是一个服务网格的开源实现。它最初是由 Lyft、谷歌和 IBM 创建的，现在它有一个充满活力、开放、多样化的社区，成员来自 Lyft、Red Hat、VMWare、Solo.io、Aspen Mesh、Salesforce 等公司。Istio 允许我们构建可靠、安全的云原生系统，并在大多数情况下解决诸如安全性、策略管理和可观测性等难题，而无须更改应用程序代码。Istio 的数据平面由基于 Envoy 的服务代理组成，这些服务代理与应用程序共存。它们作为应用程序之间的中介，并根据控制平面发送的配置影响网络行为。

Istio 用于微服务或面向服务的架构（SOA），但并不限于这些领域。事实上，大多数组织都对现有的应用程序和平台进行了大量投资。他们很可能会围绕现有的应用程序构建服务架构，而这正是 Istio 真正发挥作用的地方。使用 Istio，我们可以解决这些应用程序网络问题，而无须更改现有的系统。因为服务代理存在于应用程序之外，所以使用任意架构的应用程序都是受服务网格欢迎的"一等公民"。我们将在混合棕地应用环境中探索更多这方面的内容。

本书介绍了 Istio 及其实现，教你如何使用 Istio 构建更有弹性的应用程序，你可以在云环境中监控和操作这些应用程序。在此过程中，我们探索了 Istio 的设计原则，解释了它与以前的解决方案的不同之处，并讨论了什么时候不应该使用 Istio。

当然，我们不想仅仅因为"新"、"时髦"或"酷"就开始使用新技术。但是作为技术专家，我们很容易对新技术感到兴奋；然而，如果不能完全理解何时使用或不使用一种技术，那么将对我们自己和我们的组织造成伤害。让我们花一些时间来理解为什么要使用 Istio，它解决了什么问题，要避免什么问题，以及为什么这项技术的发展会令人兴奋。

1.1 快速迭代带来的挑战

ACME 公司的技术团队已经购买了微服务、自动化测试、容器以及持续集成和持续交付（CI/CD）等服务。他们决定从负责核心收入的 ACMEmono 系统中分离出模块 A 和模块 B，使它们成为独立的服务。他们还需要一些新的功能，因此决定将其构建为服务 C，从而产生了如图 1.1 所示的服务架构。

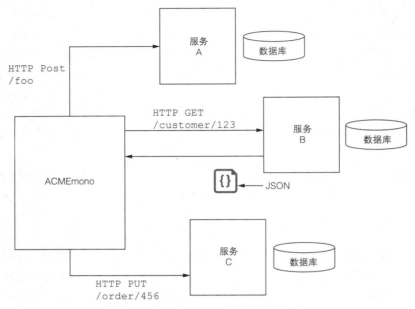

图 1.1 ACMEmono 现代化服务架构

　　他们将新服务打包在容器中并部署在基于 Kubernetes 的平台上。在实施这些方法时，他们很快就遇到了一些挑战。

　　ACME 注意到的第一件事情是，有时架构内部的服务处理请求所需的时间非常不一致。在客户使用高峰期间，一些服务出现了间断问题，无法为任何流量提供服务。此外，ACME 还发现，如果服务 B 在处理请求时遇到了问题，服务 A 也会遇到，但只是针对某些请求。

　　ACME 注意到的第二件事情是，当他们实践自动化部署时，有时会在系统中引入自动化测试无法捕获的错误。他们实践了一种称为蓝绿部署的部署方法，这意味着他们在自己的集群中引入新的部署（绿色部署），然后在某个时刻将来自旧集群（蓝色部署）的通信截流到新集群。他们原本希望蓝绿部署的方法可以降低部署的风险，但却经历了更多的"大爆炸"，这原本是其想要避免的。

　　最后，ACME 发现实现服务 A 和服务 B 的团队处理安全性的方式完全不同。团队 A 偏爱使用证书和私钥的安全连接，而团队 B 创建了构建在传递令牌和验证签名基础上的自定义框架。运营服务 C 的团队决定他们不需要任何额外的安全措施，因为这是公司防火墙后的"内部"服务。

　　这些挑战并不是 ACME 所独有的，挑战的范围也不局限于他们所遇到的情况。当转移到面向服务的架构时，必须解决以下问题：
- 防止故障超出隔离边界。
- 构建能够响应环境变化的应用程序 / 服务。

- 建立能够在部分失效条件下运行的系统。
- 理解整个系统在不断变化和发展时发生了什么。
- 无法控制系统的运行时行为。
- 随着攻击面的增加，加强安全防护。
- 降低系统变更产生的风险。
- 执行关于谁、什么东西可以使用系统组件，以及何时可以使用系统组件的策略。

随着对 Istio 了解的深入，我们将更深入地探讨和处理这些问题。这是在任何云基础设施上构建基于服务的架构所面临的核心挑战。过去，非云架构确实需要解决这些问题；但在今天的云环境中，它们被高度放大，如果没有妥善考虑，可能会导致整个系统崩溃。让我们更仔细地看看在不可靠的基础设施中所遇到的问题。

1.1.1 不可靠的云基础设施

尽管作为云基础设施的消费者，我们看不到实际的硬件，但云是由数百万个硬件和软件组成的。这些组件构成了计算、存储和网络虚拟化基础设施，我们可以通过自助服务 API 提供这些基础设施。这些组件中的任何一个都可能并且确实会失败。过去，我们竭尽所能使基础设施高可用，并在此基础上构建应用程序，假定其具有高可用性和可靠性。在云计算中，我们必须假设基础设施是短暂的，并且有时是不可用的。在我们的架构中，必须首先考虑这种短暂性。

举一个简单的例子。假设 Preference 服务负责管理客户偏好，并最终调用 Customer 服务。在图 1.2 中，Preference 服务调用 Customer 服务来更新一些客户数据，在发送消息时遇到了非常高的延迟。它做了什么？缓慢的下游依赖关系会对 Preference 服务造成严重破坏，包括导致其失败（从而引发级联失败）。导致这种情况发生的原因有很多，比如：

- Customer 服务负载过重，运行缓慢。
- Customer 服务有问题。
- 网络中存在防火墙，降低了网络流量。
- 网络拥塞，降低了流量。
- 网络出现硬件故障，正在重新路由流量。
- Customer 服务硬件的网卡出现故障。

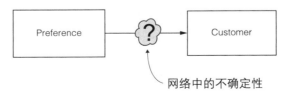

图 1.2　不可靠网络上的简单服务通信

问题是，Preference 服务无法区分这是否是 Customer 服务的失败。同样，在拥有数百万个硬件和软件组件的云环境中，这些类型的场景一直在发生。

1.1.2　服务通信需要弹性

Preference 服务可以重试请求，尽管在过载的情况下，这可能只会给下游带来额外的问题。如果重试请求，它不能确定以前的尝试没有成功。它可以在某个阈值之后使请求超时并抛出错误，还可以重试 Customer 服务的不同实例，可能是在不同的可用性区域。如果 Customer 服务在很长一段时间内遇到这些或类似的问题，Preference 服务可能会选择在一段冷却时间后完全停止调用 Customer 服务（一种熔断形式，我们将在后面的章节中更深入地讨论它）。

有些模式已经发展起来了，可以缓解应用程序的这类问题，使应用程序更有弹性，以应对计划外的、意想不到的故障：

- 客户端负载均衡——为客户端提供可能的端点列表，并让它决定调用哪一个。
- 服务发现——一种用于查找特定逻辑服务端点列表的机制，这些端点是健康的且定期更新。
- 熔断——在一段时间内对表现异常的服务进行屏蔽。
- *bulkheading*——在调用服务时，使用显式的阈值（连接、线程、会话等）限制客户端资源的使用。
- 超时——在调用服务时，对 Request、Socket、Liveness 等执行时间限制。
- 重试——重试失败的请求。
- 重试限制——对重试的次数进行限制：限制在给定的时间段内重试的次数（例如，在 10s 的窗口内，只有 50% 的请求重试）。
- 最后期限——给出请求上下文，说明一个响应可以持续多久；如果超过了最后期限，就不再处理请求。

总的来说，这些类型的模式可以被认为是应用程序网络。它们与网络栈较低层的类似结构有很多重叠之处，只不过它们是在消息层而不是在包层操作的。

1.1.3　实时可观测性

快速迭代的一个非常重要的方面是确保方向正确。我们试图快速部署应用程序，看看客户的反应，但如果应用程序很慢或不可用，客户就没有机会做出反应了（或避免使用我们的服务）。当对服务进行更改时，我们是否了解这将产生什么影响（积极的或消极的）？在做出改变之前，我们知道事情是如何运行的吗？

了解我们的服务架构非常重要，比如哪些服务正在相互通信、典型的服务负载是什么样子的、预计会看到多少故障、服务出现故障时会发生什么、服务运行状况，等等。每次通过部署新代码或配置进行更改时，我们都可能会给关键指标引入负面影响。当网络和基础设施变得不可靠时，或者部署了带有 bug 的新代码时，我们能否确保自己对实际发生的事情有足够的把握，从而相信系统不会濒临崩溃？使用指标、日志和追踪功能来观察系统是服务架构的关键部分。

1.2 使用应用程序库解决问题

第一批知道如何在云环境中运行应用程序和服务的组织是大型互联网公司，其中许多公司是我们今天所知道的云基础设施的先驱。这些公司投入了大量的时间和资源，为每个人都必须使用的语言构建库和框架，这有助于应对在云原生架构中运行服务的挑战。谷歌构建了像 Stubby 这样的框架，Twitter 构建了 Finagle，2012 年 Netflix 将其微服务库开放给开源社区。例如，在 NetflixOSS 中，针对 Java 开发人员的库处理云原生问题：

- *Hystrix*——熔断和 bulkheading。
- *Ribbon*——客户端负载均衡。
- *Eureka*——服务的注册和发现。
- *Zuul*——动态边缘代理。

因为这些库是针对 Java 运行时的，所以它们只能在 Java 项目中使用。要使用它们，我们必须创建对它们的应用程序依赖，将它们拉到类路径中，然后在应用程序代码中使用。下面的例子使用 NetflixOSS Hystrix 将一个 Hystrix 依赖拉到你的依赖控制系统中：

```
<dependency>
    <groupId>com.netflix.hystrix</groupId>
    <artifactId>hystrix-core</artifactId>
    <version>x.y.z</version>
</dependency>
```

为了使用 Hystrix，我们用一个基本的 Hystrix 类 HystrixCommand 来包装命令。

```
public class CommandHelloWorld extends HystrixCommand<String> {

    private final String name;

    public CommandHelloWorld(String name) {
        super(HystrixCommandGroupKey.Factory.asKey("ExampleGroup"));
        this.name = name;
    }

    @Override
    protected String run() {
        // 一个真实的案例，如返回 "Hello " + name + "!" 的网络调用
    }
}
```

如果每个应用程序都负责在其代码中构建弹性，我们就可以分散处理这些关注点，消除中心瓶颈。在不可靠的云基础设施上进行大规模部署时，弹性是一个理想的系统特性。

应用程序库的缺点

当我们将应用程序弹性的实现去中心化并分发到应用程序本身时，虽然减少了对大规模服务架构的关注，但也引入了一些新的挑战。第一个挑战是关于应用程序的预期假设。新引入架构中的服务将受到其他人或其他团队所做决策的限制。例如，要使用 NetflixOSS Hystrix，必须使用 Java 或基于 JVM 的技术。在通常情况下，熔断和负载均衡是结合在一起的，所以你需要同时使用这两个弹性库。要使用 Netflix Ribbon 进行负载均衡，你需要某种注册表来发现服务实例，这可能意味着需要使用 Eureka。沿着使用应用程序库这条路径，在与系统其余部分进行交互时，将围绕一个未定义的协议引入隐式约束。

第二个挑战是引入一种新的语言或框架来实现一个服务。你可能会发现，NodeJS 更适合实现面向用户的 API，但你的架构其余部分使用的是 Java 和 NetflixOSS。你可以选择寻找一组不同的库来实现服务弹性，例如，你可以尝试寻找类似的软件包，如 resilient 或 hystrixjs。你还需要为自己想引入的每一种语言（微服务支持多语言开发环境，尽管只使用一种语言通常是最好的）搜索相关软件包，证实它的可用性，并把它引入你的技术栈中。每个库都有不同的实现，并做出不同的假设。在某些情况下，你可能无法为每个框架 / 语言组合都找到类似的替代品。最终一些语言的部分实现和实现的整体会不一致，这在请求失败的场景中将很难推演问题路径和定位错误根因。图 1.3 显示了不同服务如何实现相同的库来管理应用程序网络。

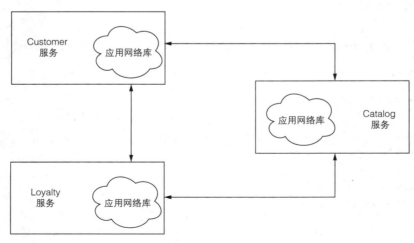

图 1.3   应用网络库与应用程序的结合

最后，在一堆编程语言和框架中维护几个库需要遵循很多原则，而且很难做到准确。关键是要确保所有的实现都是一致的和正确的。只要有一次偏离，就会给系统带来更多的不可预测性。在一系列服务中同时更新库也是一项艰巨的任务。

尽管应用程序网络的去中心化更适合云架构，但是这种方法给系统带来的运维负担和限制，对于大多数组织来说都是难以承受的。即使他们接受了这个挑战，要把它做好也会很难。如果有一种方法既能获得去中心化的好处，又不用为使用嵌入式库来维护和运维这些应用程序而付出巨大的开销，那会怎么样呢？

1.3　基础设施的解决思路

这些基本的应用程序网络通信问题并非存在于特定的应用程序、语言或框架中。重试、超时、客户端负载均衡、熔断等特性对不同的应用程序而言没有太大的区别。服务才是核心关注点，为在每一种语言中实现这些功能而投入大量的时间和资源（包括上一节中的其他缺点）是一种浪费。我们真正想要的是一种与技术无关的方式，将应用程序从网络通信问题中解放出来。

1.3.1　应用程序感知服务代理

有一种方法是通过代理，将这些水平关注点转移到基础设施中。代理是一种基础设施中介组件，可以处理连接并将它们重定向到适当的后端服务实例。我们一直在使用代理（不管是否察觉到）来处理网络流量，执行安全相关工作，并对后端服务进行负载均衡。例如，HAProxy 是一个简单但功能强大的反向代理，用于跨多个后端服务实例分发连接。mod_proxy 是 Apache HTTP 服务器的一个模块，它也充当反向代理。在我们的公司 IT 系统中，通常所有开放到互联网的流量都是通过防火墙中的转发代理路由的。这些代理监视流量并阻止某些类型的活动。

我们想要的是一个能够感知应用程序并替服务构建应用程序网络的代理（见图1.4）。为此，该服务代理需要理解应用程序的构造，如消息和请求，而不像传统的基础设施代理，需要理解连接和包。换句话说，我们需要一个 7 层代理。

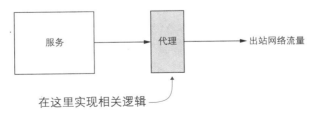

图 1.4　使用代理将水平关注点（如弹性、流量控制和安全性）推到应用程序实现之外

1.3.2　认识 Envoy 代理

Envoy 是一个服务代理，作为一种多功能、高性能和强大的应用层代理出现在开源社区中。Envoy 是 Lyft 开发的，作为公司 SOA 基础设施的一部分，能够实现诸如重试、超时、熔断、客户端负载均衡、服务发现、安全性和指标收集等网络功能，而不需要任何明确的语言或框架依赖。Envoy 在应用程序中实现了所有进程外的功能，如图 1.5 所示。

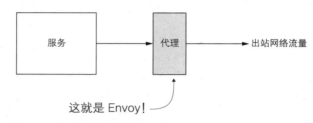

图 1.5　在应用程序网络中，Envoy 代理是进程外的参与者

Envoy 的能力并不局限于这些应用层弹性方面。Envoy 还捕获了许多应用程序网络指标，如每秒请求数、故障数、熔断事件等。我们可以使用 Envoy 自动了解服务之间发生了什么，在这里会看到很多意想不到的复杂性。Envoy 代理为解决服务架构的水平可靠性和可观测性问题奠定了基础，允许我们将这些问题推到应用程序之外并引入基础设施。在接下来的章节中，我们将介绍更多关于 Envoy 的内容。

我们可以在应用程序旁边部署服务代理，以从应用程序中获得这些特性（弹性和可观测性），但保真度是非常特定于应用程序的。图 1.6 显示了在这个模型中，希望与系统其他部分通信的应用程序是如何先将请求传递给 Envoy，然后由 Envoy 处理上游通信的。

服务代理还可以做一些其他事情，比如收集分布式追踪 span，这样我们就可以将特定请求所采取的所有步骤拼接在一起。我们可以看到每个步骤花了多长时间，并在系统中寻找潜在的瓶颈或 bug。如果所有的应用程序都通过它们自己的代理与外部世界通信，并且所有进入应用程序的流量都通过我们的代理，那么我们就可以在不改变应用程序代码的情况下使其获得一些重要的功能。这个代理加应用程序的组合构成了称为服务网格的通信总线的基础。

我们可以将像 Envoy 这样的服务代理与应用程序的每个实例一起部署为一个单独的原子单元。例如，在 Kubernetes 中，我们可以在一个 Pod 中联合部署服务代理和应用程序。图 1.7 显示了 *sidecar* 部署模式，其中部署了服务代理以补充主应用程序实例。

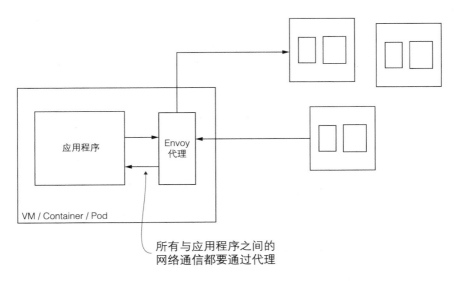

图 1.6 Envoy 代理脱离应用程序的进程

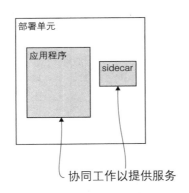

图 1.7 sidecar 部署是一个附加的过程,
它与主应用程序进程协同工作,以交付一个功能块

1.4 什么是服务网格

　　像 Envoy 这样的服务代理可以为我们在云环境中运行的服务架构添加重要的功能。在给定工作负载目标的情况下,每个应用程序都可以针对代理的行为方式有自己的需求或配置。随着应用程序和服务数量的增加,配置和管理大量的代理可能会变得困难。此外,在每个应用程序实例中放置这些代理将为构建有趣的高阶功能提供机会,否则我们将不得不在应用程序本身中实现这些功能。

　　服务网格是一种分布式应用程序基础设施,它负责以透明的、进程外的方式代表应用程序处理网络流量。图 1.8 显示了服务代理如何形成数据平面，所有的流量都是通过这个数据平面来处理和观察的。数据平面负责建立、保护和控制通过网格的流量。数据平面的行为由控制平面配置。控制平面是网格的大脑，它为运维人员提供了操纵网络行为的 API。数据平面和控制平面一起提供了云原生架构所必需的重要功能：

- 服务弹性。
- 可观测性指标。
- 流量控制能力。
- 安全性。
- 策略实施。

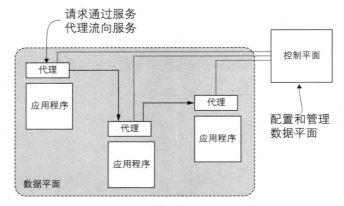

图 1.8   应用层代理（数据平面）和管理组件（控制平面）位于同一位置的服务网格架构

服务网格通过实现重试、超时和熔断等功能来承担服务通信失败的责任。它还能够通过处理服务发现、自适应和区域感知的负载均衡、健康检查等功能来处理不断发展的基础设施拓扑结构。由于所有的流量都通过网格，运维人员可以显式地控制流量。例如，如果想要部署应用程序的新版本，我们可能只希望暴露其一小部分，比如 1% 的实时流量。有了服务网格，我们就有能力做到这一点。当然，在服务网格中控制的逆过程是要理解它当前的行为。由于流量通过网格，我们能够通过追踪诸如请求峰值、延迟、吞吐量、故障等指标来捕获关于网络行为的详细信息。我们可以使用这种遥测技术描绘出系统中正在发生的事情。最后，由于服务网格在应用程序两端控制网络通信，它可以增强安全性，比如使用双向认证的传输层加密；具体地说，使用双向传输层安全（mTLS）协议。

服务网格为服务运维人员提供了所有这些功能，几乎不用更改应用程序代码和依赖关系。有些功能需要与应用程序代码进行少量协作，但我们可以避免大型的、复杂的库依赖关系。有了服务网格，你使用什么应用程序框架或编程语言来构建应用程序都没关系；这些功能被一致且正确地实现，服务团队可以更加快速、安全、自信地实现和测试交付物。

1.5　Istio服务网格简介

Istio 是一个由谷歌、IBM 和 Lyft 创建的服务网格的开源实现，它以透明的方式向服务架构添加弹性和可观测性。使用 Istio，应用程序不必知道它们是服务网格的一部分：每当它们与外部世界交互时，Istio 就代表它们处理网络。无论你使用的是微服务、单体服务还是介于两者之间的服务，Istio 都能带来很多好处。Istio 的数据平面使用 Envoy 代理配置应用程序，该代理被部署在应用程序旁边。Istio 的控制平面由几个组件组成——这些组件为最终用户 / 运维人员提供 API、代理的配置 API、安全设置、策略声明等。我们将在本书后面的章节中讨论这些控制平面组件。

Istio 最初是为了在 Kubernetes 上运行而构建的，但它是从与部署平台无关的角度编写的。这意味着你可以跨部署平台（如 Kubernetes、OpenShift），甚至在传统部署环境（如虚拟机）中使用基于 Istio 的服务网格。在后面的章节中，我们将看看它对于跨云组合（包括私有数据中心）的混合部署有多么强大。

>　注：*Istio* 在希腊语中是"帆"的意思，与 Kubernetes 这个代表航海的词汇很相配。

既然每个应用程序实例旁边都有一个服务代理，那么应用程序就不再需要用于熔断、超时、重试、服务发现、负载均衡等特定于语言的弹性库了。此外，服务代理还可处理指标收集、分布式追踪和访问控制。

服务网格中的流量都经过 Istio 服务代理，因此 Istio 在每个应用程序上都有控制点来影响和指导其网络行为。这允许服务运维人员控制流量，并通过金丝雀发布、暗启动、分阶段发布和 A/B 测试来实现细粒度的发布。我们将在后面的章节中探讨这些功能。

图 1.9 展示了：

①流量从网格外的客户端通过 Istio 入口网关进入集群。

②流量流向 Shopping Cart 服务。流量首先通过其服务代理，服务代理可以为服务应用超时、指标收集、安全强制等策略。

③当请求通过各种服务时，Istio 的服务代理可以在各个步骤拦截请求并做出路由决策（例如，将一些打算用于 Tax 服务的请求路由到 Tax 服务的 v1.1，该服务可能对某些税务计算有修复）。

④ Istio 的控制平面（istiod）用于配置 Istio 代理，这些代理处理路由、安全性、遥测采集和弹性。

⑤请求指标被周期性地发送回各种收集服务。分布式追踪 span（如 Jaeger 或

Zipkin）被发送回追踪存储区，该存储区稍后可用于追踪系统中请求的路径和延迟。

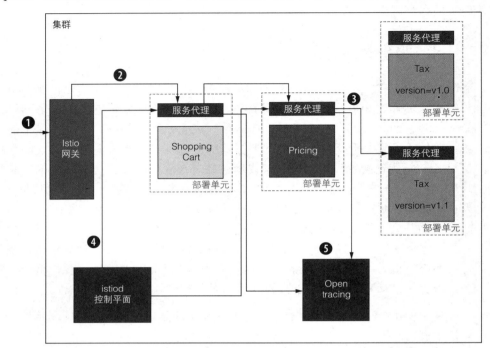

图 1.9   Istio 是一个由控制平面和基于 Envoy 的数据平面组成的服务网格的实现

　　安全性是任何基于服务架构的重要需求。在默认情况下，Istio 启用了安全性机制。由于 Istio 控制了应用程序网络路径的两端，因此在默认情况下，它可以透明地加密通信。事实上，更进一步，Istio 可以管理密钥和证书的发放、安装和轮换，这样服务就可以立即获得双向 TLS。如果你曾经经历过为双向 TLS 安装和配置证书的痛苦，那么你将会感受到 Istio 这项功能的强大和操作的简捷。Istio 可以分配工作负载标识并将其嵌入证书中，还可以为工作负载创建身份来进一步实现强大的访问控制策略。

　　最后，与前面的功能同等重要的是，使用 Istio，你可以实现配额、限流和组织策略。使用 Istio 的策略实施，你可以创建非常细粒度的规则，允许或禁止哪些服务之间的交互。在跨云（公共云和内部云）部署服务时，这一点尤为重要。

　　Istio 是一个功能强大的服务网格实现。它允许你简化运行和维护云原生服务架构，也适用于混合云环境。接下来的章节将向你展示如何利用 Istio 的功能操作微服务。

1.5.1   服务网格与企业服务总线的关系

　　SOA 时代的企业服务总线（ESB）与服务网格在一定程度上有一些相似之处。如果我们看一下 ESB 在 SOA 早期是如何被描述的，甚至可以看到一些类似的语言：

　　　企业服务总线（ESB）是 SOA 架构中透明的协作者，它在架构中对 SOA 应用程序的服务是透明的。但是，ESB 的存在对于简化服务调用任务至关重要——在需要的地方使用该服务，与定位这些服务，以及通过网络传输服务请求以调用部署在企业内部服务的细节无关。

　　在对 ESB 的描述中，我们看到它应该是一个"透明"的协作者，这意味着应用程序不应该感知到它。对于服务网格，我们期望它也有类似的行为。服务网格应该对应用程序透明。ESB 也是简化服务调用任务的基础，包括协议转换、消息转换和基于内容的路由等。服务网格并不负责 ESB 所做的所有事情，但它确实通过重试、超时和熔断提供了请求弹性，而且提供了服务发现和负载均衡等服务。

　　总的来说，服务网格和 ESB 之间有一些显著的区别：

- ESB 在组织中引入了一个新的竖井，它是企业内部服务集成的"守门人"。
- ESB 是一个非常集中化的部署 / 实现。
- ESB 混合了应用程序网络和服务中介的关注点。
- ESB 通常基于复杂的专有供应商软件。

　　图 1.10 显示了 ESB 如何通过将自身置于中心位置，然后将应用程序业务逻辑与应用程序路由、转换和中介结合来集成应用程序。

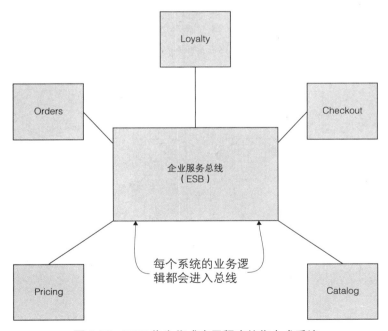

图 1.10　ESB 作为集成应用程序的集中式系统

服务网格的作用仅体现在应用程序网络方面。复杂的业务转换（如 X12、EDI 和 HL7）、业务流程编排、流程异常、服务编排等不属于服务网格的职责。此外，服务网格数据平面是高度分布式的，其代理与应用程序分布在一起。这消除了 ESB 架构中经常出现的单点故障或瓶颈。最后，运营团队和服务团队都要负责建立服务水平目标（SLO），并配置服务网格来支持它们。与其他系统进行集成不再是一个集中式团队的权限，所有的服务开发人员都有这个责任。

1.5.2　服务网格与 API 网关的关系

服务网格技术与 API 网关既有相似之处，也有不同之处。在 API 管理套件中，使用 API 网关基础设施（不同于"链接 1"上的微服务模式）为组织的公共 API 提供面向公众的端点。它的作用是为这些公共 API 提供安全性、限流、配额管理和指标收集功能，并与包含 API 计划规范、用户注册、计费和其他操作问题的总体 API 管理解决方案相结合。API 网关架构各不相同，但主要用于在系统边界处公开公共 API。它们还被用于内部 API，以整合安全性、策略和指标收集功能。但是，这将创建一个流量通过的集中式系统，其可能成为系统瓶颈，如 ESB 和消息传递总线所述。

图 1.11 显示了在使用内部 API 时，服务之间的所有内部流量是如何通过 API 网关的。这意味着对于图中的每个服务都要进行两跳：一跳是到达网关，另一跳是到达实际服务。这不仅意味着增加了网络开销和延迟，还影响安全性。使用这种多跳架构，API 网关不能保护应用程序的传输机制，除非应用程序参与安全配置。而且在很多情况下，API 网关并没有实现像熔断或 bulkheading 这样的弹性能力。

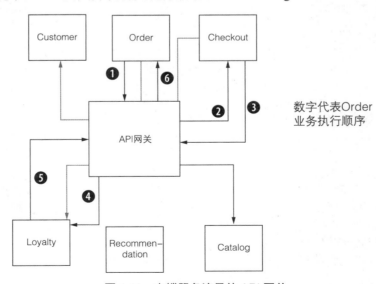

图 1.11　支撑服务流量的 API 网关

在服务网格中，代理与服务一起配置，不需要额外的跳转。它们也是分散的，因此每个应用程序都可以为其特定的工作负载配置自己的代理，而不会受到 *noisy neighbor* 场景 [1] 的影响。由于每个代理都与其对应的应用程序实例共存，因此它们可以在应用程序不知道或不积极参与的情况下，保护端到端的流量传输机制。

图 1.12 显示了服务代理如何成为执行和实现 API 网关功能的场所。随着 Istio 等服务网格技术的不断成熟，我们将看到 API 管理会构建在服务网格之上，而不需要专门的 API 网关代理。

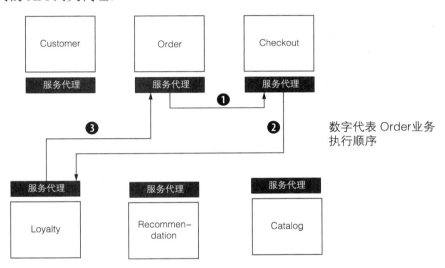

图 1.12　服务代理实现 ESB 和 API 网关功能

1.5.3　在非微服务架构中使用 Istio

当你转向在不可靠的云基础设施上体验拥有大量服务与网络连接的架构，而这些架构可能跨越集群、云和数据中心时，Istio 就可以大显身手了。此外，由于 Istio 运行于应用程序之外，它也可以被部署到现有的遗留环境或棕地环境中，从而将它们合并到网格中。

例如，如果你现在有一个单一实例，Istio 服务代理可以被部署在单一实例旁边，为它透明地处理网络通信。至少，这可以增加对理解应用程序的使用、延迟、吞吐量和失败特征非常有用的请求指标。Istio 还可以参与更高级的功能，比如实施服务权限策略。这种能力在混合云部署中非常重要，混合云部署包括在私有云上运行的单体服务和在公共云上运行的云服务。通过 Istio，我们可以实施诸如"云服务不能访问或使用本地应用程序中的数据"之类的策略。

1　这个术语描述了一个服务由于另一个服务的活动而降级的场景。

你可能还会使用 NetflixOSS 这样的弹性库来实现以前的微服务，Istio 也为这些部署实例带来了强大的功能。即使 Istio 和应用程序都实现了类似于熔断器的功能，你也会感到安全，因为知道会应用更严格的策略，一切都应该正常工作。超时和重试的场景可能会发生冲突，但是使用 Istio，你可以提前测试服务，在将其投入到生产环境中之前发现这些冲突。

1.5.4　在分布式架构中使用 Istio

你应该根据实际问题和自己需要的功能来选择实现技术。通常，Istio 和服务网格等技术是强大的基础设施，涉及分布式架构的很多领域，但是它们不应该被考虑到你可能遇到的所有问题。图 1.13 显示了一个理想的云架构是如何将不同的关注点从实现中的每一层分离出来的。

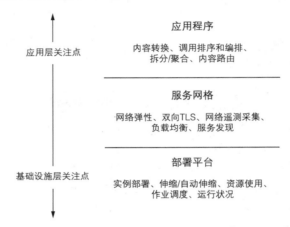

图 1.13　云原生应用程序中关注点分离概述。
Istio 对应用层起支持作用，位于较低级别的部署层之上

架构的底层是自动化部署的基础设施，它负责将代码部署到平台上（容器、Kubernetes、公共云、虚拟机等）。Istio 不限定使用哪些自动化部署工具。

在更高的层次上，你拥有应用程序业务逻辑：为了保持竞争力而必须编写的业务差异化代码。这段代码包括业务逻辑，以及知道要调用哪些服务、以何种顺序调用服务、如何处理服务的响应（例如，如何将它们聚合在一起）、在出现故障时如何处理。Istio 不实现或替换任何业务逻辑，它不执行服务编排，不负责业务所需资源的评估、调整或规则计算。这些功能最好留给应用程序内部的库和框架来实现。

Istio 扮演着部署平台和应用程序代码之间的中间人的角色，它的作用是帮助从应用程序中获取复杂的网络代码。它可以基于请求元数据内容（HTTP 头等）进行路由，也可以基于服务和请求元数据匹配进行细粒度的流量控制和路由。它还可以

保护传输和卸载安全令牌验证，并执行由服务运维人员定义的配额和使用策略。

现在我们已经基本了解了 Istio 是什么，下一步我们将通过使用它来对其能力做进一步了解。在第 2 章中，我们将讨论如何使用 Istio 实现基本指标收集、可靠性和流量控制。

1.5.5　使用服务网格的缺点

我们已经讨论了很多关于构建分布式架构的问题和服务网格的作用，但是不想给你留下这样的印象：服务网格是解决这些问题的唯一方法，或者服务网格没有缺点。使用服务网格，确实有一些不可忽视的缺点。

首先，使用服务网格将另一个中间件（即代理）放在请求路径中。这个代理可以提供大量的价值；但是对于那些不熟悉代理的人来说，它最终会成为一个黑盒，使调试应用程序的行为变得更加困难。Envoy 代理是专门为了可调试而构建的，它公开了很多网络运行信息，但是对于不熟悉 Envoy 的运维人员来说，它可能看起来非常复杂而妨碍了现有的调试。

使用服务网格的另一个缺点是在租户方面。网格和运行在网格中的服务一样有价值。也就是说，网格中的服务越多，网格的价值就越大。然而，如果在物理网格部署的租赁和隔离模型中没有采用适当的策略、实现自动化和做预先考虑，你可能最终会陷入这样一种境地：错误地配置网格而影响许多服务。

最后，服务网格成为服务和应用程序架构中非常重要的一部分，因为它位于请求路径上。服务网格可以提高系统的安全性、可观测性和路由控制能力。缺点是网格引入了额外的组件，从而增加了复杂性，使得人们很难理解如何配置和操作，以及如何将它集成到现有的组织和治理流程中。

一般来说，服务网格可以带来很多价值——但需要权衡。就像使用任何工具或平台一样，你应该根据你的环境和约束条件来评估，确定服务网格是否适合你的场景，如果适合，则制订采用计划。

总的来说，我们喜欢服务网格；现在 Istio 已经成熟，它已经在改善许多业务的运营。随着 Istio 和 Envoy 社区源源不断的贡献，我们很高兴看到它的下一步走向。希望本章已经向你传递了一些令人兴奋的信息，并让你了解了 Istio 是如何提高服务的安全性和可靠性的。

本章小结

- 在云上运行微服务面临许多挑战：网络不可靠性、服务可用性、难以理解的流量流、流量加密、应用程序运行状况和性能等。

- 在应用程序中使用库（如服务发现、客户端负载均衡和重试）可以部分解决这些困难。
- 需要额外的库和服务来创建和分发指标，以及进行链路追踪，以获得服务的可观测性。
- 服务网格是一种以透明的、进程外的方式代表应用程序实现这些横向关注点的基础设施。
- Istio 是一个服务网格的实现，它由以下部分组成：
  - 数据平面，由部署在应用程序旁边的服务代理组成，并通过实现策略、管理流量、生成指标和追踪链路等方式对其进行补充。
  - 控制平面，对外提供 API，供运维人员操作数据平面的网络行为。
- Istio 使用 Envoy 作为服务代理，因为它具有通用性，并且可以动态配置。

Istio 的第一步 2

本章内容包括：
- 在 Kubernetes 上安装 Istio
- 了解 Istio 控制平面组件
- 使用 Istio 管理应用程序
- 使用 Istio `VirtualService` 资源控制流量
- 探索追踪、指标和可视化插件

　　Istio 解决了云环境中服务通信的一些问题，为开发者和运营商提供了大量的功能。我们将在后面的章节中介绍这些功能；但是为了帮助你了解 Istio 的一些特性，在本章中，我们将进行基本的安装（更高级的安装选项可以在附录 A 中找到），并部署一些服务。从现在起，我们将探索 Istio 的组件，以及它们可以为示例服务提供哪些功能。最后，我们将研究如何进行基本的流量路由、收集指标和增加弹性。后面的章节将深入探讨这些功能。

2.1　在Kubernetes上部署Istio

　　我们将使用 Kubernetes 容器平台部署 Istio 和示例应用程序。Kubernetes 是一个非常强大的容器平台，能够在称为 Kubernetes 节点的一组主机上调度和编排容器。

这些节点是能够运行容器的主机，但是 Kubernetes 处理这些机制。正如我们将看到的，Kubernetes 是最初使用 Istio 的好地方——尽管我们应该清楚，Istio 旨在支持多种类型的工作负载，包括运行在虚拟机（VM）上的工作负载。

2.1.1   使用 Docker Desktop 来演示样例

我们首先需要访问 Kubernetes 发行版。在本书中，我们使用了 Docker Desktop，它在主机上提供了一个可以运行 Docker 和 Kubernetes 的轻量级虚拟机。

> **为 Docker Desktop 分配推荐的资源**
>
> 虽然 Istio 不会要求你在本地机器上为 Docker Desktop 提供很多资源，但是我们在一些章节中安装了许多其他支持组件。为 Docker 分配 8GB 内存和 4 个 CPU 是值得的。你可以在 Docker Desktop 的首选项中进行高级设置。

Docker Desktop 在主机和虚拟机之间也有很好的集成。当然，不局限于使用 Docker Desktop 来运行这些例子，也不局限于本书中的操作：这些例子在 Kubernetes 的任何发行版上应该都能很好地运行，包括 Google Kubernetes Engine（GKE）、OpenShift，或者你自己的自引导 Kubernetes 发行版。要设置 Kubernetes，请参阅 Docker Desktop 文档。在成功设置 Docker Desktop 并启用 Kubernetes 后，你应该能够连接到 Kubernetes 集群，如下所示：

```
$  kubectl get nodes
NAME             STATUS    ROLES     AGE    VERSION
docker-desktop   Ready     master    15h    v1.21.1
```

> **说明**：本书中使用的是 Istio 1.13.0 版本，需要 Kubernetes 的最低版本为 1.19.x。

2.1.2   获取 Istio 发行版

接下来，我们希望将 Istio 安装到 Kubernetes 发行版中。我们使用命令行工具 `istioctl` 来安装 Istio。为此，请从 Istio release 页面下载 Istio 1.13.0 发行版，并下载适合你的操作系统的发行版。你可以选择 Windows、macOS/Darwin 或 Linux。或者，你可以运行下面的脚本：

```
curl -L https://istio.io/downloadIstio | ISTIO_VERSION=1.13.0 sh -
```

在下载了适合你的操作系统的发行版后，将压缩文件解压缩到一个目录中。如果使用 downloadIstio 脚本，则将自动提取文件。现在，你可以浏览该发行版的内容，包括示例、安装资源和用于你的操作系统的二进制命令行工具。下面这个例子展示了 macOS 的 Istio 发行版：

```
$  cd istio-1.13.0
$  ls -l
total 48
-rw-r--r--    1 ceposta   staff   11348 Mar 19 15:33 LICENSE
-rw-r--r--    1 ceposta   staff    5866 Mar 19 15:33 README.md
drwxr-x---   3 ceposta   staff      96 Mar 19 15:33 bin
-rw-r-----    1 ceposta   staff     853 Mar 19 15:33 manifest.yaml
drwxr-xr-x   5 ceposta   staff     160 Mar 19 15:33 manifests
drwxr-xr-x  20 ceposta   staff     640 Mar 19 15:33 samples
drwxr-x---   6 ceposta   staff     192 Mar 19 15:33 tools
```

浏览目录，了解 Istio 附带的功能。例如，在 samples 目录中，你将看到一些教程和应用程序，帮助你接触 Istio。浏览这些内容，将使你初步了解 Istio 可以做什么，以及如何与它的组件交互。我们将在下一节中进行更深入的研究。tools 目录包含一些用于解决 Istio 部署问题的工具，以及用于 istioctl 的 bash 补全功能。manifests 目录包含 Helm chart 和 istioctl 配置文件，用于为特定的平台定制 Istio 的安装。你可能不需要直接使用它们（仅浏览），但它们用于定制目的。

特别有趣的是 bin 目录，在这里你可以找到一个简单的命令行（CLI）工具 istioctl，用于与 Istio 交互。这个二进制文件与用于与 Kubernetes API 交互的 kubectl 类似，但它还包含了一些增强 Istio 用户体验的命令。下面运行 istioctl 二进制文件来验证一切是否正常：

```
$  ./bin/istioctl version
no running Istio pods in "istio-system"
1.13.0
```

现在，你可以将 istioctl CLI 添加到操作系统的 PATH 中，使你无论在哪个路径中执行它都是可用的。

最后，我们验证在 Kubernetes 集群中是否满足了任何先决条件（比如版本），并在开始安装之前发现可能出现的问题。我们可以运行以下命令：

```
$  istioctl x precheck

✓ No issues found when checking the cluster.
➡ Istio is safe to install or upgrade!
  To get started, check out
  ➡ https://istio.io/latest/docs/setup/getting-started/
```

此时，我们已经下载了发行版文件，并验证了 istioctl CLI 工具兼容我们的操作系统和 Kubernetes 集群。接下来，让我们对 Istio 进行基本的安装，以实践其概念。

2.1.3　将 Istio 组件安装到 Kubernetes 中

在你刚刚下载并解压缩的发行版中，manifests 目录包含 chart 和资源文件集合，用于将 Istio 安装到你所选择的平台中。Istio 官方推荐的安装方法是使用 `istioctl`、`istio-operator` 或 Helm。附录 A 将指导你使用 `istioctl` 和 `istio-operator` 来安装和定制 Istio。

在本书中，我们使用 `istioctl` 和各种预构建的配置文件，以循序渐进的方式采用 Istio。要执行 demo 安装，请使用 `istioctl` CLI 工具，如下所示：

```
$ istioctl install --set profile=demo -y

✓ Istio core installed
✓ Istiod installed
✓ Ingress gateways installed
✓ Egress gateways installed
✓ Installation complete
```

运行此命令后，你可能需要等待一段时间，等待 Docker 镜像正确下载和部署完成。设置好之后，你可以运行 `kubectl` 命令，列出 `istio-system` 命名空间中的所有 Pod。你可能还会看到一个通知，说你的集群不支持第三方 JSON Web Token（JWT）认证。这对于本地开发来说是没问题的，但是对于生产环境来说就不行了。如果在生产集群的安装过程中出现错误，请参考 Istio 中关于如何配置第三方服务账户令牌的文档，这是大多数云提供商的默认设置，一般不需要设置。

`istio-system` 命名空间的特殊之处在于，它将控制平面部署到其中，并且可以作为 Istio 的集群范围的控制平面。我们看看在 `istio-system` 命名空间中都安装了哪些组件：

```
$ kubectl get pod -n istio-system
NAME                                     READY   STATUS    RESTARTS   AGE
istio-egressgateway-55d547456b-q2ldq     1/1     Running   0          92s
istio-ingressgateway-7654895f97-2pb62    1/1     Running   0          93s
istiod-5b9d44c58b-vvrpb                  1/1     Running   0          99s
```

我们究竟安装了什么？在第 1 章中，我们介绍了服务网格的概念，并介绍了 Istio 是服务网格的开源实现。我们还讲过，服务网格组件包括数据平面（即服务代理）和控制平面。在集群中安装 Istio 之后，你应该会看到控制平面，以及入口网关和出口网关。一旦安装了应用程序并将服务代理注入其中，我们就将拥有一个数据平面。

精明的读者可能会注意到，对于 Istio 控制平面的每个组件，只有一个副本或实例。你可能还会想，"这似乎是一个单点故障。如果这些组件失效或崩溃了怎么办？"这是一个很好的问题，我们将在书中讨论这个问题。现在，我们知道 Istio 控制平面计划部署在高可用的架构中（每个组件有多个副本）。在控制平面组件甚至整个控制平面发生故障的情况下，数据平面具有足够的弹性，可以在与控制平面断开连接后的一段时间内继续运行。Istio 的实现对分布式系统中可能发生的无数故障具有高度弹性。

我们要做的最后一件事情是验证安装。我们可以运行 `verify-install` 命令（post-install）来验证它是否成功完成：

```
$ istioctl verify-install
```

该命令将预设安装的清单与实际安装的清单进行比较，并在出现任何偏差时发出警告。我们应该看到命令结尾的输出清单：

```
✓ Istio is installed and verified successfully
```

最后，我们需要安装控制平面的支持组件。这些组件不是严格要求的，但是应该安装在任何实际的 Istio 部署中。我们在此安装的支持组件的版本仅用于演示，而非生产。在下载的 Istio 发行版的根目录下，运行以下命令来安装示例支持组件：

```
$ kubectl apply -f ./samples/addons
```

现在，如果检查 `istio-system` 命名空间，我们会看到安装的支持组件：

```
$ kubectl get pod -n istio-system
NAME                                    READY   STATUS
grafana-784c89f4cf-8w8f4                1/1     Running
istio-egressgateway-96cf6b468-9n65h     1/1     Running
istio-ingressgateway-57b94d999-48vmn    1/1     Running
istiod-58c5fdd87b-lr4jf                 1/1     Running
jaeger-7f78b6fb65-rvfr7                 1/1     Running
kiali-dc84967d9-vb9b4                   1/1     Running
prometheus-7bfddb8dbf-rxs4m             2/2     Running
```

可视化由代理生成并由 Prometheus 收集的指标

分布式追踪系统，通过服务网格对请求流进行可视化

服务网格的 Web 控制台；更多内容将在第 8 章中介绍

收集生成的指标并将其存储为时序数据

2.2 了解Istio控制平面

在上一节中，我们演示了 Istio 的安装，它将所有的控制平面组件和支持组件部署到 Kubernetes。控制平面为服务网格的用户提供控制、观察、管理和配置网格的途径。对于 Istio，控制平面的功能如下：

- 为运维人员指定所需路由 / 弹性行为的 API。

- 让数据平面使用其配置的 API。
- 数据平面服务发现的抽象。
- 用于指定使用策略的 API。
- 证书的颁发和轮换。
- 分配工作负载标识。
- 统一遥测采集。
- 配置 sidecar 注入。
- 网络边界的规范，以及如何访问它们。

这些职责的大部分是在一个称为 istiod 的控制平面组件中实现的。图 2.1 显示了 istiod 以及负责入口流量和出口流量的网关。我们还看到了支持组件，它们通常与服务网格集成在一起，以支持可观测性或安全性用例。在接下来的章节中，我们将更详细地了解所有这些组件。现在，我们来看一看控制平面组件。

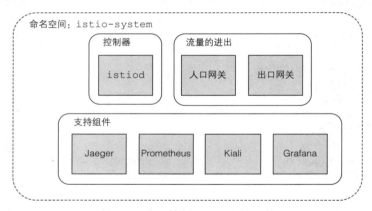

图 2.1　Istio 控制平面及支持组件

2.2.1　istiod 简介

Istio 的控制平面职责在 istiod 组件中实现。istiod，有时也被称为 Istio Pilot，负责获取用户 / 运维人员指定的更高级别的 Istio 配置，并将它们转换为数据平面服务代理的特定代理配置（见图 2.2）。

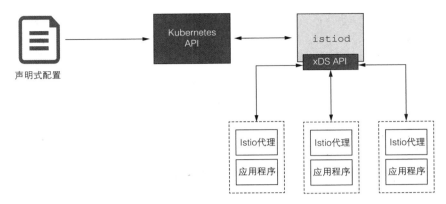

图 2.2 Istio 控制平面:理解 `istiod` 如何从 operator 获取配置
并将其暴露给数据平面(Istio 代理)

注意:我们将在第 3 章中了解更多关于 xDS API 的内容。现在,只要知道它允许控制平面动态配置服务代理就足够了。

例如,通过配置资源,我们可以指定如何允许流量进入集群,如何将其路由到特定版本的服务,在进行新部署时如何转移流量,以及服务的调用者应该如何对待超时、重试和熔断等弹性方面的问题。`istiod` 接受这些配置,解析它们,并将它们作为特定于服务代理的配置公开。Istio 使用 Envoy 作为服务代理,因此这些配置被转换为 Envoy 配置。例如,对于一个试图与 catalog 服务通信的服务,如果它的请求头中有 `x-dark-launch`,我们可能希望将流量发送到该服务的 v2。在 Istio 中,我们可以用下面的配置来表示:

```
apiVersion: networking.istio.io/v1alpha3
kind: VirtualService
metadata:
  name: catalog-service
spec:
  hosts:
  - catalog.prod.svc.cluster.local
  http:
  - match:                              ← 请求匹配
  - headers:
      x-dark-launch:                    ← header 参数匹配
        exact: "v2"
  route:
  - destination:                        ← 匹配后往何处路由
      host: catalog.prod.svc.cluster.local
      subset: v2
- route:                                ← 其他流量往何处路由
  - destination:
      host: catalog.prod.svc.cluster.local
      subset: v1
```

目前，不要担心细节，因为该示例只是说明这个 YAML 配置作为代理特定的配置被转换到数据平面。该配置指定基于头信息匹配，当 x-dark-launch 头等于 v2 时，我们希望将请求路由到 catalog 服务的 v2；对于所有的其他请求，我们将其路由到 catalog 服务的 v1。作为运行在 Kubernetes 上的 Istio 的 operator，我们会使用 kubectl 这样的工具来创建这个配置。例如，如果这个配置被存储在一个名为 catalog-service.yaml 的文件中，则可以这样创建它：

```
kubectl apply -f catalog-service.yaml
```

我们将在本章后面更深入地讨论这个配置的作用。现在，只需要知道将使用类似的模式配置 Istio 流量路由规则：在 Istio 资源文件（YAML）中描述意图，并将其传递给 Kubernetes API。

Istio 在 Kubernetes 上部署时使用 Kubernetes 自定义资源

Istio 的配置资源被实现为 Kubernetes 的自定义资源定义（CRD）。CRD 用于扩展 Kubernetes 的本地 API，在不修改任何 Kubernetes 代码的情况下向 Kubernetes 集群添加新功能。我们可以使用 Istio 的自定义资源（CR）向 Kubernetes 集群添加 Istio 功能，并使用本地 Kubernetes 工具应用、创建和删除资源。Istio 实现了一个控制器，该控制器监视要添加的新 CR，并对它们做出相应的反应。

Istio 读取特定于 Istio 的配置对象，如前面配置中的 VirtualService，并将它们转换为 Envoy 的本地配置。istiod 通过它的数据平面 API，将这个配置意图作为 Envoy 配置公开给服务代理：

```json
"domains": [
  "catalog.prod.svc.cluster.local"
],
"name": "catalog.prod.svc.cluster.local:80",
"routes": [
  {
    "match": {
      "headers": [
        {
          "name": "x-dark-launch",
          "value": "v2"
        }
      ],
      "prefix": "/"
    },
```

```
    "route": {
        "cluster":
        "outbound|80|v2|catalog.prod.svc.cluster.local",
        "use_websocket": false
    }
  },
  {
    "match": {
      "prefix": "/"
    },
    "route": {
      "cluster":
      "outbound|80|v1|catalog.prod.svc.cluster.local",
      "use_websocket": false
    }
  }
]
```

　　istiod 公开的这个数据平面 API 实现了 Envoy 的发现 API。这些发现 API，就像用于服务发现〔监听器发现服务（LDS）〕、端点〔端点发现服务（EDS）〕和路由规则〔路由发现服务（RDS）〕的 API，被称为 xDS API。这些 API 允许数据平面分离其配置方式，并动态调整其行为，而无须停止和重新加载。在第 3 章中，我们将从 Envoy 代理的角度介绍这些 xDS API。

身份管理

　　使用 Istio 服务网格，服务代理运行在每个应用程序实例旁边，所有应用程序流量都通过这些代理。当应用程序希望向另一个服务发出请求时，发送方和接收方的代理直接相互通信。

　　Istio 的核心特性之一是能够为每个工作负载实例分配标识，并为服务之间的调用加密传输，因为它位于请求路径的两端（起始点和终止点）。为此，Istio 使用 X.509 证书对通信进行加密。根据 SPIFFE（普适的安全生产身份框架）规范，工作负载标识被嵌入这些证书中。这使 Istio 能够提供强大的双向身份验证（mTLS），而应用程序感知不到证书、公钥 / 私钥等。istiod 处理证书的认证、签名和交付，以及用于启用这种形式安全性的证书的轮换（参见图 2.3）。我们将在第 9 章中讨论安全问题。

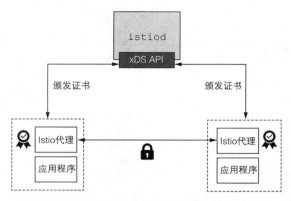

图 2.3　Istio 控制平面向每个工作负载颁发证书

2.2.2　入口网关和出口网关

为了让我们的应用程序和服务有意义，就需要让其与集群之外的应用程序交互。它们可以是现有的单一应用程序、现成的软件、消息传递队列、数据库和第三方部件系统。为此，运维人员需要给 Istio 添加配置以允许流量进入集群，并明确哪些流量可以离开集群。建模并且理解哪些流量可以进出集群是很好的实践，可以改善集群的安全状况。

图 2.4 显 示 了 提 供 此 功 能 的 Istio 组 件 ：istio-ingressgateway 和 istio-egressgateway。我们在打印出控制平面组件的时候已经看到了这些。

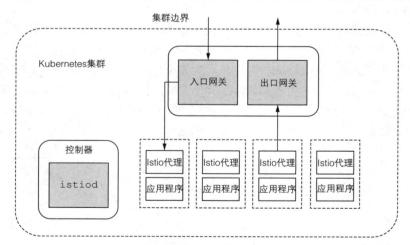

图 2.4　Istio 网关的入站流量和出站流量

这些组件实际上是可以理解 Istio 配置的 Envoy 代理。从技术上讲，尽管它们不是控制平面的一部分，但它们在服务网格的实际使用中都是有用的。这些组件驻留在数据平面中，其配置与应用程序的 Istio 服务代理非常相似。唯一的实际区别是，它们独立于任何应用程序工作负载，只允许流量进出集群。在以后的章节中，我们将看到这些组件如何在集群甚至云中发挥作用。

2.3　在服务网格中部署你的第一个应用程序

ACME 公司正在重新设计它的网站和用来支撑库存和结账的系统。该公司已经决定使用 Kubernetes 作为其部署平台的核心，并根据 Kubernetes API 而不是特定的云供应商构建其应用程序。ACME 正在解决云环境中服务通信的一些问题，因此，当其首席架构师发现 Istio 时，就决定使用它。ACME 的应用程序是一个在线商店，由典型的企业应用程序服务组成（见图 2.5）。我们将介绍组成商店的组件，但为了初步了解 Istio 的功能，我们将关注组件的一个较小的子集。

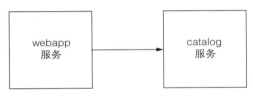

图 2.5　webapp 服务和 catalog 服务组成的应用程序示例

要获得此示例的源代码，请从"链接 1"下载或从"链接 2"克隆它。在 services 目录中，你应该看到描述组件部署的 Kubernetes 资源文件。我们首先要做的是在 Kubernetes 中创建一个命名空间，并在其中部署服务：

```
$ kubectl create namespace istioinaction
$ kubectl config set-context $(kubectl config current-context) \
  --namespace=istioinaction
```

现在，在 istioinaction 命名空间中，我们看看将部署什么。catalog-service 的 Kubernetes 资源文件可以在 $SRC_BASE/services/catalog/kubernetes/catalog.yaml 文件中找到，其看起来如下所示：

```
apiVersion: v1
kind: Service
metadata:
  labels:
    app: catalog
  name: catalog
```

```
spec:
  ports:
  - name: http
    port: 80
    protocol: TCP
    targetPort: 3000
  selector:
    app: catalog
---
apiVersion: apps/v1
kind: Deployment
metadata:
  labels:
    app: catalog
    version: v1
  name: catalog
spec:
  replicas: 1
  selector:
    matchLabels:
      app: catalog
      version: v1
  template:
    metadata:
      labels:
        app: catalog
        version: v1
    spec:
      containers:
      - env:
        - name: KUBERNETES_NAMESPACE
          valueFrom:
            fieldRef:
              fieldPath: metadata.namespace
        image: istioinaction/catalog:latest
        imagePullPolicy: IfNotPresent
        name: catalog
        ports:
        - containerPort: 3000
          name: http
          protocol: TCP
        securityContext:
          privileged: false
```

　　然而，在部署此服务之前，我们希望注入 Istio 服务代理，以便该服务可以参与到服务网格中。在源代码的根目录下，运行我们之前介绍过的 istioctl 命令：

```
$  istioctl kube-inject -f services/catalog/kubernetes/catalog.yaml
```

　　istioctl kube-inject 命令会接收一个 Kubernetes 资源文件，并通过 Istio 服务代理的 sidecar 部署和一些额外的组件（在附录 B 中进行了详细阐述）来丰富它。它们一起工作以交付一些功能。在 Istio 中，*sidecar* 是服务代理，而主要的应用程序容器是你的应用程序代码。如果查看前面命令的输出，可以发现，YAML 文件现在包含了一些额外的片段作为部署的一部分。最值得注意的是以下内容：

```
- args:
  - proxy
  - sidecar
  - --domain
  - $(POD_NAMESPACE).svc.cluster.local
  - --serviceCluster
  - catalog.$(POD_NAMESPACE)
  - --proxyLogLevel=warning
  - --proxyComponentLogLevel=misc:error
  - --trust-domain=cluster.local
  - --concurrency
  - "2"
  env:
  - name: JWT_POLICY
    value: first-party-jwt
  - name: PILOT_CERT_PROVIDER
    value: istiod
  - name: CA_ADDR
    value: istiod.istio-system.svc:15012
  - name: POD_NAME
    valueFrom:
      fieldRef:
        fieldPath: metadata.name
...
  image: docker.io/istio/proxyv2:{1.13.0}
  imagePullPolicy: Always
  name: istio-proxy
```

在 Kubernetes 中，最小的部署单元被称为 *Pod*。Pod 内可以有一个或多个容器。当运行 kube-inject 时，我们在 Deployment 对象的 Pod 模板中添加了另一个名为 istio-proxy 的容器，尽管实际上还没有部署任何东西。我们可以直接部署通过 kube-inject 命令创建的 YAML 文件；然而，我们将利用 Istio 自动注入 sidecar 代理的能力。

为了启用自动注入，我们将 istioinaction 命名空间标记为 istio-injection=enabled：

```
$ kubectl label namespace istioinaction istio-injection=enabled
```

现在，创建 catalog 部署：

```
$ kubectl apply -f services/catalog/kubernetes/catalog.yaml

serviceaccount/catalog created
service/catalog created
deployment.apps/catalog created
```

如果查询 Kubernetes 部署了什么 Pod，我们会看到这样的结果：

```
$ kubectl get pod
NAME                      READY    STATUS     RESTARTS    AGE
catalog-7c96f7cc66-flm8g  2/2      Running    0           1m
```

如果 Pod 还没有准备好，可能是下载 Docker 镜像需要一些时间。在一切趋于稳定状态之后，你应该会在 STATUS 列中看到状态为 Running 的 Pod，如前面的代码片段所示。还要注意 READY 列中的 2/2：这意味着 Pod 中有两个容器，且两个容器都处于 READY 状态。其中一个容器是应用程序容器本身，在本例中为 catalog；另一个容器是 istio-proxy sidecar。

此时，我们可以使用主机名 catalog.istioinaction 从 Kubernetes 集群中查询 catalog 服务。运行以下命令来验证一切都已启动并正常运行。如果你看到下面的 JSON 输出，则说明服务已经正常运行：

```
$ kubectl run -i -n default --rm --restart=Never dummy \
--image=curlimages/curl --command -- \
sh -c 'curl -s http://catalog.istioinaction/items/1'

{
  "id": 1,
  "color": "amber",
  "department": "Eyewear",
  "name": "Elinor Glasses",
  "price": "282.00"
}
```

接下来，我们部署 webapp 服务，它聚合来自其他服务的数据，并在浏览器中以可视化的方式显示。该服务还公开了一个 API，该 API 最终调用我们刚刚部署和验证过的 catalog 服务。这意味着 webapp 就像其他后台服务的入口与代表：

```
$ kubectl apply -f services/webapp/kubernetes/webapp.yaml

serviceaccount/webapp created
service/webapp created
deployment.apps/webapp created
```

如果列出 Kubernetes 集群中的 Pod，我们会看到在新的 webapp 部署中两个容器正在运行：

```
$ kubectl get pod

NAME                      READY    STATUS     RESTARTS    AGE
catalog-7759767f98b-mcqcm 2/2      Running    0           3m59s
webapp-8454b8bbf6-b8g7j   2/2      Running    0           50s
```

最后，调用新的 webapp 服务，并验证它的工作：

```
$ kubectl run -i -n default --rm --restart=Never dummy \
--image=curlimages/curl --command -- \
sh -c 'curl -s http://webapp.istioinaction/api/catalog/items/1'
```

如果该命令正确完成, 你将看到与直接调用 `catalog` 服务时相同的 JSON 响应。此外, 我们可以通过浏览器访问 `webapp` 服务背后所有服务的内容。为此, 将应用程序端口转发到本地主机:

```
$ kubectl port-forward deploy/webapp 8080:8080
```

你可以在浏览器上访问 http://localhost:8080, 查看 Web 应用程序用户界面, 如图 2.6 所示。

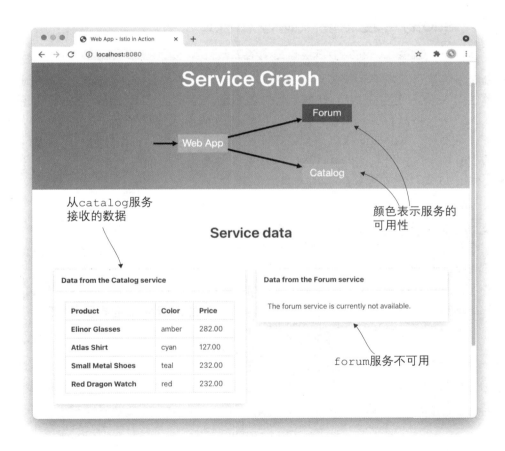

图 2.6 Web App 用户界面显示了从其他服务查询到的数据

到目前为止, 我们所做的只是使用 Istio 服务代理部署 `catalog` 和 `webapp`

服务。每个服务都有自己的 sidecar 代理，进出各个服务的所有流量都经过各自的
sidecar 代理（见图 2.7）。

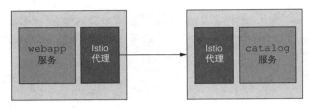

图 2.7　webapp 服务调用 catalog 服务，两者都注入了 istio-proxy

2.4　Istio的可观测性、弹性和流量路由

在前面的例子中，我们必须在本地移植 webapp 服务，因为到目前为止，还没
有办法将流量引入集群。在 Kubernetes 中，我们通常使用 Nginx 这样的入口控制器，
或者使用 Solo.io 提供的专用 API 网关 Gloo Edge 来实现。使用 Istio，我们可以使用
Istio 入口网关将流量引入集群，这样就可以调用 Web 应用程序了。在第 4 章中，我
们将讨论为什么 Kubernetes 的入口资源不能满足典型的企业工作负载，以及 Istio 如
何利用 Gateway 和 VirtualService 资源的概念来应对这些挑战。现在，我们
将使用 Istio 入口网关来公开 webapp 服务：

```
$ kubectl apply -f ch2/ingress-gateway.yaml

gateway.networking.istio.io/coolstore-gateway created
virtualservice.networking.istio.io/webapp-virtualservice created
```

此时，我们已经让 Istio 意识到 Kubernetes 集群边缘的 webapp 服务，并且我
们可以调用它。让我们看看是否能够到达我们的服务。首先，我们需要获得 Istio 网
关正在监听的端点。在 Docker Desktop 上，它默认为 http://localhost:80：

```
$ curl http://localhost:80/api/catalog/items/1
```

如果你在自己的 Kubernetes 集群上运行——例如，在一个公共云上——你可以
通过在 istio-system 命名空间中列出 Kubernetes 服务来找到公共云的外部端点：

```
$ URL=$(kubectl -n istio-system get svc istio-ingressgateway \
-o jsonpath='{.status.loadBalancer.ingress[0].ip}')

$ curl $URL/api/catalog/items/1
```

如果你不能使用负载均衡器，那么另一种方法是使用 kubectl 将 URL 端口转
发到本地机器，如下所示（将 URL 更新到 localhost:8080）：

```
$ kubectl port-forward deploy/istio-ingressgateway \
-n istio-system 8080:8080
```

就像我们在这里做的那样，使用 `curl` 到达端点之后，你应该会看到与在前面分别访问服务的步骤中相同的输出。

如果在此之前遇到任何错误，请返回并确保你成功地完成了所有步骤。如果仍然遇到错误，请确保 Istio 入口网关正确设置了到 webapp 服务的路由。为此，你可以使用 Istio 的调试工具来检查入口网关代理的配置。你也可以使用相同的技术来检查与任何应用程序一起部署的任何 Istio 代理，但我们仍将回到这里。现在，检查你的网关是否有一个路由：

```
$ istioctl proxy-config routes \
deploy/istio-ingressgateway.istio-system
```

你应该会看到类似于这样的内容：

```
NOTE: This output only contains routes loaded via RDS.
NAME           DOMAINS    MATCH              VIRTUAL SERVICE
http.80        *          /*                 webapp-virtualservice.istioinaction
               *          /healthz/ready*
               *          /stats/prometheus*
```

如果没有看到，那么最好的办法是仔细检查 Gateway 和 VirtualService 资源是否已经安装：

```
$ kubectl get gateway
$ kubectl get virtualservice
```

另外，确保它们被应用在 istioinaction 命名空间中：在 VirtualService 定义中，我们使用缩写的主机名（webapp），它缺少命名空间，并且默认为 VirtualService 被应用的命名空间。你还可以通过更新 VirtualService 来添加命名空间，将流量路由到主机 webapp.istioinaction。

2.4.1　Istio 与可观测性

由于 Istio 服务代理位于连接两边的调用路径中（每个服务都有自己的服务代理），所以 Istio 可以收集很多遥测数据并洞察应用程序之间正在发生的事情。Istio 的服务代理被部署在每个应用程序旁边，所以它收集的信息来自应用程序的"进程外"。在大多数情况下，这意味着应用程序不需要特定于库或框架的实现来实现这种级别的可观测性。应用程序是代理的黑盒，遥测指标主要关注通过网络观察到的应用程序行为。

Istio 创建了两大类可观测性的遥测指标。首先是一级指标，比如每秒请求数、失败数和长尾延迟百分比。了解这些值可以深刻理解系统中问题开始出现的位置。其次，Istio 可以支持对接像 OpenTracing.io 这样的分布式追踪。Istio 可以将 span 发送到分布式追踪后端，应用程序无须为此担心。通过这种方式，我们可以深入研究在特定的服务交互过程中发生了什么，查看在哪里发生了延迟，并获得关于总体调用延迟的信息。下面我们通过示例应用程序来探索这些功能。

一级指标

我们首先来看一下 Istio 的一些可观测性特性。在上一节中，我们添加了两个 Kubernetes Deployment，并向它们注入了 Istio sidecar 代理，然后添加了一个 Istio 入口网关，这样就可以从集群外部访问我们的服务了。为了获得指标，我们将使用 Prometheus 和 Grafana。

Istio 默认附带了一些我们之前安装的示例插件或支持组件。如前几节所述，Istio 安装中的这些组件仅用于演示。对于生产设置，你应该按照各自的文档安装每个支持组件。再次参考控制平面的示意图（见图 2.8），我们可以看到这些组件是如何配合的。

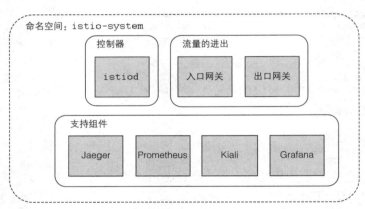

图 2.8   Istio 控制平面及支持组件

我们使用 istioctl 将 Grafana 端口转发到本地机器上，这样就可以看到仪表板了：

```
$  istioctl dashboard grafana
http://localhost:3000
```

这会自动打开默认浏览器；如果没有打开，请打开浏览器并访问 http://localhost:3000。你应该到达 Grafana 主页，如图 2.9 所示。在左上角，选择"Home"仪表板，在下拉列表中显示了可切换到的其他仪表板。

Istio 有一组开箱即用的仪表板，提供了关于 Istio 中运行的服务的一些基本细节（参见图 2.10）。通过这些仪表板，我们可以看到已经安装和运行的服务，以及一些 Istio 控制平面组件。在仪表板列表中，点击"Istio Service Dashboard"。〔如果你在

"Recent（最近）"中没有看到它，则点击展开"Recent"下的 Istio 部分。〕

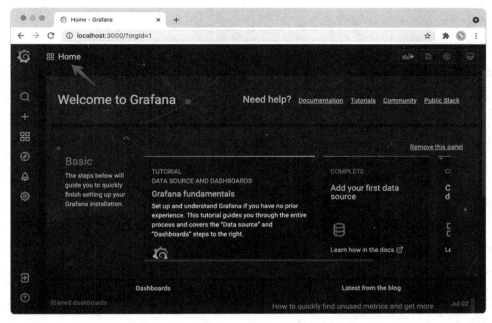

图 2.9　Grafana 主页

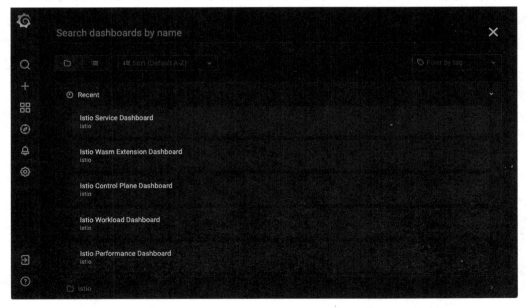

图 2.10　已安装的 Grafana 仪表板列表，包括 Istio 开箱即用的仪表板

仪表板应该显示所选特定服务的一些一级指标。在仪表板顶部的"Service"下
拉框中，确保 webapp.istioinaction.svc.cluster.local 服务被选中。
它看起来应该类似于图 2.11 所示。

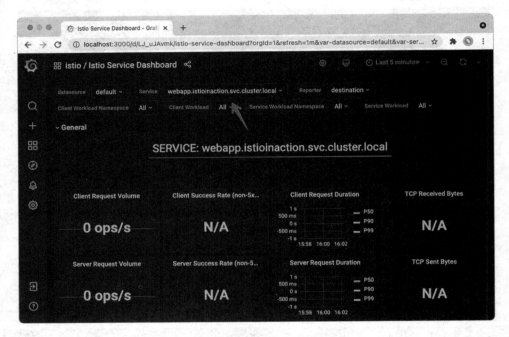

图 2.11   webapp 服务的仪表板

我们看到诸如客户端请求量和客户端成功率这样的指标，但这些值大多为空或
"N/A"。在命令行 shell 中，我们向服务发送一些流量并观察会发生什么：

```
$  while true; do curl http://localhost/api/catalog; sleep .5; done
```

按"Ctrl+C"组合键退出这个 while 循环。现在，如果查看 Grafana 仪表板，
你应该会看到一些有趣的流量，如图 2.12 所示（可能需要刷新仪表板）。

我们的服务收到了一些流量，成功率为 100%，并且有 P50、P90 和 P99 长尾延
迟。向下滚动仪表板，你可以看到其他有趣的指标——哪些服务和客户端正在调用
webapp 服务，以及行为是什么样的。

你将注意到，我们没有向应用程序代码中添加任何检测代码。尽管应该总是对
应用程序进行大量的检测，不管应用程序认为发生了什么，我们在这里看到的都是
应用程序在网络上实际做了什么。从黑盒的角度来看，我们可以观察应用程序及其
协作者在网格中的行为——我们所做的就是添加 Istio sidecar 代理。为了获得集群中

各个调用更全面的视图，我们可以考虑一些事情，比如分布式追踪，当单个请求遇到多个服务时追踪它。

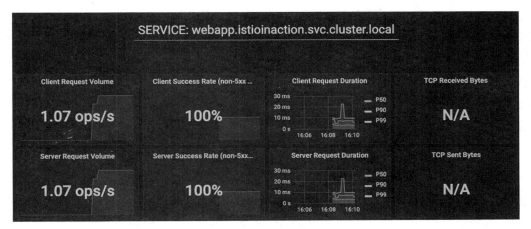

图 2.12　Web 应用程序的一级指标

使用 OpenTracing 进行分布式追踪

我们可以使用 Istio 来处理大部分繁重的工作，从而实现分布式追踪。安装 Istio 时附带的一个插件是 Jaeger 追踪仪表板，我们可以这样打开它：

```
$ istioctl dashboard jaeger

http://localhost:16686
```

现在，使用 Web 浏览器导航到 http://localhost:16686，它应该会将我们带到 Jaeger Web 控制台（参见图 2.13）。在左上窗格中，"Service" 下拉框中的服务应该是 istio-ingressgateway.istio-system。如果不是，请点击下拉按钮，在下拉框中选择 istio-ingressgateway.istio-system，然后点击侧边窗格左下方的 "Find Traces（查找痕迹）"，你应该看到一些分布式追踪条目。如果没有，请从命令行重新运行流量生成客户端：

```
$ while true; do curl http://localhost/api/catalog; sleep .5; done
```

按 "Ctrl+C" 组合键退出 while 循环。

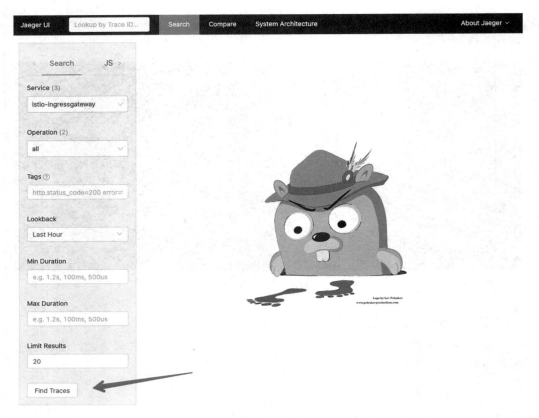

图 2.13   Jaeger 分布式追踪引擎 Web 控制台主页

你应该看到最近进入集群的调用，以及它们生成的分布式追踪 span（参见图 2.14）。点击其中一个 span 条目，将显示特定调用的详细信息。图 2.15 显示了从 `istio-ingressgateway` 调用 `webapp` 服务，然后转到 `catalog` 服务的过程。

在随后的章节中，我们将探索所有这些分布式追踪是如何工作的。现在，你应该了解了 Istio 服务代理在服务之间传播追踪 ID 和元数据，并将追踪 span 信息发送到追踪引擎（如 Zipkin 或 Jaeger）。然而，我们不想掩盖这样一个事实，即应用程序在这一整体功能中只占很小的一部分。

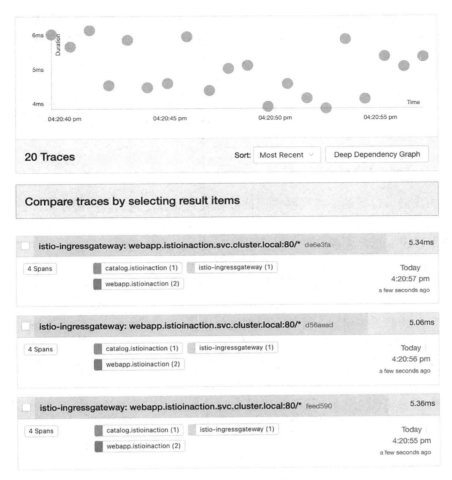

图 2.14 使用 Istio 收集的分布式追踪信息的集合

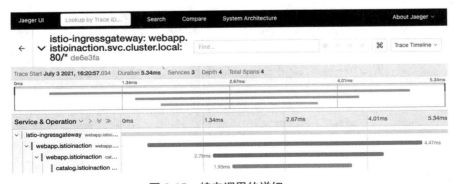

图 2.15 特定调用的详细 span

尽管 Istio 可以在服务之间传播追踪信息并传播到追踪引擎，但应用程序负责在其内部传播追踪元数据。追踪元数据通常由一组 HTTP 头（用于 HTTP 和 HTTPS 通信）组成，将传入的头与任何传出的请求关联起来取决于应用程序。换句话说，Istio 无法知道特定的服务或应用程序内部发生了什么，因此它无法知道传入的特定请求应该与哪些传出的请求相关联（因果关系）。它依赖应用程序来获取这一信息，并正确地将头注入任何传出的请求中。在那里，Istio 可以捕获这些 span 并将它们发送到追踪引擎。

2.4.2　Istio 与弹性

正如我们所讨论的，通过网络通信以完成其业务逻辑的应用程序必须意识并考虑到分布式计算可能带来的故障：它们需要处理网络的不可预测性。过去，我们试图在应用程序中包含大量这种网络工作代码，如通过执行重试、超时、熔断等操作。Istio 可以使我们不必直接在应用程序中编写这些网络代码，并为服务网格中的所有应用程序提供一致的、默认的弹性预期。

实现弹性的一个方面是在间歇 / 短暂的网络错误中重试请求。例如，如果网络出现故障，我们的应用程序可能会看到这些错误，并通过重试请求来继续。在示例架构中，我们将通过驱动 catalog 服务的行为来模拟这一点。

如果调用 webapp 服务端点，就像我们在上一节中所做的那样，调用将成功返回。但是，如果希望所有的调用都失败，则可以使用一个脚本将不良行为注入应用程序中（参见图 2.16）。从源代码的根目录运行以下命令会导致所有调用失败，100% 的调用都有 HTTP 500 错误响应：

```
$  ./bin/chaos.sh 500 100
```

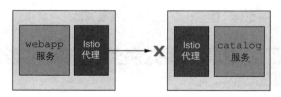

图 2.16　通过注入不良行为可以导致 catalog 服务失败

如果现在访问 catalog 服务，将返回 HTTP 500：

```
$  curl -v http://localhost/api/catalog

*   Trying 192.168.64.67...
* TCP_NODELAY set
* Connected to 192.168.64.67 (192.168.64.67) port 31380 (#0)
> GET /api/catalog HTTP/1.1
```

```
> Host: 192.168.64.67:31380
> User-Agent: curl/7.54.0
> Accept: */*
>
< HTTP/1.1 500 Internal Server Error
< content-type: text/plain; charset=utf-8
< x-content-type-options: nosniff
< date: Wed, 17 Apr 2019 00:13:16 GMT
< content-length: 30
< x-envoy-upstream-service-time: 4
< server: istio-envoy
<
error calling Catalog service
* Connection #0 to host 192.168.64.67 left intact
```

为了演示 Istio 自动对应用程序执行重试的能力，我们来配置 catalog 服务，使其对 webapp 服务端点的 50% 的调用产生错误：

```
$  ./bin/chaos.sh 500 50
```

现在，测试服务响应：

```
$  while true; do curl http://localhost/api/catalog ; \
sleep .5; done
```

按 "Ctrl+C" 组合键退出这个 while 循环。

这个命令的输出应该是来自 webapp 服务的断断续续的成功和失败。实际上，失败是 webapp 与 catalog 服务对话时导致的（catalog 服务行为不正常）。我们看看如何使用 Istio 使 webapp 和 catalog 之间的网络更具弹性。

使用 Istio VirtualService，我们可以指定与网格中的服务交互的规则。以下是 catalogVirtualService 定义的示例：

```
apiVersion: networking.istio.io/v1alpha3
kind: VirtualService
metadata:
  name: catalog
spec:
  hosts:
  - catalog
  http:
  - route:
    - destination:
        host: catalog
    retries:
      attempts: 3
      perTryTimeout: 2s
```

在这个定义中，我们指定对 catalog 服务的请求可以重试三次，每次尝试都有 2s 的超时。如果设置了这条规则，当遇到请求失败时，我们可以使用 Istio 自动重试（正如在上一步中所做的那样）。我们创建这条规则并重新运行测试客户端脚本：

```
$ kubectl apply -f ch2/catalog-virtualservice.yaml
```

```
virtualservice.networking.istio.io/catalog created
```

现在尝试再次运行客户端脚本：

```
$ while true; do curl http://localhost/api/catalog ; \
sleep .5; done
```

按"Ctrl+C"组合键退出这个 while 循环。

你应该会看到客户端上的异常变少了。使用 Istio，在不涉及任何应用程序代码的情况下，当通过网络通信时，可以增加一定程度的弹性。

我们禁用 catalog 服务中的失败响应：

```
$ ./bin/chaos.sh 500 delete
```

这将阻止 catalog 中任何不符合预期的响应。

2.4.3　Istio 与流量路由

在本章中，我们将看到的最后一个 Istio 功能是对服务网格中的请求进行非常细粒度的控制，无论它们在调用图中有多深。到目前为止，我们已经看到了一个由 webapp 服务组成的简单架构——它在后端与任何服务进行通信时都提供一个 facade。目前，它与 catalog 服务进行对话。假设我们想要向 catalog 服务中添加一些新功能。对于本例，我们将在有效负载中添加一个标志，以指示图像是否对 catalog 中的特定项目可用。我们希望将此信息公开给能够处理此变化的最终调用方。

catalog 服务的 v1 在其响应中具有以下属性：

```
{
  "id": 1,
  "color": "amber",
  "department": "Eyewear",
  "name": "Elinor Glasses",
  "price": "282.00"
}
```

对于 catalog v2，我们添加了一个名为 imageUrl 的新属性：

```
{
  "id": 1,
  "color": "amber",
  "department": "Eyewear",
  "name": "Elinor Glasses",
  "price": "282.00"
  "imageUrl": "http://lorempixel.com/640/480"
}
```

当向 catalog 服务发出请求时，对于 v2 版本，我们将期待在响应中看到 imageUrl 这个新字段。

原则上，我们希望部署新版本的 catalog，但也希望精细地控制对谁公开（发布）。重要的是能够以这样一种方式将部署与发布分离，以减少在生产环境中出错的机会，并让付费客户出现故障的概率最小。具体来说，部署就是我们将新代码带到生产环境中。当它被部署到生产环境中时，我们可以对它运行测试，并评估它是否适合用于生产环境。当发布时，我们会给它带来实时流量。我们可以采用分阶段发布的方法，只将特定类别的用户路由到新部署实例。一种策略可能是只将内部员工路由到新的部署实例，并观察该部署实例和整个系统的行为是否异常。然后，我们可以给非付费客户、银级客户等逐步增加流量。在第 5 章中，我们将更深入地讨论 Istio 的请求路由功能。

使用 Istio，我们可以很好地控制哪些流量进入服务的 v1 版本，哪些请求进入服务的 v2 版本。我们使用 Istio 中的 DestinationRule 按版本来划分服务，如下所示：

```
apiVersion: networking.istio.io/v1alpha3
kind: DestinationRule
metadata:
  name: catalog
spec:
  host: catalog
  subsets:
  - name: version-v1
    labels:
      version: v1
  - name: version-v2
    labels:
      version: v2
```

我们使用这个 DestinationRule，表示 catalog 服务的两个不同版本。我们根据 Kubernetes 中部署的标签指定组。任何标记为 version:v2 的 Kubernetes Pod 都属于 Istio 所知道的 catalog 服务的 v2 组。在创建 DestinationRule 之前，我们部署 catalog 的第二个版本：

```
$ kubectl apply \
    -f services/catalog/kubernetes/catalog-deployment-v2.yaml
deployment.extensions/catalog-v2 created
```

当新的部署就绪时，我们会看到 catalog 的第二个 Pod：

```
$ kubectl get pod
```

NAME	READY	STATUS	RESTARTS	AGE
webapp-bd97b9bb9-q9g46	2/2	Running	0	17m
catalog-5dc749fd84-fwcl8	2/2	Running	0	10m
catalog-v2-64d758d964-rldc7	2/2	Running	0	38s

如果多次调用我们的服务，可以发现一些响应中有新的 `imageUrl` 字段，而另一些则没有。在默认情况下，Kubernetes 可以在两个版本之间进行有限形式的负载均衡：

```
$  while true; do curl http://localhost/api/catalog; sleep .5; done
```

按"Ctrl+C"组合键退出这个 while 循环。

然而，我们希望在不影响最终用户的情况下安全地将软件部署到生产环境中，而且还可以选择在发布软件之前在生产环境中对其进行测试。因此，我们暂时将流量限制在 catalog 的 v1 版本。

我们要做的第一件事情是让 Istio 知道如何识别 catalog 服务的不同版本。我们使用 DestinationRule 来做到这一点：

```
$  kubectl apply -f ch2/catalog-destinationrule.yaml
destinationrule.networking.istio.io/catalog created
```

接下来，我们在 catalog VirtualService 中创建一条规则，将所有流量路由到 catalog 的 v1：

```
apiVersion: networking.istio.io/v1alpha3
kind: VirtualService
metadata:
  name: catalog
spec:
  hosts:
  - catalog
  http:
  - route:
    - destination:
        host: catalog
        subset: version-v1
```

使用新的流量路由规则来更新 catalog VirtualService：

```
$  kubectl apply -f ch2/catalog-virtualservice-all-v1.yaml

virtualservice.networking.istio.io/catalog created
```

现在，如果向 webapp 端点发送流量，将只看到 v1 响应：

```
$  while true; do curl http://localhost/api/catalog; sleep .5; done
```

按"Ctrl+C"组合键退出这个 while 循环。

假设对于某些用户，我们希望公开 catalog 服务的 v2 功能。Istio 使我们能够控制单个请求的路由，并匹配诸如请求路径、头信息、cookie 等。如果用户传入一个特定的头信息，我们将允许他们访问新的 catalog v2 服务。使用修订后的 catalog VirtualService 定义，在一个名为 x-dark-launch 的头上进行匹配。我们将任何带有头信息的请求发送到 catalog v2：

```
apiVersion: networking.istio.io/v1alpha3
kind: VirtualService
metadata:
  name: catalog
spec:
  hosts:
  - catalog
  http:                      匹配
  - match:              ←┐ 规则
    - headers:
        x-dark-launch:
          exact: "v2"       当规则匹配时
    route:             ←┘ 路由到 v2
    - destination:
        host: catalog
        subset: version-v2
  - route:                  默认
    - destination:     ←┐ 路由
        host: catalog
        subset: version-v1
```

　　我们在 VirtualService 中创建这条新的路由规则：

```
$ kubectl apply -f ch2/catalog-virtualservice-dark-v2.yaml
virtualservice.networking.istio.io/catalog configured
```

　　尝试再次调用 webapp 端点。你应该在响应中只看到来自 catalog 服务的 v1
响应：

```
$ while true; do curl http://localhost/api/catalog; sleep .5; done
```

　　现在，使用特殊的 x-dark-launch 头调用端点：

```
$ curl http://localhost/api/catalog -H "x-dark-launch: v2"
[
  {
    "id": 0,
    "color": "teal",
    "department": "Clothing",
    "name": "Small Metal Shoes",
    "price": "232.00",
    "imageUrl": "http://lorempixel.com/640/480"
  }
]
```

　　当调用中包含 x-dark-launch:v2 头时，我们会看到 catalog-v2 服务的
响应；所有其他流量进入 catalog-v1。在这里，我们使用 Istio 基于单个请求精
细地控制了到服务的流量。

在继续之前，先删除示例应用程序。我们将重新安装各个组件：

```
$  kubectl delete deployment,svc,gateway,\
virtualservice,destinationrule --all -n istioinaction
```

在下一章中，我们将更深入地研究 Envoy 代理（Istio 的默认数据平面代理），将其理解为一个独立的组件。然后，我们将展示 Istio 如何使用 Envoy 来实现服务网格所需的功能。

本章小结

- 我们可以使用 `istioctl` 来安装 Istio，并使用 `istioctl x precheck` 来验证 Istio 可以被安装在集群中。
- Istio 的配置被实现为 Kubernetes 的自定义资源。
- 为了配置代理，我们描述了 YAML 中的意图（根据 Istio 自定义资源）并将其应用于集群。
- 控制平面监视 Istio 资源，将它们转换为 Envoy 配置，并使用 xDS API 动态更新 Envoy 代理。
- 进出网格的入站流量和出站流量由入口网关和出口网关管理。
- 可以使用 `istioctl kubeinject` 将 sidecar 代理手动注入 YAML 中。
- 在标记为 `istio-injection=enabled` 的命名空间中，代理会被自动注入新创建的 Pod 中。
- 我们可以使用 `VirtualService` API 来操纵应用程序网络流量，例如，对失败的请求实现重试。

Istio的数据平面：Envoy 3

本章内容包括：
- 理解独立 Envoy 代理，以及它对 Istio 的贡献
- 探索 Envoy 的能力如何成为 Istio 这样的服务网格的核心
- 配置 Envoy 使用静态配置
- 使用 Envoy 的 Admin API 来检查和调试它

我们在第 1 章中引入了服务网格的概念，阐述了服务代理的概念，以及代理如何理解应用程序（例如，应用程序协议，如 HTTP 和 gRPC），通过通用的应用程序网络逻辑来增强应用程序的业务逻辑。服务代理与应用程序一起配置但在其进程外运行，每当应用程序想要与其他服务通信时，它都会通过服务代理来实现。

使用 Istio 时，Envoy 代理与服务网格中的所有应用程序实例一起部署，从而形成服务网格数据平面。由于 Envoy 在数据平面和整个服务网格架构中是非常重要的一个组件，我们将在本章中熟悉它。这将使你更好地理解 Istio，以及如何调试或排除故障。

3.1　什么是Envoy代理

Envoy 是 Lyft 开发的，用来解决一些在构建分布式系统时出现的网络问题。它

于 2016 年 9 月开源，一年后（2017 年 9 月）加入了云原生计算基金会（CNCF）。Envoy 是用 C++ 编写的，旨在提高性能，而且它在更高的负载级别上更加稳定。

Envoy 的创建遵循两个关键原则：

> 网络对应用程序应该是透明的。当网络和应用程序出现问题时，应该很容易确定问题的来源。

——Envoy 公告

Envoy 是一个代理，所以在进一步讨论之前，我们应该搞清楚什么是代理。我们已经提到，代理是网络架构中的中间组件，位于客户端和服务器的通信之间（参见图 3.1）。处于中间位置使它能够提供额外的功能，如安全、隐私和策略。

图 3.1　代理是向流量添加功能的中介

代理可以简化客户端与服务通信时需要知道的内容。例如，一个服务可以被实现为一组相同的实例（集群），每个实例都可以处理一定数量的负载。客户端如何知道在向该服务发出请求时使用哪个实例或 IP 地址？代理可以在中间使用一个标识符或 IP 地址，客户端使用它与服务的实例通信。图 3.2 显示了代理如何处理跨服务实例的负载均衡，而客户端不知道任何实际部署的细节。这种类型的反向代理的另一个常见功能是检查集群中实例的运行状况，并避开失败或异常的后端实例路由流量。通过这种方式，代理可以使客户端免于知道和了解哪些后端超载或出现故障。

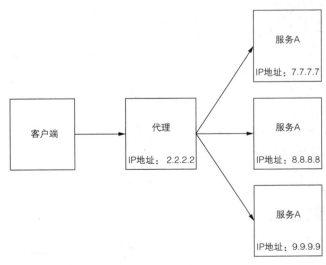

图 3.2　代理可以对客户端隐藏后端拓扑，并实现算法来公平地分配流量（负载均衡）

Envoy 代理是一个应用程序级代理，我们可以将其插入应用程序的请求路径中，以提供服务发现、负载均衡和运行状况检查等功能，但 Envoy 可以做的远不止这些。在前面的章节中，我们已经暗示了一些增强的功能，在本章中将详细介绍它们。Envoy 可以理解应用程序在与其他服务通信时可能使用的第 7 层协议。例如，在 Envoy 中，这些协议是开箱即用的：HTTP/1.1、HTTP/2、gRPC 和其他协议，Envoy 可以解析它们，配置请求级超时、重试、每次重试超时、熔断和其他弹性特性。仅使用理解连接的基本连接级（L3/L4）代理是无法完成此类任务的。

Envoy 可以被扩展，以理解除开箱即用的默认协议之外的协议。Envoy 已经为 MongoDB、DynamoDB 这样的数据库，甚至是高级消息队列协议（AMQP）这样的异步协议编写了过滤器。应用程序的可靠性和网络透明性是值得努力的目标，但快速理解分布式架构中发生的事情同样重要，特别是当应用程序没有按照预期工作时。由于 Envoy 理解应用程序级协议和通过 Envoy 的应用程序流量，代理可以收集关于流经系统的请求的大量遥测信息，例如，它们花费了多长时间、某些服务看到了多少请求（吞吐量），以及服务遇到的错误率。我们将在第 7 章中介绍 Envoy 的遥测采集功能，在第 14 章中介绍它的可扩展性。

作为代理，Envoy 被设计为通过应用程序的进程外运行来避免开发人员受到网络问题的影响。这意味着用任何编程语言或用任何框架编写的任何应用程序都可以利用这些特性。此外，尽管服务架构（SOA、微服务等）是目前流行的架构，但 Envoy 并不关心是微服务，还是用任何语言编写的单体应用程序，只要它们使用的是 Envoy 能够理解的协议（如 HTTP），Envoy 就可以提供价值。

Envoy 是一个非常通用的代理，可以扮演不同的角色：作为集群边缘的代理（作为一个入口点），或者作为单个主机或服务组的共享代理，甚至作为我们在 Istio 中看到的每个服务的代理。通过 Istio，每个服务实例都部署一个 Envoy 代理，以实现最大的灵活性、最佳性能和控制。你使用了一种部署模式（sidecar 服务代理），并不意味着你不能使用 Envoy 提供的优势。事实上，让代理在边缘和应用程序中具有相同的实现，可以使基础设施更容易操作和理解。我们将在第 4 章中看到，Envoy 可以被部署在集群边缘作为流量入口，也可以被部署在集群内组成服务网格，以充分控制和观察流量的完整调用链路。

3.1.1 Envoy 的核心功能

Envoy 有许多对服务间通信有用的功能。为了理解这些功能，你应该在较高的层次上熟悉 Envoy 的以下概念：

- 监听器（Listener）——向外部公开一个应用程序可以连接的端口。例如，80 端口上的监听器接收流量，并将任何配置的行为应用于该流量。

- 路由（Route）——如何处理进入监听器的流量的路由规则。例如，如果传入一个请求并匹配 /catalog，则将该流量定向到 catalog 集群。
- 集群（Cluster）——特定的上游服务，Envoy 可以将流量路由到这些服务。例如，catalog-v1 和 catalog-v2 可以是单独的集群，路由可以指定将流量定向到 catalog 服务的 v1 或 v2 的规则。

这是对 Envoy 为第 7 层通信所做的工作的概念性理解。我们将在第 14 章中更详细地讨论。

Envoy 在传递通信方向性时使用的术语与其他代理类似。例如，流量从下游系统进入监听器。该流量被路由到 Envoy 的一个集群，该集群负责将该流量发送到上游系统（如图 3.3 所示）。流量从下游经过 Envoy 流向上游。现在我们来看看 Envoy 的一些功能。

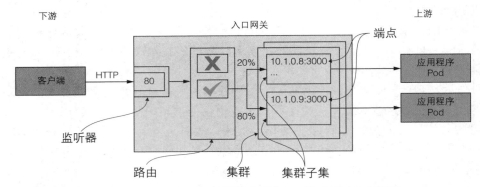

图 3.3　请求通过监听器从下游系统进入，然后经过路由规则，
最后到达集群，该集群将其发送到上游服务

服务发现

与使用特定于运行时的库来进行客户端服务发现不同，Envoy 可以为应用程序自动完成此任务。通过配置 Envoy 从一个简单的发现 API 中查找服务端点，应用程序可以不知道如何找到服务端点。发现 API（Discovery API）是一个简单的 REST API，可用于包装其他常见的服务发现 API（如 HashiCorp Consul、Apache ZooKeeper、Netflix Eureka 等）。Istio 的控制平面实现了这个开箱即用的 API。

Envoy 是专门构建的，依赖对服务发现目录的最终一致性更新。这意味着在分布式系统中，我们不能期望知道可以通信的所有服务的确切状态，以及它们是否可用。我们能做的最好的事情是利用手头的知识，主动和被动地进行健康检查，并且不期望结果可能是最新的（它们也不可能是最新的）。

Istio 通过提供驱动 Envoy 的服务发现机制配置的高级资源集，抽象出了很多这样的细节。我们将在整本书中更详细地讨论这个问题。

负载均衡

Envoy 实现了一些应用程序可以利用的高级负载均衡算法，例如位置感知负载均衡。此时，Envoy 足够聪明，可以阻止任何位置边界的流量，除非它符合某些标准，并将提供更好的流量负载均衡。例如，除非造成故障，否则 Envoy 会确保将服务间流量路由到同一位置的实例。Envoy 为以下策略提供了开箱即用的负载均衡算法：

- 随机
- 轮询
- 权重，最小请求数
- 一致性哈希

流量和请求路由

因为 Envoy 可以解析像 HTTP/1.1 和 HTTP/2 这样的应用程序协议，所以它可以使用复杂的路由规则将流量定向到特定的后端集群。Envoy 可以执行基本的反向代理路由，如虚拟主机和上下文路径匹配路由；还可以执行基于头和优先级的路由、路由的重试和超时，以及故障注入。

流量转移和镜像特性

Envoy 支持基于百分比（即权重）的流量分割 / 转移，这使得敏捷团队能够使用持续交付技术来降低风险，比如金丝雀发布。尽管这样可以将风险影响范围缩减到最小，但金丝雀发布仍然要处理实时用户流量。

Envoy 也可以复制流量，将流量镜像到另一个 Envoy 集群。你可以将这种镜像功能看作类似于流量分割的东西，但上游集群看到的请求是实时流量的副本；因此，我们可以将被镜像的流量路由到一个服务的新版本，而不需要真正地对实时生产流量进行操作。这是一个非常强大的功能，可以在不影响客户的情况下使用生产流量测试服务变更。我们将在第 5 章中详细介绍。

网络弹性

Envoy 可以用来解决某些类型的弹性问题，但请注意，调整和配置参数是应用程序的责任。一方面，Envoy 可以自动执行请求超时和请求级重试（每次重试超时）。当请求经历间歇性的网络不稳定时，这种类型的重试行为非常有用。另一方面，重试放大可能导致级联失败，Envoy 允许你限制重试行为。还要注意，你可能仍然需要应用程序级重试，并且不能完全将重试任务交给 Envoy。此外，当 Envoy 调用上游集群时，可以为它配置 bulkheading 特性，比如限制正在运行的连接或未完成的请求的数量，并快速处理所有超过这些阈值的请求（在这些阈值上有些抖动）。最后，

Envoy 可以执行异常点检测，它的行为类似于熔断器，当节点行为不符合预期时，将其从负载均衡池中弹出。

HTTP/2 和 gRPC

HTTP/2 是对 HTTP 协议的一个重大改进，它允许在单个连接上复用请求、服务端推送交互、流交互和请求反压力。Envoy 从一开始就被构建为一个 HTTP/1.1 和 HTTP/2 代理，为下游和上游的每个协议提供代理功能。也就是说，Envoy 可以接受 HTTP/1.1 连接并转为 HTTP/2 请求——反之亦然——或者代理传入的 HTTP/2 请求到上游 HTTP/2 集群。gRPC 是一个使用 Google Protocol Buffers（Protobuf）的 RPC 协议，它位于 HTTP/2 之上，同时也得到了 Envoy 的天然支持。这些都是强大的特性（在实现中很难得到正确的实现），并将 Envoy 与其他服务代理区分开来。

可观测性之指标收集

正如我们在 2016 年 9 月 Lyft 发布的 Envoy 公告中看到的那样，Envoy 的目标之一就是帮助人们理解网络。Envoy 收集了大量的指标来实现这一目标。它追踪调用它的下游系统、服务器本身，以及向其发送请求的上游集群的多维指标。Envoy 的统计数据以计数器、量表或直方图的形式进行追踪。表 3.1 列出了为上游集群追踪的统计数据类型的一些示例。

表 3.1   Envoy 代理收集的一些统计数据

统计指标	描　　述
downstream_cx_total	连接总数
downstream_cx_http1_active	活跃的 HTTP/1.1 连接总数
downstream_rq_http2_total	HTTP/2 请求总数
cluster.\<name\>.upstream_cx_overflow	集群连接熔断总次数
cluster.\<name\>.upstream_rq_retry	请求重试总次数
cluster.\<name\>.ejections_detected_consecutive_5xx	检测到的连续 5xx 拒绝的次数（即使是未执行的请求）

Envoy 可以使用可配置的适配器和格式发送统计数据。Envoy 支持以下功能，开箱即用：

- StatsD
- Datadog; DogStatsD
- Hystrix 格式化
- 通用指标服务

可观测性之分布式调用链路追踪

Envoy 可以向 OpenTracing 引擎报告追踪的 span，以可视化调用链路中的流量、跳转和延迟。这意味着你不必安装特殊的 OpenTracing 库。此外，应用程序负责传播必要的 Zipkin 头文件，这可以通过薄包装器库来完成。

Envoy 生成一个 x-request-id 头来关联跨服务的调用，还可以在触发追踪时生成初始的 x-b3* 头。应用程序负责传播的头信息如下：

- x-b3-traceid
- x-b3-spanid
- x-b3-parentspanid
- x-b3-sampled
- x-b3-flags

自动终止和发起 TLS

Envoy 可以在集群的边缘和服务代理网格的深处终止以特定服务为目的地的传输层安全（Transport Level Security, TLS）流量。一个更有趣的功能是，Envoy 可以用来代表应用程序向上游集群发起 TLS 流量。对于企业开发人员和运维人员来说，这意味着我们不必处理特定于语言的设置和密钥库或信任库。只要在请求路径中有 Envoy，我们就可以自动获得 TLS，甚至双向 TLS。

限流

弹性的一个重要方面是能够限制对受保护资源的访问。诸如数据库、缓存或共享服务这样的资源可能会因为各种原因而受到保护：

- 调用开销很大（每次调用的开销）。
- 缓慢或不可预测的延迟。
- 保护免受饥饿的公平算法。

特别是当服务被配置为重试时，我们不希望放大系统中某些故障的影响。为了帮助控制这些场景中的请求，我们可以使用全局限流服务。Envoy 可以在网络（每个连接）和 HTTP（每个请求）级别上与限流服务集成。我们将在第 14 章中展示如何做到这一点。

Envoy 扩展

Envoy 的核心是一个字节处理引擎，可以在其上构建协议（第 7 层）编解码器（称为过滤器）。Envoy 使构建额外的过滤器成为一级用例，并且是为特定用例扩展 Envoy 的一种令人兴奋的方式。Envoy 过滤器是用 C++ 编写的，并编译成 Envoy 二进制文件。此外，Envoy 还支持 Lua 脚本和 WebAssembly（Wasm），以一种侵入性更小的方式扩展 Envoy 的功能。Envoy 扩展将在第 14 章中讨论。

3.1.2　Envoy 与其他代理的比较

Envoy 的优点是扮演应用程序或服务代理的角色，Envoy 通过代理促进应用程序之间的对话，并解决可靠性和可观测性的问题。其他代理已经从负载均衡器和 Web 服务器演变成功能更强大和性能更高的代理。其中一些社区发展得不那么快，或者封闭源代码，并且花了一段时间才发展到可以在应用程序到应用程序的场景中使用。特别地，Envoy 在这些领域相对于其他代理而言大放异彩：

- WebAssembly 的可扩展性。
- 开放社区。
- 构建便于维护和扩展的模块化代码库。
- 支持 HTTP/2（上游和下游）。
- 深度协议指标收集。
- C++ / 非垃圾回收。
- 动态配置，无须热重启。

更具体、更详细的对比，请参见以下内容：

- Envoy 文档和比较："链接 1"。
- Turbine 实验室从 Nginx 切换到 Envoy："链接 2"。
- Cindy Sridharan 对 Envoy 的初步看法："链接 3"。
- 为什么 Ambassador（API Gateway）选择 Envoy，而不是 HAProxy 和 Nginx："链接 4"。

3.2　配置Envoy

Envoy 由 JSON 或 YAML 格式的配置文件驱动。配置文件指定监听器、路由规则和集群，以及特定于服务器的设置，比如是否启用 Admin API、访问日志应该放在哪里、追踪引擎的配置，等等。如果你已经熟悉 Envoy 及其配置，那么可能知道 Envoy 配置有不同的版本。最初的版本 v1 和 v2 已经被弃用，取而代之的是 v3。在本书中，我们只讨论 v3 的配置，因为这是当前 Istio 使用的版本。

Envoy 的 v3 配置 API 被构建在 gRPC 上。Envoy 和 v3 API 的实现者在调用 API 时可以利用流功能，并减少 Envoy 代理聚合到正确配置所需的时间。在实践中，这消除了轮询 API 的需要，并允许服务器向 Envoy 推送更新，而不是代理定期轮询。

3.2.1　静态配置

我们可以使用 Envoy 的配置文件指定监听器、路由规则和集群。以下是一个非常简单的 Envoy 配置：

```
static_resources:
  listeners:                              ←┤ 监听器定义
  - name: httpbin-demo
    address:
      socket_address: {
        address: 0.0.0.0, port_value: 15001 }
    filter_chains:
    - filters:
      - name: envoy.http_connection_manager    ←┤ HTTP 过滤器
        config:
          stat_prefix: egress_http
          route_config:                   ←┤ 路由规则
            name: httpbin_local_route
            virtual_hosts:
            - name: httpbin_local_service
              domains: ["*"]              ←┤ 通配符匹配的虚拟主机
              routes:
              - match: { prefix: "/" }
                route:
                  auto_host_rewrite: true
                  cluster: httpbin_service   ←┤ 路由到下游集群
          http_filters:
          - name: envoy.router
  clusters:
  - name: httpbin_service                 ←┤ 上游集群
    connect_timeout: 5s
    type: LOGICAL_DNS
    # Comment out the following line to test on v6 networks
    dns_lookup_family: V4_ONLY
    lb_policy: ROUND_ROBIN
    hosts: [{ socket_address: {
      address: httpbin, port_value: 8000 }}]
```

这个简单的 Envoy 配置文件声明了一个监听器，该监听器在 15001 端口上打开一个 socket，并将过滤器链附加到该 socket 上。过滤器使用路由指令配置 Envoy 中的 `http_connection_manager`。本例中给出的简单路由指令是为了匹配通配符 "*"，并将其所有流量路由到 `httpbin_service` 集群。配置的最后一部分定义了到 `httpbin_service` 集群的连接。这个示例指定 LOGICAL_DNS 用于端点服务发现，ROUND_ROBIN 用于与上游 httpbin 服务通信时的负载均衡。更多信息请参阅 Envoy 文档。

这个配置文件创建了一个监听器，传入的流量可以连接到它，并将所有流量路由到 httpbin 集群。它还指定使用何种负载均衡设置，以及使用何种类型的连接超时。如果调用这个代理，我们希望请求被路由到 httpbin 服务。

注意，大部分配置都是显式指定的（有哪些监听器、路由规则是什么、可以路由到哪些集群，等等）。这是一个完全静态的配置文件示例。在前几节中，我们指出 Envoy 可以动态地配置其各种设置。在 Envoy 的实践部分，我们将使用静态配置，但是会先介绍动态服务，以及 Envoy 如何使用其 xDS API 进行动态配置。

3.2.2　动态配置

Envoy 可以使用一组 API 来执行内联配置更新，而无须重启。它只需要一个简单的引导配置文件，将配置指向正确的发现服务 API；其余都是动态配置的。Envoy 使用以下 API 进行动态配置：

- LDS（Listener Discovery Service）——允许 Envoy 查询应该在该代理上公开哪些监听器的 API。
- RDS（Route Discovery Service）——监听器配置的一部分，指定使用哪些路由。这是 LDS 的一个子集，用于确定应该使用静态配置还是动态配置。
- CDS（Cluster Discovery Service）——这个 API 允许 Envoy 发现该代理应该拥有哪些集群以及每个集群各自的配置。
- EDS（Endpoint Discovery Service）——集群配置的一部分，指定用于特定集群的端点。这是 CDS 的一个子集。
- SDS（Secret Discovery Service）——用于分发证书的 API。
- ADS（Aggregate Discovery Service）——对其他 API 的所有更改的序列化流。你可以使用这个 API 按顺序获取所有更改。

这些 API 被统称为 xDS 服务。配置时可以使用其中一种或几种组合；你不需要把它们都用上。注意，Envoy 的 xDS API 是建立在最终一致性的前提下的，正确的配置最终会收敛。例如，Envoy 可以通过一个新路由来更新 RDS，该路由将流量路由到一个还没有在 CDS 中更新的 `foo` 集群。在 CDS 更新之前，该路由可能会引入路由错误。Envoy 引入了 ADS 来解释这个竞争条件，Istio 为代理配置的更改实现 ADS。

例如，要动态地发现 Envoy 代理的监听器，我们可以使用如下配置：

```
dynamic_resources:
  lds_config:                    ◁─── LDS 的
    api_config_source:                配置
      api_type: GRPC
      grpc_services:
        - envoy_grpc:            ◁─── 针对这个 API 访问
            cluster_name: xds_cluster     该集群

clusters:
- name: xds_cluster             ◁─── 实现了 LDS 的
  connect_timeout: 0.25s             gRPC 集群
  type: STATIC
  lb_policy: ROUND_ROBIN
  http2_protocol_options: {}
  hosts: [{ socket_address: {
    address: 127.0.0.3, port_value: 5678 }}]
```

使用这个配置，我们不需要在配置文件中显式地配置每个监听器。我们告诉 Envoy 在运行时使用 LDS API 来发现正确的监听器配置值。但是，我们确实显式地配置了一个集群：LDS API 所在的集群（在本例中名为 `xds_cluster`）。

举一个更具体的例子，Istio 为它的服务代理使用了一个 `bootstrap` 配置，类似于如下配置：

```
bootstrap:
  dynamicResources:
    ldsConfig:
      ads: {}          ←⎯⎯|  监听器的 ADS 信息
    cdsConfig:
      ads: {}          ←⎯⎯|  集群的 ADS 信息
    adsConfig:
      apiType: GRPC
      grpcServices:
      - envoyGrpc:
          clusterName: xds-grpc    ←⎯⎯  使用名为 xds-grpc 的
      refreshDelay: 1.000s              集群
  staticResources:
    clusters:
    - name: xds-grpc    ←⎯⎯  定义 xds-grpc
      type: STRICT_DNS          集群
      connectTimeout: 10.000s
      hosts:
      - socketAddress:
          address: istio-pilot.istio-system
          portValue: 15010
      circuitBreakers:    ←⎯⎯  可靠性和
        thresholds:              熔断配置
        - maxConnections: 100000
          maxPendingRequests: 100000
          maxRequests: 100000
        - priority: HIGH
          maxConnections: 100000
          maxPendingRequests: 100000
          maxRequests: 100000
      http2ProtocolOptions: {}
```

我们修改一个简单的静态 Envoy 配置文件，看看 Envoy 是如何工作的。

3.3 Envoy实战

Envoy 是用 C++ 编写的，并被编译到本地 / 特定平台。使用 Envoy 最好的方法是，使用 Docker 并运行一个 Docker 容器。在本书中，我们一直使用 Docker Desktop，但在本节中可以使用任何 Docker 守护进程。例如，在一台 Linux 机器上，你可以直接安装 Docker。

首先引入三个 Docker 镜像，我们将使用它们来探索 Envoy 的功能：

```
$  docker pull envoyproxy/envoy:v1.19.0
$  docker pull curlimages/curl
$  docker pull citizenstig/httpbin
```

我们先创建一个简单的 httpbin 服务。如果你不熟悉 httpbin，则可以访问"链接 5"并探索不同的可用端点。它基本上实现了一个服务，该服务可以返回用于调用它的头、延迟 HTTP 请求或抛出错误，这取决于我们调用的端点，例如 /headers 端点。一旦启动了 httpbin 服务，我们将启动 Envoy 并配置其将所有流量代理到 httpbin 服务，然后启动一个客户端应用程序并调用代理。这个例子的简化架构如图 3.4 所示。

图 3.4   我们将使用示例应用程序来实现 Envoy 的一些功能

执行如下命令，设置在 Docker 中运行的 httpbin 服务：

```
$  docker run -d --name httpbin citizenstig/httpbin
787b7ec9365ff01841f2525cdd4e74e154e9d345f633a4004027f7ff1926e317
```

查询 /headers 端点，测试新的 httpbin 服务是否被正确部署：

```
$  docker run -it --rm --link httpbin curlimages/curl \
curl -X GET http://httpbin:8000/headers

{
  "headers": {
    "Accept": "*/*",
    "Host": "httpbin:8000",
    "User-Agent": "curl/7.80.0"
  }
}
```

你应该会看到类似这样的输出；响应返回的是调用 /headers 端点的头。

现在运行 Envoy 代理，将 --help 传递给命令，并研究它的一些标志和命令行参数：

```
$  docker run -it --rm envoyproxy/envoy:v1.19.0 envoy --help
```

以下是一些有趣的标志：-c，用于传入配置文件；--service-zone 用于指定部署代理的可用性区域；--service-node，用于为代理提供唯一一名称；--log-level，控制代理的日志记录的详细程度。

运行 Envoy：

```
$  docker run -it --rm envoyproxy/envoy:v1.19.0 envoy

[2021-11-21 21:28:37.347] [1] [info] [main]
➥[source/server/server.cc:855] exiting
At least one of --config-path or --config-yaml or
➥Options::configProto() should be non-empty
```

发生了什么事？我们尝试运行代理，但没有传入有效的配置文件。我们来解决这个问题，并传入一个基于前面的示例配置的简单配置文件。它有这样的结构：

```
static_resources:
  listeners:                          ◁─── 15001 端口上的
  - name: httpbin-demo                     监听器
    address:
      socket_address:
        address: 0.0.0.0
        port_value: 15001
    filter_chains:
    - filters:
      - name:  envoy.filters.network.http_connection_manager
        typed_config:
          "@type": type.googleapis.com/envoy.extensions.filters.
          ➥network.http_connection_manager.v3.HttpConnectionManager
          stat_prefix: ingress_http
          http_filters:
          - name: envoy.filters.http.router
          route_config:
            name: httpbin_local_route
            virtual_hosts:
            - name: httpbin_local_service
              domains: ["*"]
              routes:
              - match: { prefix: "/" }
                route:                   ◁─── 简单的
                  auto_host_rewrite: true      路由规则
                  cluster: httpbin_service
  clusters:
    - name: httpbin_service        ◁─── httpbin
      connect_timeout: 5s               集群
      type: LOGICAL_DNS
      dns_lookup_family: V4_ONLY
      lb_policy: ROUND_ROBIN
      load_assignment:
        cluster_name: httpbin
        endpoints:
        - lb_endpoints:
          - endpoint:
              address:
                socket_address:
                  address: httpbin
                  port_value: 8000
```

简单来说，我们在 15001 端口上暴露一个监听器，并将所有流量路由到 httpbin

集群。我们用这个位于源代码根目录下的配置文件（ch3/simple.yaml）来启动 Envoy：

```
$  docker run --name proxy --link httpbin envoyproxy/envoy:v1.19.0 \
   --config-yaml "$(cat ch3/simple.yaml)"

5d32538c078a6e14ba0d4072d6ff10592a8a439714e7c9ac9c69e1ff71aa54f2

$ docker logs proxy
[2018-08-09 22:57:50.769][5][info][config]
➥all dependencies initialized. starting workers
[2018-08-09 22:57:50.769][5][info][main]
➥starting main dispatch loop
```

代理成功启动，并在 15001 端口上监听。我们使用一个简单的命令行客户端 curl 来调用代理：

```
$  docker run -it --rm --link proxy curlimages/curl \
   curl  -X GET http://proxy:15001/headers

{
  "headers": {
    "Accept": "*/*",
    "Content-Length": "0",
    "Host": "httpbin",
    "User-Agent": "curl/7.80.0",
    "X-Envoy-Expected-Rq-Timeout-Ms": "15000",
    "X-Request-Id": "45f74d49-7933-4077-b315-c15183d1da90"
  }
}
```

即使调用了代理，流量也被正确地发送到 httpbin 服务。我们也有了一些新的头：

- X-Envoy-Expected-Rq-Timeout-Ms
- X-Request-Id

这看起来微不足道，但 Envoy 已经为我们做了很多。它生成了一个新的 X-Request-Id，可用于关联跨集群的请求，以及潜在的跨服务的多跳来实现请求。第二个头，X-Envoy-Expected-Rq-Timeout-Ms，是对上游服务的一个提示，表示请求预计在 15 000ms 后超时。上游系统和请求所经过的其他任何跳点都可以使用这个提示来实现一个最后期限。最后期限允许我们将超时意图传达给上游系统，并在超过最后期限时让它们停止处理。这将在执行超时后释放资源。

现在，我们稍微修改一下这个配置，并尝试将预期的请求超时设置为 1s。在配置文件中，更新 route 规则：

```
- match: { prefix: "/" }
  route:
      auto_host_rewrite: true
      cluster: httpbin_service
      timeout: 1s
```

我们已经更新了这个示例的配置文件，可以在 Docker 镜像中找到 simple_change_timeout.yaml 配置文件，并把它作为参数传递给 Envoy。停止现有的代理，使用这个新的配置文件重新启动它：

```
$  docker rm -f proxy
proxy

$  docker run --name proxy --link httpbin envoyproxy/envoy:v1.19.0 \
  --config-yaml "$(cat ch3/simple_change_timeout.yaml)"

26fb84558165ae9f9d9afb67e9dd7f553c4d412989904542795a82cc721f1ce5
```

现在，再次调用代理：

```
$  docker run -it --rm --link proxy curlimages/curl \
curl  -X GET http://proxy:15001/headers

{
  "headers": {
    "Accept": "*/*",
    "Content-Length": "0",
    "Host": "httpbin",
    "User-Agent": "curl/7.80.0",
    "X-Envoy-Expected-Rq-Timeout-Ms": "1000",
    "X-Request-Id": "c7e9212a-81e0-4ac2-9788-2639b9898772"
  }
}
```

预期的请求超时值已更改为 1000。接下来，我们做一些比更改最后期限更令人兴奋的事情。

3.3.1 Envoy 的 Admin API

要了解 Envoy 的更多功能，那就要先熟悉 Envoy 的 Admin API。Admin API 让我们了解代理的行为、访问其指标和配置。我们从运行 curl http://proxy:15000/stats 开始：

```
$  docker run -it --rm --link proxy curlimages/curl \
curl -X GET http://proxy:15000/stats
```

请求响应是监听器、集群、服务器的一长串统计数据和指标列表。我们可以使用 grep 修改输出，只显示包含单词 retry 的统计数据：

```
$  docker run -it --rm --link proxy curlimages/curl \
curl -X GET http://proxy:15000/stats | grep retry

cluster.httpbin_service.retry_or_shadow_abandoned: 0
cluster.httpbin_service.upstream_rq_retry: 0
cluster.httpbin_service.upstream_rq_retry_overflow: 0
cluster.httpbin_service.upstream_rq_retry_success: 0
```

如果直接调用 Admin API，而没有 /stats 上下文路径，你应该会看到可以调用的其他端点列表。需要探索的一些端点包括：

- /certs——机器上的证书。
- /clusters——Envoy 配置的集群。
- /config_dump——Envoy 配置的转储。
- /listeners——Envoy 配置的监听器。
- /logging——查看和更改日志设置。
- /stats——Envoy 统计数据。
- /stats/prometheus——使用 Prometheus 记录格式化的 Envoy 统计数据。

3.3.2　Envoy 的请求重试

让我们在对 httpbin 的请求中制造一些失败，并观察 Envoy 如何自动重试请求。我们先使用 retry_policy 更新配置文件：

```
- match: { prefix: "/" }
  route:
    auto_host_rewrite: true
  cluster: httpbin_service
  retry_policy:
      retry_on: 5xx          ◁──┤ 基于 5xx 错误码重试
      num_retries: 3      ◁──┐ 重试
                              ┤ 次数
```

与前面的示例一样，不必更新配置文件：在更新版本的 Docker 镜像中可以找到 simple_retry.yaml 配置文件。在启动 Envoy 时传入配置文件：

```
$  docker rm -f proxy
proxy

$  docker run --name proxy --link httpbin envoyproxy/envoy:v1.19.0 \
  --config-yaml "$(cat ch3/simple_retry.yaml)"
4f99c5e3f7b1eb0ab3e6a97c16d76827c15c2020c143205c1dc2afb7b22553b4
```

现在，使用 /status/500 上下文路径调用代理。使用该上下文路径调用 httpbin（代理会这样做）会导致一个错误：

```
$ docker run -it --rm --link proxy curlimages/curl \
curl -v http://proxy:15001/status/500
```

当调用完成时，我们不应该看到任何响应。发生了什么事？我们来看看 Envoy 的 Admin API：

```
$ docker run -it --rm --link proxy curlimages/curl \
curl -X GET http://proxy:15000/stats | grep retry

cluster.httpbin_service.retry.upstream_rq_500: 3
cluster.httpbin_service.retry.upstream_rq_5xx: 3
cluster.httpbin_service.retry_or_shadow_abandoned: 0
cluster.httpbin_service.upstream_rq_retry: 3
cluster.httpbin_service.upstream_rq_retry_overflow: 0
cluster.httpbin_service.upstream_rq_retry_success: 0
```

Envoy 在与上游集群 `httpbin` 通信时遇到 HTTP 500 响应。这正是我们所期望的。Envoy 还自动重试了请求，这是 `cluster.httpbin_service.upstream_rq_retry:3` 所指示的结果。

我们刚刚演示了 Envoy 的一些非常基本的功能，这些功能自动地为应用程序网络提供了可靠性。我们使用静态配置文件来解释和演示这些功能；但是正如在上一节中所看到的，Istio 使用动态配置功能。这样做可以让 Istio 管理大量的 Envoy 代理，每个代理都有其潜在的复杂配置。请参阅 Envoy 文档或"使用 Envoy sidecar 代理的微服务模式"系列博客文章，以获得关于 Envoy 功能的更多细节。

3.4 Envoy与Istio的融合

Envoy 为本书中介绍的大多数 Istio 特性提供了大量的支持。作为代理，Envoy 非常适合服务网格的应用；然而，要从 Envoy 中获得最大的价值，需要配套的基础设施或组件。Istio 提供的涉及用户配置、安全策略和运行时设置的支持组件创建了控制平面。Envoy 也不做数据平面的所有工作，需要额外的支持来实现。要了解更多，请参阅附录 B。

我们通过几个示例来说明支持组件的必要性。我们可以看到，由于 Envoy 的功能，我们可以使用静态配置文件配置一组服务代理，或者使用一组 *xDS* 发现服务在运行时发现监听器、端点和集群。Istio 在 `istiod` 控制平面组件中实现了这些 xDS API。

如图 3.5 所示，说明了 `istiod` 如何使用 Kubernetes API 读取 Istio 配置，比如 `VirtualService`，然后动态地配置服务代理。

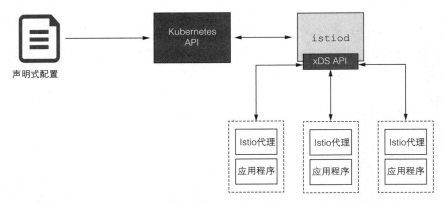

图 3.5   Istio 抽象出了服务注册表，并提供了 Envoy 的 xDS API 实现

　　一个相关的例子是 Envoy 的服务发现，它依赖某种服务注册表来发现端点。istiod 实现了这个 API，但也将 Envoy 从所有特定的服务注册表实现中抽象出来。当 Istio 被部署在 Kubernetes 上时，Istio 使用 Kubernetes 的服务注册表来发现服务。Envoy 代理完全不涉及这些实现细节。

　　这里还有一个例子：Envoy 可以输出许多指标和遥测信息，Envoy 必须配置遥测信息将发往何处。Istio 将数据平面配置为与 Prometheus 等时间序列系统集成。我们还看到了 Envoy 如何将分布式追踪 span 发送到 OpenTracing 引擎，而 Istio 可以配置 Envoy 将它的 span 发送到那里（参见图 3.6）。例如，Istio 集成了 Jaeger 追踪引擎，也可以使用 Zipkin。

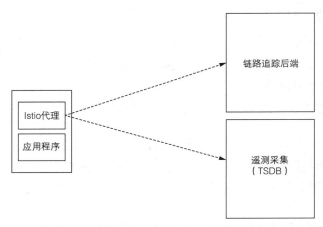

图 3.6   Istio 配置和集成指标收集与分布式追踪基础设施

　　最后，Envoy 可以终止和发起到网络中服务的 TLS 流量。为此，我们需要支持基础设施创建、签名和轮换证书。Istio 通过 istiod 组件提供了这个功能（参见图3.7）。

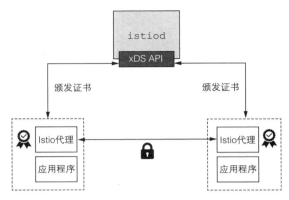

图 3.7 `istiod` 提供了特定于应用程序的证书，可用于建立双向 TLS，
以确保服务之间的通信安全

　　Istio 的组件和 Envoy 代理一起构成了一个引人注目的服务网格实现。两者都有蓬勃发展的、充满活力的社区，并面向下一代服务架构。本书的其余部分假设 Envoy 是一个数据平面，因此，你从本章中学到的所有知识都可以转移到其他章节。从这里开始，我们将 Envoy 称为 *Istio 服务代理*，它的功能可以通过 Istio 的 API 看到——但是要知道，许多功能实际上都来自 Envoy 并由 Envoy 实现。

　　在下一章中，我们将介绍如何通过边缘网关/代理来控制流量，从而开始将流量引入服务网格集群中。当集群之外的客户端应用程序希望与运行在集群内的服务通信时，我们需要非常清楚和明确地知道哪些流量是允许的，哪些是不允许的。我们将研究 Istio 的网关，以及它如何提供建立受控入口点所需的功能。本章的所有知识都将适用：Istio 的默认网关是建立在 Envoy 代理上的。

本章小结

- Envoy 是应用程序可以用于应用程序级行为的代理。
- Envoy 是 Istio 的数据平面。
- Envoy 能够一致且正确地解决云的可靠性问题（网络故障、拓扑变化、弹性）。
- Envoy 使用了一个动态的 API 来控制运行时（Istio 使用的）。
- Envoy 公开了许多关于应用程序使用和代理内部的强大指标和信息。

第2部分

保护、观察和控制服务网格中的流量

一个异常服务有可能使你的整个系统瘫痪。我们已经一次又一次地看到过这样的情况：可能是线程池满了，数据库变慢了，也可能是一个罕见的 bug 被触发并导致服务失去控制。我们如何构建弹性服务来处理这些场景？我们如何持续监控黄金指标来检测故障情况？我们如何确保服务之间通信的安全？

Istio 可以解决这些问题。第 4~9 章讨论了如何处理调用链路中从入口到深层的流量；负载均衡算法与弹性策略如何帮助整个系统在面临服务故障时保持可用性；如何在业务架构中一致地观察所有服务的吞吐量、延迟、饱和和错误率；如何追踪特定的服务调用链路以查明网络中的问题；是否可以通过编写服务通信策略，验证连接两端的服务是正确的通信对象。本书的这一部分将涵盖这些主题。

Istio网关：将流量导入集群

4

本章内容包括：
- 定义进入集群的入口点
- 将入口流量路由到集群
- 保护入口流量
- 路由非 HTTP/S 流量

我们通常在集群内运行重要的服务和应用程序。正如我们将在本书中看到的，Istio 能够解决服务间通信（集群内或跨集群）中的一些困难，这正是它的亮点。

在服务相互通信之前，必须通过一个媒介触发交互操作。例如，一个购买商品的终端用户、一个查询 API 的客户端等。这些触发器的共同之处在于，它们都起源于集群外部。这就提出了一个问题：如何从集群外部获取流量并进入集群（参见图4.1）？在本章中，我们将通过定义一个入口点，让工作在集群外部的客户端安全地连接到运行在集群内部的服务，来回答这个问题。

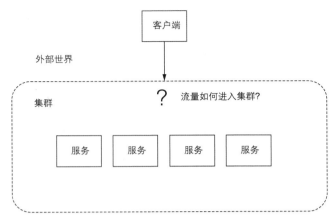

图 4.1　我们希望将运行在集群外部的客户端与运行在集群内部的服务连接起来

4.1　流量入口概念

网络领域有一个术语，用于通过入口连接网络，这就是入口点。入口流量是指从网络外部发出并到达网络内部的流量。流量首先被路由到一个入口点，该入口点是流量的守门人。入口点执行关于允许哪些流量进入本地网络的规则和策略。如果允许该流量进入，入口点就将流量代理到本地网络中的正确端点。如果不允许该流量进入，入口点将拒绝该流量。

4.1.1　虚拟 IP 地址：简化服务访问

此时，深入研究流量如何被路由到网络的入口点是很有用的——至少可以了解它如何与我们在本书中讨论的集群类型相关联。假设有一个服务，我们希望在 api.istioinaction.io/v1/products 中公开它，用于外部系统，以获得 catalog 服务中的产品列表。当客户端试图查询这个端点时，客户端的网络堆栈首先尝试将 api.istioinaction.io 域名解析为一个 IP 地址。这是通过 DNS 服务器完成的。网络堆栈向 DNS 服务器查询特定主机名的 IP 地址。因此，让流量进入网络的第一步是将服务的 IP 地址映射到 DNS 中的主机名。对于公共地址，我们可以使用诸如 Amazon Route 53 或 Google Cloud DNS 这样的服务，并将域名映射到 IP 地址。在我们自己的数据中心，我们会使用内部 DNS 服务器来做同样的事情。但是，我们应该将域名映射到哪个 IP 地址？

图 4.2 显示了为什么不应该将域名直接映射到服务的特定实例或端点（特定 IP 地址），因为这种方法可能非常脆弱。如果某个特定的服务实例宕机，会发生什么？

在将DNS映射更改为具有工作端点的新IP地址之前，我们会在客户端看到许多错误。但是这样做，服务关闭的时候会很慢，容易出错，而且可用性很低。

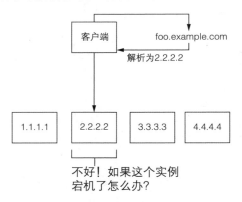

图4.2   我们不想将域名映射到服务的特定实例和IP地址

图4.3 展示了如何将域名映射到一个虚拟 IP 地址，该 IP 地址代表我们的服务，并将流量转发到实际服务实例，为我们提供了更高的可用性和更大的灵活性。虚拟 IP 地址被绑定到一种称为反向代理的入口点类型。反向代理是一个负责将请求分发到后端服务的中间组件，它不对应任何特定的服务。反向代理还可以提供负载均衡等功能，这样请求就不会压垮任何一个后端。

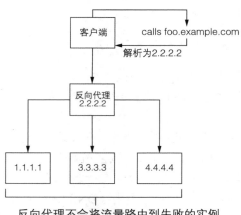

图4.3   将虚拟 IP 地址映射到一个反向代理，由它处理跨服务实例的负载均衡

4.1.2　虚拟主机：来自单个接入点的多个服务

在上一节中，我们看到了如何使用单个虚拟 IP 地址来做服务寻址，该服务可能包含多个 IP 地址的服务实例；但是客户端只使用虚拟 IP 地址。我们还可以使用一个虚拟 IP 地址表示多个不同的主机名。例如，可以将 prod.istioinaction.io 和 api.istioinaction.io 都解析为相同的虚拟 IP 地址。这意味着对两个主机名的请求最终将被发送到相同的虚拟 IP 地址，即使用相同的入口反向代理路由请求。如果反向代理足够智能，它可以使用 HTTP 头 Host 进一步划分请求应该被发送到哪个服务（参见图 4.4）。

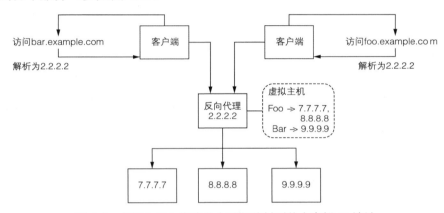

图 4.4　虚拟主机允许将多个服务映射到单个虚拟 IP 地址

在一个入口点托管多个不同的服务被称为虚拟主机托管。我们需要一种方法来决定将特定请求路由到哪个虚拟主机。对于 HTTP/1.1，我们可以使用 Host 头；对于 HTTP/2，我们可以使用 :authority 头；对于 TCP 连接，我们可以依赖 TLS 的服务器名称指示（SNI）。我们将在本章后面详细介绍 SNI。值得注意的是，我们在 Istio 中看到的边缘入口功能使用虚拟 IP 地址和虚拟主机将服务流量路由到集群。

4.2　Istio 入口网关

Istio 中有一个入口网关的概念，它扮演着网络入口点的角色，负责保护和控制来自集群外部的流量对集群的访问。此外，Istio 的入口网关处理负载均衡和虚拟主机路由问题。

图 4.5 显示了 Istio 的入口网关组件，该组件允许流量进入集群并执行反向代理操作。Istio 使用一个 Envoy 代理作为入口网关。我们在第 3 章中看到，Envoy 是一个功能强大的服务间代理，但它也可以用于负载均衡，以及将流量从服务网格外部

路由到运行在服务网格内部的服务。我们在第 3 章中讨论的 Envoy 的所有特性也可以在入口网关中发挥作用。

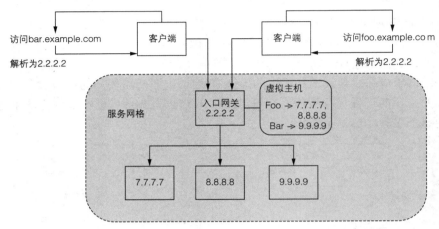

图 4.5 Istio 入口网关扮演网络入口点的角色，使用 Envoy 代理实现路由和负载均衡

我们仔细看看 Istio 是如何使用 Envoy 实现入口网关组件的。正如第 2 章中介绍安装 Istio 时提到的，图 4.6 显示了组成控制平面的组件列表，以及支持控制平面的其他组件。

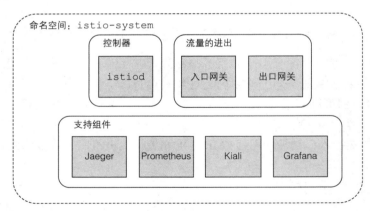

图 4.6 回顾第 2 章安装的组件；一些组件构成了 Istio 控制平面，其他组件负责支持

注意：在图 4.6 中，在 `istio-ingressgateway` Pod 旁边，注意 `istio-egressgateway` 组件，此组件负责将流量路由出集群。出口网关配有与入口网关（将在本章中介绍）相同的资源。

如果想验证 Istio 服务代理（Envoy 代理）是否确实运行在 Istio 的入口网关中，

可以在本书源代码的根目录下运行如下命令:

```
$ kubectl -n istio-system exec \
deploy/istio-ingressgateway -- ps

  PID TTY          TIME CMD
    1 ?        00:00:04 pilot-agent
   14 ?        00:00:24 envoy
   44 ?        00:00:00 ps
```

你会看到一个进程列表,显示了 Istio 服务代理命令行进程,其中 pilot -agent 和 envoy 都是正在运行的进程。pilot-agent 进程将对 Envoy 代理进行初始化;我们将在第 13 章中看到,它还实现了一个 DNS 代理。

为了配置 Istio 的入口网关以允许流量进入集群并通过服务网格,我们将从研究两个 Istio 资源开始:Gateway 和 VirtualService。这两者都是在 Istio 中允许流量流动的基础,但是我们只在允许流量进入集群的上下文中讨论它们。在第 5 章中,我们将更全面地介绍 VirtualService。

4.2.1　声明 Gateway 资源

我们使用 Gateway 资源配置 Istio 的入口网关并指定希望打开的端口,以及允许哪些虚拟主机使用这些端口。此处将探讨的 Gateway 资源示例非常简单,它在 80 端口上暴露了一个 HTTP 端口,接收虚拟主机 webapp.istioinaction.io 的流量:

```
apiVersion: networking.istio.io/v1alph
kind: Gateway
metadata:
  name: coolstore-gateway          ◁── 网关
                                       名称
spec:
  selector:
    istio: ingressgateway           ◁── 具体的
                                       网关实现
  servers:
  - port:                           ◁── 暴露的
      number: 80                       端口
      name: http
      protocol: HTTP
    hosts:                          ◁── 这个端口
    - "webapp.istioinaction.io"        对应的主机
```

Gateway 资源配置 Envoy 监听 80 端口并等待 HTTP 流量。创建这个资源,看看它能做什么。本书源代码的根目录中有一个 ch4/coolstore-gw.yaml 文件。运行如下命令来创建配置:

```
$ kubectl -n istioinaction apply -f ch4/coolstore-gw.yaml
```

查看配置是否生效：

```
$ istioctl -n istio-system proxy-config \
listener deploy/istio-ingressgateway

ADDRESS PORT  MATCH DESTINATION
0.0.0.0 8080  ALL   Route: http.80
0.0.0.0 15021 ALL   Inline Route: /healthz/ready*
0.0.0.0 15090 ALL   Inline Route: /stats/prometheus*
```

看到这样的输出，说明已经正确地暴露了 HTTP 端口（80 端口）！查看虚拟服务的路由，我们看到目前网关没有任何路由（你可能会看到 Prometheus 的另一条路由，但现在可以忽略它）：

> **注意**：如果你使用的不是 Docker Desktop，监听器的名称（本例为 "http.8080"）可能不同，要相应地更新下面的命令。

```
$ istioctl proxy-config route deploy/istio-ingressgateway \
-o json --name http.8080  -n istio-system

[
    {
        "name": "http.8080",
        "virtualHosts": [
            {
                "name": "blackhole:80",
                "domains": [
                    "*"
                ],
            }
        ],
        "validateClusters": false
    }
]
```

监听器被绑定到一个默认路由，该路由将所有流量路由到 HTTP 404。在下一节中，我们将设置一个虚拟主机，将流量从 80 端口路由到服务网格中的服务。

在继续之前，还有最后一点很重要。运行网关的 Pod（无论是默认的 istio-ingressgateway，还是自定义网关）必须能够监听集群外部公开的端口或 IP 地址。例如，在这些例子中使用的本地 Docker Desktop 上，入口网关正在监听 80 端口。如果部署在像 Google Container Engine（GKE）这样的云服务上，要确保使用 LoadBalancer 类型的服务，该服务将获得一个外部可路由的 IP 地址。你可以在 Istio 官网上找到更多信息。

另外，默认的 istio-ingressgateway 不需要特权访问来打开任何端口，因为它不监听任何系统端口（HTTP 端口为 80）。istio-ingressgateway 默认监听 8080 端口；然而，无论你使用什么负载均衡器，网关公开的都是实际的端口。在本节的 Docker Desktop 示例中，我们在 80 端口上公开了服务。

4.2.2　虚拟服务的网关路由

到目前为止，我们所做的只是配置 Istio 网关以暴露特定的端口，该端口对应一个特定的协议，并定义由端口 / 协议对来提供服务的特定主机。当流量进入网关时，我们需要通过一种方法将流量路由到服务网格中特定的服务，为此，我们将使用 VirtualService 资源。在 Istio 中，VirtualService 资源定义了客户端如何通过完全限定的域名与特定的服务对话，服务的哪些版本可用，以及其他路由属性（如重试和请求超时）。我们将在下一章中探讨流量路由时更深入地讨论 VirtualService；在本章中，只要知道 VirtualService 允许将流量从入口网关路由到特定的服务就足够了。

使用 VirtualService 将虚拟主机 webapp.istioinaction.io 的流量路由到服务网格中的服务，示例如下：

```
apiVersion: networking.istio.io/v1alpha3
kind: VirtualService
metadata:
  name: webapp-vs-from-gw          ← VirtualService
                                      名称
spec:
  hosts:
  - "webapp.istioinaction.io"      ← 需要匹配的
                                      虚拟主机名
  gateways:
  - coolstore-gateway              ← 应用的
                                      网关
  http:
  - route:
    - destination:                 ← 流量的
        host: webapp                  目的地服务
        port:
          number: 8080
```

我们在这个 VirtualService 中定义了如何处理进入网关的流量。在本例中，正如你在 spec.gateways 字段中所看到的，这些流量规则仅适用于来自 coolstore-gateway 网关的流量，该网关是我们在上一节中创建的。另外，这里指定了虚拟主机 webapp.istioinaction.io，这些规则必须匹配该虚拟主机的流量。匹配此规则的一个例子是客户端查询 http://webapp.istioinaction.io，将其解析为 Istio 网关正在监听的 IP 地址。此外，客户端可以显式地将 HTTP 请求中的 Host 头设置为 webapp.istioinaction.io。

再次确认打开了源代码的根目录，运行以下命令：

```
$  kubectl apply -n istioinaction -f ch4/coolstore-vs.yaml
```

几分钟后（配置需要同步；回想一下，Istio 服务网格中的配置是最终一致的），可以重新运行命令来列出监听器和路由：

```
$ istioctl proxy-config route deploy/istio-ingressgateway \
-o json --name http.8080  -n istio-system

[
  {
    "name": "http.8080",
    "virtualHosts": [
      {
        "name": "webapp-vs-from-gw:80",
        "domains": [
            "webapp.istioinaction.io"      ←─┤ 要匹配的域名
        ],
        "routes": [
          {
            "match": {
              "prefix": "/"
            },
            "route": {               ←─┤ 路由到何处
              "cluster":
              "outbound|8080||webapp.istioinaction.svc.cluster.local",
              "timeout": "0.000s"
            }
          }
        ]
      }
    ]
  }
]
```

route 的输出应该类似于前面的列表，尽管它可能包含其他属性和信息。关键的部分是如何定义 VirtualService 在 Istio 网关中创建一个 Envoy 路由，它将流量匹配域 webapp.istioinaction.io 路由到服务网格中的 webapp。

我们已经为服务设置了路由，还需要部署服务，让它们工作。在本书源代码的根目录下运行以下命令：

```
$  kubectl config set-context $(kubectl config current-context) \
 --namespace=istioinaction
$  kubectl apply -f services/catalog/kubernetes/catalog.yaml
$  kubectl apply -f services/webapp/kubernetes/webapp.yaml
```

一旦所有的 Pod 都部署好了，你应该会看到如下内容：

```
$  kubectl get pod
NAME                       READY   STATUS    RESTARTS   AGE
webapp-bd97b9bb9-q9g46     2/2     Running   18         19d
catalog-786894888c-8lbk4   2/2     Running   8          6d
```

验证 `Gateway` 和 `VirtualService` 资源是否被正确安装：

```
$ kubectl get gateway
NAME                CREATED AT
coolstore-gateway   2h

$ kubectl get virtualservice
NAME                GATEWAYS                  HOSTS
webapp-vs-from-gw   ["coolstore-gateway"]     ["webapp.istioinaction.io"]
```

现在尝试调用网关，并验证是否允许流量进入集群。请记住，我们使用的是 Docker Desktop，其中 Istio 入口网关运行在本地主机的 80 端口。如果你正在使用云服务或 NodePort 服务，则需要确定外部 IP 地址是什么。例如，在第 2 章中，我们看到了在公共负载均衡器上为入口网关获取正确主机的方法，如下所示：

```
$ URL=$(kubectl -n istio-system get svc istio-ingressgateway \
-o jsonpath='{.status.loadBalancer.ingress[0].ip}')
```

一旦有了正确的端点，就可以运行类似这样的命令（记住，localhost 是在 Docker Desktop 上的）：

```
$ curl http://localhost/api/catalog
```

执行命令应该看不到任何响应。这是为什么呢？如果通过打印请求头来仔细观察这个调用，就会发现，我们发送进来的 `Host` 头并不是一个网关能识别的主机：

```
$ curl -v http://localhost/api/catalog
*   Trying ::1...
* TCP_NODELAY set
* Connected to localhost (::1) port 80      ⟵─┤主机
> GET /api/catalog HTTP/1.1
> Host: localhost
> User-Agent: curl/7.54.0
> Accept: */*
>
< HTTP/1.1 404 Not Found                    ⟵─┤没有发现
< date: Tue, 21 Aug 2018 16:08:28 GMT
< server: envoy
< content-length: 0
<
* Connection #0 to host 192.168.64.27 left intact
```

Istio 网关和在 `VirtualService` 中声明的任何路由规则都不匹配 `Host:lo-calhost:80`，但它知道虚拟主机 `webapp.istioinaction.io`。因此，在命令行覆盖 `Host` 头，然后调用应该会生效：

```
$ curl http://localhost/api/catalog -H "Host: webapp.istioinaction.io"
```

现在应该可以看到一个成功的响应。

4.2.3　流量整体视图

在前面的章节中，我们在 Istio 中创建了 Gateway 和 VirtualService 资源。Gateway 资源定义了端口、协议和我们希望在服务网格集群边缘监听的虚拟主机。VirtualService 资源定义了流量被允许进入边缘后应该流向哪里。图 4.7 显示了完整的端到端流程。

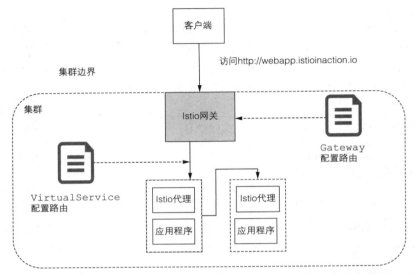

图 4.7　从服务网格 / 集群外部的客户端通过入口网关到服务网格内部的服务流量

4.2.4　对比 Istio 入口网关与 Kubernetes Ingress

当在 Kubernetes 上运行应用时，你可能会问，"为什么 Istio 不直接使用 Kubernetes Ingress v1 资源来指定入口？"Istio 确实支持 Kubernetes Ingress v1 资源，但是 Kubernetes Ingress v1 规范有很多的限制。

首先，Kubernetes Ingress v1 是一个非常简单的针对 HTTP 工作负载的规范。有 Kubernetes Ingress 的实现（如 Nginx 和 Traefik）；但是，它们都面向 HTTP 通信。事实上，Ingress 规范只将 80 端口和 443 端口视为入口点。这严重限制了集群运营者允许进入服务网格的流量类型。例如，如果有 Kafka 或 NATS.io 工作负载，你可能希望向这些消息传递系统公开 TCP 连接，但 Kubernetes Ingress 不允许这样做。

其次，Kubernetes Ingress v1 资源没有被指定。没有通用的方法来指定复杂的流量路由规则、流量分割或类似于流量跟踪的方法。这方面缺乏规范，导致每个供应商都要重新思考如何最好地实现每种 Ingress（HAProxy、Nginx 等）的配置。

最后，由于没有详细说明，大多数供应商都选择通过 Deployment 上的定制注解公开配置。供应商之间的注解各不相同，而且不可移植，如果 Istio 继续这一趋势，将会有更多的注解用来解释 Envoy 作为边缘网关的所有能力。

最终，Istio 决定重新构建入口网关，并将第 4 层（传输层）和第 5 层（会话层）的属性从第 7 层（应用层）路由关注点中分离出来。Istio 的 Gateway 处理第 4 层和第 5 层的问题，而 VirtualService 处理第 7 层的问题。许多网格和网关的提供商也都为入口构建了自己的 API，而且 Kubernetes 社区正在开发修订后的 Ingress API。

> **Kubernetes Gateway API**
>
> 　　在写这部分内容时，Kubernetes 社区正在努力开发 Gateway API 用来取代 Ingress v1 API。你可以在官网上找到更多信息。这与本书中介绍的 Istio 的 Gateway 和 VirtualService 资源不同。Istio 的实现和资源出现在 Gateway API 之前，并在许多方面启发了 Gateway API 的开发。

4.2.5　对比 Istio 入口网关与 API 网关

API 网关允许组织从这些服务的实现细节中抽象出一个客户端，该客户端在（网络或架构的）边界处消费服务。例如，客户端可能会调用一组 API，这些 API 有良好的文档说明，使用向后兼容和向前兼容的语义进行迭代，并提供多种使用机制。为了实现这一点，API 网关需要能够识别面临不同安全挑战的客户端〔OIDC（OpenID Connect）、OAuth 2.0、LDAP（Lightweight Directory Access Protocol）〕，转换消息（从 SOAP 到 REST、从 gRPC 到 REST、基于 body 和 header 文本的转换，等等），提供复杂的企业级限流，并拥有自注册或开发者管理界面。Istio 的入口网关不会做这些事情。对于更强大的 API 网关（基于 Envoy 代理构建的网关），其可以在网格的内部和外部扮演上述角色，请查看来自 Solo.io 的 Gloo Edge。

4.3　保护网关流量

到目前为止，我们已经展示了如何使用 Gateway 和 VirtualService 资源通过 Istio 网关公开基本的 HTTP 服务。当把来自集群外部的服务（比如公共互联网）连接到运行在集群内部的服务时，系统中入口网关的基本功能之一是确保通信安全并帮助建立系统中的信任。我们可以通过让客户端相信，其正在通信的服务是正确的，以此来保护通信。此外，我们要防止有人窃听通信，因此应该对通信进行加密。

Istio 的网关实现允许我们终止传入 TLS/SSL 流量，并将其传递到后端服务，将任何非 TLS 流量重定向到正确的 TLS 端口，实现双向 TLS。我们将在本节研究这些功能。

4.3.1 使用 TLS 的 HTTP 流量

为了防止中间人（MITM）攻击，加密所有进入服务网格的流量，我们可以在 Istio 网关上设置 TLS，以便任何进入的流量都通过 HTTPS（针对 HTTP 流量；我们将在后面的章节中介绍非 HTTP 流量）。当客户端打算连接到一个服务，却连接到一个伪装服务时，就会发生 MITM 攻击。伪装服务可以访问通信内容，包括敏感信息。TLS 有助于减轻这种攻击。

要为入口流量启用 HTTPS，我们需要指定网关应该使用的正确的私钥和证书。作为一个快速提示，服务器提供的证书是它向所有客户端宣布其身份的方式。证书基本上是服务器的公钥，它是由信誉良好的机构〔也称为证书颁发机构（CA）〕签名的。图 4.8 展示了客户端如何相信服务器的证书确实有效。首先，客户端必须安装 CA 颁发者的证书，这意味着这是一个受信任的 CA，它颁发的证书也受信任。在安装了 CA 证书后，客户端可以验证该证书是否由其信任的 CA 签名。它继续使用证书中的公钥对发送到服务器的流量进行加密。然后，服务器可以使用私钥解密通信。

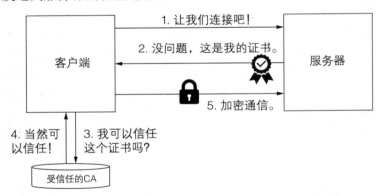

图 4.8　如何在客户端和服务器之间建立 TLS 的基本模型

注意：前面的说法并不完全正确：TLS 握手包括一个更复杂的协议，该协议将公钥／私钥（非对称的）组合在一起用于初始通信，然后创建一个会话密钥（对称的），用于 TLS 会话对通信进行加密和解密。有关 TLS 的更完整的解释，请参阅附录 C。

在配置默认的 `istio-ingressgateway` 的证书和密钥之前，我们需要先使用 Kubernetes 密钥创建它们。

　　注意：Kubernetes 密钥不是真正的密钥——它们以明文的形式存储。
你可能希望使用一种更合适的方法来存储密钥和证书。

　　我们从创建 `webapp-credential` 密钥开始。在存储库的根目录下运行如下
命令：

```
$  kubectl create -n istio-system secret tls webapp-credential \
--key ch4/certs/3_application/private/webapp.istioinaction.io.key.pem \
--cert ch4/certs/3_application/certs/webapp.istioinaction.io.cert.pem

secret/webapp-credential created
```

　　在这一步中，我们在 `istio-system` 命名空间中创建密钥。在撰写本书时（Istio
1.13.0），网关中用于 TLS 的密钥只能在与 Istio 入口网关相同的命名空间中检索。
默认网关在 `istio-system` 命名空间中运行，所以在那里创建密钥。我们可以在
不同的命名空间中运行入口网关，但密钥仍然必须在该命名空间中。对于生产环境，
你应该在它自己的命名空间中运行入口网关组件，与 `istio-system` 分开。

　　现在可以配置 Istio `Gateway` 资源来使用证书和密钥：

```
apiVersion: networking.istio.io/v1alpha3
kind: Gateway
metadata:
  name: coolstore-gateway
spec:
  selector:
    istio: ingressgateway
  servers:
  - port:
      number: 80          ←──  接收
      name: http                HTTP 流量
      protocol: HTTP
    hosts:
    - "webapp.istioinaction.io"
  - port:
      number: 443         ←──  接收加密的
      name: https               HTTPS 流量
      protocol: HTTPS
    tls:
      mode: SIMPLE        ←──  一个安全的
                                连接
      credentialName: webapp-credential   ←──  包含 TLS 证书的 Kubernetes
    hosts:                                     密钥名称
    - "webapp.istioinaction.io"
```

　　在 `Gateway` 资源中，我们在入口网关上打开 443 端口，并指定其协议为
HTTPS。此外，我们在网关配置中添加了 `tls` 部分，在这里指定了用于 TLS 的证
书和密钥的位置。注意，这些位置与之前介绍的 `istio-ingressgateway` 中安

装的位置相同。

用这个新的 Gateway 资源替换已有网关。在源代码的根目录下运行如下命令：

```
$  kubectl apply -f ch4/coolstore-gw-tls.yaml

gateway.networking.istio.io/coolstore-gateway replaced
```

在不同环境中使用正确的主机和端口

本书中的命令基于 Docker Desktop，但如果你使用自己的 Kubernetes 集群（或公共云托管的集群），则可以直接使用这些值。例如，在 GKE 上，你可以通过云负载均衡器的公共 IP 地址计算出主机 IP 地址，如下所示查看 Kubernetes 的服务：

```
$  kubectl get svc -n istio-system

NAME                     TYPE          CLUSTER-IP      EXTERNAL-IP
istio-ingressgateway     LoadBalancer  10.12.2.78      35.233.243.32
istio-pilot              ClusterIP     10.12.15.206    <none>
```

在本例中，HTTPS_HOST 使用 35.233.243.32。然后，你可以分别为 HTTP 和 HTTPS 使用真实端口（80 和 443）。

如果我们像在上一节中所做的那样，通过传递适当的 Host 头来调用服务，则会看到类似这样的内容（注意，在 URL 中使用了 https://）：

```
$  curl -v -H "Host: webapp.istioinaction.io" https://localhost/api/catalog

*   Trying 192.168.64.27...
* TCP_NODELAY set
* Connected to 192.168.64.27 (192.168.64.27) port 31390 (#0)
* ALPN, offering http/1.1
* Cipher selection: ALL:!EXPORT:!EXPORT40:!EXPORT56:!aNULL:!LOW:!RC4:@STRENGTH
* successfully set certificate verify locations:
*   CAfile: /usr/local/etc/openssl/cert.pem          ◄──────  默认的
    CApath: /usr/local/etc/openssl/certs                      证书链
* TLSv1.2 (OUT), TLS header, Certificate Status (22):
* TLSv1.2 (OUT), TLS handshake, Client hello (1):
* OpenSSL SSL_connect: SSL_ERROR_SYSCALL in connection to 192.168.64.27:31390
* Closing connection 0
curl: (35) OpenSSL SSL_connect: SSL_ERROR_SYSCALL in connection to
192.168.64.27:31390
```

这意味着不能使用默认的 CA 证书链验证服务器提供的证书，需要将适当的 CA 证书链传递给 curl 客户端：

```
$ curl -v -H "Host: webapp.istioinaction.io" https://localhost/api/catalog \
--cacert ch4/certs/2_intermediate/certs/ca-chain.cert.pem

*   Trying 192.168.64.27...
* TCP_NODELAY set
* Connected to 192.168.64.27 (192.168.64.27) port 31390 (#0)
* ALPN, offering http/1.1
* Cipher selection: ALL:!EXPORT:!EXPORT40:
  !EXPORT56:!aNULL:!LOW:!RC4:@STRENGTH
* successfully set certificate verify locations:
*   CAfile: certs/2_intermediate/certs/ca-chain.cert.pem
  CApath: /usr/local/etc/openssl/certs
* TLSv1.2 (OUT), TLS header, Certificate Status (22):
* TLSv1.2 (OUT), TLS handshake, Client hello (1):
* OpenSSL SSL_connect: SSL_ERROR_SYSCALL in
  connection to 192.168.64.27:31390
* Closing connection 0
curl: (35) OpenSSL SSL_connect: SSL_ERROR_SYSCALL in connection to
192.168.64.27:31390
```

客户端仍然无法验证证书！这是因为服务器证书是为 webapp.istioinaction
.io 颁发的，我们调用 Docker Desktop 主机（本例为 localhost）。可以使用
curl 参数 --resolve 来调用服务，就像调用 webapp.istioinaction.io
一样，然后告诉 curl 使用 localhost：

```
$ curl -H "Host: webapp.istioinaction.io" \
https://webapp.istioinaction.io:443/api/catalog \
--cacert ch4/certs/2_intermediate/certs/ca-chain.cert.pem \
--resolve webapp.istioinaction.io:443:127.0.0.1
```

现在我们看到了一个正确的 HTTP/1.1 200 响应和 catalog 的 JSON 有效负
载。作为客户端，我们正在通过信任签署证书的 CA 来验证服务器是否真实，并且
能够通过使用这个证书对与服务器的通信进行加密。

注意，我们使用 --resolve 标志将证书中的主机名和端口映射到正在使用的
真实 IP 地址。在 Docker Desktop 中，入口运行在 localhost 上，正如我们所看到的。
如果你正在使用云提供的负载均衡器，那么可以用适当的 IP 地址替换 127.0.0.1。

---

curl 对你有用吗？

注意，要使 curl 正常工作，你需要确保它支持 TLS，并且可以添加自己
的 CA 证书来覆盖默认证书。并不是所有的 curl 构建都支持 TLS。例如，在
macOS 上某些版本的 curl 中，CA 证书只能来自 Apple keychain。更新版本的
curl 应该有适合你的 SSL 库，可通过以下命令查看可用的 SSL 库（OpenSSL、
LibreSSL 等）：

```
curl --version | grep -i SSL
```

图 4.9 显示我们已经实现了端到端加密。在 Istio 入口网关处加密和保护流量，Istio 会终止 TLS 连接，然后将流量发送到后端 webapp 服务。istio-ingressgateway 组件和 webapp 服务之间的跳转是使用服务的身份进行加密的。我们将在第 9 章中进一步阐述这一点。

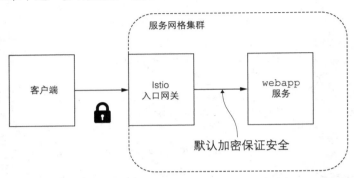

图 4.9　保护从外部世界进入 Istio 入口网关组件的流量。服务网格中的流量还没有得到保护

> 注意：你可能希望将自己的证书工作流与外部 CA 或自己的内部 PKI 集成。你可以使用诸如 cert-manager 之类的工具来帮助进行集成。

4.3.2　将 HTTP 重定向到 HTTPS

我们在上一节中设置了 TLS，但是如果希望强制所有流量始终使用 TLS，该怎么办？我们可以同时使用 http:// 和 https:// 通过入口网关访问服务，但在本节中，强制所有流量使用 HTTPS。为了做到这一点，必须稍微修改 Gateway 资源，以强制对 HTTP 流量进行重定向：

```
apiVersion: networking.istio.io/v1alpha3
kind: Gateway
metadata:
  name: coolstore-gateway
spec:
  selector:
    istio: ingressgateway
  servers:
  - port:
      number: 80
      name: http
      protocol: HTTP
    hosts:
    - "webapp.istioinaction.io"
    tls:
      httpsRedirect: true        ←── 重定向 HTTP
  - port:                             到 HTTPS
      number: 443
```

```
      name: https
      protocol: HTTPS
    tls:
      mode: SIMPLE
      credentialName: webapp-credential
    hosts:
    - "webapp.istioinaction.io"
```

如果使用这个配置更新 `Gateway`，则可以限制所有的流量都通过 HTTPS：

```
$ kubectl apply -f ch4/coolstore-gw-tls-redirect.yaml

gateway.networking.istio.io/coolstore-gateway configured
```

现在，如果在 HTTP 端口上调用入口网关，应该可以看到如下内容：

```
$ curl -v http://localhost/api/catalog \
  -H "Host: webapp.istioinaction.io"

*   Trying 192.168.64.27...
* TCP_NODELAY set
* Connected to 192.168.64.27 (192.168.64.27) port 31380 (#0)
> GET /api/catalog HTTP/1.1
> Host: webapp.istioinaction.io
> User-Agent: curl/7.61.0
> Accept: */*
>
< HTTP/1.1 301 Moved Permanently          ┌─ HTTP 301
                                    ◄──────┤  重定向
< location: https://webapp.istioinaction.io/api/catalog
< date: Wed, 22 Aug 2018 21:01:29 GMT
< server: envoy
< content-length: 0
<
* Connection #0 to host 192.168.64.27 left intact
```

此处的重定向指示客户端调用此 API 的 HTTPS 版本。现在我们可以期待所有进入入口网关的流量都是被加密的。

4.3.3 使用 mTLS 的 HTTP 通信

在上一节中，我们使用标准 TLS 允许服务器向客户端证明其身份。但是，如果希望集群在接收外部流量前验证客户端的身份，该怎么办？在简单的 TLS 场景中，服务器将其公共证书发送给客户端，客户端验证它是否信任签署服务器证书的 CA。我们希望客户端发送它的公共证书，并让服务器验证它是否可信。图 4.10 显示了使用双向 TLS（mTLS）协议时，客户端和服务器如何验证彼此的证书。换句话说，相互验证，用于对流量进行加密。

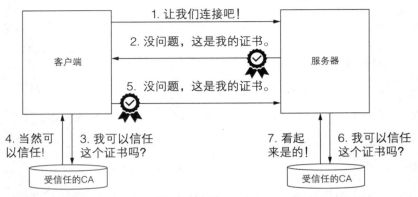

图 4.10   如何在客户端和服务器之间建立 mTLS 的基本模型

要配置默认的 istio-ingressgateway 来参与一个双向 TLS 连接，需要给它一组 CA 证书来验证客户端的证书。正如我们在上一节中所做的那样，需要使这个 CA 证书（更确切地说是证书链）对带有 Kubernetes 密钥的 istio-ingressgateway 可用。

用正确的 CA 证书链来配置 istio-ingressgateway-ca-certs 的密钥：

```
$  kubectl create -n istio-system secret \
generic webapp-credential-mtls --from-file=tls.key=\
ch4/certs/3_application/private/webapp.istioinaction.io.key.pem \
--from-file=tls.crt=\
ch4/certs/3_application/certs/webapp.istioinaction.io.cert.pem \
--from-file=ca.crt=ch4/certs/2_intermediate/certs/ca-chain.cert.pem

secret/webapp-credential-mtls created
```

现在更新 Istio Gateway 资源，以指向 CA 证书链的位置，并配置预期的协议为 mTLS：

```
apiVersion: networking.istio.io/v1alpha3
kind: Gateway
metadata:
  name: coolstore-gateway
spec:
  selector:
    istio: ingressgateway
  servers:
  - port:
      number: 80
      name: http
      protocol: HTTP
    hosts:
```

```
    - "webapp.istioinaction.io"
  - port:
      number: 443
      name: https
      protocol: HTTPS
    tls:
      mode: MUTUAL                          ←┐ 配置为
      credentialName: webapp-credential-mtls  mTLS
    hosts:                                  ←┐ 可信 CA
    - "webapp.istioinaction.io"              签发的证书
```

用新的版本替换 `Gateway` 配置。在源代码的根目录下运行以下命令：

```
$ kubectl apply -f ch4/coolstore-gw-mtls.yaml

gateway.networking.istio.io/coolstore-gateway configured
```

现在，如果尝试以与上一节相同的方式调用入口网关（假设为简单的 TLS），调用将被拒绝：

```
$ curl -H "Host: webapp.istioinaction.io" \
https://webapp.istioinaction.io:443/api/catalog \
--cacert ch4/certs/2_intermediate/certs/ca-chain.cert.pem \
--resolve webapp.istioinaction.io:443:127.0.0.1

curl: (35) error:14094410:SSL routines:ssl3_read_bytes:sslv3 alert
handshake failure
```

Istio 网关 SDS

Istio 网关从内置在 `istio-agent` 进程中的 SDS（Secret Discovery Service）获取证书，该进程用于启动 `istio-proxy`。SDS 是一个自动传播更新的动态 API。服务代理也是如此。

你可以使用以下命令检查通过 SDS 交付的证书的状态：

```
istioctl pc secret -n istio-system deploy/istio-ingressgateway
```

注意，如果没有看到新的证书配置生效，则可能希望删除这个 `istio-ingressgateway` Pod：

```
kubectl delete po -n istio-system -l app=istio-ingressgateway
```

这个调用被拒绝，因为 SSL 握手不成功。我们只将 CA 证书链传递给了 `curl` 命令，还需要传递客户端的证书和私钥。使用 `curl`，可以这样传递 `--cert` 和 `--key` 参数：

```
$ curl -H "Host: webapp.istioinaction.io" \
https://webapp.istioinaction.io:443/api/catalog \
--cacert ch4/certs/2_intermediate/certs/ca-chain.cert.pem \
--resolve webapp.istioinaction.io:443:127.0.0.1 \
--cert ch4/certs/4_client/certs/webapp.istioinaction.io.cert.pem \
--key ch4/certs/4_client/private/webapp.istioinaction.io.key.pem
```

现在应该可以看到一个正确的 HTTP/1.1 200 响应和 catalog 的 JSON 有效负载。客户端验证服务器的证书，并发送自己的证书进行验证，以实现双向 TLS。

4.3.4 为多个虚拟主机提供 TLS 服务

Istio 的入口网关可以为多个虚拟主机提供服务，每个虚拟主机都具有来自同一个 HTTPS 端口（443 端口）的证书和私钥。为此，我们要为相同的端口和相同的协议添加多个条目。例如，可以为 webapp.istioinaction.io 和 catalog.istioinaction.io 服务添加多个条目，每个条目都有自己的证书和密钥对。如下 Istio Gateway 资源描述了多个使用 HTTPS 服务的虚拟主机：

```
apiVersion: networking.istio.io/v1alpha3
kind: Gateway
metadata:
  name: coolstore-gateway
spec:
  selector:
    istio: ingressgateway
  servers:
  - port:
      number: 443          ←─┤ 第一个条目
      name: https-webapp protocol:
      HTTPS
    tls:
      mode: SIMPLE
      credentialName: webapp-credential
    hosts:
    - "webapp.istioinaction.io"
  - port:
      number: 443          ←─┤ 第二个条目
      name: https-catalog protocol:
      HTTPS
    tls:
      mode: SIMPLE
      credentialName: catalog-credential
    hosts:
    - "catalog.istioinaction.io"
```

注意，这两个条目都监听 443 端口并提供 HTTPS 协议，但是它们有不同的名称：https-webapp 和 https-catalog。每个条目都有唯一的证书和密钥，用于服务的特定虚拟主机。为了实现这一点，我们需要创建新的证书和密钥。在本书源代码的根目录下运行以下命令：

```
$ kubectl create -n istio-system secret tls catalog-credential \
--key ch4/certs2/3_application/private/catalog.istioinaction.io.key.pem \
--cert ch4/certs2/3_application/certs/catalog.istioinaction.io.cert.pem
```

现在更新网关配置。在源代码的根目录下运行如下命令：

```
$ kubectl apply -f ch4/coolstore-gw-multi-tls.yaml
gateway.networking.istio.io/coolstore-gateway replaced
```

最后，为 catalog 服务添加一个 VirtualService 资源，并通过这个入口网关公开：

```
$ kubectl apply -f ch4/catalog-vs.yaml
```

现在我们已经更新了 istio-ingressgateway，尝试调用 webapp.istioinaction.io，应该生效了，就像简单的 TLS 那样：

```
$ curl -H "Host: webapp.istioinaction.io" \
https://webapp.istioinaction.io:443/api/catalog \
--cacert ch4/certs/2_intermediate/certs/ca-chain.cert.pem \
--resolve webapp.istioinaction.io:443:127.0.0.1
```

通过 Istio 网关调用 catalog 服务时，使用不同的证书：

```
$ curl -H "Host: catalog.istioinaction.io" \
https://catalog.istioinaction.io:443/items \
--cacert ch4/certs2/2_intermediate/certs/ca-chain.cert.pem \
--resolve catalog.istioinaction.io:443:127.0.0.1
```

两个调用都应该成功并得到相同的响应。你可能想了解 Istio 入口网关如何知道要提供哪个证书，这取决于调用者是谁。只有一个端口为这些连接打开：它如何知道客户端试图访问哪个服务，以及哪个证书与该服务相对应？答案在于 TLS 的扩展，称为服务器名称指示（SNI）。基本上，当创建一个 HTTPS 连接时，客户端首先使用 TLS 握手的 ClientHello 部分识别它试图到达的服务。Istio 的网关（特指 Envoy）是在 TLS 上实现 SNI 的，因此它可以展示正确的证书，并路由到正确的服务。

在本节中，我们通过入口网关成功地暴露了不同的虚拟主机，并通过相同的 HTTPS 端口为每个虚拟主机提供唯一的证书。在下一节中，我们将研究 TCP 流量。

4.4 TCP 流量

Istio 的网关足够强大，不仅可以服务于 HTTP/HTTPS 流量，还可以服务于 TCP 流量。例如，我们可以通过入口网关公开数据库（如 MongoDB）或消息队列（如 Kafka）。当 Istio 将流量作为普通的 TCP 流量处理时，我们不会得到很多有用的特性，比如重试、请求级熔断、复杂的路由等。这很简单，因为 Istio 不知道正在使用什么协议（除非使用了一个 Istio 理解的特定协议，比如 MongoDB）。那么，如何通过 Istio 网关公开 TCP 流量，以便集群外部的客户端可以与运行在集群内部的服务通信呢？

4.4.1　在 Istio 网关上暴露 TCP 端口

首先在服务网格中创建一个基于 TCP 的服务。对于本例，我们使用 `https://github.com/cjimti/go-echo` 的 `echo` 服务。这个 TCP 服务将允许我们用一个简单的 TCP 客户端（如 Telnet）登录，并发出命令，这些命令应该有所响应。

然后部署 TCP 服务，并在它旁边注入 Istio 服务代理。提醒一下，我们指向的是 `istioinaction` 命名空间：

```
$  kubectl config set-context $(kubectl config current-context) \
 --namespace=istioinaction
$  kubectl apply -f ch4/echo.yaml

deployment.apps/tcp-echo-deployment created
service/tcp-echo-service created
```

接下来创建一个 Istio Gateway 资源，它为该服务公开一个特定的非 HTTP 端口。在下面的例子中，我们在默认的 `istio-ingressgateway` 上公开 31400 端口。就像 HTTP 端口（80 和 443）一样，TCP 端口 31400 必须作为一个 `NodePort` 或作为一个云 `LoadBalancer`。在运行在 **Docker Desktop** 上的例子中，它被暴露为一个运行在 31400 端口上的 `NodePort`：

```
apiVersion: networking.istio.io/v1alpha3
kind: Gateway
metadata:
  name: echo-tcp-gateway
spec:
  selector:
    istio: ingressgateway
  servers:
  - port:
      number: 31400       ⟵┤暴露的端口
      name: tcp-echo
      protocol: TCP       ⟵┤期望的协议
    hosts:
    - "*"       ⟵┤对任意主机名
```

你可以使用下面的命令找到 `istio-ingressgateway` 服务监听 TCP 流量的端口：

```
$ kubectl get svc -n istio-system istio-ingressgateway \
    -o jsonpath='{.spec.ports[?(@.name == "tcp")]}'
{"name":"tcp","nodePort":30851,"port":31400,
➡ "protocol":"TCP","targetPort":31400}
```

创建 `Gateway`：

```
$ kubectl apply -f ch4/gateway-tcp.yaml

gateway.networking.istio.io/echo-tcp-gateway created
```

现在已经在入口网关上暴露了一个端口，我们需要将流量路由到 echo 服务。为此，我们使用 `VirtualService` 资源，就像在前几节中所做的那样。注意，对于 TCP 流量，必须匹配传入端口——在本例中为 31400 端口：

```
apiVersion: networking.istio.io/v1alpha3
kind: VirtualService
metadata:
  name: tcp-echo-vs-from-gw
spec:
  hosts:
  - "*"
  gateways:
  - echo-tcp-gateway          ←── 具体的网关
  tcp:
  - match:
    - port: 31400             ←── 匹配的端口
    route:
    - destination:
        host: tcp-echo-service  ←── 路由目的地
        port:
          number: 2701
```

创建 `VirtualService`：

```
$ kubectl apply -f ch4/echo-vs.yaml

virtualservice.networking.istio.io/tcp-echo-vs-from-gw created
```

> **注意**：如果在公共云或为 `istio-ingressgateway` 服务创建了一个 `LoadBalancer` 的集群中运行，则不能像下面那样连接，你可能需要显式地在 31400 端口上为 `istio-ingressgateway` 服务添加一个端口，并使用 `targetPort` 31400 使其正常工作。在默认情况下，Istio 1.13.0 会将此端口添加到 `istio-ingressgateway` 服务中，但你可能需要再次检查。

现在已经在入口网关上暴露了一个端口并设置了路由，我们应该能够使用一个非常简单的 telnet 命令进行连接：

```
$ telnet localhost 31400

Trying 192.168.64.27...
Connected to kubebook.
Escape character is '^]'.
Welcome, you are connected to node docker.
Running on Pod tcp-echo-deployment-6fbccd8485-m4mqq.
In namespace istioinaction.
With IP address 172.17.0.11.
Service default.
```

当你在控制台输入一些内容并按回车键时，文本会原封不动地返回：

```
hello there
hello there
by now
by now
```

要退出 Telnet，需按"Ctrl+]"组合键，输入 quit，按回车键。

4.4.2　使用 SNI 直通的流量路由

在上一节中，我们学习了如何使用 Istio 网关功能来接收和路由非 HTTP 流量：具体来说，应用程序可以通过特定于应用程序的 TCP 协议进行通信。前面，我们看到了如何根据 SNI 主机名路由 HTTPS 流量并提供证书。在本节中，我们将研究这两种功能的组合：基于 SNI 主机名路由 TCP 流量，而不终止 Istio 入口网关上的流量。所有的网关都将检查 SNI 头部，并将流量路由到特定的后端，然后终止 TLS 连接。连接将从网关直接通过，并由实际服务处理，而不是网关。

这为更多的应用程序打开了大门，这些应用程序可以参与到服务网络中，包括 TCP over TLS 服务，如数据库、消息队列、缓存等，甚至包括期望处理和终止 HTTPS/TLS 通信的遗留应用程序。要了解实际情况，可以看一个 Gateway 定义，它被配置为使用 PASSTHROUGH 作为路由机制：

```
apiVersion: networking.istio.io/v1alpha3
kind: Gateway
metadata:
  name: sni-passthrough-gateway
spec:
  selector:
    istio: ingressgateway
  servers:
  - port:
      number: 31400          ◁──── 打开一个具体的
      name: tcp-sni                 非 HTTP 端口
      protocol: TLS
    hosts:                                    将这个主机与该端口
    - "simple-sni-1.istioinaction.io"  ◁──── 关联起来
    tls:                              将此流量定义成
      mode: PASSTHROUGH        ◁──── 直通模式
```

在示例应用程序中，我们将应用程序配置为使用证书终止 HTTPS 连接的 TLS。这意味着不需要入口网关来处理连接。我们不需要像上一节中那样在网关上配置任何证书。

现在开始部署终止 TLS 的示例应用程序。切换到本书源代码的根目录，在 Kubernetes 中默认使用 istioinaction 命名空间：

```
$ kubectl apply -f ch4/sni/simple-tls-service-1.yaml
```

接下来，部署打开 31400 端口的 Gateway 资源。但在这样做之前，要确保删除已经使用该端口的网关，因为我们使用的是与 4.4 节中相同的端口：

```
$ kubectl delete gateway echo-tcp-gateway -n istioinaction
```

应用 PASSTHROUGH 网关：

```
$ kubectl apply -f ch4/sni/passthrough-sni-gateway.yaml
```

此时，我们已经打开了 Istio 入口网关上的 31400 端口。如前面的章节所述，我们还需要使用 VirtualService 资源指定路由规则，以获得从网关到服务的流量。以下是 VirtualService 资源：

```
apiVersion: networking.istio.io/v1alpha3
kind: VirtualService
metadata:
  name: simple-sni-1-vs
spec:
  hosts:
  - "simple-sni-1.istioinaction.io"
  gateways:
  - sni-passthrough-gateway
  tls:
  - match:
    - port: 31400          ◁── 基于具体的主机和
      sniHosts:                  端口进行匹配
      - simple-sni-1.istioinaction.io
    route:
    - destination:         ◁── 流量匹配时路由
        host: simple-tls-service-1    的目的地
        port:
          number: 80       ◁── 路由目的地的
                               端口
```

创建 VirtualService：

```
$ kubectl apply -f ch4/sni/passthrough-sni-vs-1.yaml
```

现在，调用 31400 端口上的 Istio 入口网关：

```
$ curl -H "Host: simple-sni-1.istioinaction.io" \
https://simple-sni-1.istioinaction.io:31400/ \
--cacert ch4/sni/simple-sni-1/2_intermediate/certs/ca-chain.cert.pem \
--resolve simple-sni-1.istioinaction.io:31400:127.0.0.1
{
  "name": "simple-tls-service-1",
  "uri": "/",
  "type": "HTTP",
  "ip_addresses": [
    "10.1.0.63"
  ],
  "start_time": "2020-09-03T20:09:08.129404",
  "end_time": "2020-09-03T20:09:08.129846",
  "duration": "441.5µs",
  "body": "Hello from simple-tls-service-1!!!",
  "code": 200
}
```

　　我们从 curl 调用到 Istio 入口网关，通过但不终止，并以示例服务 simple-tls-service-1 结束。为了让路由更加明显，我们部署第二个基于 SNI 主机的具有不同证书和路由的服务：

```
$ kubectl apply -f ch4/sni/simple-tls-service-2.yaml
```

　　看看 Gateway 资源是什么样的：

```
apiVersion: networking.istio.io/v1alpha3
kind: Gateway
metadata:
  name: sni-passthrough-gateway
spec:
  selector:
    istio: ingressgateway
  servers:
  - port:
      number: 31400
      name: tcp-sni-1
      protocol: TLS
    hosts:
    - "simple-sni-1.istioinaction.io"
    tls:
      mode: PASSTHROUGH
  - port:
      number: 31400
      name: tcp-sni-2
      protocol: TLS
    hosts:
    - "simple-sni-2.istioinaction.io"
    tls:
      mode: PASSTHROUGH
```

　　应用这个 Gateway 和 VirtualService 资源：

```
$ kubectl apply -f ch4/sni/passthrough-sni-gateway-both.yaml
$ kubectl apply -f ch4/sni/passthrough-sni-vs-2.yaml
```

接下来，再次调用相同的入口网关端口，使用不同的主机名，并观察请求如何被路由到正确的服务：

```
$ curl -H "Host: simple-sni-2.istioinaction.io" \
 https://simple-sni-2.istioinaction.io:31400/ \
 --cacert ch4/sni/simple-sni-2/2_intermediate/certs/ca-chain.cert.pem \
 --resolve simple-sni-2.istioinaction.io:31400:127.0.0.1

{
  "name": "simple-tls-service-2",
  "uri": "/",
  "type": "HTTP",
  "ip_addresses": [
    "10.1.0.64"
  ],
  "start_time": "2020-09-03T20:14:13.982951",
  "end_time": "2020-09-03T20:14:13.984547",
  "duration": "1.5952ms",
  "body": "Hello from simple-tls-service-2!!!",
  "code": 200
}
```

注意 body 字段中的响应如何指示此请求是由 simple-tls-service-2 服务提供的。

4.5　网关使用建议

在本节中，我们将提供一些使用 Istio 网关功能的建议。尽管我们部署了开箱即用的 Istio 的 demo 安装（其中包括入口网关和出口网关的部署），但网关只是 Envoy 代理，可以被配置并作为各种用例的简单 Envoy 代理部署使用。下面我们看看如何对网关进行配置和调优以满足需求。

4.5.1　拆分网关的职能

在本章中，我们主要关注入口网关的使用场景，但正如前面所述，Istio 的网关实际上只是一个简单的 Envoy 代理，并没有作为 sidecar 部署。这意味着你可以将网关用于各种使用场景中，例如入口网关（这里介绍的）、出口网关、共享网关功能、多集群代理等。尽管我们将入口网关定位为单个入口点，但你可以（有时应该）拥有多个入口点。

你可能希望部署另一个入口点来分离流量并隔离不同服务之间的流量路径（参见图 4.11）。有些服务可能对性能更敏感，或者出于合规的原因需要更高的可用性或隔离性。有时，你希望让各个团队都拥有自己的网关和配置，而不影响其他团队。

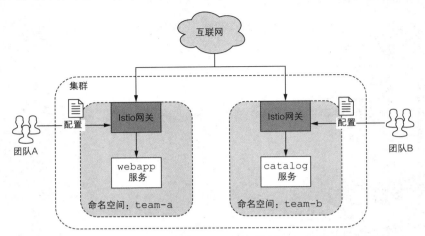

图 4.11　多个网关允许团队管理其自己的配置，而不影响其他团队

无论原因是什么，允许存在与各种边界（合规、领域、团队等）对齐的多个入口网关可能是一个好主意。下面是定义和安装一个新的自定义网关的例子：

```yaml
apiVersion: install.istio.io/v1alpha1
kind: IstioOperator
metadata:
  name: my-user-gateway-install
  namespace: istioinaction
spec:
  profile: empty
  values:
    gateways:
      istio-ingressgateway:
        autoscaleEnabled: false
  components:
    ingressGateways:
    - name: istio-ingressgateway
      enabled: false
    - name: my-user-gateway
      namespace: istioinaction
      enabled: true
      label:
        istio: my-user-gateway
```

我们可以使用以下 istioctl 命令来部署这个网关：

```
$  istioctl install -y -n istioinaction -f ch4/my-user-gateway.yaml
```

这将为 istioinaction 命名空间安装一个新的网关。

请记住，在创建新的入口网关时，它们可能需要通过负载均衡器或其他网络配置在集群外部公开。例如，在公共云中，为公开网关的 Kubernetes 服务使用 LoadBalancer 类型会给每个负载均衡器带来开销。

4.5.2 网关注入

另一种方法是通过网关注入，允许用户创建自己的网关，而不必让他们拥有对 IstioOperator 资源的完全访问权限（可以修改现有的 Istio 安装）。有了网关注入的支持，你只需要部署网关即可，Istio 会像 sidecar 注入一样帮你完成部署。通过这种方式，你可以为团队提供一个固定的网关部署资源，并让 Istio 自动配置其余的资源。我们来看一个例子：

```
apiVersion: apps/v1
kind: Deployment
metadata:
  name: my-user-gateway-injected
  namespace: istioinaction
spec:
  selector:
    matchLabels:
      ingress: my-user-gateway-injected
  template:
    metadata:
      annotations:
        sidecar.istio.io/inject: "true"        ← 启用注入
        inject.istio.io/templates: gateway     ← 使用网关模板
      labels:
        ingress: my-user-gateway-injected
    spec:
      containers:
      - name: istio-proxy        ← 必须有名字
        image: auto              ← 无存根的镜像
```

这个声明的 Kubernetes Deployment 是无存根的，并带有 Istio 应该如何进行注入的注解说明。具体来说，我们将用于注入的模板配置为 "gateway" 模板。你可以在 istio-system 命名空间的 istio-sidecar-injector configmap 中看到哪些模板可用。

应用这个无存根的网关：

```
$  kubectl apply -f ch4/my-user-gw-injection.yaml

deployment.apps/my-user-gateway-injected created
service/my-user-gateway-injected created
role.rbac.authorization.k8s.io/my-user-gateway-injected-sds created
rolebinding.rbac.authorization.k8s.io/my-user-gateway-injected-sds created
```

如果查看 istioinaction 命名空间中存在哪些 Pod，则应该会看到由 Istio 自动将配置补充完整的网关。

4.5.3 入口网关访问日志

代理的一个常见特性是记录它处理的每个请求。这些访问日志有助于排查问题。Istio 的代理（Envoy）可以生成访问日志。在 demo 安装配置文件中，入口网关和服务代理配置将访问日志打印到标准输出流。要查看访问日志，只需要打印容器日志：

```
kubectl -n istio-system logs deploy/istio-ingressgateway
```

该命令用于打印入口网关的访问日志。你应该可以看到在执行前面的示例时生成的流量记录。你可能会惊讶地发现，在使用 default 配置文件时，生产级 Istio 安装禁用了访问日志记录。然而，你可以通过设置 accessLogFile 属性来改变这一默认行为，将其打印到标准输出流：

```
$  istioctl install --set meshConfig.accessLogFile=/dev/stdout
```

在默认情况下，访问日志记录是关闭的。这是有意义的，因为生产集群有数百个或数千个工作负载，每个工作负载都处理大量流量。此外，由于每个请求都要从一个服务跳到另一个服务，因此产生的访问日志记录量会使所有日志记录系统不堪重负。更好的方法是只对你特别关注的工作负载使用 Telemetry API 启用访问日志记录（在 Istio 1.12 中作为 Alpha 级别新增的功能）。例如，如果只显示入口网关工作负载的访问日志，则可以使用以下 Telemetry 配置：

```
apiVersion: telemetry.istio.io/v1alpha1
kind: Telemetry
metadata:
  name: ingress-gateway
  namespace: istio-system
spec:
  selector:
    matchLabels:
      app: istio-ingressgateway    ←  匹配该标签的 Pod 将应用该
  accessLogging:                       遥测配置
  - providers:          访问日志记录的提供程序
    - name: envoy    ←  配置信息           通过将 disabled 设置为
    disabled: false    ←                 false 来启用访问日志记录
```

这个遥测定义为与 istio-system 命名空间中的选择器匹配的 Pod 启用访问日志记录。如果已将 Istio 安装配置为将访问日志打印到标准输出流，则不需要进行访问日志记录，因为所有的工作负载都已将日志打印到控制台。然而，为了测试它，你可以将 disabled 属性设置为 true，并观察确认入口网关不再输出访问日志。

Istio 配置，如遥测（telemetry）、sidecar、对等认证（peer authentication）等，可以被应用于不同的作用域并具有不同的优先级：

- 网格级配置——被应用于整个网格的工作负载。网格级配置必须被应用在 Istio 安装命名空间中，并且没有工作负载选择器。

- 命名空间级配置——被应用于命名空间中所有的工作负载。命名空间范围的配置被应用于我们想要配置的工作负载的命名空间，而且也没有工作负载选择器。这个被应用于工作负载的命名空间级配置将覆盖所有网格级配置。
- 特定于工作负载的配置——只被应用于与配置应用的命名空间中工作负载选择器匹配的工作负载（如前面的代码所示）。特定于工作负载的配置会覆盖网格级和命名空间级的配置。

注意：Istio 定义了如下默认提供程序：`prometheus`、`stack-driver` 和 `envoy`。你可以在网格配置中使用 `ExtensionProvider` API 定义自定义提供程序。

4.5.4　减少网关配置

开箱即用，Istio 配置每个代理以了解网格中的每个服务。如果你有一个包含许多服务的网格，那么数据平面代理的配置可能会变得非常大。这种大型配置可能导致资源膨胀、性能问题和可伸缩性问题。为了解决这个问题，你可以优化数据平面和控制平面的配置。参见第 11 章，了解如何使用 Sidecar 资源来减少这种配置。

然而，Sidecar 资源不适用于网关。当你部署一个新的网关（例如，入口网关）时，代理将被配置为访问网格中所有可路由的服务。如上所述，这可能导致非常大的配置，并给网关带来压力。

通过只包含与网关相关的配置来减少代理的任何额外配置，是解决该问题的最佳途径。在默认情况下，这个功能是关闭的。在较新的版本中，你可以检查它是否已启用。在这两种情况下，你都可以显式地为具有以下配置的网关启用配置精简功能：

```
apiVersion: install.istio.io/v1alpha1
kind: IstioOperator
metadata:
  name: control-plane
spec:
  profile: minimal
  components:
    pilot:
      k8s:
        env:
        - name: PILOT_FILTER_GATEWAY_CLUSTER_CONFIG
          value: "true"
  meshConfig:
    defaultConfig:
      proxyMetadata:
        ISTIO_META_DNS_CAPTURE: "true"
    enablePrometheusMerge: true
```

　　该配置中最重要的是 PILOT_FILTER_GATEWAY_CLUSTER_CONFIG 特性标志。它缩减了网关代理配置中的集群，只保留了那些在应用于特定网关的 VirtualService 中实际引用的集群。

　　在下一章中，我们将扩展对 VirtualService 资源的理解，以便在服务网格中实现更强大的路由，并且介绍这种控制如何帮助我们实现新的部署、绕过故障（容错），以及实现强大的测试功能。

本章小结

- 入口网关对进入服务网格的流量提供细粒度控制。
- 使用 Gateway 资源，我们可以为特定的主机配置允许进入网格的流量类型。
- 就像网格中的任何服务一样，网关使用 VirtualService 资源路由流量。
- 每台主机单独配置支持以下 TLS 模式：
    - 使用 SIMPLE TLS 模式加密和防止中间人攻击。
    - 使用 MUTUAL TLS 模式双向验证服务器和客户端。
    - 使用带有 PASSTHROUGH TLS 模式的 SNI 头允许反向代理加密流量。
- 对于目前不支持的 L7 协议，Istio 支持纯 TCP 流量。但是，纯 TCP 流量不具备高级特性，例如重试、复杂的路由等。
- 团队可以通过网关注入来管理他们自己的网关。

流量控制：细粒度流量路由 5

本章内容包括：
- 流量路由基本用法
- 新版本发布后进行流量迁移
- 采用流量镜像以减少新版本带来的风险
- 离开集群后的流量控制

在第 4 章中，我们了解了如何将流量导入集群以及需要考虑的因素。流量进入集群后，如何将其路由到适当的服务以处理该请求？位于集群内部的服务如何与位于同一集群内或集群外部的其他服务通信？最后，也是最重要的，当对服务进行更改并引入新版本时，如何以最小的中断和影响安全地将这些更改暴露给客户端和用户？

正如我们所看到的，Istio 服务代理拦截服务网格集群中服务之间的通信（即流量劫持），并为我们提供一个流量控制点。Istio 允许我们控制应用程序之间的流量，精确到单个请求。在本章中，我们将了解怎么做以及这样做的好处。

5.1 减少部署新代码带来的风险

在第 1 章中，我们介绍了将 ACME 公司迁移到云平台并采用有助于降低公司部署代码风险的实践案例。ACME 尝试的模式之一是蓝 / 绿部署，以将变更引入应用程序中。通过蓝 / 绿部署，ACME 获得了想要变更的服务的 v2（绿色）版本，并将其部署到生产环境中 v1（蓝色）的周边，如图 5.1 所示。

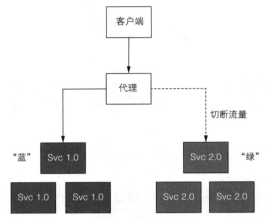

图 5.1　在蓝 / 绿部署中，蓝色版本是当前已发布的软件。当发布新软件时，将流量切换到绿色版本

当 ACME 想要发布新版本时，它将流量切换到 v2（绿色）。这种方法有助于减少部署期间的中断，因为如果出现任何问题，ACME 都可以切换回服务的 v1（蓝色）。

蓝 / 绿部署很有帮助，但是当从 v1 切换到 v2 时，我们仍然会经历一次"大爆炸"，即一次性发布所有的代码更改。我们看看如何进一步降低部署的风险。首先应该明确部署和发布的含义。

部署与发布

我们使用虚构的 catalog 服务来帮助说明部署和发布之间的区别。假设目前 catalog 服务的 v1 正在生产环境中运行。如果想对 catalog 服务引入代码更改，我们希望使用持续集成系统来构建它，使用新版本（比如 v1.1）对它进行标记，然后在预生产环境中部署并测试。在预生产环境中验证通过这些更改后，我们就可以开始将新版本 v1.1 投入到生产环境中。

当对生产环境进行部署时，我们将新代码安装到生产环境的资源（服务器、容器等）上，但不向其发送任何流量。部署到生产环境不会影响用户在生产环境中的运行，因为它还没有接收任何用户请求。此时，我们可以在生产环境中新部署的实例上运行测试，以验证其工作是否符合预期（参见图 5.2）。我们应该启用指标和日志收集，这样就可以使用这些信号来增强信心——新部署的实例正在按照预期的方式运行。

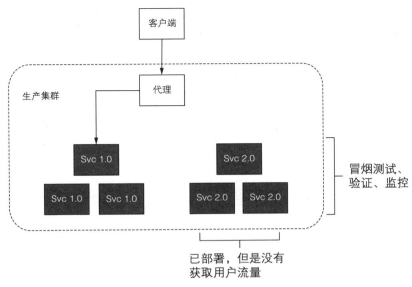

图 5.2 部署是指被安装到生产环境中，但不接收任何实时流量的代码。
在将部署安装到生产环境中时，我们会对其进行冒烟测试并验证

将代码部署到生产环境中后，我们就可以做出关于如何将其发布给用户的业务决策。发布代码意味着将实时流量带到新部署中。但这不是孤注一掷。部署和发布之间的解耦，对于降低将新代码引入生产环境中的风险变得至关重要。我们可以决定只向内部员工发布新软件（参见图 5.3），这些内部员工可以控制流量，这样他们就可以接触到新版本的软件。作为软件的运维人员，他们可以观察（使用日志记录和指标收集）并验证代码更改是否达到了预期的效果。

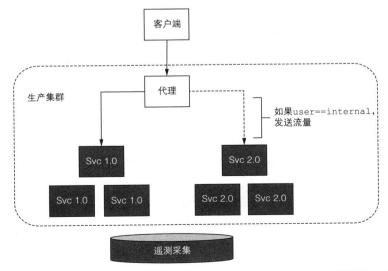

图 5.3 发布是指将生产流量引入新部署的实例中，在理想情况下是以增量的方式进行的

现在，软件的旧版本占用了大量的实时流量，而新版本只占用了一小部分流量。这种方法被称为金丝雀部署或金丝雀发布（比喻源自矿场金丝雀）[1]。基本上，我们选择向一小群用户公开代码的新版本，并观察它的行为。如果它有意外的行为，我们可以退出发布，并将流量重定向到服务的上一个版本。

如果对新代码的行为和性能感到满意，我们就可以进一步打开发布的窗口（参见图 5.4）。我们可能希望现在允许非付费客户或银级客户（相对于金级客户或白金级客户）看到这些更改。

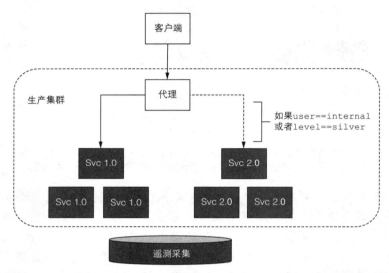

图 5.4　通过开放将用户路由到新部署的标准，使发布面向更多的用户

我们继续使用这种迭代的方法来发布和观察，直到所有用户都接触到新代码（参见图 5.5）。在此过程中，通过真实的用户交互，不论何时，只要发现新代码的功能、行为或性能不符合预期，就都可以通过将流量引导回上一个版本来回滚。

在过去，ACME 结合了部署和发布这两种思想。为了将代码更改引入生产环境中，该公司启动了滚动升级，有效地用服务的新版本替换了旧版本。一旦新版本被引入集群中，它就会接收到生产流量。这种方法让用户接触到新版本的代码，以及由此带来的 bug 或问题。

分离部署和发布允许我们更精细地控制哪些用户以何种方式接触到新代码，这降低了将新代码引入生产环境中的风险。接下来，我们看看 Istio 如何根据控制进入系统的流量来帮助降低发布的风险。

1　因为金丝雀对矿场中的毒气比较敏感，所以在矿场开工前，工人们会放一只金丝雀进去，以验证矿场里是否存在毒气，这便是"金丝雀发布"的由来。

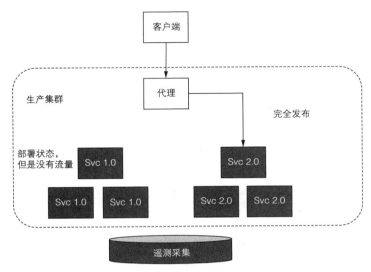

图5.5 我们可以继续将流量迁移到新部署上，直到它完全发布。
回滚将流量迁移回原始部署

5.2 Istio的请求路由

在第 2 章中，我们使用了 Istio 来控制访问 `catalog` 服务的流量，使用了 Istio `VirtualService` 资源来指定如何路由流量。现在我们仔细看看这是如何工作的。我们将基于请求的内容（通过评估请求头）来控制请求的路由。在这种方式中，可以通过一种称为暗启动（dark launch）的技术使部署对某些用户可用。在暗启动中，很大比例的用户被发送到服务的已知工作版本，而某些类别的用户被发送到最新的版本。因此，在不影响其他人的情况下，我们可以以一种可控的方式向特定群体公开新功能。

5.2.1 清理工作空间

首先清理环境，这样就可以从头开始了。如果不是在 Kubernetes 集群的 `istioinaction` 命名空间中，则可以像下面这样切换到 `istioinaction` 命名空间：

```
$ kubectl config set-context $(kubectl config current-context) \
 --namespace=istioinaction
```

现在清理掉所有的存量资源：

```
$ kubectl delete deployment,svc,gateway,\
virtualservice,destinationrule --all -n istioinaction
```

5.2.2　部署 catalog 服务的 v1 版本

我们来部署 catalog 服务的 v1 版本。在本书源代码的根目录下，运行以下命令：

```
$  kubectl apply -f services/catalog/kubernetes/catalog.yaml

serviceaccount/catalog created
service/catalog created
deployment.extensions/catalog created
```

给它一点时间启动。你可以使用下面的命令查看进度：

```
$  kubectl get pod -w

NAME                         READY      STATUS        RESTARTS      AGE
catalog-98cfcf4cd-xnv79      2/2        Running       0             33s
```

此时，只能从集群内部访问 catalog 服务。运行以下命令，验证是否可以访问 catalog 服务，以及它的响应是否是正确的：

```
$  kubectl run -i -n default --rm --restart=Never dummy \
--image=curlimages/curl --command -- \
sh -c 'curl -s http://catalog.istioinaction/items'
```

现在，向集群外部公开 catalog 服务。回顾在第 4 章中学到的内容，我们使用了一个 Istio Gateway 资源来完成这个任务（注意，这里使用的域名是 catalog.istioinaction.io）：

```
apiVersion: networking.istio.io/v1alpha3
kind: Gateway
metadata:
  name: catalog-gateway
spec:
  selector:
    istio: ingressgateway
  servers:
  - port:
      number: 80
      name: http
      protocol: HTTP
    hosts:
    - "catalog.istioinaction.io"
```

运行如下命令：

```
$  kubectl apply -f ch5/catalog-gateway.yaml

gateway.networking.istio.io/catalog-gateway created
```

接下来，正如在第 4 章中看到的，我们需要创建一个 VirtualService 资源，将流量路由到 catalog 服务。VirtualService 资源看起来像这样：

```
apiVersion: networking.istio.io/v1alpha3
kind: VirtualService
metadata:
  name: catalog-vs-from-gw
spec:
  hosts:
  - "catalog.istioinaction.io"
  gateways:
  - catalog-gateway
  http:
  - route:
    - destination:
        host: catalog
```

创建这个 `VirtualService` 资源：

```
$ kubectl apply -f ch5/catalog-vs.yaml
```

```
virtualservice.networking.istio.io/catalog-vs-from-gw created
```

现在，我们可以通过调用 Istio 网关从集群外部访问 catalog 服务。由于使用的是 Docker Desktop，它在 `localhost:80` 上发布 Istio 入口网关，因此可以运行以下命令：

```
$ curl http://localhost/items -H "Host: catalog.istioinaction.io"
```

你应该会看到与从集群内部调用服务时相同的输出。在本例中，我们将通过网关从集群外部调用 catalog 服务（参见图 5.6）。

图 5.6　在这个初始示例中，我们直接通过网关调用 `catalog` 服务

5.2.3　部署 catalog 服务的 v2 版本

部署 catalog 服务的 v2 版本，查看 Istio 的流量控制特性。假设在本书源代码的根目录下执行以下命令：

```
$ kubectl apply -f services/catalog/kubernetes/catalog-deployment-v2.yaml
```

```
deployment.extensions/catalog-v2 created
```

列出集群中所有的 Pod：

```
$  kubectl get pod

NAME                             READY    STATUS     RESTARTS    AGE
catalog-98cfcf4cd-xnv79          2/2      Running    0           14m
catalog-v2-598b8cfbb5-6vw84      2/2      Running    0           36s
```

如果多次调用 catalog 服务，则有些响应中会有一个附加字段。v2 版本的响应中有一个名为 imageUrl 的字段，而 v1 版本的响应中没有：

```
$  for in in {1..10}; do curl http://localhost/items \
-H "Host: catalog.istioinaction.io"; printf "\n\n"; done
[
  {
    "id": 0,
    "color": "teal",
    "department": "Clothing",
    "name": "Small Metal Shoes",
    "price": "232.00",
    "imageUrl": "http://lorempixel.com/640/480"
  }
]
[
  {
    "id": 0,
    "color": "teal",
    "department": "Clothing",
    "name": "Small Metal Shoes",
    "price": "232.00"
  }
]
```

5.2.4   将所有流量路由到 catalog 服务的 v1 版本

正如我们在第 2 章中所做的那样，将所有流量路由到 catalog 服务的 v1 版本。这是开始暗启动前常见的通信模式。我们需要给 Istio 一个关于如何识别哪些工作负载是 v1、哪些是 v2 的提示。在 Kubernetes Deployment 资源中，对于 catalog 服务的 v1，使用了 app：catalog 和 version：v1 标签；对于指定 catalog 服务的 v2 的 Deployment，使用了 app：catalog 和 version：v2 标签。对于 Istio，我们创建了一个 DestinationRule，将这些不同的版本指定为 subsets：

```
apiVersion: networking.istio.io/v1alpha3
kind: DestinationRule
metadata:
  name: catalog
spec:
  host: catalog
  subsets:
  - name: version-v1
```

```
        labels:
          version: v1
      - name: version-v2
        labels:
          version: v2
```

创建这个 `DestinationRule` 资源，运行如下命令：

```
$ kubectl apply -f ch5/catalog-dest-rule.yaml

destinationrule.networking.istio.io/catalog created
```

现在，我们已经向 Istio 指定了如何区分 catalog 服务的不同版本。更新 `VirtualService`，将所有流量路由到 catalog 的 v1 版本：

```
apiVersion: networking.istio.io/v1alpha3
kind: VirtualService
metadata:
  name: catalog-vs-from-gw
spec:
  hosts:
  - "catalog.istioinaction.io"
  gateways:
  - catalog-gateway
  http:
  - route:
    - destination:
        host: catalog
        subset: version-v1          ◁── 指定
                                         子集
```

更新这个 `VirtualService` 资源：

```
$ kubectl apply -f ch5/catalog-vs-v1.yaml

virtualservice.networking.istio.io/catalog-vs-from-gw configured
```

现在，当访问 catalog 服务时，我们仅可以看到来自 v1 版本的响应：

```
$ for i in {1..10}; do curl http://localhost/items \
-H "Host: catalog.istioinaction.io"; printf "\n\n"; done
```

此时，所有流量都被路由到 catalog 服务的 v1 版本，如图 5.7 所示。现在，假设我们希望以可控的方式将特定请求路由到 v2。让我们在下一节中看看是怎么做的。

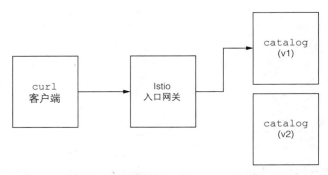

图 5.7   将所有流量路由到 catalog 服务的 v1 版本

5.2.5   将特定请求路由到 v2 版本

也许我们希望将包含 HTTP 头 x-istio-cohort：internal 的任何流量路由到 catalog 服务的 v2 版本。在 Istio VirtualService 资源中指定这个请求路由，像这样：

```
apiVersion: networking.istio.io/v1alpha3
kind: VirtualService
metadata:
  name: catalog-vs-from-gw
spec:
  hosts:
  - "catalog.istioinaction.io"
  gateways:
  - catalog-gateway
  http:
  - match:
    - headers:
        x-istio-cohort:
          exact: "internal"
    route:
    - destination:
        host: catalog
        subset: version-v2
  - route:
    - destination:
        host: catalog
        subset: version-v1
```

更新这个 VirtualService 资源：

```
$  kubectl apply -f ch5/catalog-vs-v2-request.yaml

virtualservice.networking.istio.io/catalog-vs-from-gw configured
```

当访问服务时，我们仍然看到来自 v1 版本的响应。然而，如果发送一个 x-istio-cohort 头等于 internal 的请求，则其会被路由到 catalog 服务的 v2 版本，我们将看到预期的响应，如图 5.8 所示：

```
$ curl http://localhost/items \
-H "Host: catalog.istioinaction.io" -H "x-istio-cohort: internal"
```

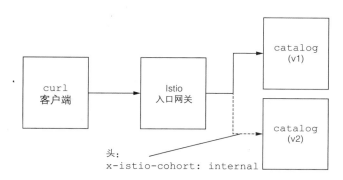

图 5.8　针对具有特定内容请求的细粒度请求路由

5.2.6　在调用链路内部进行路由

到目前为止，我们已经了解了如何使用 Istio 进行请求路由，但一直在边缘 / 网关处路由。这些流量规则也可以被应用于调用链路的深层（参见图 5.9）。我们在第 2 章中已经做过了，这里重新创建这个过程并验证它是否如预期的那样工作。

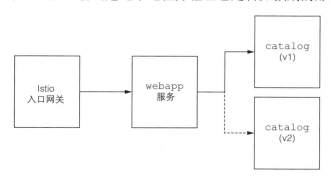

图 5.9　针对调用链路中包含某些内容请求的细粒度请求路由

注意：Istio 的路由能力来源于 Envoy。对于特定请求的路由，团队可能会选择使用应用程序注入的头，就像我们在使用 x-istio-cohort 的例子中看到的那样，或者依赖已知的头，如 Agent 或来自 cookie 的值。

在实践中，你还可以使用决策引擎来决定要注入哪些头，并随后对其进行路由决策。

首先移除 `istioinaction` 命名空间中所有的 Istio 资源：

```
$ kubectl delete gateway,virtualservice,destinationrule --all
```

我们恢复在第 2 章中使用 webapp 和 catalog 服务（以及一个将流量引流到 webapp 的 Istio 网关）的架构：

```
$ kubectl apply -f \
services/webapp/kubernetes/webapp.yaml

serviceaccount/webapp created
service/webapp created
deployment.extensions/webapp created
```

现在，设置 Istio 入口网关路由到 webapp 服务：

```
$ kubectl apply -f services/webapp/istio/webapp-catalog-gw-vs.yaml

gateway.networking.istio.io/coolstore-gateway created
virtualservice.networking.istio.io/webapp-virtualservice created
```

等待，直到 Pod 运行起来：

```
$ kubectl get pod -w

NAME                          READY   STATUS    RESTARTS   AGE
catalog-98cfcf4cd-tllnl       2/2     Running   0          13m
catalog-v2-598b8cfbb5-5m65c   2/2     Running   0          28s
webapp-86b9cf46d6-5vzrg       2/2     Running   0          13m
```

如果再次访问 webapp 服务，你应该会看到来自 catalog 服务的 v1 和 v2 交替的响应，就像之前直接访问 catalog 时看到的那样：

```
$ curl -H "Host: webapp.istioinaction.io" http://localhost/api/catalog
```

创建 VirtualService 和 DestinationRule 资源，它们将所有的流量路由到 catalog 服务的 v1 版本：

```
$ kubectl apply -f ch5/catalog-dest-rule.yaml

destinationrule.networking.istio.io/catalog created

$ kubectl apply -f ch5/catalog-vs-v1-mesh.yaml

virtualservice.networking.istio.io/catalog created
```

现在，如果再次访问 webapp 服务端点，你应该只会看到 catalog 服务的 v1

版本的响应：

```
$ curl http://localhost/api/catalog -H "Host: webapp.istioinaction.io"
```

最后，我们添加了基于请求的路由，指定路由取决于 `x-istio-cohort` 头是否存在且等于 `internal`：

```
apiVersion: networking.istio.io/v1alpha3
kind: VirtualService
metadata:
  name: catalog
spec:
  hosts:
  - catalog
  gateways:              这个 VirtualService 适用于网
  - mesh           ◁──── 格中的所有 sidecar
  http:
  - match:
    - headers:
        x-istio-cohort:
          exact: "internal"
    route:
    - destination:
        host: catalog
        subset: version-v2
  - route:
    - destination:
        host: catalog
        subset: version-v1
```

更新 `VirtualService`：

```
$ kubectl apply -f ch5/catalog-vs-v2-request-mesh.yaml
```

传入 `x-istio-cohort` 头，你会在调用链路中看到路由到 `catalog` 服务的 v2 版本的流量：

```
$ curl http://localhost/api/catalog -H "Host: webapp.istioinaction.io" \
-H "x-istio-cohort: internal"
```

5.3 流量迁移

在本节中，我们将研究另一种"金丝雀发布"或增量发布的方法。在上一节中，我们展示了基于头部匹配的路由，为某些用户组实现暗启动。在本节中，我们将根据权重将所有实时流量分发给特定服务的一组版本。例如，如果已经向内部员工暗启动了 `catalog` 服务的 v2 版本，并且想慢慢地向所有人发布这个版本，我们可以指定一个 10% 到 v2 的路由权重：所有流向 `catalog` 的流量的 10% 将流向 v2，而

90% 的流量仍将流向 v1。采用这种方式，我们可以通过控制受 v2 代码负面影响的总流量比例来进一步降低发布的风险。

与暗启动一样，我们希望监控和观察服务是否有错误，并在出现问题时回滚发布。在这种情况下，回滚就像更改路由权重一样简单，这样 catalog 服务的 v2 在总流量中所占的百分比就会减少（如果需要，可以一直回到 0%）。我们看看如何使用 Istio 来执行基于权重的流量迁移。

在上一节中，以下服务正在运行（包括 catalog 服务的 v1 和 v2）：

```
$  kubectl get pod

NAME                          READY     STATUS     RESTARTS    AGE
webapp-86b9cf46d6-5vzrg       2/2       Running    58          12h
catalog-98cfcf4cd-tllnl       1/2       Running    60          12h
catalog-v2-598b8cfbb5-5m65c   1/2       Running    58          11h
```

我们将 catalog 服务的所有流量重置到 v1：

```
$  kubectl apply -f ch5/catalog-vs-v1-mesh.yaml

virtualservice.networking.istio.io/catalog configured
```

如果调用服务，我们只会看到 v1 的响应，正如预期的那样：

```
$  for i in {1..10}; do curl http://localhost/api/catalog \
-H "Host: webapp.istioinaction.io"; done
```

我们将 10% 的流量路由到 catalog 服务的 v2：

```
apiVersion: networking.istio.io/v1alpha3
kind: VirtualService
metadata:
  name: catalog
spec:
  hosts:
  - catalog
  gateways:
  - mesh
  http:
  - route:
    - destination:
        host: catalog
        subset: version-v1       ┐ 大多数流量流向 v1
      weight: 90              ◁───┘
    - destination:
        host: catalog
        subset: version-v2       ┐ 少数流量流向 v2
      weight: 10             ◁────┘
```

现在更新 catalog 服务的路由：

```
$ kubectl apply -f ch5/catalog-vs-v2-10-90-mesh.yaml
```

virtualservice.networking.istio.io/catalog configured

现在调用服务，大约有 1/10 的调用请求接收到来自 v2 的响应：

```
$ for i in {1..100}; do curl -s http://localhost/api/catalog \
-H "Host: webapp.istioinaction.io"  \
| grep -i imageUrl; done | wc -l
```

在这个命令中，调用 `/api/catalog` 端点 100 次。当命令返回时，应该在屏幕上打印接近 10 个（100 个的 10%）结果。

如果想要将流量分成 50/50，我们只需要更新路由上的权重：

```
apiVersion: networking.istio.io/v1alpha3
kind: VirtualService
metadata:
  name: catalog
spec:
  hosts:
  - catalog
  gateways:
    - mesh
  http:
  - route:
    - destination:
        host: catalog
        subset: version-v1
      weight: 50
    - destination:
        host: catalog
        subset: version-v2
      weight: 50
```

```
$ kubectl apply -f ch5/catalog-vs-v2-50-50-mesh.yaml
```

virtualservice.networking.istio.io/catalog configured

再次调用该服务：

```
$ for i in {1..100}; do curl -s http://localhost/api/catalog \
-H "Host: webapp.istioinaction.io"  \
| grep -i imageUrl; done | wc -l
```

该命令返回的值大约有 50 个，这意味着大约有一半的调用响应是通过后端 `catalog` 服务的 v2 返回的。

对于每个服务版本，你都可以将流量权重设置为 1~100，但所有权重的总和必须等于 100。如果不等于 100，就会发生不可预测的流量路由。还要注意，如果你有 v1 和 v2 以外的版本，它们必须在 `DestinationRule` 中被声明为 `subsets`。有关示例，请参见 `ch5/catalog-dest-rule.yaml` 文件。

对于本章中的步骤，我们已经在不同版本之间手动迁移了流量。在理想情况下，我们希望在持续集成 / 持续交付（CI/CD）流水线中，通过某些工具或部署流水线实现这种流量迁移的自动化。在下一节中，我们将介绍一个工具，该工具可以帮助将金丝雀发布过程自动化。

警告：当你慢慢发布一个新的软件版本时，你应该同时监控新旧版本，以验证稳定性、性能和正确性。如果发现了任何不好影响的迹象，都可以通过改变权重轻松地回滚到服务的旧版本。还要记住，在使用这种方法时，你的服务需要被构建为支持并发运行的多个版本。服务越是有状态的（即使它依赖外部状态），就越难做到这一点。

使用 Flagger 进行金丝雀发布

正如我们在前几节中看到的，Istio 为运维人员提供了一些强大的特性来控制流量路由，但是必须手动进行路由更改，并使用命令行应用新的配置。我们还创建了配置的多个版本，这意味着将带来更多的工作量，出错的机会也更大。

在进行金丝雀发布时，可能有数百个发布同时进行，我们希望避免人工干预，减少出错的机会。我们可以使用像 Flagger 这样的工具来实现服务发布的自动化。Flagger 是一个由 Stefan Prodan 编写的自动化工具，它允许你指定关于新版本发布的一些参数，例如，如何执行发布、何时向更多的用户开放新版本，以及在新版本出现问题时何时回滚。Flagger 创建所有适当的配置来驱动这个发布过程。

我们看看如何在 Istio 中使用 Flagger。在上一节中，我们部署了 catalog-v2 和 VirtualService 资源来显式控制流量路由。现在删除这些，让 Flagger 来处理路由和部署变更：

```
$ kubectl delete vs catalog
virtualservice.networking.istio.io "catalog" deleted

$ kubectl delete deploy catalog-v2
deployment.apps "catalog-v2" deleted

$ kubectl delete service catalog
service "catalog" deleted

$ kubectl delete destinationrule catalog
destinationrule.networking.istio.io "catalog" deleted
```

Flagger 依靠指标来确定服务的健康状况，特别是在引入了金丝雀发布之后。为了让 Flagger 可以使用任何成功指标，我们需要安装 Prometheus 并在 Istio 数据平面做好监控埋点。如果你一直在学习本书中的示例，那么应该已经安装了 Prometheus。如果没有安装，请快速安装 Istio 自带的 Prometheus 插件：

```
$ kubectl apply -f istio-1.13.0/samples/addons/prometheus.yaml \
  -n istio-system
```

接下来安装 Flagger。Flagger 使用 Helm 进行安装，所以请确认 Helm 3.x 已经被添加到系统路径上：

```
$ helm repo add flagger https://flagger.app
$ kubectl apply -f \
https://raw.githubusercontent.com/fluxcd/\
flagger/main/artifacts/flagger/crd.yaml

$ helm install flagger flagger/flagger \
    --namespace=istio-system \
    --set crd.create=false \
    --set meshProvider=istio \
    --set metricsServer=http://prometheus:9090
```

> **注**：请参阅 Flagger 文档获得更完整的安装选项和步骤。

安装完成后，应该可以在 `istio-system` 命名空间中看到 Prometheus 和 Flagger 的部署：

```
$ kubectl get po -n istio-system
NAME                                      READY  STATUS    RESTARTS  AGE
flagger-6764c647ff-w6jqz                  1/1    Running   0         27h
istio-ingressgateway-7576658c9b-vcx7n     1/1    Running   0         5d4h
istiod-c85d85ddd-vtrlz                    1/1    Running   0         7d21h
prometheus-7d76687994-nh9bf               2/2    Running   0         27h
```

我们将使用 Flagger `Canary` 资源指定金丝雀发布的参数，让 Flagger 创建适当的资源来编排这个发布，如下面的代码清单所示。

代码清单 5.1　Flagger `Canary` 资源用于配置金丝雀发布的自动化

```
apiVersion: flagger.app/v1beta1
kind: Canary
metadata:
  name: catalog-release
  namespace: istioinaction
spec:
  targetRef:          ◁──  金丝雀发布的
    apiVersion: apps/v1    目标部署
    kind: Deployment
    name: catalog
  progressDeadlineSeconds: 60
  # Service / VirtualService Config
  service:            ◁──  服务
    name: catalog          配置
    port: 80
    targetPort: 3000
    gateways:
```

```
        - mesh
      hosts:
      - catalog
     analysis:                    ←───┐  金丝雀发布
        interval: 45s                 └─ 过程参数
        threshold: 5
        maxWeight: 50
        stepWeight: 10
        metrics:
        - name: request-success-rate
          thresholdRange:
            min: 99
          interval: 1m
        - name: request-duration
          thresholdRange:
            max: 500
          interval: 30s
```

在这个 Canary 资源中，我们指定应该将哪个 Kubernetes 部署作为金丝雀发布的目标，应该自动创建什么样的 Kubernetes Service 和 Istio VirtualService，以及如何继续执行金丝雀发布。Canary 资源的最后一部分描述了如何快速推进金丝雀发布，要观察什么指标来确定可行性，以及确定成功的阈值是什么。我们每45s 评估一次金丝雀发布的步骤，每步增加 10% 的流量；当流量达到 50% 后，将流量直接切换到 100%。

我们还指定，对于成功率指标，将只容忍在 1 分钟时间内进行的检查成功率为99%。也只允许在 P99（第 99 百分位）处的请求持续时间为 500ms。如果这些指标偏离阈值超过 5 个间隔周期，那么金丝雀发布将被停止并回滚。

接下来，我们应用代码清单 5.1 中的配置，并开始以灰度发布的方式，自动将catalog 服务的全部流量逐步切换到 v2。在 ch5 文件夹中，运行以下命令：

```
$ kubectl apply -f ch5/flagger/catalog-release.yaml

canary.flagger.app/catalog-release created
```

这可能需要一些时间，但在这段时间内，你可以检查金丝雀发布的状态：

```
$ kubectl get canary catalog-release -w
NAME               STATUS          WEIGHT    LASTTRANSITIONTIME
catalog-release    Initializing    0         2021-01-20T22:50:16Z
catalog-release    Initialized     0         2021-01-20T22:51:11Z
```

此时，Flagger 已经自动创建了一些必要的 Kubernetes 资源来驱动金丝雀发布，如 Deployment、Service 和 VirtualService 对象。例如，如果检查由Flagger 建立的 Istio VirtualService，我们将会看到一个路由规则。

运行如下命令：

```
$ kubectl get virtualservice catalog -o yaml
```

Flagger 自动创建相应的 VirtualService：

```
apiVersion: networking.istio.io/v1beta1
kind: VirtualService
metadata:
  name: catalog
  namespace: istioinaction
spec:
  gateways:
  - mesh
  hosts:
  - catalog
  http:
  - route:
    - destination:
        host: catalog-primary
      weight: 100
    - destination:
        host: catalog-canary
      weight: 0
```

从这个 VirtualService 中可以看到，目的地为 catalog 服务的流量将被
100% 路由到 catalog-primary 服务，没有流量被路由到金丝雀。到目前为止，
我们所做的就是建立基础配置，还没有做金丝雀发布。Flagger 监视对原始部署目标
（在本例中为 catalog 部署）的更改，创建金丝雀部署（catalog-canary）和
服务（catalog-canary），并调整 VirtualService 的权重。

现在我们引入 catalog 的 v2，并看看 Flagger 是如何实现灰度发布自动化并
基于指标做出决策的。我们还可以通过 Istio 为服务生成负载，这样 Flagger 就有了
指标正常情况下的基线。在一个新的终端窗口中，运行以下命令循环调用服务：

```
$ while true; do curl "http://localhost/api/catalog" \
-H "Host: webapp.istioinaction.io" ; sleep 1; done
```

接下来，运行以下命令部署 catalog-v2 服务：

```
$ kubectl apply -f ch5/flagger/catalog-deployment-v2.yaml
deployment.apps/catalog configured
```

我们可以使用下面的命令来观察金丝雀发布的状态和进展：

```
$ kubectl get canary catalog-release -w
```

随着金丝雀发布进程的推进，权重被转移到 catalog-v2 服务。我们可以检
查 VirtualService 资源配置，并验证它与预期的流量迁移是否相匹配：

```
$ kubectl get virtualservice catalog -o yaml
```

Flagger 控制着 VirtualService 的权重：

```
apiVersion: networking.istio.io/v1beta1
kind: VirtualService
metadata:
  name: catalog
  namespace: istioinaction
spec:
  gateways:
  - mesh
  hosts:
  - catalog
  http:
  - route:
    - destination:
        host: catalog-primary
      weight: 90
    - destination:
        host: catalog-canary
      weight: 10
```

我们期望金丝雀发布每 45s 推进一次，就像在 Canary 对象中配置的那样。步骤以 10% 的增量进行，直到 50% 的流量被转移到"金丝雀"上。如果 Flagger 发现指标看起来很好，没有偏差，流程将继续进行，直到所有流量都流向"金丝雀"，并将其提升为主服务。如果情况不正常，Flagger 会自动回滚金丝雀发布。

一段时间后，金丝雀发布状态的输出如下所示：

```
$ kubectl get canary catalog-release -w
NAME               STATUS         WEIGHT   LASTTRANSITIONTIME
catalog-release    Initializing   0        2021-01-20T22:50:16Z
catalog-release    Initialized    0        2021-01-20T22:51:11Z
catalog-release    Progressing    0        2021-01-20T22:58:41Z
catalog-release    Progressing    10       2021-01-20T22:59:26Z
catalog-release    Progressing    20       2021-01-20T23:00:11Z
catalog-release    Progressing    30       2021-01-20T23:00:56Z
catalog-release    Progressing    40       2021-01-20T23:01:41Z
```

Flagger 使用 Istio 的 API 来自动控制金丝雀发布，并消除了手动配置资源或引入任何可能导致配置错误的手动行为的需要。Flagger 还可以进行暗启动测试、流量镜像（下一节将进行讨论）等；参见 Flagger 官网获取更多详情。

为了清理这个练习并使配置处于可继续本章其他内容的状态，我们删除 Flagger Canary 资源，重置 catalog 部署，并将 catalog-v2 配置为单独的部署：

```
catalog-release    Progressing    50       2021-01-20T23:02:26Z
catalog-release    Promoting      0        2021-01-20T23:03:11Z
catalog-release    Finalising     0        2021-01-20T23:03:56Z
catalog-release    Succeeded      0        2021-01-20T23:04:41Z
```

```
$ kubectl delete canary catalog-release
$ kubectl delete deploy catalog
$ kubectl apply -f services/catalog/kubernetes/catalog-svc.yaml
$ kubectl apply -f services/catalog/kubernetes/catalog-deployment.yaml
$ kubectl apply -f services/catalog/kubernetes/catalog-deployment-v2.yaml
$ kubectl apply -f ch5/catalog-dest-rule.yaml
```

最后, 删除 Flagger ：

```
$ helm uninstall flagger -n istio-system
```

5.4 进一步降低风险：流量镜像

使用请求级路由和流量迁移技术，可以降低发布的风险。这两种技术都使用实时流量和请求，即使控制了潜在负面影响的传播范围，也会影响线上用户。还有一种方法是将生产流量镜像到一个新部署。该方法复制生产流量并将其发送到任何用户真实流量外的新部署中，如图 5.10 所示。使用镜像方法，我们可以将实际的生产流量引导到部署中，并获得关于新代码在不影响用户的情况下运行的真实反馈。Istio 支持流量镜像，这比其他两种方法更能减少部署和发布的风险。我们具体来看看。

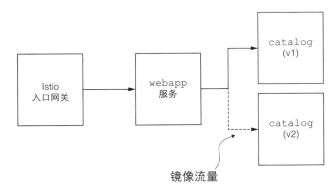

图 5.10 将流量从请求路径镜像到生产环境外的 `catalog-v2` 服务

为了将流量镜像到 `catalog` 服务的 v2，我们先将所有流量重置到 v1。在 ch5 文件夹中，运行以下命令：

```
$ kubectl apply -f ch5/catalog-vs-v1-mesh.yaml
```

现在，更新 `VirtualService` 做流量镜像：

```
apiVersion: networking.istio.io/v1alpha3
kind: VirtualService
metadata:
  name: catalog
spec:
  hosts:
  - catalog
  gateways:
    - mesh
  http:
  - route:
    - destination:
        host: catalog
        subset: version-v1
      weight: 100          ←———┐      镜像
    mirror:          ←————————┘      配置
      host: catalog                           ┐   catalog 服务
      subset: version-v2     ←————————┘   的子集
```

通过这个 VirtualService 定义，我们将 100% 的实时流量路由到 catalog 服务的 v1，但也将流量镜像到 v2。正如前面所提到的，镜像是通过"即发即忘"的方式完成的，即创建请求的副本并将其发送到镜像集群（在本例中是 catalog 的 v2）中。这个镜像请求不会影响真正的请求，因为执行镜像的 Istio 代理会忽略来自镜像集群的任何响应（成功 / 失败）。我们创建这个 VirtualService 资源：

```
$  kubectl apply -f ch5/catalog-vs-v2-mirror.yaml
```

```
virtualservice.networking.istio.io/catalog created
```

现在，如果将流量发送到服务中，我们应该只看到来自 catalog 服务的 v1 的响应：

```
$ curl http://localhost/api/catalog -H "Host: webapp.istioinaction.io"
```

检查 v1 服务的日志，以验证我们正在接收流量：

```
$  CATALOG_V1=$(kubectl get pod -l app=catalog -l version=v1 \
-o jsonpath={.items..metadata.name})
$  kubectl logs $CATALOG_V1 -c catalog
```

日志条目如下所示：

```
request path: /items
blowups: {}
number of blowups: 0
GET catalog.istioinaction:80 /items 200 502 - 2.363 ms
GET /items 200 2.363 ms - 502
```

如果查看 v2 服务的日志，则会看到如下日志条目：

```
$  CATALOG_V2=$(kubectl get pod -l app=catalog -l version=v2 \
-o jsonpath={.items..metadata.name})
$  kubectl logs $CATALOG_V2 -c catalog

request path: /items
blowups: {}
number of blowups: 0
GET catalog.istioinaction-shadow:80 /items 200 698 - 2.517 ms
GET /items 200 2.517 ms - 698
```

对于发送给服务的每个请求，它们同时到达 catalog 的 v1 和 v2。到达 v1 的请求是实时请求，这就是我们看到的响应；到达 v2 的请求被镜像，并以"即发即忘"的方式发送。

注意，当镜像流量到达 catalog 的 v2 时，Host 头被修改标记为镜像/影子流量——它不是 Host: catalog:8080，而是 Host: catalog-shadow:8080。接收到带有 -shadow 后缀的请求的服务可以将该请求识别为镜像请求，并在处理它时考虑到这一点（例如，响应将被丢弃，因此要么回滚事务，要么不进行任何资源密集型调用）。

镜像流量是降低发布风险的一条途径。就像请求路由和流量迁移一样，应用程序应该知道这个上下文，并且能够以实时和镜像的模式运行，或者以多个版本运行，或者同时运行。

5.5　使用Istio的服务发现路由到集群外部的服务

在默认情况下，Istio 允许任何流量离开服务网格。例如，如果一个应用程序试图与不受服务网格管理的外部网站或服务通信，Istio 将允许此流量流出。由于所有的流量都要先经过服务网格 sidecar 代理（Istio 代理），并且我们可以控制流量路由，因此可以更改 Istio 的默认策略，阻止所有试图离开网格的流量。

阻止所有试图离开网格的流量是一种基本的深度防御策略，用于防止恶意行为者在网格中的服务或应用程序受到威胁时进行回调。但是，使用 Istio 阻断外部流量是不够的，一个被黑的 Pod 可以绕过代理。因此，你需要一种具有额外的流量阻断机制（如三层和四层保护）的深度防御方法。

例如，如果一个漏洞允许攻击者控制特定的服务，他们就可以尝试注入代码或以其他方式操纵该服务，以接触到其控制的服务器。如果能做到这一点，并进一步控制被泄露的服务，他们就能窃取公司的敏感数据和知识产权。

我们配置 Istio 来阻止外部通信，让网格提供一个简单的保护层（参见图 5.11）。运行以下命令，将 Istio 的默认值从 ALLOW_ANY 改为 REGISTRY_ONLY。这意味着只有在服务网格注册表中明确将流量列入白名单时，才允许此流量离开网格：

```
$  istioctl install --set profile=demo \
 --set meshConfig.outboundTrafficPolicy.mode=REGISTRY_ONLY
```

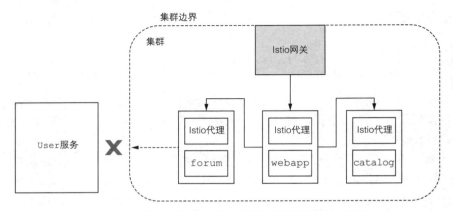

图 5.11   在默认情况下，阻止任何试图离开服务的流量

注：这里更新 Istio 安装并将 outboundTrafficPolicy 设置为 REG-ISTRY_ONLY。对于本书和实验目的来说，这是可以的。然而，在真正的部署中，你可能会用 IstioOperator 对 Istio 安装进行更改，或者直接更新 istio-system 中的 istio configmap。

因为不是所有的服务都存在于服务网格中，所以我们需要一种方法让网格内的服务与网格外的服务通信。这些服务可能是现有的 HTTP 服务，或者更有可能是数据库或缓存等基础设施服务。我们仍然可以为 Istio 之外的服务实现复杂的路由，但首先必须引入 ServiceEntry 的概念。

Istio 构建了一个内部服务注册表，其中包含网格所知道的，并且可以在网格中访问的所有服务。你可以将此注册表视为一个标准的服务注册表，网格中的服务可以使用该注册表查找其他服务。Istio 通过部署控制平面的平台来构建这个内部服务注册表。例如，在本书中，我们将控制平面部署到 Kubernetes 上。Istio 使用默认的 Kubernetes API 来构建它的服务条目（基于 Kubernetes Service 对象；参见 Kubernetes 官网文档），如图 5.12 所示。为了让网格内的服务与网格外的服务通信，我们需要让 Istio 的服务注册表知道这个外部服务。

在虚构的商店中，我们希望提供最好的 Customer 服务，并允许用户直接相互提供反馈或分享想法。为此，我们将用户连接到一个在线论坛，该论坛是在服务网格集群之外构建和部署的。在本例中，此论坛位于 URL jsonplaceholder.typicode.com。

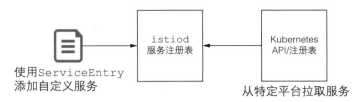

图 5.12　我们可以指定 `ServiceEntry` 资源来
增加外部服务并将其插入 Istio 的服务注册表中

Istio `ServiceEntry` 资源封装了注册表元数据，我们可以使用它将服务条目插入 Istio 的服务注册表中。下面是一个例子：

```
apiVersion: networking.istio.io/v1alpha3
kind: ServiceEntry
metadata:
  name: jsonplaceholder
spec:
  hosts:
  - jsonplaceholder.typicode.com
  ports:
  - number: 80
    name: http
    protocol: HTTP
    resolution: DNS
    location: MESH_EXTERNAL
```

这个 `ServiceEntry` 资源在 Istio 的服务注册表中插入了一个条目，它明确地表明，允许网格中的客户端使用 `jsonplaceholder.typicode.com` 主机调用 JSON Placeholder。JSON Placeholder 服务公开了一个示例 REST API，我们可以使用它模拟与集群外部的服务进行通信。在创建这个服务条目之前，我们要安装一个与 `jsonplaceholder.typicode.com` REST API 对话的服务，并观察 Istio 确实阻止了任何出站流量。

安装一个使用 `jsonplaceholder.typicode.com` 的示例 `forum` 应用程序，在本书源代码的根目录下运行以下命令：

```
$ kubectl apply -f services/forum/kubernetes/forum-all.yaml
```

稍等片刻，运行如下命令，输出应该如下所示：

```
$  kubectl get pod -w

NAME                         READY   STATUS     RESTARTS    AGE
catalog-b56cf7fdd-4smrk      2/2     Running    0           8m10s
catalog-v2-86854b8c7-blfp7   2/2     Running    0           8m6s
forum-7476c4f789-j5hqg       2/2     Running    0           30s
webapp-f7bdbcbb5-gkvpn       2/2     Running    0           25m
```

我们试着从网格内部调用这个新的 forum 服务：

```
$  curl http://localhost/api/users -H "Host: webapp.istioinaction.io"

error calling Forum service
```

为了允许这个调用通过，我们可以给 jsonplaceholder.typicode.com 主机创建一个 Istio ServiceEntry 资源。这样做会在 Istio 的服务注册表中插入一个条目，使服务网格知道它的存在。在 ch5 文件夹中，运行以下命令：

```
$  kubectl apply -f ch5/forum-serviceentry.yaml

serviceentry.networking.istio.io/jsonplaceholder created
```

现在再次调用 forum 服务：

```
$  curl http://localhost/api/users -H "Host: webapp.istioinaction.io"

...

  {
    "id": 10,
    "name": "Clementina DuBuque",
    "username": "Moriah.Stanton",
    "email": "Rey.Padberg@karina.biz",
    "address": {
      "street": "Kattie Turnpike",
      "suite": "Suite 198",
      "city": "Lebsackbury",
      "zipcode": "31428-2261",
      "geo": {
        "lat": "-38.2386",
        "lng": "57.2232"
      }
    },
    "phone": "024-648-3804",
    "website": "ambrose.net",
    "company": {
      "name": "Hoeger LLC",
      "catchPhrase": "Centralized empowering task-force",
      "bs": "target end-to-end models"
    }
  }
```

调用通过并返回一个 users 列表，如图 5.13 所示。

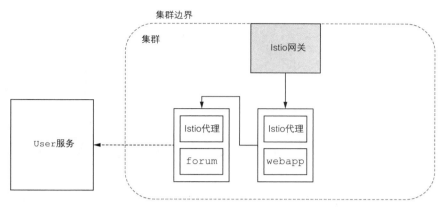

图 5.13 一旦显式地添加了 `ServiceEntry` 资源，
我们就可以从服务网格内部调用外部的服务了

在本章中，我们探讨了如何通过使用流量镜像、流量迁移和流量路由来缓慢地向用户引入更新，从而降低部署新代码的风险。在下一章中，我们将通过实现超时、重试和熔断来提高应用程序交互的弹性。

本章小结

- 使用 `DestinationRule` 可以将工作负载分成更小的子集，比如 v1 版本和 v2 版本。
- `VirtualService` 使用这些子集以细粒度的方式路由流量。
- `VirtualService` 根据应用层信息（如 HTTP 头）配置路由决策。这就启用了暗启动技术，该技术将一组特定的用户（如 beta 测试人员）发送到服务的新版本进行测试。
- 服务代理可以使用加权路由（配置了 `VirtualService` 资源）逐渐将流量路由到新的部署，从而启用金丝雀部署（又称流量迁移）等方法。
- 使用 Flagger 可以实现流量迁移的自动化。这是一种开源解决方案，它使用收集的指标进行决策并逐步增加流量到新的部署。
- 将 `outboundTrafficPolicy` 设置为 `REGISTRY_ONLY`，通过阻止所有流量离开集群，可以防止恶意行为者进行回调。
- 当将出站流量设置为 `REGISTRY_ONLY` 时，`ServiceEntry` 可以允许网格内部的服务访问外部的服务。

弹性：应对应用程序的网络挑战 6

本章内容包括：
- 理解弹性的重要性
- 使用客户端负载均衡
- 实现请求的超时和重试
- 熔断和连接池
- 从弹性应用程序库中迁移

一旦有流量通过 Istio 入口网关（第 4 章中提到）进入集群，我们就可以在请求层面上操控流量，并精确地控制请求的路由。在第 5 章中，我们介绍了基于权重的路由流量控制、基于请求匹配的路由，以及几种可支持的发布模式。我们还可以利用流量控制绕过应用程序错误、网络分区和其他问题进行路由。

分布式系统的问题是它们经常会发生非预期的故障，而我们没法手动转移流量。我们需要让应用程序具有一种能力，使得它们在遇到问题时能自行应对。利用 Istio 可以做到这一点，包括添加超时、重试和熔断等能力，并且不需要修改应用程序的代码。在本章中，我们将探讨如何实现弹性，以及它给系统带来什么影响。

6.1　实现应用程序的弹性

在构建微服务时，弹性必须被作为首要的因素考虑。"只要创建了它就不会失败"

的世界并不存在；当故障发生时，可能所有的服务都会瘫痪。当我们构建的分布式系统中的服务通过网络进行通信时，可能会出现更多的故障点，并可能面临灾难性的故障。开发者应该始终在应用程序和服务中采用一些弹性模式。

　　如图 6.1 所示，如果服务 A 调用服务 B，并且发送到服务 B 特定端点的请求出现延迟，我们希望它能主动识别这一点并将请求路由到其他端点，或者其他可用区，甚至是其他地区。如果服务 B 遇到间歇性的错误，我们希望能重试失败的请求。同样，如果在访问服务 B 时遇到问题，我们希望暂时退避，直到它恢复正常。如果不断地给服务 B 增加负载（在某些情况下重试会放大负载），则可能会使服务过载。这种过载可能会波及服务 A，以及任何对服务有依赖的应用，并导致严重的级联故障。

图 6.1　当服务 A 调用服务 B 时，可能会遇到网络问题

　　解决的办法是让应用程序可以预测失败，并在执行请求时自动尝试补救方法或回退到其他路径。例如，当服务 A 调用服务 B 遇到问题时，我们可以重试请求、让请求超时，或者使用熔断机制取消后续请求。本章我们将探讨如何利用 Istio 透明地解决这些问题，以便应用程序可以实现正确的和一致的弹性能力，而不用关心应用程序是用什么语言实现的。

6.1.1　为应用程序库构建弹性能力

　　在服务网格技术被广泛使用之前，作为开发者，我们不得不把很多弹性机制编写进应用程序代码中。开源社区提供的一些框架可以帮助解决这些问题。例如，Twitter 在 2011 年开源了弹性框架 Finagle。它是一个 Scala/Java/JVM 的应用程序库，可用于实现各种远程过程调用（RPC）的弹性模式，如超时、重试和熔断。不久后，Netflix 也开源了它的弹性框架组件，包括 Hystrix 和 Ribbon，它们分别提供了熔断和客户端负载均衡的能力。这两个库在 Java 社区非常流行，包括 Spring Cloud 框架中也采用了 NetflixOSS 组件。

　　这些框架的问题在于，在跨语言、框架和基础设施的组合中，弹性机制会有不同的实现。Twitter Finagle 和 NetflixOSS 对 Java 开发者很友好，但 Node.js、Go 和 Python 的开发者必须找到或实现这些模式的变种。从某种意义上说，这些库也会侵入应用程序代码，与网络控制相关的逻辑会和业务逻辑耦合在一起。此外，维护这些跨语言的库和框架，在运维层面增加了运行微服务的负担：我们不得不尝试在同一时间更新和维护所有这些组合并保持功能的一致性。

6.1.2   使用 Istio 解决弹性问题

正如我们在前几章中所看到的，Istio 的服务代理和应用程序一同部署，处理进出应用程序的所有网络流量（见图 6.2）。在 Istio 中，由于服务代理能够理解应用程序层面的请求和消息（如 HTTP 请求），我们可以在代理中实现弹性功能。

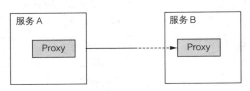

图 6.2   使用 Istio 的服务代理实现弹性功能

例如，在服务调用中遇到 HTTP 503 错误时，我们可以配置 Istio 来重试失败的请求，最多可以重试三次。我们可以准确地配置哪些失败的请求要重试、重试次数，以及每次重试的超时时间。由于服务代理是按服务实例部署的，我们可以配置非常精细的重试行为，以适应应用程序的特定需求。Istio 的所有弹性设置都是如此，服务代理实现了这些开箱即用的弹性模式：

- 客户端负载均衡。
- 位置感知负载均衡。
- 超时和重试。
- 熔断。

6.1.3   实现去中心化的弹性能力

使用 Istio，我们可以将数据平面代理与应用程序实例部署在一起，应用程序的请求只通过代理即可，所以不需要集中式的网关。如果将这些弹性实现放在应用程序库中，我们会得到同样的架构。以前，为了解决这些组合的分布式系统的更新和迭代的问题，我们把昂贵的、难以改变的、集中的硬件设备和其他软件中间件（硬件负载均衡器、消息传递系统、企业服务总线、API 管理等）放在请求的路径中。这些早期的实现是为静态环境建立的，无法很好地扩展或响应高度动态、弹性的云架构和基础设施。在解决这些弹性模式中的问题时，应该首先选择分布式的实现方式。

在下面的章节中，我们将探讨 Istio 已经实现的弹性模式。我们使用一组不同的示例应用程序，以获得对服务行为的更精细的控制：使用一个由 Nic Jackson 创建的名为 Fake Service 的项目来展示服务在真实生产环境中可能的行为。在下面的例子中，我们将看到一个名为 `simple-web` 的服务调用一组 `simple-backend` 后端服务，如图 6.3 所示。

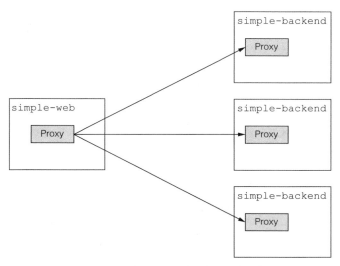

图 6.3　一个 Web 服务调用后端服务

6.2　客户端负载均衡

客户端负载均衡是将服务的可用端点告知客户端，并让客户端选择特定的负载均衡算法，以便在端点上尽可能妥当地分配请求。这就减少了对集中式负载均衡的依赖，因为集中式负载均衡可能会产生瓶颈和故障，而允许客户端直接向特定端点发送请求，可以避免额外的转发。因此，客户端和服务端可以更好地扩展并处理变化的拓扑结构。

如图 6.4 所示，Istio 使用服务和端点发现，客户端代理可以获取到最新的服务信息。服务的开发人员和运维人员就可以通过 Istio 来配置客户端负载均衡行为。

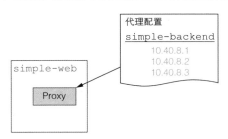

图 6.4　`simple-web` 代理能感知 `simple-backend` 的端点信息

服务的开发人员和运维人员可以通过定义 DestinationRule 资源来设置客户端使用何种负载均衡算法。Istio 的服务代理是基于 Envoy 的，因此支持 Envoy 的负载均衡算法，包括：

- 轮询（默认）。
- 随机。
- 加权最小请求数。

下面我们看一个简单的例子。

6.2.1　开始使用客户端负载均衡

在开始之前，我们使用下面的命令清理 istioinaction 命名空间，删除以前章节中的资源，并确保命名空间已经开启了 sidecar 注入：

```
$ kubectl config set-context $(kubectl config current-context) \
 --namespace=istioinaction
$ kubectl delete virtualservice,deployment,service,\
destinationrule,gateway --all
```

进入本书源代码的根目录，部署两个具有 Istio VirtualService 和 Gateway 资源的示例服务，这样就可以调用服务了（关于 Gateway 和 VirtualService 用于入口路由的信息，参见第 4 章）：

```
$ kubectl apply -f ch6/simple-backend.yaml
$ kubectl apply -f ch6/simple-web.yaml
$ kubectl apply -f ch6/simple-web-gateway.yaml
```

Pod 启动需要一些时间。当它们运行后，你会看到类似于下面的信息：

```
$ kubectl get pod
NAME                                 READY  STATUS    RESTARTS  AGE
simple-backend-1-54856d64fc-59dz2    2/2    Running   0         29h
simple-backend-2-64f898c7fc-bt4x4    2/2    Running   0         29h
simple-backend-2-64f898c7fc-kx88m    2/2    Running   0         29h
simple-web-56d955b6f5-7nflr          2/2    Running   0         29h
```

下面为 simple-backend 服务定义 DestinationRule 资源，并指定其负载均衡算法为 ROUND_ROBIN。DestinationRule 主要用于为网格中调用特定目标地址的客户端指定流量策略。simple-backend 服务的 DestinationRule 如下：

```
apiVersion: networking.istio.io/v1beta1
kind: DestinationRule
metadata:
  name: simple-backend-dr
spec:
  host: simple-backend.istioinaction.svc.cluster.local
  trafficPolicy:
    loadBalancer:
      simple: ROUND_ROBIN
```

应用这个 `DestinationRule`：

```
$ kubectl apply -f ch6/simple-backend-dr-rr.yaml
destinationrule.networking.istio.io/simple-backend-dr configured
```

simple-web 服务调用 simple-backend 服务，但 simple-backend 服务有多个副本。这是为了在后续测试中，我们可以在运行时修改端点。

如果一切顺利，服务调用应该都能成功。到目前为止，我们一直在使用 Docker Desktop，其输出信息如下：

```
$ curl -s -H "Host: simple-web.istioinaction.io" http://localhost/

{
  "name": "simple-web",
  "uri": "/",
  "type": "HTTP",
  "ip_addresses": [
    "10.1.0.45"
  ],
  "start_time": "2020-09-15T20:39:29.270499",
  "end_time": "2020-09-15T20:39:29.434684",
  "duration": "164.184432ms",
  "body": "Hello from simple-web!!!",
  "upstream_calls": [
    {
      "name": "simple-backend",
      "uri": "http://simple-backend:80/",
      "type": "HTTP",
      "ip_addresses": [
        "10.1.0.64"
      ],
      "start_time": "2020-09-15T20:39:29.282673",
      "end_time": "2020-09-15T20:39:29.433141",
      "duration": "150.468571ms",
      "headers": {
        "Content-Length": "280",
        "Content-Type": "text/plain; charset=utf-8",
        "Date": "Tue, 15 Sep 2020 20:39:29 GMT",
        "Server": "envoy",
        "X-Envoy-Upstream-Service-Time": "155"
      },
      "body": "Hello from simple-backend-1",
      "code": 200
    }
  ],
  "code": 200
}
```

在这个例子中，我们得到了一个 JSON 响应结果，它显示了一个调用链。simple-web 服务调用 simple-backend 服务，并且最终的响应信息为 Hello from

simple-backend-1。如果重复调用几次，我们会得到来自 simple-backend
-1 和 simple-backend-2 的响应：

```
$ for in in {1..10}; do \
curl -s -H "Host: simple-web.istioinaction.io" localhost \
| jq ".upstream_calls[0].body"; printf "\n"; done

"Hello from simple-backend-1"
"Hello from simple-backend-1"
"Hello from simple-backend-2"
"Hello from simple-backend-2"
"Hello from simple-backend-2"
"Hello from simple-backend-1"
"Hello from simple-backend-2"
"Hello from simple-backend-1"
"Hello from simple-backend-1"
"Hello from simple-backend-2"
```

请注意，simple-web 和 simple-backend 之间的调用被有效地分配到了
不同的 simple-backend 端点。客户端负载均衡之所以生效，是因为 simple
-web 的服务代理知道所有的 simple-backend 端点，并使用默认算法来决定哪
些端点将响应请求。在默认情况下，Istio 服务代理会使用 ROUND_ROBIN 作为负载
均衡策略。那么，客户端负载均衡是如何提升服务弹性的呢？

我们测试一个真实的应用场景，通过一个负载生成器来改变 simple-backend
服务的延迟情况，然后使用 Istio 的负载均衡策略来选择相应的配置。

6.2.2　构建应用场景

在真实情况下，服务处理请求需要一定的时间。时间的长短可能由以下几个因素
决定：

- 请求大小。
- 处理的复杂性。
- 数据库的使用。
- 调用其他花时间的服务。

服务以外的原因，也可能会影响响应时间：

- 非预期的、中断应用程序（stop-the-world）的垃圾回收。
- 资源争夺（CPU、网络等）。
- 网络拥堵。

为了模拟这些情况，我们将在响应时间中引入延迟。再次调用服务来观察现在
和之前响应时间的差异：

```
$  time curl -s -o /dev/null -H \
   "Host: simple-web.istioinaction.io" localhost
real    0m0.189s
user    0m0.003s
sys     0m0.013s

$  time curl -s -o /dev/null -H \
   "Host: simple-web.istioinaction.io" localhost
real    0m0.179s
user    0m0.003s
sys     0m0.005s

$  time curl -s -o /dev/null -H \
   "Host: simple-web.istioinaction.io" localhost
real    0m0.186s
user    0m0.003s
sys     0m0.006s
```

　　每次调用服务的响应时间都不尽相同。负载均衡是一个有效的策略,用于减少端点发生周期性或不可预测的延迟高峰的影响。下面我们使用一个名为 Fortio 的 CLI 负载生成工具来压测服务,观察客户端负载均衡的差异。你可以从"链接 1"下载适合你的开发环境的版本。

> **为你的开发环境获取 Fortio**
>
> 　　如果没有找到适合你的开发环境的 Fortio 发行版,请按照"链接 2"中的说明进行安装。你还可以通过在 Kubernetes 中运行 Fortio 来完成接下来的步骤。例如,在 Kubernetes 中使用以下命令来运行它:
>
> ```
> kubectl -n default run fortio --image=fortio/fortio:1.6.8 \
> --restart='Never' -- load -H "Host: simple-web.istioinaction.io" \
> -jitter -t 60s -c 10 -qps 1000 \
> http://istio-ingressgateway.istio-system/
> ```

　　确保 Fortio 可以访问服务:

```
$  fortio curl -H "Host: simple-web.istioinaction.io"  http://localhost/
```

　　你应该会看到一个与直接使用 `curl` 命令调用服务时类似的响应。

6.2.3　测试不同的客户端负载均衡策略

　　现在 Fortio 负载测试客户端已经准备好了,下面来探讨一个示例。我们将使用 Fortio 通过 10 个连接每秒发送 1000 个请求,持续 60s。Fortio 将追踪每次调用的延迟数据,将其绘制为柱状图,并对延迟的百分位数进行细分。在测试之前,我们为

simple-backend-1 服务增加 1s 的延迟，模拟端点经历较长时间的垃圾回收或应用程序的延迟。然后在轮询、随机和最小连接数之间切换负载均衡策略，并观察其差异。

我们先来部署具有延迟的 simple-backend-1 服务：

```
$  kubectl apply -f ch6/simple-backend-delayed.yaml
```

以 server 模式运行 Fortio，我们可以在一个仪表板页面中输入测试的参数，执行测试并查看结果：

```
$  fortio server
```

如图 6.5 所示，打开浏览器进入 Fortio 用户界面（http://localhost:8080/fortio），填写以下参数：

- Title：roundrobin
- URL：http://localhost
- QPS：1000
- Duration：60s
- Threads：10
- Jitter：勾选
- Headers：Host: simple-web.istioinaction.io

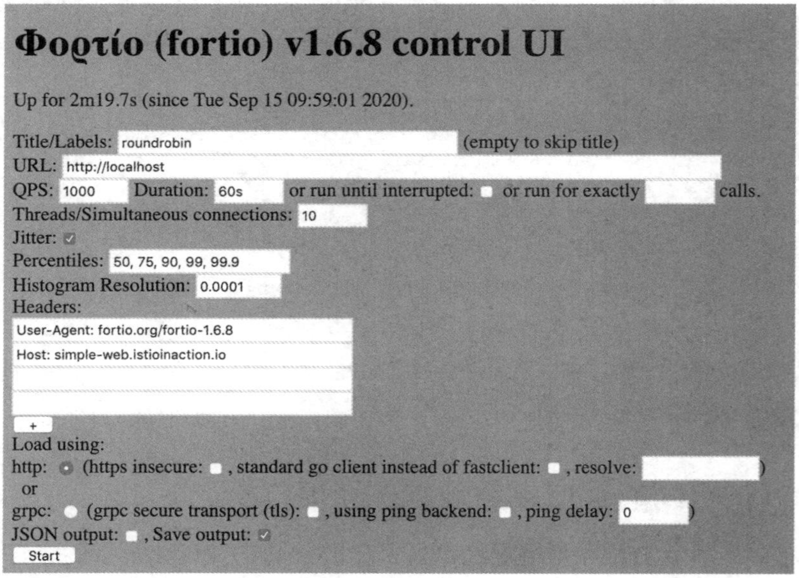

图 6.5　负载测试的 Fortio 服务端用户界面

点击"Start"按钮运行测试（见图 6.6），并等待测试完成。完成后，它会将一个结果文件保存到系统中，名称类似于 `2020-09-15-101555_roundrobin.json`。它还会显示一个结果图，如图 6.7 所示。

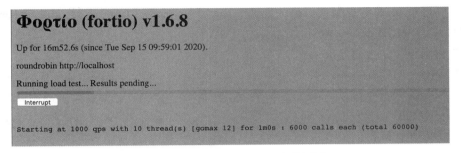

图 6.6　执行 60s 的 Fortio 负载测试

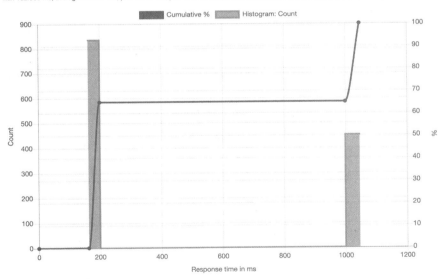

图 6.7　轮询负载均衡策略的测试结果

对于轮询负载均衡策略，产生的延迟如下：

- 50%：191.47ms
- 75%：1013.31ms
- 90%：1033.15ms
- 99%：1045.05ms
- 99.9%：1046.24ms

现在，把负载均衡算法改为随机，并再次尝试同样的负载测试：

```
$  kubectl apply -f ch6/simple-backend-dr-random.yaml
destinationrule.networking.istio.io/simple-backend-dr configured
```

回到 Fortio 的负载测试页面（点击 "Back" 按钮或 "Top" 链接）。填写同样的
参数信息，将标题改为 random：

- Title：random
- URL：http://localhost
- QPS：1000
- Duration：60s
- Threads：10
- Jitter：勾选
- Headers：Host:simple-web.istioinaction.io

点击 "Start" 按钮并等待结果。随机负载均衡策略的延迟情况如下（见图 6.8）：

- 50%：189.53ms
- 75%：1007.72ms
- 90%：1029.68ms
- 99%：1042.85ms
- 99.9%：1044.17ms

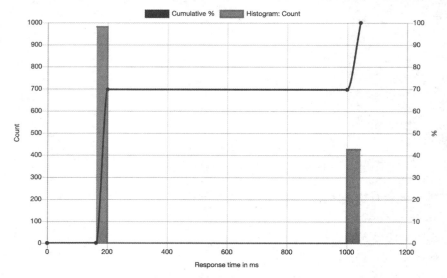

图 6.8   随机负载均衡策略的测试结果

最后，我们对最小连接数负载均衡策略做同样的测试：

```
$ kubectl apply -f ch6/simple-backend-dr-least-conn.yaml
destinationrule.networking.istio.io/simple-backend-dr configured
```

它的参数被设定为：
- Title：`leastconn`
- URL：`http://localhost`
- QPS：`1000`
- Duration：`60s`
- Threads：`10`
- Jitter：勾选
- Headers：`Host:simple-web.istioinaction.io`

点击"Start"按钮。最小连接数负载均衡策略的延迟情况如下（见图 6.9）：
- 50%：184.79ms
- 75%：195.63ms
- 90%：1036.89ms
- 99%：1124.00ms
- 99.9%：1132.71ms

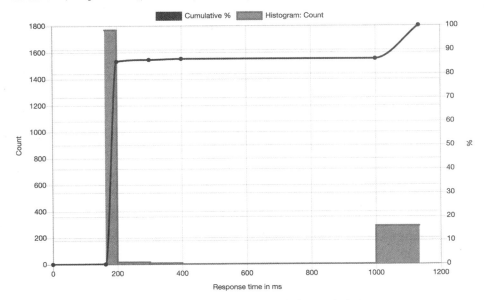

图 6.9　最小连接数负载均衡策略的测试结果

6.2.4   理解负载均衡算法的差异

图 6.7、图 6.8 和图 6.9 中的负载测试结果说明了几件事。首先，不同的负载均衡策略在相同的服务延迟下会产生不同的结果。其次，测试结果在直方图和百分位上的表现有所不同。最后，最小连接数策略比随机策略和轮询策略的表现都好。我们来分析一下原因。

轮询和随机都是简单的负载均衡算法，实现起来很简单，也很容易理解。轮询（或者叫 next-in-loop）算法是在一个连续的循环中向端点发送请求；随机算法则随机挑选一个端点。对于这两种算法，你可能会期望它们有类似的请求分发结果。但这些策略的挑战在于，负载均衡池中的端点通常是不均匀的，即使它们来自相同的服务和资源。正如在测试中模拟的那样，任何一个端点都可能经历垃圾回收或资源争夺，从而带来高延迟，而轮询和随机算法并没有考虑任何运行时的行为。

最小连接数负载均衡策略（在 Envoy 中，它被实现为最小请求数）考虑了特定端点的延迟。当它向端点发送请求时，会监测队列深度，追踪活跃的请求，并挑选出排队请求数最小的端点作为目标地址。因此，这种算法可以避免向那些表现不佳的端点发送请求，有利于加快响应速度。

> **Envoy 的最小请求数负载均衡**
>
> 尽管在 Istio 配置中将最小请求数负载均衡称为 LEAST_CONN，但 Envoy 追踪的是端点的请求深度，而不是连接数。负载均衡器会随机挑选两个端点，检查端点的活跃请求数，并选择请求数最小的那个作为目标。它对轮询负载均衡也会做同样的操作，这就是所谓的 "power of two choices" 负载均衡算法——它被证明是一个很好的权衡策略（与全面扫描相比），并取得了良好的效果。关于这个负载均衡器的更多信息，请参见 Envoy 文档。

至此，我们已经完成了基于 Fortio UI 页面的测试工作，可以按 "Ctrl+C" 组合键结束 Fortio 服务端进程。

6.3   位置感知负载均衡

像 Istio 这样的控制平面的一个能力是知晓服务拓扑结构，以及拓扑结构会如何变化。了解服务网格中服务拓扑结构的一个好处是，根据服务和服务的位置等启发式方法自动做出路由和负载均衡的决定。

Istio 支持一种基于权重路由的负载均衡策略，可以根据特定工作负载的位置做出路由决定。例如，Istio 可以识别特定服务部署的区域和可用区，并优先考虑路由到更近的端点。如果 simple-backend 服务被部署在多个区域（美国西部、美国东部、欧洲西部），就会有多个选项可以调用。如果 simple-web 服务被部署在美国西部区域，我们希望 simple-backend 与 simple-web 之间的调用都在美国西部完成（见图 6.10）。如果不在乎端点的地理位置的话，当跨可用区或跨区域访问时，很可能会产生较高的延迟。

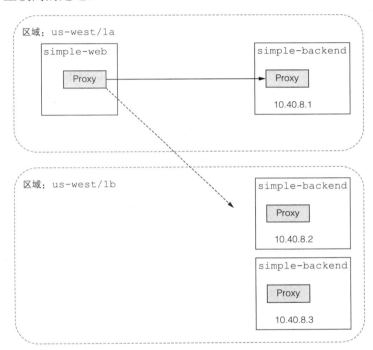

图 6.10　尽可能调用同一区域的服务

6.3.1　位置感知负载均衡实验

我们来测试位置感知负载均衡。在 Kubernetes 中，区域和可用区信息可以被添加到 Kubernetes 节点的标签中。例如，failure-domain.beta.kubernetes.io/region 和 failure-domain.beta.kubernetes.io/zone 标签允许我们分别指定区域和可用区。在通常情况下，这些标签是由 Google Cloud 和 AWS（Amazon Wed Services）等云服务提供商自动添加的。Istio 会基于这些节点标签，利用定位信息增强 Envoy 的负载均衡能力。

> **Kubernetes 故障域标签**
>
> 在 Kubernetes 以前的 API 版本中，`failure-domain.beta.kubernetes.io/region` 和 `failation-domain.beta.kubernetes.io/zone` 是用于识别区域和可用区的标签。而在最近的可用版本中，这些标签被替换为 `topology.kubernetes.io/region` 和 `topology.kubernetes.io/zone`。请注意，云服务提供商仍然会使用旧的 `failure-domain` 标签，而这两种标签 Istio 都会检查。

　　由于我们在本书中使用的是 Docker Desktop，所以使用 Istio 从节点中提取位置信息来展示位置感知路由就比较困难了。我们可以设置多个节点并打上标签，使用 Kubernetes 的桌面版部署它们（例如，使用 Kind 或 K3s）。幸运的是，Istio 提供了一种方法来明确地设置工作负载的位置。我们可以用 `istio-locality` 标记 Pod，并给它一个明确的区域 / 可用区。这足以验证位置感知路由和负载均衡。例如，`simple-web` 的 Deployment 清单可以像这样：

```yaml
apiVersion: apps/v1
kind: Deployment
metadata:
  labels:
    app: simple-web
  name: simple-web
spec:
  replicas: 1
  selector:
    matchLabels:
      app: simple-web
  template:
    metadata:
      labels:
        app: simple-web
        istio-locality: us-west1.us-west1-a    ⟵ 位置标签
    spec:
      serviceAccountName: simple-web
      containers:
      - image: nicholasjackson/fake-service:v0.14.1
        imagePullPolicy: IfNotPresent
        name: simple-web
        ports:
        - containerPort: 8080
          name: http
          protocol: TCP
        securityContext:
          privileged: false
```

在部署 `simple-backend` 服务时，可以用几个不同的位置来标记它。我们

将 `simple-backend-1` 部署在与 `simple-web` 相同的地方：`us-west1-a`，将 `simple-backend-2` 部署在 `us-west1-b`。在这种情况下，两个端点在同一区域，但处于不同的可用区中。Istio 的跨区域负载均衡能力包括区域、可用区，甚至更细粒度的子区域。

我们部署这些服务：

```
$  kubectl apply -f ch6/simple-service-locality.yaml

deployment.apps/simple-web configured
deployment.apps/simple-backend-1 configured
deployment.apps/simple-backend-2 configured
```

现在已经部署了带有位置信息的服务。Istio 的位置感知负载均衡特性默认是开启的，如果想禁用它，可以将 `meshConfig.localityLbSetting.enabled` 设置为 `false`。

位置感知负载均衡特性默认是开启的

当一个集群的节点被部署到多个可用区时，你必须考虑到开启位置感知负载均衡特性有可能并不合适。在我们的例子中，目标服务 `simple-backend` 的副本数量在任何区域都从未少于调用服务 `simple-web` 的数量。但在你的环境中可能会遇到这样的情况：目标服务实例的数量少于调用服务实例的数量。这有可能使目标服务不堪重负，使整个系统的负载均衡不够平衡。

Karl Stoney 的文章 *Locality Aware Routing*（"链接 3"）介绍了更多的细节，建议根据具体的负载特性和拓扑结构来调整负载均衡。

有了位置信息，我们希望从 `us-west1-a` 的 `simple-web` 调用同一区域的 `simple-backend` 服务，即所有来自 `simple-web` 的流量都流向 `us-west1-a` 区域的 `simple-backend-1`。部署在 `us-west1-b` 的 `simple-backend-2` 服务与 `simple-web` 不在同一区域，所以我们希望只有在 `us-west1-a` 区域的服务失败时，流量才会流向该端点。

我们调用 Istio 入口网关（在上一节中，被配置为接收流量并路由到 `simple-web`）：

```
$  for in in {1..10}; do \
curl -s -H "Host: simple-web.istioinaction.io" localhost \
| jq ".upstream_calls[0].body"; printf "\n"; done

"Hello from simple-backend-1"
"Hello from simple-backend-1"
"Hello from simple-backend-2"
```

```
"Hello from simple-backend-2"
"Hello from simple-backend-2"
"Hello from simple-backend-1"
"Hello from simple-backend-2"
"Hello from simple-backend-1"
"Hello from simple-backend-1"
"Hello from simple-backend-2"
```

什么情况？流量在 simple-backend 服务的所有可用端点上进行了负载均衡，似乎没有考虑到位置信息。

为了让位置感知负载均衡在 Istio 中发挥作用，我们还需要一个配置：健康检查。如果没有健康检查，Istio 就不知道负载均衡池中哪些端点是不健康的，也不知道该用什么方法路由到下一个区域。

异常点检测功能会被动地观察端点的行为，以及它们的健康情况。它会追踪一个端点可能返回的错误并将其标记为不健康。我们将在下面的章节中详细介绍异常点检测。

我们为 simple-backend 服务配置异常点检测来添加一个被动的健康检查配置：

```
apiVersion: networking.istio.io/v1beta1
kind: DestinationRule
metadata:
  name: simple-backend-dr
spec:
  host: simple-backend.istioinaction.svc.cluster.local
  trafficPolicy:
    connectionPool:
      http:
        http2MaxRequests: 10
        maxRequestsPerConnection: 10
    outlierDetection:
      consecutiveErrors: 1
      interval: 1m
      baseEjectionTime: 30s
```

应用这个 DestinationRule，在本书源代码的根目录下运行下面的命令：

```
$ kubectl apply -f ch6/simple-backend-dr-outlier.yaml
destinationrule.networking.istio.io/simple-backend-dr created
```

现在，通过 Istio 入口网关尝试调用 simple-web 服务：

```
$ kubectl apply -f ch6/simple-backend-dr-outlier.yaml
destinationrule.networking.istio.io/simple-backend-dr created
$ for in in {1..10}; do \
curl -s -H "Host: simple-web.istioinaction.io" localhost \
| jq ".upstream_calls[0].body"; printf "\n"; done

"Hello from simple-backend-1"
"Hello from simple-backend-1"
"Hello from simple-backend-1"
```

```
"Hello from simple-backend-1"
"Hello from simple-backend-1"
"Hello from simple-backend-1"
"Hello from simple-backend-1"
"Hello from simple-backend-1"
"Hello from simple-backend-1"
"Hello from simple-backend-1"
```

　　所有的流量都流向了和 simple-web 处于同一区域的 simple-backend 服务。为了测试流量会被路由到另一个可用区，我们将 simple-backend-1 服务变为不可用：当 simple-web 调用 simple-backend-1 时，它将 100% 得到一个 HTTP 500 错误：

```
$ kubectl apply -f ch6/simple-service-locality-failure.yaml
deployment.apps/simple-backend-1 configured
```

　　新 Pod 需要一定的时间进入准备状态。

　　当通过 Istio 入口网关调用服务时，所有的流量都应该流向 simple-backend -2 服务。这是因为和 simple-backend-1 处于同一区域的 simple-web 服务会返回 HTTP 500 错误，它被标记为不健康。当不健康的端点达到一定数量时，负载均衡器将自动选择下一个最近的区域，即 simple-backend-2 部署的端点。

```
$ for in in {1..10}; do \
curl -s -H "Host: simple-web.istioinaction.io" localhost \
| jq ".upstream_calls[0].body"; printf "\n"; done

"Hello from simple-backend-2"
"Hello from simple-backend-2"
"Hello from simple-backend-2"
"Hello from simple-backend-2"
"Hello from simple-backend-2"
"Hello from simple-backend-2"
"Hello from simple-backend-2"
"Hello from simple-backend-2"
"Hello from simple-backend-2"
"Hello from simple-backend-2"
```

　　现在，当某一区域的服务不可用时，我们得到了所期望的位置感知负载均衡结果。请注意，这种负载均衡是在单个集群内执行的；我们将在第 12 章中探讨跨多个集群的位置感知负载均衡行为。

6.3.2　利用加权分布对位置感知负载均衡进行更多的控制

　　在上一节中，我们测试了位置感知负载均衡。对于位置感知负载均衡，还需要知道的一点是，你可以控制它的工作方式。在默认情况下，Istio 的服务代理将所有流量发送到同一区域的服务，只有在出现故障或不健康的端点时才会转发到其他区域。在有些情况下，我们可能希望在多个区域之间平衡一些流量，这被称为跨区域的加权分布（见图 6.11）。当预计某个区域的服务会因为高峰期流量而过载时，我们可能就希望这样做。

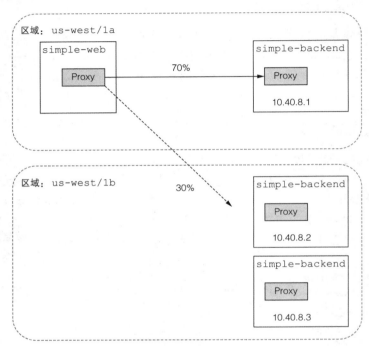

图 6.11　定义更明确的区域权重

在前面的例子中，我们引入了一个不可用的服务。现在让该服务恢复正常并返回 HTTP 200 响应：

```
$ kubectl apply -f ch6/simple-service-locality.yaml
deployment.apps/simple-web unchanged
deployment.apps/simple-backend-1 configured
deployment.apps/simple-backend-2 unchanged
```

假设某个区域的服务无法处理入流量，我们想把流量转移到邻近区域，这样 70% 的流量就会流向最近的区域，30% 的流量流向邻近区域。按照之前的例子，我们将把 70% 的目标为 simple-backend 服务的流量发送到 us-west1-a，将 30% 的流量发送到 us-west1-b。这大致相当于 70% 的流量到 simple-backend-1 服务，30% 的流量到 simple-backend-2 服务。

为实现这一特性，我们要在 DestinationRule 资源中指定位置感知负载均衡：

```
apiVersion: networking.istio.io/v1beta1
kind: DestinationRule
metadata:
  name: simple-backend-dr
spec:
  host: simple-backend.istioinaction.svc.cluster.local
  trafficPolicy:
    loadBalancer:              ◁─┐添加负载
      localityLbSetting:         │均衡器配置
        distribute:
        - from: us-west1/us-west1-a/*    ◁─┤起始区域
          to:
            "us-west1/us-west1-a/*": 70   ◁─┤目标区域
            "us-west1/us-west1-b/*": 30   ◁─┐添加负载
    connectionPool:                         │均衡器配置
      http:
        http2MaxRequests: 10
        maxRequestsPerConnection: 10
    outlierDetection:
      consecutive5xxErrors: 1
      interval: 5s
      baseEjectionTime: 30s
      maxEjectionPercent: 100
```

应用这一配置，看看效果如何：

```
$ kubectl apply -f ch6/simple-backend-dr-outlier-locality.yaml
destinationrule.networking.istio.io/simple-backend-dr configured
```

现在再次调用服务：

```
$ for in in {1..10}; do \
curl -s -H "Host: simple-web.istioinaction.io" localhost \
| jq ".upstream_calls[0].body"; printf "\n"; done

"Hello from simple-backend-1"
"Hello from simple-backend-1"
"Hello from simple-backend-1"
"Hello from simple-backend-1"
"Hello from simple-backend-2"
"Hello from simple-backend-1"
"Hello from simple-backend-1"
"Hello from simple-backend-1"
"Hello from simple-backend-2"
"Hello from simple-backend-1"
```

大部分请求被分配到了最近的地方，也有一些请求转移到了次近的地方。请注意，这与我们在第 5 章中实现的流量控制并不相同。通过流量路由，我们可以在服务具有不同的类别或版本时控制其不同子集的流量。而在这个示例中，我们是根据服务的部署拓扑结构对流量进行加权的，与子集无关。这两种流量控制并不是互斥的：它们是不同层面的控制，这样在第 5 章中介绍的细粒度的流量控制和路由就可以被应用在位置感知负载均衡上。

6.4　透明的超时和重试

当构建依赖网络的分布式系统时，最大的问题就是延迟和故障。我们从前面的章节中了解到，可以使用 Istio 的负载均衡和位置感知来应对这些挑战。但是，如果网络调用耗费太长时间会怎样？由于延迟或其他网络因素而遇到间歇性的故障怎么办？ Istio 如何帮助解决这些问题呢？ Istio 允许我们配置各种类型的超时和重试，以克服网络的不可靠性。

6.4.1　超时

在分布式环境中，最难处理的情况之一就是延迟。当系统变慢时，资源可能会被保留更长的时间，服务可能会回退，而且这种情况有可能引发级联故障。为了防止这些意外的延迟情况发生，我们应该在连接、请求或这两者上都实现超时。需要注意的一点是，跨服务调用的超时可能会相互影响。例如，服务 A 调用服务 B 的超时时间为 1s，而服务 B 调用服务 C 设置了 2s 超时，哪个超时会先触发？通常最严格的规则会先执行，所以从服务 B 到服务 C 的调用超时可能永远不会被触发。比较合理的方法是在系统的边界（流量进入的地方）设置较长的超时时间，而在调用链路中较深的层设置更短（或更严格）的超时时间。我们来看看 Istio 是如何设置超时策略的。

首先把环境重置到之前的状态：

```
$ kubectl apply -f ch6/simple-web.yaml
$ kubectl apply -f ch6/simple-backend.yaml
$ kubectl delete destinationrule simple-backend-dr
```

如果通过 Istio 入口网关调用服务，并计算每次调用所需的时间，则可以看到 HTTP 状态码为 200 的正常响应时间一般为 10~20ms。

```
$ for in in {1..10}; do time curl -s \
-H "Host: simple-web.istioinaction.io" localhost \
| jq .code; printf "\n"; done

...

real    0m0.170s
user    0m0.025s
sys     0m0.007s

200

real    0m0.169s
user    0m0.024s
sys     0m0.007s
```

```
200

real    0m0.171s
user    0m0.025s
sys     0m0.007s

...
```

下面部署 simple-backend 服务，并将调用该服务的一半请求设置为1s的延迟。

```
$  kubectl apply -f ch6/simple-backend-delayed.yaml
deployment.apps/simple-backend-1 configured
```

当再次调用时，会发现有些请求需要1s或更长的时间才能返回。

```
$  for in in {1..10}; do time curl -s \
-H "Host: simple-web.istioinaction.io" localhost \
| jq .code; printf "\n"; done

...

real    0m1.117s
user    0m0.025s
sys     0m0.007s

200

real    0m0.169s
user    0m0.024s
sys     0m0.007s

200

real    0m0.169s
user    0m0.024s
sys     0m0.007s

...
```

也许1s是可以接受的，但如果 simple-backend 的延迟增加到5s甚至100s呢？我们使用 Istio 对调用 simple-backend 服务的请求强制执行一个超时。

我们使用 Istio VirtualService 资源指定请求的超时。例如，为了给网格中调用 simple-backend 的客户端设定0.5s的超时，可以这样做：

```
apiVersion: networking.istio.io/v1alpha3
kind: VirtualService
metadata:
  name: simple-backend-vs
spec:
  hosts:
  - simple-backend
  http:
  - route:
```

```
        - destination:
            host: simple-backend
        timeout: 0.5s
```

设置超时
时间

应用这个配置：

```
$  kubectl apply -f ch6/simple-backend-vs-timeout.yaml
```

当再次调用服务时，一旦调用时间超过 0.5s 就会失败，并返回 HTTP 500 错误：

```
$  for in in {1..10}; do time curl -s \
-H "Host: simple-web.istioinaction.io" localhost \
| jq .code; printf "\n"; done

...

real     0m0.174s
user     0m0.026s
sys      0m0.010s

500

real     0m0.518s
user     0m0.025s
sys      0m0.007s

500

real     0m0.517s
user     0m0.025s
sys      0m0.007s

...
```

在下一节中，我们将讨论和超时相似的故障补救的方式。

6.4.2   重试

当调用一个服务并遇到间歇性的网络故障时，我们可能希望应用程序可以重试请求，否则会使服务容易受到这些故障的影响，并带来糟糕的用户体验。此外，我们必须知道这样一个事实，即无节制的重试会导致系统健康状况下降，包括引起级联故障。如果一个服务是过载的和不正常的，重试请求只会让问题更严重。我们看一下 Istio 提供的重试选项。

在开始之前，我们把示例服务设置为正常的默认值。

```
$  kubectl apply -f ch6/simple-web.yaml
$  kubectl apply -f ch6/simple-backend.yaml
```

Istio 默认启用了重试功能，并且最多重试两次。在微调之前，我们需要先了解它的默认行为。首先通过配置 VirtualService 资源来禁用示例应用程序的默认重试次数，将最大重试次数设置为 0：

```
$ istioctl install --set profile=demo \
 --set meshConfig.defaultHttpRetryPolicy.attempts=0
```

Istio 早期版本的重试次数

　　如果你使用的是 Istio 1.12.0 之前的版本，则必须更改每个 VirtualService 中的重试次数（attempts）字段。你可以按照下面的例子来做：

```
$ kubectl apply -f ch6/simple-service-disable-retry.yaml
```

　　现在，我们部署一个有周期性（75%）故障的 simple-backend 服务。在这种情况下，三个端点中的一个（simple-backend-1）有 75% 的请求会返回 HTTP 503，如图 6.12 所示。

```
$ kubectl apply -f ch6/simple-backend-periodic-failure-503.yaml
deployment.apps/simple-backend-1 configured
```

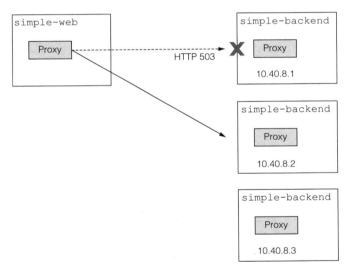

图 6.12　simple-web 服务调用有故障的 simple-backend 服务

　　如果多次调用服务，我们将会看到更多的失败请求：

```
$ for in in {1..10}; do curl -s \
-H "Host: simple-web.istioinaction.io" localhost \
| jq .code; printf "\n"; done
```

```
200
500          ⟵⎯⎸ 预期的失败
200
200
200
500          ⟵⎯⎸ 预期的失败
200
200
200
200
```

在默认情况下，Istio 会尝试调用一次；如果失败，则会再尝试两次。这种默认重试有一定的适用场景。在通常情况下，默认重试策略是安全的，因为其表明无法建立网络连接，在第一次尝试中不可能成功发送请求：

- `connect-failure`
- `refused-stream`
- `unavailable`（gRPC 状态码 14）
- `cancelled`（gRPC 状态码 1）
- `retriable-status-codes`（在 Istio 中，默认是 HTTP 503）。

在前面的配置中，我们禁用了默认重试策略。让我们明确地把重试次数设置为 2，用于调用具有下面 VirtualService 资源的 simple-backend：

```
apiVersion: networking.istio.io/v1alpha3
kind: VirtualService
metadata:
  name: simple-backend-vs
spec:
  hosts:
  - simple-backend
  http:
  - route:
    - destination:
        host: simple-backend
    retries:
      attempts: 2
```

```
$ kubectl apply -f ch6/simple-backend-enable-retry.yaml
virtualservice.networking.istio.io/simple-backend-vs configured
```

再次调用服务，将不再出现任何失败：

```
$ for in in {1..10}; do curl -s \
-H "Host: simple-web.istioinaction.io" localhost \
| jq .code; printf "\n"; done

200
200
200
200
200
```

```
200
200
200
200
200
```

正如之前所看到的，虽然有失败的请求，但它们没有被展现出来，因为我们启用了 Istio 的重试策略来修复这些错误。在默认情况下，HTTP 503 是可重试状态码之一。下面的 `VirtualService` 重试策略展示了其他的重试配置参数：

```
apiVersion: networking.istio.io/v1alpha3
kind: VirtualService
metadata:
  name: simple-backend-vs
spec:
  hosts:
  - simple-backend
  http:
  - route:
    - destination:
        host: simple-backend
    retries:
      attempts: 2                                          最大重试
                                                           次数
      retryOn: gateway-error,connect-failure,retriable-4xx       在什么错误下
                                                                 触发重试
      perTryTimeout: 300ms                                 每次尝试的超时时间
      retryRemoteLocalities: true                是否在其他
                                                 区域重试
```

　　重试的各种设置为我们提供了一些对重试行为（重试的次数、时间、端点）和重试状态码的控制。正如之前所提到的，并不是所有的请求都可以或应该被重试。

　　例如，如果让 `simple-backend` 服务返回 HTTP 500 状态码，那么默认的重试行为将无法捕获这一点。

```
$ kubectl apply -f ch6/simple-backend-periodic-failure-500.yaml
deployment.apps/simple-backend-1 configured
```

　　当再次调用服务时，HTTP 500 错误又出现了：

```
$ for in in {1..10}; do curl -s \
-H "Host: simple-web.istioinaction.io" localhost \
| jq .code; printf "\n"; done

500
200
500
200
200
200
200
500
200
200
```

这是因为 HTTP 500 不是可重试状态码。不过，可以设置一个 VirtualService 重试策略，对所有的 HTTP 500 状态码（包括 connect-failure 和 refused -stream）进行重试：

```
apiVersion: networking.istio.io/v1alpha3
kind: VirtualService
metadata:
  name: simple-backend-vs
spec:
  hosts:
  - simple-backend
  http:
  - route:
    - destination:
        host: simple-backend
    retries:
      attempts: 2
      retryOn: 5xx          ◁─┐ 当出现 HTTP 5xx
                              └ 错误时重试
```

应用这个 VirtualService 配置：

```
$ kubectl apply -f ch6/simple-backend-vs-retry-500.yaml

virtualservice.networking.istio.io/simple-backend-vs created
```

HTTP 500 错误不再出现：

```
$ for in in {1..10}; do curl -s \
-H "Host: simple-web.istioinaction.io" localhost \
| jq .code; printf "\n"; done

200
200
200
200
200
200
200
200
200
200
```

关于 retryOn 配置的更多信息，请参见 Envoy 文档。

重试的超时设置

重试有自己的超时设置——perTryTimeout。注意，perTryTimeout 值乘以总的重试次数必须小于全局的请求超时时间（在上一节中提到的）。例如，设置全局的超时时间为 1s，重试次数为 3 次，每次重试的超时时间为 500ms，这是不可行的。因为全局的请求超时将在所有重试执行完成之前就会被触发。请记住，重试之间有一个退避延迟，这与全局的请求超时相悖。接下来，我们将讨论更多关于退避的问题。

工作原理

当请求流经 Istio 服务代理时，如果它没有到达上游服务，则将被标记为失败，并基于 VirtualService 中定义的最大重试次数进行重试。这意味着在重试次数为 2 的情况下，该请求实际上会被发送三次：一次为原始请求，两次为重试。在重试之间，Istio 将以 25ms 为基准"退避"重试。图 6.13 展示了重试和退避行为。对于每次连续的重试，Istio 都会退避（等待）直到（25ms × 重试次数），以便错开重试。目前，这种重试机制是不可变的；但正如在下一节中所要讨论的，我们可以对 Envoy API 中没有暴露的部分进行修改。

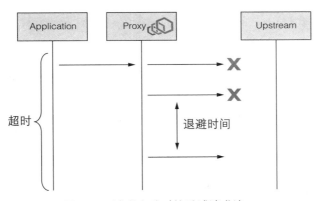

图 6.13　请求失败时的重试请求流

如前所述，Istio 默认将重试次数设置为 2。你可能希望覆盖这一设置，以便系统在不同的层级重试不同的次数。随意的重试设置（如默认值）会导致严重的"惊群效应"（见图 6.14）。例如，一个服务链有 5 个调用，每一步可以重试请求 2 次，最终可能会对每个调用产生 32 个请求。如果服务链末端资源过载，这种额外的负载可能会使目标资源不堪重负，以至于压垮它。处理这种情况的一种策略是在系统的边界将重试次数限制为一次或零次，只在调用链路的深处重试，中间服务不重试。但这也有可能行不通。另一种策略是对总的重试次数设置上限。我们可以通过重试预算来做到这一点；不过 Istio 的 API 中还未提供这一功能。Istio 中也有变通方案，但不在本书的讨论范围内。

在默认情况下，重试是针对其所在区域的端点进行的。retryRemoteLocalities 设置会影响这一行为：如果将其设置为 true，Istio 允许重试请求发送到其他区域。在异常点检测时，如果确定本地首选端点不可用，它可能会派上用场。

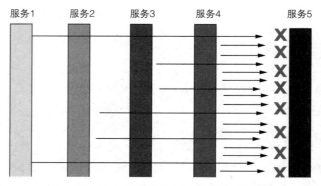

图 6.14　混杂的重试机制导致"惊群效应"

6.4.3　高级重试

　　在上一节中，我们了解到 Istio 如何通过重试来帮助服务有弹性地应对网络故障，还讨论了调整重试的参数。重试功能考虑到了不易改变的默认值，如退避时间和默认的可重试状态码。在默认情况下，退避时间是 25ms，可重试状态码限于 HTTP 503。尽管在撰写本书时 Istio API 并没有公开这些配置，但我们可以使用 Istio 扩展 API 直接在 Envoy 配置中改变这些值。使用 EnvoyFilter API 可以做到这一点：

```
apiVersion: networking.istio.io/v1alpha3
kind: EnvoyFilter
metadata:
  name: simple-backend-retry-status-codes
  namespace: istioinaction
spec:
  workloadSelector:
    labels:
      app: simple-web
  configPatches:
  - applyTo: HTTP_ROUTE
    match:
      context: SIDECAR_OUTBOUND
      routeConfiguration:
        vhost:
          name: "simple-backend.istioinaction.svc.cluster.local:80"
    patch:
      operation: MERGE
      value:
        route:                              直接来自 Envoy
          retry_policy:                     配置
            retry_back_off:
              base_interval: 50ms           增加基本
            retriable_status_codes:         时间间隔
            - 408
            - 400                           添加可重试
                                            状态码
```

注意：EnvoyFilter API 是一种"无法挽回"的解决方案。一般来说，Istio 的 API 是对底层数据平面的一种抽象。而底层的 Envoy API 可能会在 Istio 的不同版本之间随时改变，所以一定要验证你在生产环境中配置的任何 EnvoyFilter。不要假设它有任何向后兼容的能力。关于使用 EnvoyFilter 资源配置 Envoy 的 HTTP 过滤器的更多信息，请参见第 14 章。

我们直接使用 Envoy API 来配置 / 覆盖重试策略，将这些配置应用到集群：

```
$ kubectl apply -f ch6/simple-backend-ef-retry-status-codes.yaml
envoyfilter.networking.istio.io/simple-backend-retry-status-codes configured
```

我们还需要更新 retryOn 字段，包括 retriable-status-codes：

```
apiVersion: networking.istio.io/v1alpha3
kind: VirtualService
metadata:
  name: simple-backend-vs
spec:
  hosts:
  - simple-backend
  http:
  - route:
    - destination:
        host: simple-backend
    retries:
      attempts: 2
      retryOn: 5xx,retriable-status-codes    ◁── 包括可重试
                                                  状态码
```

应用新的重试配置：

```
$ kubectl apply -f ch6/simple-backend-vs-retry-on.yaml
virtualservice.networking.istio.io/simple-backend-vs configured
```

最后更新 sample-backend 服务，以返回 HTTP 408（超时），并验证是否可以获取到 HTTP 200 响应。

```
$ kubectl apply -f ch6/simple-backend-periodic-failure-408.yaml
deployment.apps/simple-backend-1 configured

$ for in in {1..10}; do curl -s \
-H "Host: simple-web.istioinaction.io" localhost \
| jq .code; printf "\n"; done

200
200
200
200
200
200
200
200
200
200
```

请求对冲

最后一种重试设置围绕着一个高级功能，它在 Istio API 中没有直接公开。当请求达到阈值并超时时，我们可以选择配置 Envoy 来执行所谓的请求对冲。通过请求对冲，如果一个请求超时，Envoy 可以向不同的主机发送另一个请求，与原来超时的请求"竞争"。在这种情况下，如果竞争的请求成功返回，它的响应将被发送给原来的下游调用者。如果原始请求在竞争的请求返回之前返回，那么原始请求将被返回给下游调用者。

为了设置请求对冲，我们可以使用以下的 EnvoyFilter 资源：

```
apiVersion: networking.istio.io/v1alpha3
kind: EnvoyFilter
metadata:
  name: simple-backend-retry-hedge
  namespace: istioinaction
spec:
  workloadSelector:
    labels:
        app: simple-web
  configPatches:
  - applyTo: VIRTUAL_HOST
    match:
      context: SIDECAR_OUTBOUND
      routeConfiguration:
        vhost:
          name: "simple-backend.istioinaction.svc.cluster.local:80"
    patch:
      operation: MERGE
      value:
        hedge_policy:
          hedge_on_per_try_timeout: true
```

正如在本节中所看到的，超时和重试能力并不简单。制定合理的超时和重试策略颇具挑战性，特别是要考虑到如何将它们串联起来。错误的超时和重试会放大系统中非预期的行为，甚至使系统过载并导致级联故障。构建弹性架构的最后一块拼图是完全略过重试：用快速失败来代替重试。我们可以在一段时间内限制负载，使上游系统得以恢复，而不是产生更多的负载。为此，我们可以采用熔断技术。

6.5　Istio中的熔断

熔断一般用来防止级联故障。我们希望减少发送给不健康系统的流量，这样就不会让它们因持续过载而无法恢复。例如，如果 simple-web 服务调用 simple-backend 服务，simple-backend 服务在连续的调用中返回错误，那么与其通过不断重试给系统增加压力，还不如停止对 simple-backend 服务发送请求。这种方法本质上类似于房屋电气系统中熔断器的工作方式。如果在系统中遇到短路或重复的故障，熔断器被设计为打开断路开关以保护系统的其他部分。熔断器模式使应用程序可以处理网络调用发生的故障，并保护整个系统不会出现级联故障。

Istio 没有一个明确的叫作"熔断器"的配置，但它提供了两个设置，用于限制后端服务的负载，特别是那些遇到问题的服务，以有效地执行熔断操作。第一个设置是管理允许多少连接和未完成的请求到一个特定的服务。我们用它来保护那些变慢的服务，从而阻断客户端请求，如图 6.15 所示。

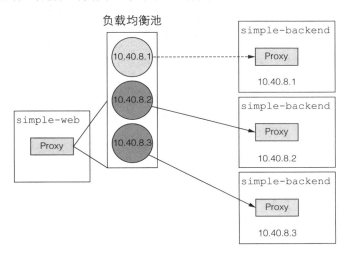

图 6.15 熔断端点行为异常

如果有 10 个请求正发往某个特定的服务，这个数字在相同的入站负载量下还在不断增长，那么继续发送请求就没有意义了——发送更多的请求会让上游服务不堪重负。在 Istio 中，我们可以使用 DestinationRule 中的 connectionPool 来限制调用服务的连接和请求的数量。如果有太多的请求积压在一起，就可以将它们短路（快速失败）并返回给客户端。

第二个设置是观察负载均衡池中端点的健康状况，并在一段时间内驱逐不健康的端点。如果池中的端点出现了故障，则可以略过它们。如果所有的主机都过载了，熔断器就会打开一段时间。下面我们来看看如何使用 Istio 实现熔断。

6.5.1 利用连接池设置防止服务过慢

为了实现当前示例，首先缩小 simple-backend 服务的规模，只保留一个 Pod。我们可以把所有 simple-backend-2 服务的副本数量降为 0。

```
$ kubectl scale deploy/simple-backend-2 --replicas=0
deployment.apps/simple-backend-2 scaled
```

接下来，部署一个有延迟的 simple-backend 服务版本，引入 1s 的响应延迟。

```
$ kubectl apply -f ch6/simple-backend-delayed.yaml
deployment.apps/simple-backend-1 configured
```

如果发现有任何前几节示例中设置的 DestinationRule，删除它们即可。

```
$ kubectl delete destinationrule --all
```

现在可以开始测试 Istio 的熔断功能了。我们运行一个非常简单的负载测试，使用一个连接（-c 1）每秒发送一个请求（-qps 1）。需要注意的是，由于后端大约在 1s 内返回，流量会非常流畅并 100% 成功返回。

```
$ fortio load -H "Host: simple-web.istioinaction.io" \
-quiet -jitter -t 30s -c 1 -qps 1 http://localhost/

# target 50% 1.27611
# target 75% 1.41565
# target 90% 1.49938
# target 99% 1.54961
# target 99.9% 1.55464
Sockets used: 1 (for perfect keepalive, would be 1)
Jitter: true
Code 200 : 30 (100.0 %)
All done 30 calls (plus 1 warmup) 1056.564 ms avg, 0.9 qps
```

引入一些连接和请求限制，看看会发生什么。我们从一组非常简单的设置开始：

```
apiVersion: networking.istio.io/v1beta1
kind: DestinationRule
metadata:
  name: simple-backend-dr
spec:
  host: simple-backend.istioinaction.svc.cluster.local
  trafficPolicy:
    connectionPool:
      tcp:
        maxConnections: 1              ◁── 总连接数
      http:
        http1MaxPendingRequests: 1     ◁──│ 队列中的请求          每个连接的
        maxRequestsPerConnection: 1    ◁──────────────────       请求数
        maxRetries: 1                      针对所有端点的
        http2MaxRequests: 1            ◁── 最大并发请求数
```

应用这个配置：

```
$ kubectl apply -f ch6/simple-backend-dr-conn-limit.yaml
destinationrule.networking.istio.io/simple-backend-dr created
```

运行同样的负载测试，将 maxConnections、http1MaxPendingRequests 和

http2MaxRequests 设置为1。还设置了 maxRetries 和 maxRequestsPerConnection，这里暂时不去深究这些字段；我们在上一节中介绍了 maxRetries，对于这些 HTTP 1.1 请求的例子，将 maxRequestsPerConnection 设置为1。以下是这些字段的含义。

- maxConnections：连接过载的阈值。Istio 代理（Envoy）使用连接为请求提供服务，其上限在此设置中定义。在现实中，我们可以期望最大连接数是负载均衡池中每个端点的连接数加上这个设置的值。当超过这个值时，Envoy 就会在其指标中记录它。
- http1MaxPendingRequests：允许的最大请求数，这些请求正在等待中且没有可用的连接。
- http2MaxRequests：很遗憾，该设置在 Istio 中的命名会让人误解。它实际上是用来控制所有端点 / 主机的最大并行请求数的，而不考虑是 HTTP2 请求还是 HTTP1.1 请求。

再次运行测试，验证在这些设置下，当通过一个连接每秒发送一个请求时，服务是否会正常运行。

```
$ fortio load -H "Host: simple-web.istioinaction.io" \
-quiet -jitter -t 30s -c 1 -qps 1 http://localhost/

...
Sockets used: 1 (for perfect keepalive, would be 1)
Jitter: true
Code 200 : 30 (100.0 %)
All done 30 calls (plus 1 warmup) 1027.857 ms avg, 1.0 qps
```

如果把连接数和每秒的请求数增加到两个，会发生什么？从负载测试工具来看，基本上会从两个连接每秒发送一个请求。在 Istio 代理层面，请求会超过连接数限制并开始排队。如果达到了最大请求数或最大待处理请求数，就可能触发熔断器。我们来测试一下：

```
$ fortio load -H "Host: simple-web.istioinaction.io" \
-quiet -jitter -t 30s -c 2 -qps 2 http://localhost/

...
Sockets used: 27 (for perfect keepalive, would be 2)
Jitter: true
Code 200 : 31 (55.4 %)
Code 500 : 25 (44.6 %)
All done 56 calls (plus 2 warmup) 895.900 ms avg, 1.8 qps
```

果然，请求失败并返回了 HTTP 500 错误。那么，如何确定它们是受到熔断的影响，而不是上游发生了故障？要验证这一点，我们需要在 Istio 服务代理中查看统计数据。在默认情况下，Istio 的服务代理（Envoy）为每个集群都保留了大量的统计数据，但 Istio 将数据进行了缩减，以免量太大而压垮收集数据的代理（如 Prometheus）。现在启用 simple-web 服务的统计数据收集，因为它最终会调用服务拓扑中的 simple-backend 服务。

为了扩展 Istio 暴露的统计数据，特别是上游的熔断统计数据，我们在 simple-web 服务的 Kubernetes Deployment 资源中使用了 sidecar.istio.io/statsInclusionPrefixes 注解：

```
template:
  metadata:
    annotations:
      sidecar.istio.io/statsInclusionPrefixes:
      ➥"cluster.outbound|80||simple-backend.istioinaction.svc.cluster.local"
    labels:
      app: simple-web
```

在这里，我们添加了遵循 cluster.<name> 格式的额外统计数据。你可以看到整个部署描述，还可以通过应用 simple-web-stats-incl.yaml 文件进行部署。

```
$ kubectl apply -f ch6/simple-web-stats-incl.yaml
deployment.apps/simple-web configured
```

通过重置 simple-web 服务中 Istio 代理的所有统计数据，确保从一个已知的状态开始统计。

```
$ kubectl exec -it deploy/simple-web -c istio-proxy \
-- curl -X POST localhost:15000/reset_counters

OK
```

当再次生成负载时，我们会看到类似的结果，并可以检查统计数据，以确定熔断是否启动：

```
$ fortio load -H "Host: simple-web.istioinaction.io" \
-quiet -jitter -t 30s -c 2 -qps 2 http://localhost/

...
Sockets used: 25 (for perfect keepalive, would be 2)
Jitter: true
Code 200 : 31 (57.4 %)
Code 500 : 23 (42.6 %)
All done 54 calls (plus 2 warmup) 1020.465 ms avg, 1.7 qps
```

在这个示例中，有 23 个请求失败是熔断所致，我们可以通过查看 Istio 代理的统计数据来验证这一点。运行下面的查询：

```
$ kubectl exec -it deploy/simple-web -c istio-proxy \
-- curl localhost:15000/stats | grep simple-backend | grep overflow

<omitted>.upstream_cx_overflow: 59
<omitted>.upstream_cx_pool_overflow: 0
<omitted>.upstream_rq_pending_overflow: 23
<omitted>.upstream_rq_retry_overflow: 0
```

为了便于阅读，这里省略了集群的名称。我们关注的统计数据是 upstream_cx_overflow 和 upstream_rq_pending_overflow，它们表明有足够多的连接和请求超过了指定的阈值（要么有太多的并行请求，要么有太多的排队请求），触发熔断器。这样的请求有 23 个，与负载测试中失败的请求数完全一致。请注意，没有因为连接过载而出现的错误，但重要的是要知道，当连接过载时，压力被释放在现有的连接上。这导致了待处理队列的增长，最终触发熔断器。快速失败的行为来自那些超过熔断阈值的待处理请求或并行请求。

如果增加 http2MaxRequests 字段来模拟更多的并行请求会怎样？我们把这个值提高到 2 并重置计数器，然后重新进行负载测试：

```
$ kubectl patch destinationrule simple-backend-dr --type merge \
--patch \
'{"spec": {"trafficPolicy": {"connectionPool": {
  "http": {"http2MaxRequests": 2}}}}}'

$ kubectl exec -it deploy/simple-web -c istio-proxy \
-- curl -X POST localhost:15000/reset_counters

$ fortio load -H "Host: simple-web.istioinaction.io" \
-quiet -jitter -t 30s -c 2 -qps 2 http://localhost/

...
Sockets used: 4 (for perfect keepalive, would be 2)
Jitter: true
Code 200 : 32 (94.1 %)
Code 500 : 2 (5.9 %)
All done 34 calls (plus 2 warmup) 1786.089 ms avg, 1.1 qps
```

只有很少的请求被熔断阻拦：

```
$ kubectl exec -it deploy/simple-web -c istio-proxy \
-- curl localhost:15000/stats | grep simple-backend | grep overflow

<omitted>.upstream_cx_overflow: 32
<omitted>.upstream_cx_pool_overflow: 0
<omitted>.upstream_rq_pending_overflow: 2
<omitted>.upstream_rq_retry_overflow: 0
```

可能的情况是，一些请求触发了待处理队列的熔断器。我们把待处理队列的深度增加到 2，然后重新运行测试：

```
$  kubectl patch destinationrule simple-backend-dr --type merge \
--patch \
'{"spec": {"trafficPolicy": {"connectionPool": {
  "http": {"http1MaxPendingRequests": 2}}}}}'
$  kubectl exec -it deploy/simple-web -c istio-proxy \
-- curl -X POST localhost:15000/reset_counters
$  fortio load -H "Host: simple-web.istioinaction.io" \
-quiet -jitter -t 30s -c 2 -qps 2 http://localhost/
...
Sockets used: 2 (for perfect keepalive, would be 2)
Jitter: true
Code 200 : 33 (100.0 %)
All done 33 calls (plus 2 warmup) 1859.655 ms avg, 1.1 qps
```

有了这些限制，我们就成功地完成了负载测试。

当熔断发生时，我们可以使用统计数据来确认发生了什么。但是在运行时呢？在例子中，simple-web 如何知道请求因为熔断而失败，并把这个问题与应用程序或网络故障区分开来？

当请求因触发熔断阈值而失败时，Istio 的服务代理会添加一个 x-envoy -overloaded 头。测试方法之一是将连接限制设置为最严格的值（连接数、待处理请求数和最大请求数都为 1），然后再次运行负载测试。如果我们在负载测试运行时也发出一个 curl 命令，则很有可能会因为熔断而失败。当使用 curl 时，我们可以看到来自 simple 服务的实际响应：

```
curl -v -H "Host: simple-web.istioinaction.io"  http://localhost/

{
  "name": "simple-web",
  "uri": "/",
  "type": "HTTP",
  "ip_addresses": [
    "10.1.0.101"
  ],
  "start_time": "2020-09-22T20:01:44.949194",
  "end_time": "2020-09-22T20:01:44.951374",
  "duration": "2.179963ms",
  "body": "Hello from simple-web!!!",
  "upstream_calls": [
    {
      "uri": "http://simple-backend:80/",
      "headers": {
        "Content-Length": "81",
        "Content-Type": "text/plain",
        "Date": "Tue, 22 Sep 2020 20:01:44 GMT",
        "Server": "envoy",
        "x-envoy-overloaded": "true"        ◄── 头标识
      },
      "code": 503,
      "error": "Error processing
```

```
        upstream request: http://simple-backend:80//,
          expected code 200, got 503"
    }
  ],
  "code": 500
}
```

一般来说，在编写应用程序代码时应该考虑到网络可能会发生故障。如果你的应用程序检测到这个响应头，那么它就能对客户端的回退策略做出决定。

6.5.2 利用异常点检测剔除不健康的服务

在上一节中，我们了解了 Istio 是如何限制请求发送到发生意外延迟错误的服务的。在这一节中，将探讨 Istio 删除某些异常服务主机的方法，这是通过 Envoy 的异常点检测功能实现的。在 6.3.1 节中，我们已经了解了异常点检测，这里再仔细研究一下。

在开始前，把开发环境恢复为原始状态：

```
$ kubectl apply -f ch6/simple-backend.yaml
$ kubectl delete destinationrule --all
```

请注意，需要保留 simple-web 部署，它有关于 simple-backend 的扩展统计数据。如果不确定部署是否正确，则可以通过下面的操作重置：

```
$ kubectl apply -f ch6/simple-web-stats-incl.yaml
```

为了测试，还禁用了 Istio 的默认重试机制。重试和异常点检测是相互协作的，我们尝试在这些例子中隔离异常点检测功能（最后再加上重试，看看它们如何相互补充）。请参考 6.4.2 节中的方法禁用整个网格的重试，尽管加上它们可以获得更好的体验。我们还需要将任何可能已经有重试设置的 VirtualService 资源删除。

```
$ istioctl install --set profile=demo \
 --set meshConfig.defaultHttpRetryPolicy.attempts=0

$ kubectl delete vs simple-backend-vs
```

最后，在运行测试之前，给 simple-backend 服务注入一个故障。在这个示例中，发送到 simple-backend-1 端点的 75% 的请求都会返回 HTTP 500 错误。

```
$ kubectl apply -f ch6/simple-backend-periodic-failure-500.yaml
```

现在，运行负载测试。我们关闭了重试，并引入了周期性故障，所以预计有一些请求会失败。

```
$  fortio load -H "Host: simple-web.istioinaction.io" \
-allow-initial-errors -quiet -jitter -t 30s -c 10 -qps 20 http://localhost/
...
Sockets used: 197 (for perfect keepalive, would be 10)
Jitter: true
Code 200 : 412 (68.7 %)
Code 500 : 188 (31.3 %)
All done 600 calls (plus 10 warmup) 189.855 ms avg, 19.9 qps
```

有些请求果然失败了。这是因为我们让 simple-backend-1 有概率返回失败。如果向一个经常失败的服务发送请求，而该服务的其他端点却没有失败，那么也许它已经过载或降级了，应该暂时停止向它发送请求。我们配置异常点检测来实现这一点：

```
apiVersion: networking.istio.io/v1beta1
kind: DestinationRule
metadata:
  name: simple-backend-dr
spec:
  host: simple-backend.istioinaction.svc.cluster.local
  trafficPolicy:
    outlierDetection:
      consecutive5xxErrors: 1
      interval: 5s
      baseEjectionTime: 5s
      maxEjectionPercent: 100
```

在这个配置中，我们将 consecutive5xxErrors 的值设置为 1，这意味着只要有一个失败的请求，异常点检测就会被触发（见图 6.16）。这对这个示例来说更合适，但是你可能需要为生产环境设置一些更合理的值。interval 字段指定了 Istio 服务代理检查主机的频率，并根据 consecutive5xxErrors 设置决定是否驱逐一个端点。如果一个端点被驱逐，它将被逐出 $n*$ baseEjectionTime 的时间，其中 n 是该端点被逐出的次数。过了这段时间之后，它又会被添加回负载均衡池中。最后，我们可以控制负载均衡池中有多少主机被驱逐。在当前的示例中，我们让 100% 的主机都有可能被驱逐。这就好比电路短路，当所有的主机都不健康时，任何请求都不会通过。

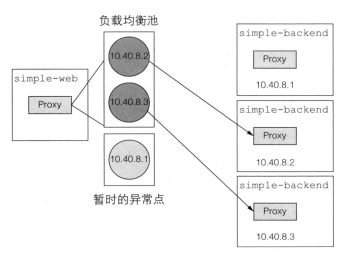

图 6.16 异常端点会被逐出一段时间

我们启动异常点检测并重新运行测试：

```
$ kubectl apply -f ch6/simple-backend-dr-outlier-5s.yaml
destinationrule.networking.istio.io/simple-backend-dr created

$ fortio load -H "Host: simple-web.istioinaction.io" \
-allow-initial-errors -quiet -jitter -t 30s -c 10 -qps 20 http://localhost/

...
Sockets used: 22 (for perfect keepalive, would be 10)
Jitter: true
Code 200 : 589 (98.2 %)
Code 500 : 11 (1.8 %)
All done 600 calls (plus 10 warmup) 250.173 ms avg, 19.7 qps
```

错误率大大降低了，因为不健康的端点被逐出了一段时间，不过仍然有 11 个失败的调用。为了证明这些错误是由异常端点造成的，我们可以查看一下统计数据：

```
$ kubectl exec -it deploy/simple-web -c istio-proxy -- \
curl localhost:15000/stats | grep simple-backend | grep outlier

<omitted>.outlier_detection.ejections_active: 0
<omitted>.outlier_detection.ejections_consecutive_5xx: 3
<omitted>.outlier_detection.ejections_detected_consecutive_5xx: 3
<omitted>.outlier_detection.ejections_detected_
  consecutive_gateway_failure: 0
<omitted>.outlier_detection.ejections_detected_
  consecutive_local_origin_failure: 0
<omitted>.outlier_detection.ejections_detected_failure_percentage: 0
<omitted>.outlier_detection.ejections_detected_
  local_origin_failure_percentage: 0
<omitted>.outlier_detection.ejections_detected_
```

```
local_origin_success_rate: 0
<omitted>.outlier_detection.ejections_detected_success_rate: 0
<omitted>.outlier_detection.ejections_enforced_consecutive_5xx: 3
<omitted>.outlier_detection.ejections_enforced_
  consecutive_gateway_failure: 0
<omitted>.outlier_detection.ejections_enforced_
  consecutive_local_origin_failure: 0
<omitted>.outlier_detection.ejections_enforced_failure_percentage: 0
<omitted>.outlier_detection.ejections_enforced_
  local_origin_failure_percentage: 0
<omitted>.outlier_detection.ejections_enforced_
  local_origin_success_rate: 0
<omitted>.outlier_detection.ejections_enforced_success_rate: 0
<omitted>.outlier_detection.ejections_enforced_total: 3
<omitted>.outlier_detection.ejections_overflow: 0
<omitted>.outlier_detection.ejections_success_rate: 0
<omitted>.outlier_detection.ejections_total: 3
```

　　simple-backend-1 主机被逐出了三次；测试结果显示有 11 个调用失败。interval 被设置为 5s，在这段时间内请求命中了不健康的主机，5s 后异常点检测才被触发。这些请求命中了不健康的主机，从而出现了错误。

　　那么如何解决最后的几个错误呢？我们可以添加默认的重试设置（或者在每个 VirtualService 中明确地设置它们）。

```
$ istioctl install --set profile=demo  \
  --set meshConfig.defaultHttpRetryPolicy.attempts=2
```

　　再次运行测试，将不再出现任何错误。

　　在本章之前，我们已经了解了如何通过 Istio 的能力来改变网络的行为，包括从使用入口网关的网格边缘到集群内服务间的通信。然而，正如在本章开始时所讲的，在大规模的、不断变化的系统中，通过手动干预以应对意外的网络故障几乎是不可能的。

　　在这一章中，我们深入研究了 Istio 的各种客户端弹性能力，它们允许服务从间歇性的网络问题或拓扑结构变化中恢复过来。在接下来的章节中，我们将探索如何通过观察网络的行为来分析系统运行状态。

本章小结

- 负载均衡是通过 DestinationRule 资源配置的。它支持的算法如下：
  - ROUND_ROBIN——默认算法，将请求以轮询的方式发送到端点。
  - RANDOM——将请求发送到随机端点。
  - LEAST_CONN——将请求发送到活动请求最少的端点（译者注：已废弃）。

- Istio 使用节点的可用区和区域信息，结合端点的健康状况（通过配置 `outlierDetection`），将请求路由到同一区域的工作负载（如果可能，则转发到下一个区域）。
- 使用 `DestinationRule`，可以配置客户端进行跨区域的加权分配。
- 重试和超时是在 `VirtualService` 资源中配置的。
- `EnvoyFilter` 资源可用于实现 Istio API 未公开的 Envoy 功能。我们通过请求对冲展示了这一点。
- 熔断在 `DestinationRule` 资源中配置，在发送额外的流量之前，它允许上游服务有时间恢复。

可观测性：理解服务的行为

7

本章内容包括：
- 收集请求级别的指标
- 理解 Istio 的标准服务间指标
- 使用 Prometheus 抓取工作负载和控制平面的指标
- 在 Istio 中添加新指标并在 Prometheus 中追踪

近年来，你可能已经注意到可观测性这个词开始悄悄进入软件工程师、运营人员和站点可靠性保障团队的视野。这些团队必须处理在云基础设施上操作微服务架构时近乎指数级增长的复杂性。当我们的应用程序被部署为数十个或数百个服务（或更多）时，随着服务数量的增加，对网络的依赖性，以及可能出现的故障也增加了。

当系统继续发展并且变得更大时，大概率会出现系统的某些部分在降级的状态下运行的情况。我们不仅必须构建更加可靠和更有弹性的应用程序，还必须改进工具和设备，以便能够了解系统运行时发生了什么。如果我们能够自信地知晓服务和基础设施的运行时状态，就能学会检测故障，并在意外发生时深入调试。这将有助于提高系统的平均恢复时间（MTTR），这是衡量高效团队及其对业务影响的一个重要标准。

在这一章中，我们会介绍可观测性的基本原理，以及 Istio 如何在网络层面上为指标收集奠定基础以支持系统的可观测能力。在下一章中，在本章的基础上，我们将介绍如何使用其中的一些信息来直观地理解网络调用拓扑图。

7.1 什么是可观测性

可观测性是系统的一个特性，它让你通过观察系统的外部信号与特征来理解和度量系统的内部状态。可观测性对于实现系统的控制非常重要，我们可以改变其运行时的行为。这个定义源自对 1960 年 Rudolf E. Kálmán 发表的 *On the General Theory of Control Systems* 论文中首次提出的控制理论的研究。在现实中，我们重视系统的稳定性，需要在系统运行正常时能够识别出问题，并通过自动和手动的方式维护系统的稳定状态。

图 7.1 展示了 Istio 数据平面所处的位置会影响流经系统的请求的行为。Istio 可以帮助实现流量转移、弹性、策略执行等控制行为；但要知道什么时候实施什么样的控制，我们需要了解系统中正在发生什么。由于 Istio 的大部分控制能力都是在网络层面上针对应用程序请求实现的，所以我们自然能够发现，Istio 收集指标并告知观察结果的能力也在这个层面上。这并不意味着使用 Istio 来实现可观测性是你在系统中获得可观测性的唯一选择。可观测性是系统的一个特性，涉及各个层面，而不是现成的解决方案，它必须结合应用程序自身、网络设备、信号收集等基础设施以及数据库，在不可预测的事情发生时筛选大量数据拼凑出一个完整的视图。Istio 有助于实现可观测性的一部分，即应用程序级的网络状态。

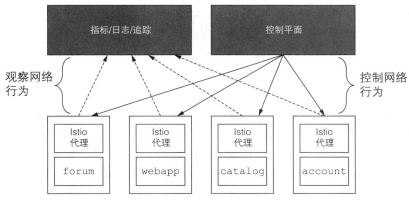

图 7.1 Istio 能够实现控制和可观测性

7.1.1 可观测性与监控

在你可能熟知的落地层面上，可观测性这个词给市场带来了一定程度的混乱，如监控。监控是收集指标、日志、追踪数据等的方法，将这些数据汇总在一起，并与系统的预期状态进行匹配。当发现一个指标已经超过了阈值，并且可能正在向异常状态发展时，我们就会采取行动对系统进行补救。例如，运维团队可以收集特定数据库的磁盘使用信息。如果指标显示磁盘使用量接近其容量上限，那么就可以发出警报，以触发补救措施，比如给磁盘扩容。

　　监控是可观测性的子集。一方面，通过监控，我们收集和汇总指标来观察已知的非预期状态，然后对其发出警报。另一方面，可观测性假定系统是难以预测的，我们不可能事先知道所有可能的故障形式。我们需要收集更多的数据——甚至是像用户 ID、请求 ID、源 IP 地址等这样的数据，整个数据集可能会呈指数级增大——并且使用工具来快速探索和寻找数据的问题。例如，假设一个特定的用户，如用户 John Doe，用户 ID 为 400000021，试图为其购物车中的物品付款，在选择付款方式时遇到了 10s 的延迟。所有预先定义的指标阈值（磁盘使用量、队列深度、机器健康状态等）可能都处于可接受水平，但他对这种用户体验非常恼火。如果我们在设计时考虑到了可观测性，就可以在多个服务的调用链路中确定请求的确切路径。

7.1.2　Istio 如何帮助实现可观测性

　　Istio 在帮助构建可观测的系统方面处于一个独特的地位，因为 Istio 的数据平面代理 Envoy 位于服务之间的网络请求路径中。通过 Envoy 服务代理，Istio 可以捕获与请求处理和服务交互有关的重要指标，如每秒请求数、请求所需的时间（按百分比划分）、失败的请求数等。Istio 还可以动态地在系统中添加新指标，以捕获我们没有想到的新信息。

　　理解分布式系统的另一种方法是追踪流经系统的请求，以了解请求流中涉及哪些服务和组件，以及该网络拓扑中每个节点需要多长时间来处理请求。我们将在下一章中介绍分布式追踪。

　　最后，Istio 还有一些开箱即用的示例工具，如 Prometheus、Grafana 和 Kiali，它们可以帮助你观察和探索服务网格的状态及其所知道的服务。在现实中，我们一般不会使用这些开箱即用的工具——它们是在第 2 章中安装的附加组件，仅用于演示。在本章和下一章中，我们会使用一个更现实的设置。

　　我们先删除在第 2 章中安装的这些工具。进入下载的 Istio 发行版的根目录下，运行以下命令：

```
$  cd istio-1.13.0
$  kubectl delete -f samples/addons/
```

7.2　探索Istio的指标

　　Istio 的数据平面处理请求，而其控制平面负责配置数据平面。两者都保留了一套非常全面的指标，通过这些指标我们可以了解运行时应用程序网络和网格运行的情况。下面我们深入了解数据平面和控制平面都有哪些指标。

7.2.1 数据平面指标

Envoy 能够保存大量的连接、请求和运行时指标，我们可以利用这些指标来描绘服务网络和通信的健康状况。我们首先部署一个示例应用程序的子集，并探索它的组件，了解指标的来源，以及如何访问它们。我们将研究 Istio 是如何通过收集应用程序网络指标并将其可视化来构建一个可观测的系统的。

假设已经部署好了 Istio（见第 2 章），但没有部署任何其他的应用程序组件。如果你是从前面的章节一直学习到这里的话，则需要清理遗留的 Deployment、Service、Gateway 和 VirtualService。

```
$ kubectl config set-context $(kubectl config current-context) \
 --namespace=istioinaction
$ kubectl delete virtualservice,deployment,service,\
destinationrule,gateway --all
```

要部署本节中的应用程序，需要在本书源码的根目录下运行下面的命令：

```
$ kubectl apply -f services/catalog/kubernetes/catalog.yaml
$ kubectl apply -f services/webapp/kubernetes/webapp.yaml
$ kubectl apply -f services/webapp/istio/webapp-catalog-gw-vs.yaml
```

现在，使用下面的命令来验证服务可以被访问并且能正常返回：

```
$ curl -H "Host: webapp.istioinaction.io" http://localhost/api/catalog
```

我们首先发现的是一个服务的 sidecar 代理所保存的指标。如果列出已经部署了 sidecar 代理的 Pod，就会看到 webapp 和 catalog 服务：

```
$ kubectl get pod
NAME                         READY   STATUS    RESTARTS   AGE
webapp-67bd5dfd77-g7gcf      2/2     Running   0          20m
catalog-c89594fb9-hm47h      2/2     Running   0          20m
```

进入 webapp Pod，查看具体的统计数据：

```
$ kubectl exec -it deploy/webapp -c istio-proxy \
-- curl localhost:15000/stats
```

查询 Envoy 的管理（admin）端点而不使用 curl 命令

为什么不使用 curl 来查询 Envoy 的管理端点呢？出于安全考虑，Istio 提供了一套无发行版的镜像，其中包含了运行 pilot-agent 所需的最少依赖。毫不奇怪的是，curl 也没有被包含在内。

　　在调试 Envoy 代理时，查询端点是非常重要的，所以在 pilot-agent 中加入了一个最小化的命令行接口来查询端点。例如，你仍然可以按照以下方式查询统计数据。

```
$ kubectl exec -it deploy/webapp -c istio-proxy \
    -- pilot-agent request GET stats
```

　　你可以通过 help 命令了解更多的管理端点的使用方法：

```
pilot-agent request GET help
```

　　我们会继续使用 curl 来查询端点，但需要知道在使用无发行版的镜像时还有上面介绍的方式。

　　这是一些由 sidecar 代理保存的指标信息。事实上，代理还能保存更多的信息，但在默认情况下，其中许多数据已经被裁剪了。在这里，我们看到的主要是代理连接到控制平面的相关信息、发生了多少次集群或监听器的更新，以及其他高级别的统计数据。我们还能在输出中看到一些请求级别和响应级别的指标。类似于这种：

```
reporter=.=destination;.;source_workload=.=istio-ingressgateway;.;
source_workload_namespace=.=istio-system;.;source_principal=.
=spiffe://cluster.local/ns/istio-system/sa/istio
-ingressgateway-service-account;.;source_app=.=istio-ingressgateway;.
.;source_version=.=unknown;.;source_canonical_service=.
=istio-ingressgateway;.;source_canonical_revision=.=
latest;.;destination_workload=.=webapp;.
.;destination_workload_namespace=.=istioinaction;.;destination_principal=.
=spiffe://cluster.local/ns/istioinaction/sa/webapp;.
.;destination_app=.=webapp;.;
destination_version=.=unknown;.;destination_service=.
=webapp.istioinaction.svc.cluster.local;.;destination_service_name=.
=webapp;.;destination_service_namespace=.=istioinaction;.;
destination_canonical_service=.=webapp;
  .;destination_canonical_revision=.
=latest;.;request_protocol=.=http;.;response_flags=.=-;.
.;connection_security_policy=.=mutual_tls;.;response_code=.=200;.
.;grpc_response_status=.=;.;destination_cluster=.=Kubernetes;.
.;source_cluster=.=Kubernetes;.;istio_requests_total: 2
```

　　这行数据最重要的部分在最后：istio_requests_total。如果你读完它的其余部分，则可以看到这是一个来自从入口网关到 webapp 服务的请求的指标，请求总数为 2。如果没有看到这些指标，则可以试着调用几次服务。

　　以下是每个代理保存的入站调用和出站调用的标准 Istio 指标。它们包含了大量的信息，不需要你为指标收集做任何事情：

- `istio_requests_total`
- `istio_request_bytes`
- `istio_response_bytes`
- `istio_request_duration`
- `istio_request_duration_milliseconds`

有关标准 Istio 指标的更多信息，可以查看 Istio 文档。

配置代理以报告更多的 Envoy 统计数据

有时我们需要通过比标准 Istio 指标更多的信息来排查网络故障。在前面的章节中，我们大致展示了这些指标，本节来详细了解一下。

当应用程序的调用通过其客户端代理时，代理会做出决定并将请求路由到上游集群。上游集群是被调用的服务，以及与其相关的设置（如负载均衡、安全、熔断等）。在这个例子中，webapp 服务调用 catalog 服务，让我们为上游 catalog 服务的调用启用更多的信息。

那么如何做到这一点呢？在 Istio 的安装过程中，可以通过指定默认的代理配置，将其配置为网格范围的设置，如下所示：

```
apiVersion: install.istio.io/v1alpha1
kind: IstioOperator
metadata:
  name: control-plane
spec:
  profile: demo
  meshConfig:                              为所有服务定义默认的
    defaultConfig:        ◄───────────┐    代理配置
      proxyStatsMatcher:                    自定义要
        inclusionPrefixes:         ◄────    上报的指标
        - "cluster.outbound|80||catalog.istioinaction"   匹配前缀的指标将与
                                                          默认指标一起上报
```

注意：要了解更多的代理配置，可以查看 API 参考文档。

在整个网格中增加收集的指标会使指标收集系统过载，因此应该非常谨慎地进行。一种更好的方法是在每个工作负载上将所包含的指标指定为注解。例如，为了获得 webapp 部署的指标，可以在 `proxy.istio.io/config` 注解中添加如下配置：

```
metadata:
  annotations:                        webapp 副本集的
    proxy.istio.io/config: |-    ◄──  代理配置
      proxyStatsMatcher:
        inclusionPrefixes:
        - "cluster.outbound|80||catalog.istioinaction"
```

应用这个带注解的 `webapp Deployment` 配置：

```
$ kubectl apply -f ch7/webapp-deployment-stats-inclusion.yaml
```

现在给服务发送一些请求：

```
$ curl -H "Host: webapp.istioinaction.io" http://localhost/api/catalog
```

再次抓取统计数据，但这次只查看 `catalog` 相关信息：

```
$ kubectl exec -it deploy/webapp -c istio-proxy \
-- curl localhost:15000/stats | grep catalog
```

这个命令的输出信息有很多，这里省略了部分信息。我们来介绍几个关键的指标。请注意，你的输出信息可能略有不同，因为我们在清单中缩写了全限定域名（FQDN）。在当前示例中，省略了 `istioinaction.svc.cluster.local`。

这些指标展示了与发送到上游服务的请求相关的熔断信息：

```
cluster.outbound|80||catalog.circuit_breakers.default.cx_open: 0
cluster.outbound|80||catalog.circuit_breakers.default.cx_pool_open: 0
cluster.outbound|80||catalog.circuit_breakers.default.rq_open: 0
cluster.outbound|80||catalog.circuit_breakers.default.rq_pending_open: 0
cluster.outbound|80||catalog.circuit_breakers.default.rq_retry_open: 0
```

Envoy 在识别流量时有一个内部来源和外部来源的概念。内部通常被认为是来自网格内的流量，而外部是来自网格外的流量（进入入口网关的流量）。通过 `cluster_name.internal.*` 指标，我们可以看到有多少成功的请求是来自网格内的：

```
cluster.outbound|80||catalog.internal.upstream_rq_200: 2
cluster.outbound|80||catalog.internal.upstream_rq_2xx: 2
```

`cluster_name.ssl.*` 指标对于确定流量是否以 TLS 方式进入上游集群，以及与连接相关的其他细节（加密、曲线等）非常有用。

```
cluster.outbound|80||catalog.ssl.ciphers.ECDHE-RSA-AES256-GCM-SHA384: 1
cluster.outbound|80||catalog.ssl.connection_error: 0
cluster.outbound|80||catalog.ssl.curves.X25519: 1
cluster.outbound|80||catalog.ssl.fail_verify_cert_hash: 0
cluster.outbound|80||catalog.ssl.fail_verify_error: 0
cluster.outbound|80||catalog.ssl.fail_verify_no_cert: 0
cluster.outbound|80||catalog.ssl.fail_verify_san: 0
cluster.outbound|80||catalog.ssl.handshake: 1
```

最后，`upstream_cx` 和 `upstream_rq` 为网络上发生的事情提供了更多的参考。正如其名称所示，它们是关于上游连接和请求的指标。

```
cluster.outbound|80||catalog.upstream_cx_active: 1
cluster.outbound|80||catalog.upstream_cx_close_notify: 0
cluster.outbound|80||catalog.upstream_cx_connect_attempts_exceeded: 0
cluster.outbound|80||catalog.upstream_cx_connect_fail: 0
cluster.outbound|80||catalog.upstream_cx_connect_timeout: 0
cluster.outbound|80||catalog.upstream_cx_destroy: 0
cluster.outbound|80||catalog.upstream_cx_destroy_local: 0
cluster.outbound|80||catalog.upstream_cx_destroy_local_with_active_rq: 0
cluster.outbound|80||catalog.upstream_cx_destroy_remote: 0
cluster.outbound|80||catalog.upstream_cx_destroy_remote_with_active_rq: 0
cluster.outbound|80||catalog.upstream_cx_destroy_with_active_rq: 0
cluster.outbound|80||catalog.upstream_cx_http1_total: 1
cluster.outbound|80||catalog.upstream_cx_http2_total: 0
cluster.outbound|80||catalog.upstream_cx_idle_timeout: 0
cluster.outbound|80||catalog.upstream_cx_max_requests: 0
cluster.outbound|80||catalog.upstream_cx_none_healthy: 0
cluster.outbound|80||catalog.upstream_cx_overflow: 0
cluster.outbound|80||catalog.upstream_cx_pool_overflow: 0
cluster.outbound|80||catalog.upstream_cx_protocol_error: 0
cluster.outbound|80||catalog.upstream_cx_rx_bytes_buffered: 1386
cluster.outbound|80||catalog.upstream_cx_rx_bytes_total: 2773
cluster.outbound|80||catalog.upstream_cx_total: 1
cluster.outbound|80||catalog.upstream_cx_tx_bytes_buffered: 0
cluster.outbound|80||catalog.upstream_cx_tx_bytes_total: 2746
cluster.outbound|80||catalog.upstream_rq_200: 2
cluster.outbound|80||catalog.upstream_rq_2xx: 2
cluster.outbound|80||catalog.upstream_rq_active: 0
cluster.outbound|80||catalog.upstream_rq_cancelled: 0
cluster.outbound|80||catalog.upstream_rq_completed: 2
cluster.outbound|80||catalog.upstream_rq_maintenance_mode: 0
cluster.outbound|80||catalog.upstream_rq_max_duration_reached: 0
cluster.outbound|80||catalog.upstream_rq_pending_active: 0
cluster.outbound|80||catalog.upstream_rq_pending_failure_eject: 0
cluster.outbound|80||catalog.upstream_rq_pending_overflow: 0
cluster.outbound|80||catalog.upstream_rq_pending_total: 1
cluster.outbound|80||catalog.upstream_rq_per_try_timeout: 0
cluster.outbound|80||catalog.upstream_rq_retry: 0
cluster.outbound|80||catalog.upstream_rq_retry_backoff_exponential: 0
cluster.outbound|80||catalog.upstream_rq_retry_backoff_ratelimited: 0
cluster.outbound|80||catalog.upstream_rq_retry_limit_exceeded: 0
cluster.outbound|80||catalog.upstream_rq_retry_overflow: 0
cluster.outbound|80||catalog.upstream_rq_retry_success: 0
cluster.outbound|80||catalog.upstream_rq_rx_reset: 0
cluster.outbound|80||catalog.upstream_rq_timeout: 0
cluster.outbound|80||catalog.upstream_rq_total: 2
cluster.outbound|80||catalog.upstream_rq_tx_reset: 0
```

在 Envoy 文档中可以了解更多关于这些指标的细节，以及与上游集群相关的其他信息。

我们尝试列出所有后端集群的信息，以及它们的端点：

```
$ kubectl exec -it deploy/webapp -c istio-proxy \
-- curl localhost:15000/clusters
```

我们可以看到代理能感知到非常多的上游服务。我们过滤出与 catalog 服务相关的指标：

```
$ kubectl exec -it deploy/webapp -c istio-proxy \
-- curl localhost:15000/clusters | grep catalog
```

```
outbound|80||catalog::default_priority::max_connections::4294967295
outbound|80||catalog::default_priority::max_pending_requests::4294967295
outbound|80||catalog::default_priority::max_requests::4294967295
outbound|80||catalog::default_priority::max_retries::4294967295
outbound|80||catalog::high_priority::max_connections::1024
outbound|80||catalog::high_priority::max_pending_requests::1024
outbound|80||catalog::high_priority::max_requests::1024
outbound|80||catalog::high_priority::max_retries::3
outbound|80||catalog::added_via_api::true
outbound|80||catalog::10.1.0.71:3000::cx_active::1
outbound|80||catalog::10.1.0.71:3000::cx_connect_fail::0
outbound|80||catalog::10.1.0.71:3000::cx_total::1
outbound|80||catalog::10.1.0.71:3000::rq_active::0
outbound|80||catalog::10.1.0.71:3000::rq_error::0
outbound|80||catalog::10.1.0.71:3000::rq_success::1
outbound|80||catalog::10.1.0.71:3000::rq_timeout::0
outbound|80||catalog::10.1.0.71:3000::rq_total::1
outbound|80||catalog::10.1.0.71:3000::hostname::
outbound|80||catalog::10.1.0.71:3000::health_flags::healthy
outbound|80||catalog::10.1.0.71:3000::weight::1
outbound|80||catalog::10.1.0.71:3000::region::
outbound|80||catalog::10.1.0.71:3000::zone::
outbound|80||catalog::10.1.0.71:3000::sub_zone::
outbound|80||catalog::10.1.0.71:3000::canary::false
outbound|80||catalog::10.1.0.71:3000::priority::0
outbound|80||catalog::10.1.0.71:3000::success_rate::-1.0
outbound|80||catalog::10.1.0.71:3000::local_origin_success_rate::-1.0
```

在输出中，我们可以看到关于特定上游集群的详细信息，包括它有哪些端点（在本例中是 10.1.0.71），该端点所在的地区（region）、区域（zone）和子区域，以及该上游端点的任何活跃请求或错误。前面的一组统计数据提供了整个集群的数据，通过这些数据我们可以看到每个端点的详细信息。

代理在收集指标方面做得很好，但我们不希望到每个服务的实例和代理那里去检索它们。Istio 服务代理的指标数据可以被 Prometheus 或 Datadog 等指标收集系统抓取。在接下来的章节中，我们会探讨如何设置 Prometheus。在此之前，我们看看控制平面有哪些可用的指标。

7.2.2　控制平面指标

控制平面持有大量关于其性能的信息，例如，它与数据平面代理同步配置了多少次、同步配置需要多长时间，以及其他信息，如错误配置、证书颁发／轮换等。我们会在第 11 章中探讨优化控制平面的性能时详细地介绍这些指标。

要查看控制平面指标，运行下面的命令：

```
kubectl exec -it -n istio-system deploy/istiod -- curl localhost:15014/metrics
```

这将返回大量的指标。我们来探索一些有趣的指标。

我们可以看到用于签署工作负载证书请求（CSR）的根证书何时到期，以及有多少 CSR 请求和颁发的证书进入了控制平面。

```
citadel_server_root_cert_expiry_timestamp 1.933249372e+09
citadel_server_csr_count 55
citadel_server_success_cert_issuance_count 55
```

还可以看到关于控制平面版本的运行时信息。在本例中，我们运行的 Istio 控制平面版本是 1.13.0：

```
istio_build{component="pilot",tag="1.13.0"} 1
```

这部分展示了配置被下发并与数据平面代理同步所需时间的分布。在这种情况下，1102 个配置收敛事件中的 1101 个发生在不到十分之一秒的时间内，如 le="0.1" 所示，而其中一个需要更长的时间（le 代表"小于或等于"）。

```
pilot_proxy_convergence_time_bucket{le="0.1"} 1101    ←┐  1101 个配置更新
pilot_proxy_convergence_time_bucket{le="0.5"} 1102    ←    在 0.1ms 内被下
pilot_proxy_convergence_time_bucket{le="1"} 1102          发给代理
pilot_proxy_convergence_time_bucket{le="3"} 1102
pilot_proxy_convergence_time_bucket{le="5"} 1102         一个请求花了更长
pilot_proxy_convergence_time_bucket{le="10"} 1102        的时间，在 0.1ms
pilot_proxy_convergence_time_bucket{le="20"} 1102        和 0.5ms 之间
pilot_proxy_convergence_time_bucket{le="30"} 1102
pilot_proxy_convergence_time_bucket{le="+Inf"} 1102
pilot_proxy_convergence_time_sum 11.862998399999995
pilot_proxy_convergence_time_count 1102
```

这部分显示了控制平面已知的服务数量、用户配置的 VirtualService 资源数量，以及连接的代理数量：

```
# HELP pilot_services Total services known to pilot.
# TYPE pilot_services gauge
pilot_services 14
# HELP pilot_virt_services Total virtual services known to pilot.
# TYPE pilot_virt_services gauge
pilot_virt_services 1
```

```
# HELP pilot_vservice_dup_domain Virtual services with dup domains.
# TYPE pilot_vservice_dup_domain gauge
pilot_vservice_dup_domain 0
# HELP pilot_xds Number of endpoints connected to this pilot using XDS.
# TYPE pilot_xds gauge
pilot_xds{version="1.13.0"} 4
```

最后这部分显示了特定的 xDS API 的更新数量。在第 3 章中，我们介绍了如何动态更新 Envoy 的配置，如集群发现（CDS）、端点发现（EDS）、监听器和路由发现（LDS/RDS）以及密钥发现（SDS）。

```
pilot_xds_pushes{type="cds"} 756
pilot_xds_pushes{type="eds"} 1077
pilot_xds_pushes{type="lds"} 671
pilot_xds_pushes{type="rds"} 538
pilot_xds_pushes{type="sds"} 55
```

在第 11 章中探讨 Istio 控制平面的性能优化时，我们会介绍更多的控制平面指标。

此时，我们已经验证了数据平面和控制平面报告了多少关于网格内的细节。暴露这些细节，对于建立一个可观测的系统至关重要。尽管服务网格组件暴露了这些信息，但网格的运维人员或用户应该如何消费这些元数据呢？期望登录到每个数据平面或控制平面的组件来获得这些指标是不现实的，所以我们需要研究如何使用指标收集系统和时间序列数据库系统来自动完成这个过程，并以主流的方式显示出来。

7.3   使用Prometheus抓取Istio指标

Prometheus 是一个指标收集引擎和一套相关的监控与告警工具，起源于 Sound-Cloud，基于谷歌的内部监控系统 Borgmon 开发（类似于 Kubernetes 基于 Borg）。Prometheus 与其他遥测系统或指标收集系统略有不同，因为它从目标中"提取"指标，而不是期望代理向它"推送"指标。有了 Prometheus，应用程序或 Istio 服务代理可以暴露一个带有最新指标的接口，然后从中提取或抓取指标数据。

在本书中，我们不会讨论提取和推送哪种收集方式更好，但要承认两者都存在，你可以选择其中之一或两者都选。Brian Brazil 在他的播客（"链接 1"）中讲述了更多关于 Prometheus 的提取指标的方法，以及它与推送指标的方法的不同之处。

我们可以快速启动一台 Prometheus 服务器并开始抓取指标，即使有其他 Prometheus 服务器已经从各个目标（本例中为 Pod）的指标接口中抓取了数据。事实上，这就是 Prometheus 被配置为高可用的方式：我们可以运行多台 Prometheus 服务器来抓取相同的指标（见图 7.2）。

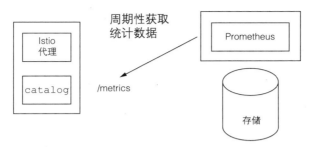

图 7.2　Prometheus 从 Istio 服务代理抓取指标

使用 Prometheus 的好处之一是，可以通过一个简单的 HTTP 客户端或 Web 浏览器检查指标接口。我们使用 `curl` 命令来访问一个 HTTP 端点，它会以 Prometheus 的格式暴露 Istio 服务代理指标。

我们首先列出 Pod 并随意挑选一个运行的服务。在这个例子中选择 `webapp` Pod：

```
$  kubectl get pod
NAME                             READY    STATUS    RESTARTS    AGE
webapp-76b86b49fd-gj589          2/2      Running   0           22h
catalog-68666d4988-sglvz         2/2      Running   0           22h
```

然后通过 `curl` 命令访问服务代理暴露在 15090 端口的指标接口：

```
$  kubectl exec -it deploy/webapp -c istio-proxy \
-- curl localhost:15090/stats/prometheus

...
envoy_cluster_assignment_stale{cluster_name="
  outbound|80||catalog.istioinaction.svc.cluster.local"} 0
envoy_cluster_assignment_stale{cluster_name="xds-grpc"} 0
envoy_cluster_assignment_timeout_received{cluster_name="
  outbound|80||catalog.istioinaction.svc.cluster.local"} 0
envoy_cluster_assignment_timeout_received{cluster_name="xds-grpc"} 0

envoy_cluster_bind_errors{cluster_name="
  outbound|80||catalog.istioinaction.svc.cluster.local"} 0
envoy_cluster_bind_errors{cluster_name="xds-grpc"} 0

envoy_cluster_client_ssl_socket_factory_downstream_
  context_secrets_not_ready{cluster_name="
    outbound|80||catalog.istioinaction.svc.cluster.local"} 0

envoy_cluster_client_ssl_socket_factory_ssl_context_
  update_by_sds{cluster_name="
    outbound|80||catalog.istioinaction.svc.cluster.local"} 2

envoy_cluster_client_ssl_socket_factory_upstream_
  context_secrets_not_ready{cluster_name="
```

```
        outbound|80||catalog.istioinaction.svc.cluster.local"} 0
envoy_cluster_default_total_match_count{
    cluster_name="
        outbound|80||catalog.istioinaction.svc.cluster.local"} 0
envoy_cluster_default_total_match_count{cluster_name="xds-grpc"} 1
envoy_cluster_http1_dropped_headers_with_underscores{
    cluster_name="
        outbound|80||catalog.istioinaction.svc.cluster.local"} 0
...
```

我们看到了一个按照 Prometheus 的期望格式化的指标列表，所有注入 Istio 服务代理的应用程序都自动暴露了这些指标。我们所要做的就是启动一台 Prometheus 服务器来抓取它们。

7.3.1　安装 Prometheus 和 Grafana

正如本章前面所提到的，我们删除了 Istio 附带的 Prometheus 和 Grafana，因为它们仅用于演示。在本节中，我们将探讨一个更接近生产环境的设置。如果你之前没有删除这些附加组件，则可以在第 2 章中下载的 Istio 发行版的根目录下运行如下命令：

```
$ cd istio-1.13.0
$ kubectl delete -f samples/addons/
```

我们将安装一个名为 kube-prometheus 的真实的可观测性系统，其包括 Prometheus 和许多其他组件。这个系统试图整合一个真实的、高可用的 Prometheus Deployment 以及 Prometheus Operator、Grafana 和其他辅助组件，如 Alertmanager、node exporter、Kube API 的适配器等。更多信息见 kube-prometheus 文档。在本章中将介绍 Prometheus；在第 8 章中将讨论如何与 Grafana 集成。

我们可以使用 kube-prometheus-stack 的 Helm chart 来安装 kube-prometheus。注意，在本节中，我们减少了组件的数量，这样就不会使本地安装的 Docker Desktop 不堪重负。

要安装 chart，需要先添加包含它的仓库（repository）并运行 helm repo update：

```
$ helm repo add prometheus-community \
https://prometheus-community.github.io/helm-charts

$ helm repo update
```

然后就可以运行 Helm 安装程序了。注意，这里禁用了 kube-prometheus 的一些组件，使得部署更加简捷。为了做到这一点，我们传入一个 values.yaml

文件，明确地控制安装的内容。你可以自行查看此文件，以了解更多信息：

```
$  kubectl create ns prometheus
$  helm install prom prometheus-community/kube-prometheus-stack \
--version 13.13.1 -n prometheus -f ch7/prom-values.yaml
```

这样就成功安装了 **Prometheus** 和 **Grafana**。为了验证所安装的组件，我们可以检查 prometheus 命名空间中的 Pod：

```
$  kubectl get po -n prometheus
```

```
NAME                                                       READY  STATUS   AGE
prom-grafana-5ff645dfcc-qp57d                              2/2    Running  21s
prom-kube-prometheus-stack-operator-5498b9f476-j6hjc       1/1    Running  21s
prometheus-prom-kube-prometheus-stack-prometheus-0         2/2    Running  17s
```

新部署的 Prometheus 是不知道如何抓取 Istio 的工作负载指标的。我们来看看如何配置 Prometheus 来抓取 Istio 数据平面和控制平面的指标。

7.3.2　配置 Prometheus Operator 抓取 Istio 控制平面和工作负载的指标

为了配置 Prometheus 从 Istio 收集指标，我们需要使用 Prometheus Operator 的自定义资源 ServiceMonitor 和 PodMonitor。在 **Prometheus Operator repo** 的设计文档中，对它们有详细的描述。下面的 ServiceMonitor 资源用来从 Istio 控制平面组件抓取指标：

```
apiVersion: monitoring.coreos.com/v1
kind: ServiceMonitor
metadata:
  name: istio-component-monitor
  namespace: prometheus
  labels:
    monitoring: istio-components
    release: prom
spec:
  jobLabel: istio
  targetLabels: [app]
  selector:
    matchExpressions:
    - {key: istio, operator: In, values: [pilot]}
  namespaceSelector:
    any: true
  endpoints:
  - port: http-monitoring
    interval: 15s
```

我们应用 ServiceMonitor 配置来抓取控制平面指标。在本书源代码的根目录下运行如下命令：

```
$  kubectl apply -f ch7/service-monitor-cp.yaml
```

此时，我们开始看到关于控制平面的重要遥测数据，比如连接到控制平面的
sidecar 数量、配置冲突、网格结构的变化量，以及控制平面的内存 / CPU 使用率。
打开 Prometheus 的查询仪表板看看会有什么：

```
$  kubectl -n prometheus port-forward \
statefulset/prometheus-prom-kube-prometheus-stack-prometheus 9090
```

导航到 http://localhost:9090，在表达式文本框中输入 pilot_xds（控制平面指
标之一），如图 7.3 所示，以查看各种控制平面指标。注意，指标名称可能需要几分
钟的时间才能被传播到 Prometheus。

图 7.3　从 Prometheus 查询 Istio 控制平面指标

同时，为了启用数据平面的抓取功能，我们使用 PodMonitor 资源来配置
Prometheus Operator，从包含 istio-proxy 容器的每个 Pod 中抓取指标：

```
apiVersion: monitoring.coreos.com/v1
kind: PodMonitor
metadata:
  name: envoy-stats-monitor
  namespace: prometheus
  labels:
    monitoring: istio-proxies
    release: prom
spec:
  selector:
    matchExpressions:
    - {key: istio-prometheus-ignore, operator: DoesNotExist}
  namespaceSelector:
    any: true
  jobLabel: envoy-stats
  podMetricsEndpoints:
  - path: /stats/prometheus
    interval: 15s
```

```
relabelings:
- action: keep
  sourceLabels: [__meta_kubernetes_pod_container_name]
  regex: "istio-proxy"
- action: keep
  sourceLabels: [
    __meta_kubernetes_pod_annotationpresent_prometheus_io_scrape]
- sourceLabels: [
    __address__, __meta_kubernetes_pod_annotation_prometheus_io_port]
  action: replace
  regex: ([^:]+)(?::\d+)?;(\d+)
  replacement: $1:$2
  targetLabel: __address__
- action: labeldrop
  regex: "__meta_kubernetes_pod_label_(.+)"
- sourceLabels: [__meta_kubernetes_namespace]
  action: replace
  targetLabel: namespace
- sourceLabels: [__meta_kubernetes_pod_name]
  action: replace
  targetLabel: pod_name
```

与 `ServiceMonitor` 做的一样，应用 `PodMonitor` 开启抓取数据平面指标的功能。在本书源代码的根目录下运行如下命令：

```
$ kubectl apply -f ch7/pod-monitor-dp.yaml
```

我们还要为数据平面生成一些负载，使得指标可以被 Prometheus 收集到：

```
$ for i in {1..100}; do curl http://localhost/api/catalog -H \
"Host: webapp.istioinaction.io"; sleep .5s; done
```

再次访问 Prometheus 的查询窗口，找到一个数据平面指标，比如 `istio_requests_total`，如图 7.4 所示。我们看到 Istio 数据平面和控制平面的指标被 Prometheus 抓取到了。在下一章中，我们将介绍如何使用 Grafana 这样的仪表板工具来展示这些指标。

图 7.4 从 Prometheus 查询 Istio 数据平面指标

7.4　自定义Istio标准指标

我们在前面介绍了 Istio 的一些标准指标，这些指标在服务间通信时默认是启用的。表 7.1 中列出了 Istio 标准指标及其类型。

表 7.1　Istio 标准指标

指　　标	描　　述
istio_requests_total	COUNTER：增量计数器，用来记录进入的请求总数
istio_request_duration_milliseconds	DISTRIBUTION：请求的执行时长
istio_request_bytes	DISTRIBUTION：请求体的字节大小
istio_response_bytes	DISTRIBUTION：响应体的字节大小
istio_request_messages_total	（gRPC）COUNTER：记录从客户端发送的 gRPC 请求总数
istio_response_messages_total	（gRPC）COUNTER：记录从服务端返回的 gRPC 响应总数

查看 Istio 文档，可以了解这些指标的详细信息。

Istio 对 Envoy 代理 sidecar 使用了几个插件来控制指标的显示、自定义和创建。本节将详细介绍它们。在开始之前，我们需要了解三个重要的概念：

- 指标（Metric）
- 维度（Dimension）
- 属性（Attribute）

指标是计数器、仪表或直方图 / 服务间调用（入站 / 出站）的遥测数据分布。例如，istio_requests_total 指标统计了向一个服务传入（入站）或从一个服务发出（出站）的请求总数。如果一个服务有入站请求和出站请求，我们会看到 istio_requests_total 指标有两个条目。入站或出站是指标的维度。当在 Istio 的代理上查询统计数据时，将会看到指标和维度组合的分开的统计数据。下面我们通过一个例子来了解清楚。

一个指标可以包含多个维度，比如下面 istio_requests_total 指标的默认维度：

```
# TYPE istio_requests_total counter
istio_requests_total{
  response_code="200",          ⟵┤ 请求的细节
  reporter="destination",       ⟵
  source_workload="istio-ingressgateway",      ┐指标
  source_workload_namespace="istio-system",    ┘展示点
  source_app="istio-ingressgateway",   ⟵┤ 调用者
  source_version="unknown",
  source_cluster="Kubernetes",
  destination_workload="webapp",
```

```
destination_workload_namespace="istioinaction",
destination_app="webapp",                         ←—| 调用目标
destination_version="unknown",
destination_service="webapp.istioinaction.svc.cluster.local",
destination_service_name="webapp",
destination_service_namespace="istioinaction",
destination_cluster="Kubernetes",
request_protocol="http",
response_flags="-",
grpc_response_status="",
connection_security_policy="mutual_tls",
source_canonical_service="istio-ingressgateway",
destination_canonical_service="webapp",
source_canonical_revision="latest",
destination_canonical_revision="latest"
} 6                                               ←—| 调用次数
```

　　如果这些维度中的任何一个都是不同的，那么它就是这个指标的新条目。例如，如果有任何 HTTP 500 响应码，我们将在不同的行中看到它（为简洁起见，有所省略）：

```
istio_requests_total{
    response_code="200",  ←—| 状态码是 HTTP 200 的调用
    reporter="destination",
    source_workload="istio-ingressgateway",
    source_workload_namespace="istio-system",
    destination_workload="webapp",
    destination_workload_namespace="istioinaction",
    request_protocol="http",
    connection_security_policy="mutual_tls",      |  HTTP 200 状态码
    } 5                               ←————————————|  调用的次数
istio_requests_total{
    response_code="500",  ←—| 状态码是 HTTP 500 的调用
    reporter="destination",
    source_workload="istio-ingressgateway",
    source_workload_namespace="istio-system",
    destination_workload="webapp",
    destination_workload_namespace="istioinaction",
    request_protocol="http",
    connection_security_policy="mutual_tls",      |  HTTP 500 状态码
    } 3                               ←————————————|  调用的次数
```

　　如果维度不同，我们可以看到 istio_requests_total 指标的两个不同条目。在这个例子中，response_code 维度在两个指标中是不同的。

　　在配置时，可以为特定指标指定要展示的维度。一个特定维度的值是从哪里来的呢？其来自 Envoy 代理保存的运行时值的属性。例如，表 7.2 中列出了一些默认的开箱即用的 Envoy 请求属性。

表 7.2　默认的开箱即用的 Envoy 请求属性

属　　性	描　　述
request.path	URL 的路径部分
request.url_path	不带查询字符串的 URL 路径部分
request.host	URL 的 host 部分
request.scheme	URL 的 scheme 部分（如"http"）
request.method	请求的方法（如"GET"）
request.headers	由小写名称索引的所有请求头
request.referer	请求头的 referrer 部分
request.useragent	请求头的 user agent 部分
request.time	请求收到第一个字节的时间
request.id	与 x-request-id 头值相对应的请求 ID
request.protocol	请求的协议

这些只是 Envoy 中可用的请求属性。还有其他属性，例如：

- 响应属性
- 连接属性
- 上游属性
- 元数据 / 过滤器状态属性
- Wasm 属性

查看 Envoy 文档，可以获取这些属性更详细的信息。

另一组属性来自 Istio 的 peer-metadata 过滤器（内置于 Istio 代理中），它在服务调用中对 upstream_peer 和 downstream_peer 都可用。表 7.3 中列出的属性都是可用的。

表 7.3　元数据交换过滤器提供的 Istio 特定属性

属　　性	描　　述
name	Pod 名称
namespace	运行 Pod 的命名空间
labels	工作负载标签
owner	工作负载所有者
workload_name	工作负载名称
platform_metadata	带有前缀键的平台元数据
istio_version	代理的版本标识符

续表

属　性	描　述
mesh_id	网格的唯一标识符
cluster_id	工作负载所属的集群标识符
app_containers	应用程序容器的短名称列表

要使用这些属性中的任何一个，请用 upstream_peer 或 downstream_ peer 作为各自上游（从代理发出）或下游（传入代理）指标的前缀。例如，要指向一个服务调用者的 Istio 代理版本，使用 downstream_peer.istio_version。要指向一个上游服务的集群，使用 upstream_peer.cluster_id。

属性被用来定义一个维度的值。我们看看如何使用属性对现有的指标维度进行自定义。

7.4.1　配置现有的指标

在默认情况下，Istio 指标是在 stats 代理插件中使用 EnvoyFilter 资源配置的。例如，下面的 EnvoyFilter 在默认安装中可以直接使用：

```
$ kubectl get envoyfilter -n istio-system

NAME                     AGE
stats-filter-1.11        45h
stats-filter-1.12        45h
stats-filter-1.13        45h
tcp-stats-filter-1.11    45h
tcp-stats-filter-1.12    45h
tcp-stats-filter-1.13    45h
```

以 stats-filter-1.13 为例，可以看到类似于下面的信息：

代码清单 7.1　默认的 stats-filter 配置

```
- applyTo: HTTP_FILTER
  match:
    context: SIDECAR_OUTBOUND
    listener:
      filterChain:
        filter:
          name: envoy.filters.network.http_connection_manager
          subFilter:
            name: envoy.filters.http.router
    proxy:
      proxyVersion: ^1\.13.*
  patch:
    operation: INSERT_BEFORE
```

```
value:
  name: istio.stats          ←┤ 过滤器名称
  typed_config:
    '@type': type.googleapis.com/udpa.type.v1.TypedStruct
    type_url: type.googleapis.com/
      envoy.extensions.filters.http.wasm.v3.Wasm
    value:
      config:                ←┤ 过滤器配置
        configuration:
          '@type': type.googleapis.com/google.protobuf.StringValue
          value: |
            {
              "debug": "false",
              "stat_prefix": "istio"
            }
        root_id: stats_outbound
        vm_config:
          code:
            local:
              inline_string: envoy.wasm.stats
          runtime: envoy.wasm.runtime.null
          vm_id: stats_outbound
```

这个 `EnvoyFilter` 配置了一个叫作 `istio.stats` 的过滤器，它是一个 WebAssembly（Wasm）插件，用来实现统计功能。Wasm 过滤器实际上是直接编译到 Envoy 代码库中的，并运行在 NULL 虚拟机上，而不是 Wasm 虚拟机中。要在 Wasm 虚拟机中运行它，必须通过 `--set values.telemetry.v2.prometheus.wasmEnabled=true` 标志，用 `istioctl` 或 `IstioOperator` 配置来安装。我们将在第 14 章中对 Wasm 进行更深入的研究。

给现有的指标添加维度

假设想给 `istio_requests_total` 指标添加两个新维度。例如，出于追踪版本升级的原因，我们想检查某个 `meshId` 的上游调用代理的版本是多少。添加 `upstream_proxy_version` 和 `source_mesh_id` 两个维度（当然，也可以删除那些不想追踪或者产生过多信息的维度）：

```
apiVersion: install.istio.io/v1alpha1
kind: IstioOperator
spec:
  profile: demo
  values:
    telemetry:
      v2:
        prometheus:
          configOverride:
            inboundSidecar:
              metrics:
              - name: requests_total        ←┤ 添加
                dimensions:                     新维度
                  upstream_proxy_version: upstream_peer.istio_version
```

```
              source_mesh_id: node.metadata['MESH_ID']
          tags_to_remove:              ◁──┐ 被删除的维度
          - request_protocol               │ 标记列表
      outboundSidecar:
        metrics:
        - name: requests_total
          dimensions:
            upstream_proxy_version: upstream_peer.istio_version
            source_mesh_id: node.metadata['MESH_ID']
          tags_to_remove:
          - request_protocol
      gateway:
        metrics:
        - name: requests_total
          dimensions:
            upstream_proxy_version: upstream_peer.istio_version
            source_mesh_id: node.metadata['MESH_ID']
          tags_to_remove:
          - request_protocol
```

在这个配置中，特别配置了 `requests_total` 指标（注意，没有在它前面加上 `istio_`，那是 Istio 自动添加的），以拥有两个新维度。还删除了 `request_protocol` 维度。我们用这些变化来更新 Istio 的安装：

```
$  istioctl install -f ch7/metrics/istio-operator-new-dimensions.yaml -y
```

后面会发生什么？

　　使用包含新维度的 IstioOperator 配置更新 Istio 的安装后，istioctl 更新了 EnvoyFilter stats-filter-1.13，正如前面所提到的，配置 Istio 的指标。

　　你可以使用下面的命令进行验证：

```
kubectl get envoyfilter -n istio-system stats-filter-{stat-postfix}
-o yaml
```

在指标中看到新维度之前，我们需要让 Istio 的代理知道它。要做到这一点，必须在 Pod 的 `spec` 里加上 `sidecar.istio.io/extraStatTags` 注解。注意，这个注解需要被放在 `spec.template.metadata` Pod 模板上，而不是 Deployment 元数据本身：

```
spec:
  replicas: 1
  selector:
    matchLabels:
      app: webapp
  template:
    metadata:
```

```
      annotations:
        proxy.istio.io/config: |-
          extraStatTags:
          - "upstream_proxy_version"
          - "source_mesh_id"
      labels:
        app: webapp
```

应用这个配置：

```
$ kubectl -n istioinaction apply -f \
ch7/metrics/webapp-deployment-extrastats.yaml
```

现在，调用服务来检查指标：

```
$ curl -H "Host: webapp.istioinaction.io" \
http://localhost/api/catalog
```

我们可以直接在 webapp 服务的代理容器中检查指标：

```
$ kubectl -n istioinaction exec -it deploy/webapp -c istio-proxy \
-- curl localhost:15000/stats/prometheus | grep istio_requests_total
```

你可以看到类似于下面的输出（有两部分：一部分针对入站流量，一部分针对出站流量）：

```
istio_requests_total{
    response_code="200",
    reporter="destination",
    source_workload="istio-ingressgateway",
    source_workload_namespace="istio-system",
    destination_workload="webapp",
    destination_workload_namespace="istioinaction",
    request_protocol="http",
    upstream_proxy_version="{1.13.0}",          ←┐ 上游
                                                  └ 代理
    source_mesh_id="cluster.local"       ←┐ 网格 ID
  } 5
```

这里省略了一些输出信息。请注意，request_protocol 维度并不在列表中，因为在之前的配置中已经把它删除了（当然，你仍然可以在之前生成的指标中找到这个维度）。

使用新的 Telemetry API

Istio 1.12 中提供了一种新的 Telemetry API，可以让用户更加灵活地配置指标。在本节中，我们使用 IstioOperator 安装了新的指标配置，但这种方法会修改全局的指标。如果只想把指标配置限定在某个命名空间或者某个工作负载，则需要使用新的 Telemetry API。

在撰写本书时（Istio 是 1.13 版本），Telemetry API 依然是 alpha 形式，这意味着它可能会被修改。我们在第 4 章中介绍了 Telemetry API 的部分内容——访问日志部分，第 8 章将介绍追踪部分。在这一章中，我们将指出 Istio 文档中最新的有关遥测的信息，并提供一个相关的指标配置示例：

```
$ kubectl apply -f ch7/metrics/v2/add-dimensions-telemetry.yaml
```

7.4.2　创建新指标

我们已经探讨了如何自定义像 istio_requests_total 这样的现有标准指标的维度，但是如果想创建自己的指标呢？要做到这一点，需要使用新的指标定义来配置 stats 插件。下面是一个例子：

```
apiVersion: install.istio.io/v1alpha1
kind: IstioOperator
spec:
  profile: demo
  values:
    telemetry:
      v2:
        prometheus:
          configOverride:
            inboundSidecar:
              definitions:
              - name: get_calls
                type: COUNTER
                value: "(request.method.startsWith('GET') ? 1 : 0)"
            outboundSidecar:
              definitions:
              - name: get_calls
                type: COUNTER
                value: "(request.method.startsWith('GET') ? 1 : 0)"
            gateway:
              definitions:
              - name: get_calls
                type: COUNTER
                value: "(request.method.startsWith('GET') ? 1 : 0)"
```

这里创建了一个叫作 istio_get_calls 的指标。需要注意的是，定义的名称是 get_calls，istio_ 前缀是自动添加的。我们将这个指标定义为 COUNTER，GAUGE 和 HISTOGRAM 也是可选项。该指标的值是一个字符串，由通用表达式语言（Common Expression Language，CEL）的表达式构成，它必须返回一个 COUNTER 类型的整数。CEL 表达式对属性进行操作，我们要计算 HTTP GET 请求的数量。

我们应用这个配置并创建名为 istio_get_calls 的新指标：

```
$ istioctl install -f ch7/metrics/istio-operator-new-metric.yaml -y
```

在上一节中，我们必须明确告诉 Istio 代理有关新指标的信息。当创建新指标时，需要告诉 Istio 通过在 webapp Deployment 的 Pod spec 里添加 sidecar.istio.io/statsInclusionPrefixes 注解将其暴露给代理：

```
spec:
  replicas: 1
  selector:
    matchLabels:
      app: webapp
  template:
    metadata:
      annotations:
        proxy.istio.io/config: |-
          proxyStatsMatcher:
            inclusionPrefixes:
            - "istio_get_calls"
      labels:
        app: webapp
```

应用这个新的配置：

```
$ kubectl -n istioinaction apply -f \
ch7/metrics/webapp-deployment-new-metric.yaml
```

现在，通过示例服务生成一些流量：

```
$ curl -H "Host: webapp.istioinaction.io" \
http://localhost/api/catalog
```

如果在 Istio 代理上检查指标，我们可以看到刚才定义的新指标：

```
$ kubectl -n istioinaction exec -it deploy/webapp -c istio-proxy \
-- curl localhost:15000/stats/prometheus | grep istio_get_calls

# TYPE istio_get_calls counter
istio_get_calls{} 2
```

我们没有为这个指标定义任何维度。你可以按照上一节中的步骤来自定义维度。在这种情况下，我们试图计算系统中任何请求的 GET 请求数——这是一个特意设计的例子，用来演示如何创建新指标。如果想计算对 catalog 服务上 /items 端点的所有 GET 请求数呢？强大的 Istio stats 插件是可以做到这一点的，我们可以通过创建新的维度和属性来获得更精细的数据（将在下一节中介绍）。

7.4.3　使用新属性分组调用

我们可以在现有属性的基础上创建新的属性，以实现更细粒度的或特定于领域的描述。例如，可以创建一个名为 istio_operationId 的新属性，它结合了 request.path_url 和 request.method，试图追踪对 catalog 服务上 /items API 的 GET 调用数。要做到这一点，我们需要使用 Istio attribute-gen 代理插件——它是一个 Wasm 扩展，用于自定义代理的指标行为。attribute-gen 插件作为上一节中使用的 stats 插件的补充，在 stats 插件之前分层，因此它创建的任何属性都可以在 stats 中使用。

我们看看如何使用 EnvoyFilter 资源配置 attribute-gen 插件：

```
{
  "attributes": [
    {
      "output_attribute": "istio_operationId",          ← 属性名称
      "match": [
        {
          "value": "getitems",                           ← 属性值
          "condition": "request.url_path == '/items'
            && request.method == 'GET'"
        },
        {
          "value": "createitem",
          "condition": "request.url_path == '/items'
            && request.method == 'POST'"
        },
        {
          "value": "deleteitem",
          "condition": "request.url_path == '/items'
            && request.method == 'DELETE'"
        }
      ]
    }
  ]
}
```

在 ch7/metrics/attribute-gen.yaml 文件中，你可以看到完整的 EnvoyFilter 资源。

该配置整合了几个不同的已有属性，并创建了一个叫作 istio_operationId 的新属性，它可以识别某些类别的调用。在当前的例子中，我们试图识别和计算对一个特定 API 即 /items 的调用。将这个 attribute-gen 插件添加到 webapp 服务的出站调用中，以追踪对 catalog 服务上 /items 的调用。

```
$ kubectl apply -f ch7/metrics/attribute-gen.yaml
```

还可以创建一个 upstream_operation 维度作为 istio_requests_total

指标的属性，来标识对 catalog 的调用。我们使用下面的配置更新 stats 插件：

```
configOverride:
  outboundSidecar:
    metrics:
    - name: requests_total
      dimensions:
        upstream_operation: istio_operationId          ←—— 新维度
```

　　现在应用这个新配置：

```
$  istioctl install -y -f ch7/metrics/istio-operator-new-attribute.yaml
```

　　当使用新维度时，还需要把它添加到服务的 extraStats 注解中，如下所示：

```
$  kubectl apply -f ch7/metrics/webapp-deployment-extrastats-new-attr.yaml
```

　　此时，如果生成流量并查询指标，则可以看到带有 upstream_operation 新维度的 istio_requests_total 指标：

```
$  curl -H "Host: webapp.istioinaction.io" \
http://localhost/api/catalog
```

　　我们可以像下面这样直接在 webapp 服务的代理上检查指标：

```
$  kubectl -n istioinaction exec -it deploy/webapp -c istio-proxy \
-- curl localhost:15000/stats/prometheus | grep istio_requests_total
```

　　你应该看到类似于下面的 istio_requests_total 指标的输出：

```
istio_requests_total{
    response_code="200",
    reporter="destination",
    source_workload="istio-ingressgateway",
    source_workload_namespace="istio-system",
    destination_workload="webapp",
    destination_workload_namespace="istioinaction",
    request_protocol="http",
    upstream_proxy_version="1.9.2",
    source_mesh_id="cluster.local",              ←—— 新维度
    upstream_operation="getitems"
  } 1
```

　　创建新维度就是这样的。应用程序通过网络通信越多，可能出错的情况就越多。不管是谁编写的应用程序，或使用的是什么语言，服务间通信几乎都是运行微服务架构的前提条件。Istio 通过观察成功率、失败率、重试次数、延迟情况等，使服务之间的指标收集变得更容易，而开发者无须在他们的应用程序中编写代码。这并不意味着不需要应用程序层面或业务层面的指标——它们肯定是需要的，但 Istio 可以让收集黄金信号网络指标更简单。〔Google SRE 的书（"链接 2"）中提到了黄金信

号指标：延迟、吞吐量、错误和饱和度。）

在这一章中，我们介绍了如何从 Istio 服务代理（Envoy 代理）和控制平面抓取指标，如何扩展已暴露的指标，以及如何将指标汇总到像 Prometheus 这样的时间序列数据库系统。接下来，我们就可以使用 Grafana 或 Kiali 来可视化指标了（将在下一章中介绍）。

本章小结

- 监控是收集和汇总指标的过程，通过观察已知的不良状态，从而采取措施纠正错误。
- Istio 在拦截 sidecar 代理中的请求时收集用于监控的指标。由于代理工作在第 7 层（应用层），它可以获得大量的信息，如状态码、HTTP 方法和头信息，它们可用于指标中。
- 关键指标之一是 istio_requests_total，它计算请求数并解答有多少请求以状态码 200 结束这样的问题。
- 通过代理暴露的指标为建立一个可观测的系统奠定了基础。
- 指标收集系统从代理中收集和汇总暴露的指标。
- 在默认情况下，Istio 将代理配置为只暴露有限的统计数据。你可以使用 meshConfig.defaultConfig 将代理配置为报告网格范围的数据，或者使用 proxy.istio.io/config 注解在每个工作负载的基础上统计数据。
- 控制平面也暴露了其性能指标。最重要的是柱状图 pilot_proxy_convergence_time，它可以度量向代理下发配置的时间。
- 我们可以使用 IstioOperator 自定义可用的指标，并通过在 proxy.istio.io/config 注解中设置 extraStats 值来定义代理配置。这种控制能力使运维人员（终端用户）能够灵活地配置哪些遥测数据可以被采集，以及如何在仪表板中展示它们。

可观测性：使用Grafana、Jaeger和Kiali观察网络行为 8

本章内容包括：
- 使用 Grafana 观察指标
- 使用 Jaeger 实现分布式追踪
- 使用 Kiali 展示网络调用链

在第 7 章的基础上，本章会使用一些工具来可视化服务网格的数据。Istio 的数据平面和控制平面暴露了许多非常有用的运维指标，我们可以将这些指标收集到像 Prometheus 这样的时间序列数据库中。在本章中，我们使用 Grafana 和 Kiali 等工具来展示这些指标，以便更好地了解网格中服务的行为以及网格本身。我们还会深入探讨如何使用分布式追踪工具来可视化网络调用链。

8.1 使用Grafana观察Istio服务和控制平面指标

在第 7 章中，我们删除了 Istio 的 demo 安装中的 Prometheus 和 Grafana 插件，取而代之的是 `kube-prometheus`，它是一套更加符合真实使用场景的可观测性工具。

再次确认是否正确安装了 `kube-prometheus`，请检查 `prometheus` 命名空间中的内容：

```
$ kubectl get po -n prometheus
```

```
NAME                                                 READY STATUS  AGE
prom-grafana-5ff645dfcc-qp57d                        2/2   Running 21s
prom-kube-prometheus-stack-operator-5498b9f476-j6hjc 1/1   Running 21s
prometheus-prom-kube-prometheus-stack-prometheus-0   2/2   Running 17s
```

如果没有该命名空间或者安装看起来不太对，请参阅第 7 章重新安装 kube-prometheus。prometheus 命名空间中的 Pod 列表包括一个名为 prom-grafana-xxx 的 Pod：这就是我们在本章中要使用的 Grafana 的 Deployment。

我们来验证可以访问和登录 Grafana，把 Grafana Pod 的 3000 端口转发到本地机器上：

```
$ kubectl -n prometheus port-forward svc/prom-grafana 3000:80
```

使用下面的用户名和密码登录：

```
Username: admin
Password: prom-operator
```

现在你应该能看到 Grafana 主页，如图 8.1 所示。如果你对 Grafana 很熟悉，则可以随便查看有哪些现成的仪表板。如果不熟悉也没关系，在下一节中，我们将介绍安装和使用 Istio 的仪表板，这样就可以将服务网格的指标展示出来。

图 8.1 Grafana 主页

8.1.1 安装 Istio 的 Grafana 仪表板

Istio 有一些预置的 Grafana 仪表板，可以作为查看 Istio 指标的入口。遗憾的是，它们不再是官方发布的一部分，所以你必须从 GitHub 上的 Istio 源代码中下载它们。我们把它们放在了 `ch8/dashboards` 的源代码中，以方便使用。你也可以在"链接 1"上找到它们以及其他社区开源的仪表板。进入本书源代码的 `ch8` 目录下，运行以下命令：

```
$  cd ch8/

$  kubectl -n prometheus create cm istio-dashboards \
--from-file=pilot-dashboard.json=dashboards/pilot-dashboard.json \
--from-file=istio-workload-dashboard.json=dashboards/\
istio-workload-dashboard.json \
--from-file=istio-service-dashboard.json=dashboards/\
istio-service-dashboard.json \
--from-file=istio-performance-dashboard.json=dashboards/\
istio-performance-dashboard.json \
--from-file=istio-mesh-dashboard.json=dashboards/\
istio-mesh-dashboard.json \
--from-file=istio-extension-dashboard.json=dashboards/\
istio-extension-dashboard.json
```

这会基于仪表板的 JSON 源码创建一个 `configmap` 资源，我们可以将它导入 Grafana 中。还需要给这个 `configmap` 资源加上标签，以便 Grafana 可以获取到它：

```
$  kubectl label -n prometheus cm istio-dashboards grafana_dashboard=1
```

等待片刻，然后点击 Grafana 仪表板左上角的"Home"链接（见图 8.2），可以看到一个可用的 Grafana 仪表板列表。列表中包括控制平面、工作负载和服务等方面的 Istio 仪表板（如果没有看到这些仪表板，可能需要刷新页面）。

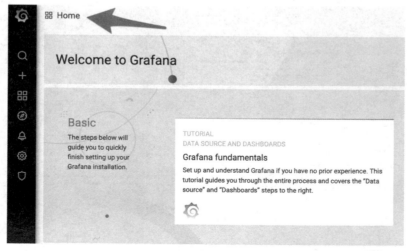

图 8.2　点击"Home"链接以查看可用的仪表板列表（可能需要刷新页面）

8.1.2　查看控制平面指标

要查看控制平面指标，请点击"Istio Control Plane Dashboard"，如图 8.3 所示。在第 7 章中，我们设置了 `ServiceMonitor` 来抓取控制平面指标。几分钟后，指标开始出现在控制平面仪表板上（见图 8.4）。

图 8.3　点击"Istio Control Plane Dashboard"

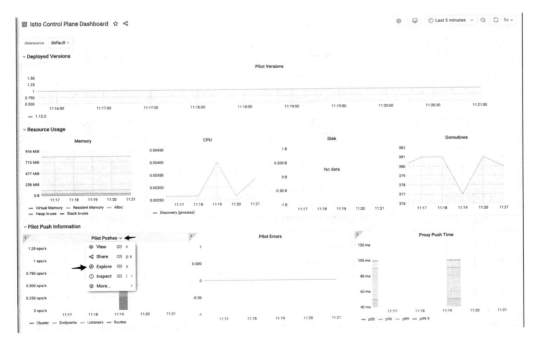

图 8.4　以图表形式展示指标的控制平面仪表板

你应该看到诸如 CPU、内存和 goroutines 的图表，以及关于控制平面错误、配置同步问题、活跃的数据平面连接等重要数据。点击一下，看看你能从中发现什么信息。如图 8.4 所示，尝试点击其中一个图表的细节和"Explore"选项，查看用于生成图表的原始查询。例如，如果你选择查看"Pilot Push Time"图表，则会发现它正在展示 pilot_proxy_convergence_time 指标；正如我们在第 7 章中所学到的，这个指标度量了向代理下发配置的时间。

8.1.3   查看数据平面指标

要查看来自数据平面的特定服务的指标，请点击仪表板列表中的"Istio Service Dashboard"。你可以选择一个特定的服务，比如 webapp.istioinaction（见图 8.5）。

图 8.5   以图表形式展示指标的 webapp 服务的仪表板

这些图表由 Istio 的标准指标构成。你可以调整它们，或者为不同的指标添加新的图表。请参见第 7 章，了解如何启用自定义指标或特定的 Envoy 指标。

8.2   分布式追踪

随着越来越多的应用程序被构建为微服务，我们创建了一个由分布式组件组成的网络，它们协同工作以实现业务目标，如图 8.6 所示。当请求路径上出现错误时，了解发生了什么至关重要，这样我们就可以快速找到原因并修复错误。在前面的章节中，我们已经看到了 Istio 可以帮助收集应用程序与网络行为有关的指标和遥测数据。在这一节中，我们会介绍一个叫作分布式追踪的概念，并了解它是如何在微服务网络通信中协助进行诊断分析的。

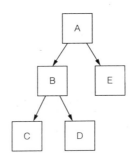

图 8.6 通常需要多个服务完成一个业务请求。
我们需要知道指定的请求经过了哪些节点，以及花费了多长时间

在单体应用中，如果有异常情况，我们可以使用熟悉的工具进行调试。我们有调试器、运行时剖析器和内存分析工具，可以找到代码引入延迟或触发故障的区域——它们会导致应用程序的功能出现问题。对于一个分布式系统来说，我们需要一套新的工具来完成同样的事情。

分布式追踪使我们能够深入了解分布式系统中参与服务请求的组件。它最初是由谷歌的 Dapper 论文（*Dapper, a Large-Scale Distributed Systems Tracing Infrastructure*，2010 年）提出的，介绍了如何使用服务间的调用关系图和关联 ID 来标记请求。Istio 可以在请求通过数据平面时将这些元数据添加到请求中（重要的是，当它们未被识别或来自外部实体时，可以将其删除）。

OpenTelemetry 是一个由社区构建的包含了 OpenTracing 的框架，它是一个规范，包括与分布式追踪有关的概念和 API。在某种程度上，分布式追踪依赖开发人员对代码的检测，并在应用程序处理请求和向其他系统发送请求时进行标记。追踪引擎有助于查看请求流的全貌，用于识别架构中的错误区域。

Istio 完成了大部分繁重的工作，否则开发人员必须自己实现，并让分布式追踪作为服务网格的一部分。

8.2.1 分布式追踪是怎么工作的

在最简单的情况下，基于 OpenTracing 的分布式追踪包括应用程序创建 Span、与 OpenTracing 引擎共享这些 Span，以及将追踪上下文传递到它随后调用的服务。Span 是一个数据集合，代表一个服务或组件中的工作单元。这些数据包括操作的开始时间、结束时间、操作名称，以及一组标签和日志。

　　反过来，上游服务也会做同样的事情：创建一个捕获其请求部分的 Span，将其发送到 OpenTracing 引擎，并进一步将追踪上下文传递到其他服务。通过这些 Span 和追踪上下文，分布式追踪引擎可以构建一个 Trace，标识出服务之间的关系、方向、时间和其他调试信息。Span 有它自己的 ID 和 Trace ID。这些 ID 用于标识服务之间的关联性。见图 8.7 的说明。

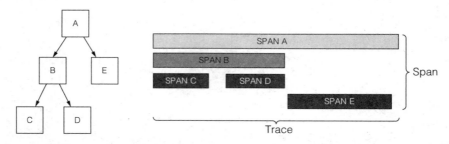

图 8.7　有了分布式追踪，我们可以收集每个网络跳点的 Span，
在完整的 Trace 中获取它们并在调用链中用于调试

基于 OpenTracing 的实现系统包括：

- Jaeger
- Zipkin
- Lightstep
- Instana

Istio 可以处理将 Span 发送到分布式追踪引擎，所以你不需要特定于语言的类库或特定于应用程序的配置来完成这一任务。当一个请求经过 Istio 服务代理时，如果它是一个新发起的请求，Istio 就会启动一个新的 Trace，请求的开始时间和结束时间会被作为 Span 的一部分。Istio 将 HTTP 头（通常称为 Zipkin 追踪头）附加到请求中，可用于关联后续的 Span 对象与整个 Trace。如果一个请求进入一个服务中，并且 Istio 代理识别出分布式追踪头，该代理就会将其视为一个正在进行的追踪。以下是 Istio 和分布式追踪功能所使用的 Zipkin 追踪头信息：

- `x-request-id`
- `x-b3-traceid`
- `x-b3-spanid`
- `x-b3-parentspanid`
- `x-b3-sampled`
- `x-b3-flags`
- `x-ot-span-context`

　　为了使 Istio 提供的分布式追踪功能在整个请求调用链中发挥作用，每个应用程序都需要将这些头信息附加到它发起的任何调用中（见图 8.8）。原因是 Istio 无法知道哪些调用是由哪些请求产生的。为了正确地将上游调用与进入服务的调用联系起来，应用程序必须承担传递这些头信息的责任。很多时候，RPC 框架与 OpenTracing 集成或直接支持 OpenTracing，可以自动传递这些头信息。无论是哪种方式，应用程序都必须确保这些头信息被传递。

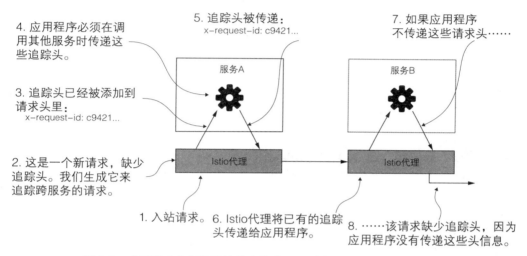

图 8.8　应用程序必须传递这些追踪头；否则会丢失请求的完整 span

8.2.2　安装分布式追踪系统

　　在 7.1.2 节中，我们删除了默认的示例应用程序，以便使用各种组件进行更真实的部署。而 Jaeger 相对更复杂一些，它需要数据库支持。出于这个原因，本书中我们使用 Jaeger 一体式部署。该部署还会创建一个 Kubernetes 服务 zipkin，允许我们直接设置一些 Istio 所期望的默认值。关于分布式追踪的自定义功能见 8.2.5 节。此外，完整的生产部署步骤请参考 Jaeger 文档。

　　我们从 Istio 的 samples 目录安装 Jaeger 一体式部署：

```
$ kubectl apply -f istio-1.13.0/samples/addons/jaeger.yaml

deployment.apps/jaeger created
service/tracing created
service/zipkin created
service/jaeger-collector created
```

　　istio-system 命名空间中的 Pod 如下：

```
$  kubectl get pod -n istio-system

NAME                                  READY   STATUS    RESTARTS   AGE
istio-egressgateway-96cf6b468-9n65h   1/1     Running   0          11d
istio-ingressgateway-57b94d999-6llwn  1/1     Running   0          26h
istiod-58c5fdd87b-lr4jf               1/1     Running   0          11d
jaeger-7f78b6fb65-cr7n6               1/1     Running   0          34s
```

最后检查已经安装的服务。我们看到了 zipkin 服务。Jaeger 是兼容 Zipkin 格式的，我们将在下一节中配置 Istio：

```
$  kubectl get svc -n istio-system

istio-egressgateway    ClusterIP      10.104.124.38    <none>
istio-ingressgateway   LoadBalancer   10.111.91.191    localhost
istiod                 ClusterIP      10.103.244.151   <none>
jaeger-collector       ClusterIP      10.96.251.47     <none>
tracing                ClusterIP      10.102.201.5     <none>
zipkin                 ClusterIP      10.107.57.119    <none>
```

如果你的输出和上面的类似，就可以继续进行下一步了。接下来，我们需要配置数据平面给新的 Jaeger 服务发送追踪信息。

8.2.3 配置 Istio 实现分布式追踪

我们可以配置 Istio 在多个层面上进行分布式追踪，如全局网格、命名空间或特定的工作负载。本章中会介绍全局层面和工作负载层面的追踪配置。

> 注意：Istio 1.12 为日志、指标和追踪引入了一个更精细的 API，称为
> Telemetry API。在撰写本书时，该 API 是 Alpha 版本，而且在工作时还存
> 在问题。因此，本章不会涉及 Telemetry API 的内容；但会尽量保持源代码
> 仓库的更新，以提供适当的例子。

在安装时配置追踪

Istio 支持的分布式追踪工具包括 Zipkin、Datadog、Jaeger（与 Zipkin 兼容）等。下面是一个在安装 Istio 时使用 IstioOperator 资源的配置示例，它将配置各种分布式追踪后端：

```
apiVersion: install.istio.io/v1alpha1
kind: IstioOperator
metadata:
  namespace: istio-system
spec:
  meshConfig:
    defaultConfig:
```

```
  tracing:
    lightstep: {}
    zipkin: {}
    datadog: {}
    stackdriver: {}
```

如果想使用与 Zipkin 兼容的 Jaeger，则可以像这样配置：

```
apiVersion: install.istio.io/v1alpha1
kind: IstioOperator
metadata:
  namespace: istio-system
spec:
  meshConfig:
    defaultConfig:
      tracing:
        zipkin:
          address: zipkin.istio-system:9411
```

在 `istioctl` 或 `IstioOperator` 中运行此命令，完成配置的安装：

```
$  istioctl install -y -f ch8/install-istio-tracing-zipkin.yaml
```

我们需要在全局网格配置对象中配置追踪。如果在安装时没有配置，则可以直接在 `MeshConfig` 的 `configmap` 中进行配置。

使用 MeshConfig 配置追踪

如果你已经安装了 Istio，但没有配置追踪后端，或者想更新配置，则可以在 `istio-system` 命名空间的 `istioconfigmap` 中的 `MeshConfig` 对象中看到 Istio 默认的网格配置。

```
$  kubectl get cm istio -n istio-system -o yaml

apiVersion: v1
data:
  mesh: |-
    defaultConfig:
      discoveryAddress: istiod.istio-system.svc:15012
      proxyMetadata: {}
      tracing:
        zipkin:
          address: zipkin.istio-system:9411
    enablePrometheusMerge: true
    rootNamespace: istio-system
    trustDomain: cluster.local
  meshNetworks: 'networks: {}'
```

你可以在默认的网格配置中更新任何追踪部分的配置。

为工作负载配置追踪

有时候我们希望能够基于工作负载维度进行追踪的配置。我们可以在工作负载的 `Deployment` 资源上添加注解来实现这一点。例如：

```
apiVersion: apps/v1
kind: Deployment
...
spec:
  template:
    metadata:
      annotations:
        proxy.istio.io/config: |
          tracing:
            zipkin:
              address: zipkin.istio-system:9411
```

这个配置对特定的 `Deployment` 有效。

检查默认追踪头

现在，我们已经配置了分布式追踪引擎，Istio 会将追踪信息发送到正确的位置。我们来做一些测试，以确保 Istio 生成的追踪头信息符合预期。

为了演示 Istio 自动注入 OpenTracing 头信息和关联 ID，我们将通过 Istio 的入口网关来调用外部的 `httpbin` 服务，并调用一个可以显示请求头信息的接口。我们部署一个 Istio `VirtualService` 资源来完成这个路由：

```
$ kubectl apply -n istioinaction \
-f ch8/tracing/thin-httpbin-virtualservice.yaml
```

接下来，在本地发送请求，并查看返回的头信息：

```
$  curl -H "Host: httpbin.istioinaction.io" http://localhost/headers
{
  "headers": {
    "Accept": "*/*",
    "Content-Length": "0",
    "Host": "httpbin.istioinaction.io",
    "User-Agent": "curl/7.54.0",
    "X-Amzn-Trace-Id": "Root=1-607f16c8-4ea437616d5505ac516bbfe1",
    "X-B3-Sampled": "1",
    "X-B3-Spanid": "17ed6f800f125ecb",
    "X-B3-Traceid": "05516f0b84c9de6817ed6f800f125ecb",
    "X-Envoy-Attempt-Count": "1",
    "X-Envoy-Decorator-Operation": "httpbin.org:80/*",
    "X-Envoy-Internal": "true",
    "X-Envoy-Peer-Metadata": "<omitted>",
    "X-Envoy-Peer-Metadata-Id": "<omitted>"
  }
}
```

当调用 Istio 的入口网关时，请求被路由到一个外部 URL，即 http:// httpbin.org，这是一个简单的 HTTP 测试服务。当调用 `GET/headers` 接口时，它会返回我们在请求中使用的请求头。我们可以清楚地看到，`x-b3-*` 头信息被自动添加到了请求中。这些头信息被用来创建 `Span`，并被发送到 Jaeger。

8.2.4 查看分布式追踪数据

当 span 被发送到 Jaeger（或任何 OpenTracing 引擎）时，我们可以使用 Jaeger UI 来查看 `Trace` 和相关的 span。为了方便查看，在本地打开它：

```
$  istioctl dashboard jaeger --browser=false
```

```
http://localhost:16686
skipping opening a browser
```

这是将 Jaeger UI 通过端口转发到本地打开的快捷方式。现在，如果在浏览器中输入 http://localhost:16686，我们会看到 Jaeger UI。按 "Ctrl+C" 组合键退出 `is-tioctl dashboard` 命令（如果想关闭连接）。

点击 "Service" 下拉菜单，选择 "istio-ingressgateway"，如图 8.9 所示。在左下角，点击 "Find Traces" 按钮查找追踪信息。如果没有看到任何信息，则可以试着通过 `istio-ingressgateway` 发送一些请求。

```
$ curl -H "Host: webapp.istioinaction.io" http://localhost/api/catalog
```

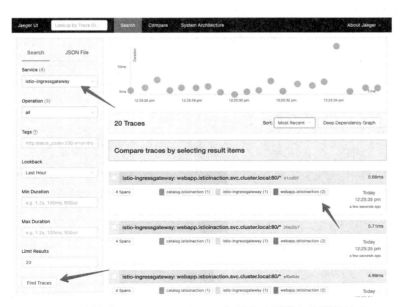

图 8.9 选择 "istio-ingressgateway" 服务查看进入集群的请求

返回 UI，并再次尝试查找，你应该可以看到生成了请求的追踪信息，如图 8.10 所示。

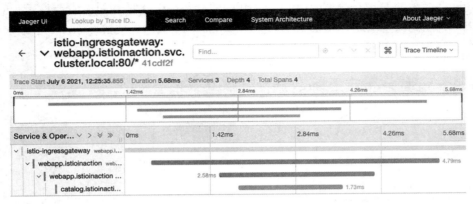

图 8.10　点击进入特定的追踪查看 span 的详细信息

你可能仍然没有看到任何追踪信息（或者看到的信息比预期少得多）。如果是这种情况，请跳到下一节，我们会讨论追踪收集的力度，即采样率。我们在第 2 章中安装 Istio 时，使用的是 demo 配置文件，它会将追踪采样率设置为 100%。下一节将讨论如何控制这个采样率。

传递追踪上下文和头信息

为了让应用程序可以正常工作，必须传递这些追踪头：

- x-request-id
- x-b3-traceid
- x-b3-spanid
- x-b3-parentspanid
- x-b3-sampled
- x-b3-flags
- x-ot-span-context

这意味着当应用程序接收请求并开始处理时，应该保存这些头信息，并将它们植入传出的请求中。而这是代理无法自动完成的。

8.2.5　追踪采样、强制追踪和自定义标签

分布式追踪和 span 收集会给系统带来巨大的性能损失，因此可以限制收集分布式追踪信息的频率。在本书前面的章节中，我们使用 demo 配置文件安装了 Istio，它将分布式追踪的采样率设置为 100%。你可以通过修改相应的配置来控制追踪的采样。

为网格设置追踪采样率

就像在安装时、运行时或为工作负载配置分布式追踪后端一样，使用采样率也可以做同样的事情。编辑 `istio-system` 命名空间中的 `istioconfigmap`，并修改 `MeshConfig`，让它看起来像下面这样：

```
$ kubectl edit -n istio-system cm istio

apiVersion: v1
data:
  mesh: |-
    accessLogFile: /dev/stdout
    defaultConfig:
      discoveryAddress: istiod.istio-system.svc:15012
      proxyMetadata: {}
      tracing:
        sampling: 10
        zipkin:
          address: zipkin.istio-system:9411
```

这将服务网格中所有工作负载的采样率改为 10%。

除了全局配置，还可以在注解中对每个工作负载进行配置。编辑 `Deployment` 的 **Pod** 模板的注解，以包括与追踪相关的配置：

```
apiVersion: apps/v1
kind: Deployment
...
spec:
  template:
    metadata:
      annotations:
        proxy.istio.io/config: |
          tracing:
            sampling: 10
            zipkin:
              address: zipkin.istio-system:9411
```

例如，我们可以应用这个 `Deployment` 配置：

```
$ kubectl apply -f ch8/webapp-deployment-zipkin.yaml
```

从客户端强制追踪

在生产环境中，设置最小的追踪采样率并为出现问题的工作负载启用追踪是常见的做法。有时你需要对特定的调用链路进行追踪，可以通过配置 Istio 来强制追踪特定的请求。

例如，在一个应用程序中，我们可以在一个请求中添加 `x-envoy-force-trace` 头，以触发 Istio 来捕获请求生成的特定调用链路的 **span** 和追踪。我们在示例应用程序中进行尝试：

```
$ curl -H "x-envoy-force-trace: true" \
-H "Host: webapp.istioinaction.io" http://localhost/api/catalog
```

每次发送这个 `x-envoy-force-trace` 头时，都会触发对该请求及其整个调用链路的追踪。我们可以在 Istio 之上构建诸如 API 网关和诊断服务之类的工具，如果想了解某个特定请求的更多信息，就可以注入这个头。关于工具的构建不在本书的讨论范围内，这里就不展开介绍了。

在追踪中自定义标签

给 span 添加标签可以让应用程序将额外的元数据附加到追踪信息中。标签只是一个键值对，可以包含自定义信息、应用程序或特定于组织的信息，它们被添加到 span 中，然后发送到后端分布式追踪引擎。目前，你可以配置三种不同类型的自定义标签：

- 显式指定一个值。
- 从环境变量中获取值。
- 从请求头中获取值。

例如，如果要给 webapp 服务中的 span 添加一个自定义标签，则可以像下面这样为 `Deployment` 资源添加注解：

```
apiVersion: apps/v1
kind: Deployment
...
spec:
  template:
    metadata:
      annotations:
        proxy.istio.io/config: |
          tracing:
            sampling: 100
            customTags:
              custom_tag:
                literal:
                  value: "Test Tag"
            zipkin:
              address: zipkin.istio-system:9411
```

应用 webapp 服务的这个 `Deployment` 配置：

```
$ kubectl apply \
-f ch8/webapp-deployment-zipkin-tag.yaml \
-n istioinaction
```

通过入口网关发送一些请求，从而生成可以从 Jaeger UI 查看的追踪信息：

```
$ curl -H "Host: webapp.istioinaction.io" \
http://localhost/api/catalog
```

进入 Jaeger UI，找到当前的追踪信息并点击它，然后点击 webapp 服务的

span，如图 8.11 所示。

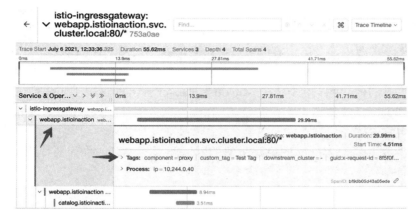

图 8.11　点击进入特定的追踪查看所包含的 span 信息

展开 span，你会看到一个标签条目，如图 8.12 所示。自定义标签可用于报告、过滤和以其他方式探索追踪数据。从 Istio 文档可以了解更多关于自定义标签的细节。

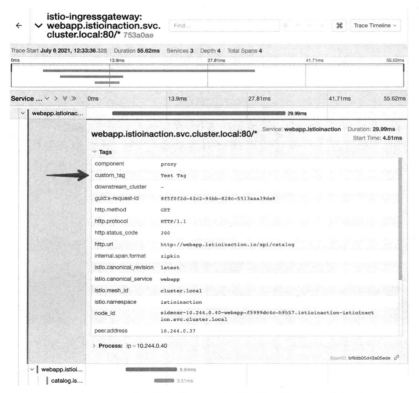

图 8.12　点击进入特定的 span 查看细粒度的信息，如标签

定制后端分布式追踪引擎

在关于分布式追踪的最后一节中，我们探讨如何集成分布式追踪引擎的后端配置。如前所述，Istio 1.12 提供了新的 Telemetry API，期待在追踪配置方面用户体验会有所改善。本节中涉及的内容有点超前，可能并不适用于你的场景。

到目前为止，我们已经在 Istio 中配置了追踪引擎后端的主机名和端口，但如果需要调整更多的配置呢？例如，在 Zipkin 与 Jaeger 兼容的情况下，我们需要将追踪信息发送到 Jaeger 收集器上一个特定的端点。在默认情况下，这是通过静态设置在 Istio 代理中配置的。

我们来看看基于 Zipkin 的追踪引擎的默认配置（注意，你需要使用 jq 工具来执行这个命令）：

```
$ istioctl pc bootstrap -n istioinaction deploy/webapp \
-o json | jq .bootstrap.tracing
{
  "http": {
    "name": "envoy.tracers.zipkin",
    "typedConfig": {
      "@type": "type.googleapis.com/envoy.config.trace.v3.ZipkinConfig",
      "collectorCluster": "zipkin",
      "collectorEndpoint": "/api/v2/spans",
      "traceId128bit": true,
      "sharedSpanContext": false,
      "collectorEndpointVersion": "HTTP_JSON"
    }
  }
}
```

我们将追踪引擎配置为 Zipkin，发送至 /api/v2/spans 端点，类型为 JSON。如果需要覆盖这些设置或以任何方式调整它们，就必须在使用 Zipkin 作为追踪引擎时覆盖 Istio 内置的静态定义。我们可以使用自定义的引导配置来实现这一点。为此，需要在 Kubernetes 的 configmap 中指定要调整的配置片段：

```
apiVersion: v1
kind: ConfigMap
metadata:
  name: istio-custom-zipkin
data:
  custom_bootstrap.json: |
    {
      "tracing": {
        "http": {
          "name": "envoy.tracers.zipkin",
          "typedConfig": {
            "@type": "type.googleapis.com/
              envoy.config.trace.v3.ZipkinConfig",
            "collectorCluster": "zipkin",
```

```
            "collectorEndpoint": "/zipkin/api/v1/spans",
            "traceId128bit": "true",
            "collectorEndpointVersion": "HTTP_JSON"
        }
      }
    }
  }
```

我们可以把这个 configmap 应用到工作负载所在的同一个命名空间下，用它覆盖原来的配置：

```
$  kubectl apply -f ch8/istio-custom-bootstrap.yaml \
-n istioinaction
```

接下来，给 Deployment 资源的 Pod 模板添加一个注解指向这个 configmap：

```
apiVersion: apps/v1
kind: Deployment
metadata:
  labels:
    app: webapp
  name: webapp
spec:
  replicas: 1
  selector:
    matchLabels:
      app: webapp
  template:
    metadata:
      annotations:
        sidecar.istio.io/bootstrapOverride: "istio-custom-zipkin"
```

应用这个 Deployment 来启用自定义的 Zipkin 配置：

```
$  kubectl apply -f ch8/webapp-deployment-custom-boot.yaml \
-n istioinaction
```

查看追踪的引导配置就可以看到如下改变：

```
$  istioctl pc bootstrap -n istioinaction deploy/webapp \
-o json | jq .bootstrap.tracing

{
  "http": {
    "name": "envoy.tracers.zipkin",
    "typedConfig": {
      "@type": "type.googleapis.com/envoy.config.trace.v3.ZipkinConfig",
      "collectorCluster": "zipkin",
      "collectorEndpoint": "/zipkin/api/v1/spans",
      "traceId128bit": true,
      "collectorEndpointVersion": "HTTP_JSON"
    }
  }
}
```

警告：使用自定义的引导文件配置 Istio 代理的一些静态设置是一种高级方案。自定义的引导配置与正在使用的 Envoy 代理的版本有关，而且不能保证向后兼容。任何错误的配置都可能导致服务瘫痪。请谨慎行事，在应用于任何线上服务之前彻底测试你的改动。

上面的引导配置将破坏 webapp 服务的追踪功能。在继续之前，我们将服务设置为没有引导配置的情况：

```
kubectl apply -f services/webapp/kubernetes/webapp.yaml
```

8.3 使用Kiali观察服务网格

Istio 可以和一个名为 Kiali 的开源项目一起使用。Kiali 是一个功能强大的可视化工具，可以帮助你在运行时了解服务网格。Kiali 从 Prometheus 和底层平台中提取大量的指标，并渲染出网格的运行时拓扑图，让你直观地了解哪些服务在与其他服务通信。你还可以以交互方式修改图表，从而挖掘潜在的问题或了解更多细节。Kiali 与 Grafana 的不同之处在于，它专注于通过指标构建一个实时更新的服务交互图。而 Grafana 在可视化方面非常强大，有仪表板、计数器、图表等，但不能展示集群中的服务交互图。在本节中，我们将介绍 Kiali 的仪表板。

8.3.1 安装 Kiali

就像 Prometheus 和 Grafana 一样，Istio 的安装包中带有一个开箱即用的 Kiali。但对于真实的部署情况，Istio 和 Kiali 团队建议使用 Kiali Operator，这也是本节中要采用的方法。关于安装 Kiali 的更多细节，请参考官方安装指南。我们从安装 Kiali Operator 开始：

```
$ kubectl create ns kiali-operator
$ helm install \
    --set cr.create=true \
    --set cr.namespace=istio-system \
    --namespace kiali-operator \
    --repo https://kiali.org/helm-charts \
    --version 1.40.1 \
    kiali-operator \
    kiali-operator
```

注意：Kiali 将存储在 Prometheus 中的 Istio 指标进行了可视化。因此，Prometheus 是一个必需的依赖项，在安装 Kiali 之前必须将其安装和配置好。

我们检查它是否已经运行了：

```
$ kubectl get po -n kiali-operator

NAME                            READY    STATUS     RESTARTS    AGE
kiali-operator-67f4977465-rq2b8  1/1      Running    0          42s
```

接下来，在 `istio-system` 命名空间中创建 Kiali 实例。它是一个带有网络仪表板的应用程序，可以用来查看 Istio 中的服务调用情况。下面定义 Kiali 实例，并与前几节中部署的 Prometheus 和 Jaeger 连接：

```
apiVersion: kiali.io/v1alpha1
kind: Kiali
metadata:
  namespace: istio-system
  name: kiali
spec:
  istio_namespace: "istio-system"
  istio_component_namespaces:
    prometheus: prometheus
  auth:                          ◁── 允许
    strategy: anonymous              匿名访问
  deployment:
    accessible_namespaces:
    - '**'
  external_services:             ◁── 配置在集群中
    prometheus:                      运行的 Prometheus
      cache_duration: 10
      cache_enabled: true
      cache_expiration: 300                      配置在集群中
      url: "http://prom-kube-prometheus-stack-prometheus.prometheus:9090"   运行的 Jaeger
    tracing:                                                          ◁──
      enabled: true
      in_cluster_url: "http://tracing.istio-system:16685/jaeger"
      use_grpc: true
```

　　Kiali 使用 Prometheus 从 Istio 控制平面和数据平面抓取的遥测数据和发送到 Jaeger 的分布式追踪信息。在第 7 章中，我们已经安装了 Prometheus，但是对于 Kiali 来说，需要配置它与指定的 Prometheus 连接。在上面的配置中，展示了如何配置 Kiali 与 Prometheus 和 Jaeger 连接。你可能想知道如何确保它们之间的连接安全。Prometheus 和 Jaeger 都没有附带任何开箱即用的安全策略——它们建议在前端运行一个反向代理。而对于 Kiali，我们可以使用 TLS 和基本认证来连接到 Prometheus。如果你感兴趣，可以自己尝试实现它。

　　我们创建 Kiali 实例：

```
$ kubectl apply -f ch8/kiali.yaml
```

　　稍等片刻，Kiali 实例将会在 `istio-system` 命名空间中运行：

```
$ kubectl get po -n istio-system

NAME                                    READY   STATUS    RESTARTS   AGE
istio-egressgateway-96cf6b468-9n65h     1/1     Running   0          10d
istio-ingressgateway-57b94d999-6llwn    1/1     Running   0          15h
istiod-58c5fdd87b-lr4jf                 1/1     Running   0          10d
jaeger-7f78b6fb65-cr7n6                 1/1     Running   0          10d
kiali-6cfd9945c7-lchjj                  1/1     Running   0          102s
```

通过端口转发让 Kiali 可以在本地查看：

```
$ kubectl -n istio-system port-forward deploy/kiali 20001
```

现在，我们可以通过 http://localhost:20001 访问 Kiali 主页。在当前安装中，Kiali 被配置为使用 anonymous 认证策略，所以你不需要提供任何凭证就可以直接登录，如图 8.13 所示。

图 8.13   Kiali 的概览仪表板

注意：我们安装 Kiali 使用的是匿名认证方式，还有其他一些认证方式。例如，"链接 2"上的文章探讨了如何使用 OIDC（OpenID Connect）登录 Kiali。关于 Kiali 的安装和认证策略，建议查看官方文档。

概览仪表板显示了不同的命名空间和每个命名空间中运行的应用程序数量。你还可以直观地看到这些应用程序的健康状况。点击图 8.13 所示"istioinaction"框中"Applications"旁边的选中标记链接，就会跳转到该命名空间中所有应用程序的概览页面（见图 8.14）。如果应用程序有异常，则会看到更多关于流量的信息。点击图 8.13 所示左侧菜单中的"Graph"选项，可以转到显示服务网格中流量的拓扑图。

图 8.14　在特定的命名空间中应用程序健康状况的信息

为了在 Kiali 仪表板上获得一些有意义的报告，我们对应用程序发送一些请求：

```
$ for i in {1..20}; do curl http://localhost/api/catalog -H \
"Host: webapp.istioinaction.io"; sleep .5s; done
```

过了一会儿，你就能看到如图 8.15 所示的拓扑图。从图中可以观察到网格的以下信息：

- 流量和调用链。
- 请求数、字节数等。
- 多个版本的流量（如金丝雀发布或加权路由）。
- 请求数 / 秒；各版本占总流量的百分比。
- 基于网络流量的应用程序健康状况。
- HTTP/TCP 流量。
- 可被快速识别的网络故障。

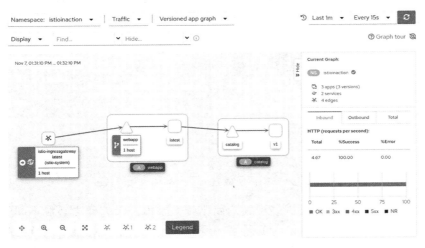

图 8.15　命名空间中服务的拓扑图，以及它们的连接方式

　　如果选择一个工作负载，还可以看到相关的流量和追踪信息。

追踪、指标和日志的关联性

　　Kiali 正逐渐发展成为一个能洞察服务网格所有问题的仪表板，未来可能会具有关联追踪、指标和日志的特性。

　　要查看遥测数据之间的关联性，请点击图 8.13 所示左侧菜单中的"Workloads"选项，然后从列表中选择一个工作负载，进入工作负载页面后，可以看到以下内容（见图 8.16）：

- 总览（Overview）——服务的 Pod、Istio 配置、上下游拓扑图。
- 流量（Traffic）——入站流量和出站流量的成功率。
- 日志（Logs）——与 span 相关的应用程序日志、Envoy 访问日志。
- 入站指标（Inbound Metrics）和出站指标（Outbound Metrics）——与 span 相关。
- 追踪（Traces）——Jaeger 的追踪信息。
- Envoy——工作负载的 Envoy 配置，如集群、监听器和路由等。

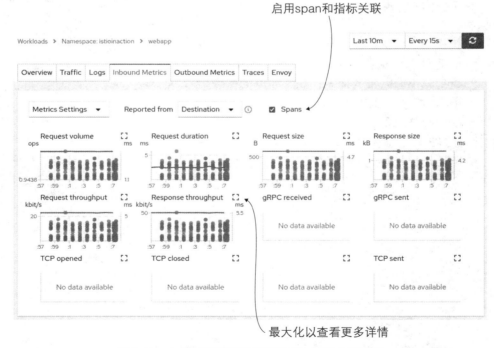

图 8.16　入站指标面板显示了指标和追踪的关联性

　　当彼此关联时，遥测数据能极大地简化调试过程，因为你不必在不同的窗口之间切换并检查所有图表之间的时间是否相同。在仪表板上，如果请求持续时间有一个峰值，那么就会有与之关联的追踪，它可能揭示出请求是由新版本的应用程序或降级的服务提供的。你可以发送一些请求自行探索这些仪表板。

了解 Kiali 工作负载与应用程序

在 Kiali 中，你会注意到工作负载和应用程序之间是有区别的。在我们的例子中，它们实际上是一样的，但两者之间的最大区别是：

- 工作负载是一个运行中的二进制文件，可以作为一组运行中的副本进行部署。例如，在 Kubernetes 中，它将是 Deployment 的 Pod 部分。一个服务，有三个副本的 Deployment 是一个工作负载。
- 应用程序是工作负载和相关组件的集合，如服务和配置。在 Kubernetes 中，它将是一个服务 A 和一个服务 B，也许还有一个数据库。每一个都是工作负载，它们一起构成了一个 Kiali 所谓的应用程序。

在第 10 章中我们可以看到，对于服务网格的运维人员来说，Kiali 依然十分有用，可以用来验证 Istio 资源的配置是否正确：

- VirtualService 指向不存在的 Gateway。
- 路由的目标地址不存在。
- 为同一个主机名配置了多个 VirtualService。
- 服务子集没有发现。

欲了解更多信息，请参考 Kiali 文档。

8.3.2　结论

在本章中，我们在第 7 章的基础上展示了如何将 Prometheus 收集的指标绘制成图表。Prometheus 从数据平面和控制平面抓取指标，并将其提供给 Grafana 等工具。我们使用 Grafana 和 Istio 仪表板来观察服务层面和控制平面层面发生的事情。

接下来，我们探索了分布式追踪，这是了解多跳服务调用中延迟的有效方法。分布式追踪允许开发者用元数据来标记请求，并将请求关联起来；Istio 可以自动检测元数据，并将这些 span 发送到后端追踪引擎。

最后，我们探讨了如何使用 Kiali 在图表中直观地展示服务之间的流量，并深入了解了实现相关配置。在下一章中，我们将研究如何确保流量的安全。

本章小结

- Grafana 可用于 Istio 指标的可视化，包括使用 Istio 控制平面和数据平面的仪表板。

- 分布式追踪可以让我们深入了解参与请求的服务调用链。为此，它在服务代理中使用追踪头来标记请求。
- 应用程序需要传递追踪头信息，以便获得一个请求的完整视图。
- *trace* 是 *span* 的集合，可以用来查看分布式系统中的延迟和请求跳数。
- Istio 可以在安装过程中使用 `defaultConfig` 来配置路由追踪头，其适用于整个网格；也可以使用 `proxy.istio.io/config` 注解在工作负载上应用相同的配置。
- Kiali Operator 可以与 Prometheus 和 Jaeger 集成。
- Kiali 有很多 Istio 特有的调试仪表板，包括与指标关联的网络拓扑图，以帮助调试。

确保微服务通信安全

9

本章内容包括：
- 服务间的认证和授权
- 终端用户的认证和授权

在第 4 章中，我们介绍了包括允许请求进入网格的一些与流量安全相关的特性。在本章中，我们将深入探讨如何利用服务网格的能力，以透明的方式提升微服务应用的安全。我们将会了解 Istio 默认的安全指的是什么、它是如何工作的、服务间和终端用户的认证是如何实现的，以及如何对服务网格中的服务进行访问控制。在此之前，我们先简要回顾一下与安全相关的议题。想了解 Istio 安全特性的更多细节，请参考附录 C。

9.1　应用程序网络安全需求

应用程序安全主要是为了保护应用程序的数据，这些数据具有重要的价值，不应该被未经授权的用户破坏、窃取或以其他方式访问。为了保护用户数据，一般需要做到以下几点：

- 在允许访问资源之前对用户进行认证和授权。
- 对传输中的数据进行加密，以防止数据被窃听。

　　注意：认证是客户或服务器使用它知道的（如密码），或者拥有的（如设备、证书），或者自身特性（如指纹）来证明其身份的过程。授权是允许或拒绝已经认证的用户进行操作的过程，如创建、读取、更新或删除资源。

9.1.1　服务间认证

为了安全起见，一个服务应该对与其交互的所有服务进行认证。换句话说，只有在其他服务出示了可验证的身份文件后，它才能信任该服务。在通常情况下，这个文件是由发布它的受信任的第三方验证的。在这一章中，我们会展示 Istio 如何以自动化的方式，使用 SPIFFE（普适安全生产身份框架）颁发服务的证书，并将其用于服务之间的相互认证。

9.1.2　终端用户认证

终端用户认证是存储私人用户数据的应用程序的关键。有多种成熟的终端用户认证协议；然而，这些协议大多围绕着将用户重定向到一台认证服务器，一旦在那里成功登录，他们就会得到一个包含用户信息的凭证〔存储为 HTTP cookie，或 JWT（JSON Web Token）等〕。用户向服务机构出示该凭证进行认证。在允许访问之前，服务会向颁发证书的认证服务器验证该证书。

9.1.3　授权

授权发生在调用者被认证之后。调用者向服务器表明他们是"谁"，然后服务器检查这个身份被允许执行"什么"操作，并相应地准许或拒绝它。例如，在 Web 应用程序中，授权通常采取的形式是检查用户是否被允许创建、读取、更新或删除资源。Istio 建立在服务认证和它的身份模型上，以提供服务之间或终端用户与服务之间的细粒度授权能力。

9.1.4　单体和微服务应用的安全比较

微服务和单体都需要实现终端用户和服务间的认证与授权。然而，微服务有更多的基于网络的通信，更需要加以保护。相比之下，单体连接较少，通常运行在静态基础设施上，如虚拟机或物理机，使得 IP 地址成为一个很好的身份来源。因此，它们通常被用于认证的证书（以及网络防火墙规则）中。图 9.1 显示了一个静态基础设施，其中 IP 地址是信任来源。

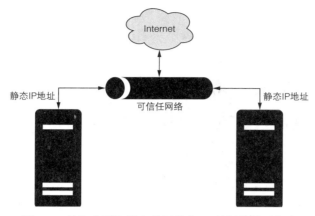

图 9.1 单体应用运行在基于静态 IP 地址的物理机上

　　而微服务应用很容易发展为成百上千的服务，这使得在静态环境下运维服务非常困难。出于这个原因，团队利用动态环境，如云计算和容器编排，将服务部署到许多短期的实例上。这就使得传统的使用 IP 地址作为身份来源的方法变得不可用。更糟的是，这些服务不一定在同一个网络中，它们可以跨不同的云服务提供商，甚至跨私有部署，如图 9.2 所示。

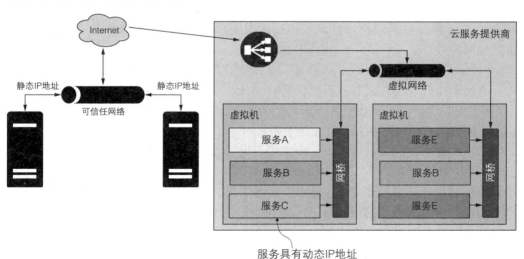

图 9.2 微服务应用运行在多云、混合云环境下

为了应对这些挑战并在高度动态和异构的环境中提供身份验证，Istio 使用了 SPIFFE 规范。SPIFFE 是一套开源标准，用于在动态的云环境中为工作负载提供身份验证。关于 SPIFFE 是如何为 Istio 提供身份验证能力的详细信息，参见附录 C。

9.1.5   Istio 如何实现 SPIFFE

SPIFFE 身份标识是一个符合 RFC 3986 的 URI，其格式为 spiffe:// 信任域 / 路径，其中：

- 信任域代表身份的签发者，如个人或组织。
- 路径唯一标识了信任域内的工作负载。

关于路径如何识别工作负载的细节是开放式的，可以由 SPIFFE 规范的实施者决定。Istio 使用特定工作负载的服务账户来填充该路径。SPIFFE 身份标识被编码在 X.509 证书中，也被称为 SPIFFE 可验证身份文件（SVID），由 Istio 的控制平面为工作负载生成。通过对传输中的数据进行加密，这些证书用于保障服务与服务之间的通信。同样，在附录 C 中，我们会详细地介绍这一切是如何运作的。在本章中，我们将重点讨论如何利用 Istio 来提升应用安全。

9.1.6   Istio 安全简述

为了理解 Istio 的安全特性，我们以运维人员的角度，使用 Istio 的自定义资源来配置服务代理：

- `PeerAuthentication` 资源用于配置代理验证服务间的流量。验证成功后，代理提取对等方证书中的信息用于授权请求。
- `RequestAuthentication` 资源用于配置代理针对颁发证书的服务器验证终端用户。验证成功后，它还会提取证书中的信息用于授权请求。
- `AuthorizationPolicy` 资源用于配置代理授权或拒绝请求。

图 9.3 显示了 `PeerAuthentication` 和 `RequestAuthentication` 资源是如何配置代理来验证请求的。此时，凭证（SVID 或 JWT）中的数据会被提取并存储为过滤器元数据，它代表了连接身份。`AuthorizationPolicy` 资源根据连接身份来决定是否允许或拒绝请求。

简单来说，这就是 Istio 的安全特性。接下来，我们通过一些示例来了解它们的细节。

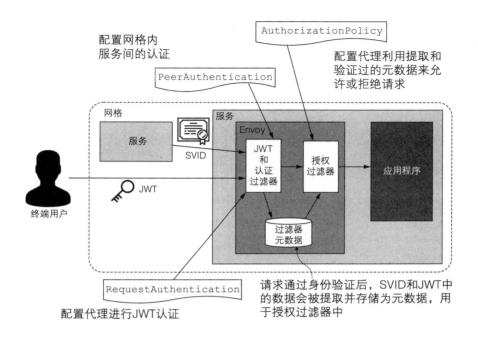

图 9.3　配置服务代理来认证或授权请求的资源

9.2　自动mTLS

注入了 sidecar 代理的服务间流量是加密的，并且默认是双向认证的。而拥有一个自动化流程来颁发和轮换证书非常重要，因为手动执行这个过程很容易出错，会造成不必要的损失。使用 Istio 实现的自动化流程可以避免这种情况的发生。

图 9.4 显示了服务如何使用控制平面颁发的证书来双向认证并加密请求——因此默认是安全的。实际上，当我们说"默认是安全的"时，意思是在默认情况下，几乎是安全的，因为还需要一些工作才能让网格更加安全。

首先，我们需要配置服务网格只允许双向认证的流量。你可能会想，为什么这不是安装时的默认设置？这是一个

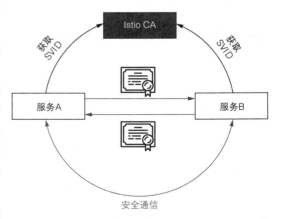

图 9.4　工作负载使用 Istio CA 颁发的 SVID 证书实现双向认证

设计决定，以简化服务网格的落地——在大型企业中，不同的团队管理自己的服务，可能需要数月或数年的协作才能把所有的服务都迁移到服务网格中。

其次，对服务进行认证能够保证最小授权原则，为每个服务创建策略，并只允许其功能所需的最小访问。这一点非常重要，因为当某个服务的身份证书泄露时，损害仅限于该身份所能访问的少数服务。

9.2.1　安装环境

执行下面的命令清理环境：

```
$ kubectl config set-context $(kubectl config current-context) \
 --namespace=istioinaction
$ kubectl delete virtualservice,deployment,service,\
destinationrule,gateway --all
```

为了演示 mTLS 的能力，我们会安装三个服务，如图 9.5 所示。除了我们已经熟悉的 webapp 和 catalog 服务，又添加了 sleep 服务，用来代表传统的没有注入 sidecar 的工作负载，因此它无法和另外两个服务进行双向认证。

图 9.5　我们将安装的三个服务

执行下面的命令安装这些服务。

代码清单 9.1　安装所有服务

```
$ kubectl label namespace istioinaction istio-injection=enabled
$ kubectl apply -f services/catalog/kubernetes/catalog.yaml
$ kubectl apply -f services/webapp/kubernetes/webapp.yaml
$ kubectl apply -f services/webapp/istio/webapp-catalog-gw-vs.yaml
$ kubectl apply -f ch9/sleep.yaml -n default
```

为了验证服务已正确安装，我们从 sleep 服务发送一个明文请求到 webapp 服务：

```
$ kubectl -n default exec deploy/sleep -c sleep -- \
  curl -s webapp.istioinaction/api/catalog \
  -o /dev/null -w "%{http_code}"
```

200

服务正常返回，代表 webapp 服务接收了 sleep 服务的明文请求。在默认情况下，Istio 允许明文请求，这样就可以逐步落地服务网格而不会造成服务的中断，直到所有工作负载都被迁移到网格中。不过，可以使用 `PeerAuthentication` 资源禁止明文请求。

9.2.2   理解 Istio 的对等认证

通过配置 `PeerAuthentication` 资源，可以让工作负载分别使用 `STRICT` 或 `PERMISSIVE` 模式实现 mTLS 或明文请求的认证。双向认证还可以在不同的范围内配置。

- 网格范围：适用于服务网格的所有工作负载。
- 命名空间范围：适用于命名空间中的所有工作负载。
- 特定于工作负载：适用于符合指定的选择器的所有工作负载。

下面我们通过示例来介绍这些配置范围。

使用网格范围的策略拒绝所有非认证的请求

为了提高网格的安全性，我们可以通过创建一个网格范围的策略，以 `STRICT` 模式禁止明文通信。网格范围的 `PeerAuthentication` 策略必须满足两个条件：它必须被应用于 Istio 安装命名空间，而且名称必须是 `"default"`。

> **注意**：将网格范围的资源命名为 `"default"` 并不是一个要求，而是一个约定，因为只能创建一个网格范围的 `PeerAuthentication` 资源。

如果你已经按照书中的指示将 Istio 安装在 `istio-system` 命名空间中，那么下面的 `PeerAuthentication` 定义就满足上面的两个条件，并适用于整个网格。

```
apiVersion: "security.istio.io/v1beta1"
kind: "PeerAuthentication"
metadata:                        网格范围的策略必须
  name: "default"          ◁────┤ 以 "default" 命名      Istio 安装
  namespace: "istio-system"  ◁──────────────────────  命名空间
spec:
  mtls:
    mode: STRICT       ◁────┤ 双向 TLS 模式
```

将其应用于集群：

```
$  kubectl apply -f ch9/meshwide-strict-peer-authn.yaml
```

接下来，验证从 `sleep` 服务发送的明文请求将不被允许：

```
$  kubectl -n default exec deploy/sleep -c sleep -- \
     curl -s webapp.istioinaction/api/catalog

command terminated with exit code 56
```

这证实了明文请求被拒绝了。`STRICT` 双向认证是一个很好的默认设置，但是对于线上项目来说，这种巨大的变化是不可行的，因为它需要多个团队之间的协调才能完成迁移。一种更好的方法是逐步增加限制，并设定一个时间窗口，让团队在限定的时间内迁移服务，并成为服务网格的一部分。PERMISSIVE 双向认证提供了这一能力：它允许工作负载同时接收加密的和明文的请求。

允许非双向认证的请求

通过使用命名空间范围的策略，我们可以让整个网格内的工作负载都实现对应的认证策略。而下面的 PeerAuthentication 资源允许 istioinaction 命名空间中的工作负载接收来自不属于网格的传统工作负载（如 sleep 服务）的明文请求。

```
apiVersion: "security.istio.io/v1beta1"
kind: "PeerAuthentication"
metadata:
  name: "default"              ◁──────┐   使用 "default" 命名
                                       │   约定，以便只存在
  namespace: "istioinaction"   ◁───┐  │   一个全局的资源
spec:                                │      特定命名
  mtls:                              │      空间的策略
    mode: PERMISSIVE         ◁──┐    PERMISSIVE
                                    允许 HTTP 流量
```

但最好不要这样做。更好的做法是只允许未认证的请求从 sleep 服务到 webapp 服务，而仍然对 webapp 保持 STRICT 双向认证要求。当网络安全受到威胁时，这将使攻击面更小。

使用特定于工作负载的对等认证策略

为了只针对 webapp 服务，我们更新了先前的 PeerAuthentication 策略，指定了工作负载选择器，使得它只适用于符合选择器的工作负载。此外，将名称从 "default" 改为 webapp，因为按照约定，"default" 代表的是整个命名空间的全局策略。

```
apiVersion: "security.istio.io/v1beta1"
kind: "PeerAuthentication"
metadata:
  name: "webapp"
  namespace: "istioinaction"
spec:
  selector:
    matchLabels:
      app: "webapp"      ◁──┐  匹配标签的工作负载使用
  mtls:                        mTLS 的 PERMISSIVE 模式
    mode: PERMISSIVE
```

这样，只适用于 webapp 工作负载的 PERMISSIVE 双向认证策略就配置好了，它并不适用于 catalog 服务，因为不符合我们设定的选择条件。通过执行下面的命令将策略应用到集群上：

```
$ kubectl apply -f ch9/workload-permissive-peer-authn.yaml
```

验证明文请求可以被发送到 webapp 服务：

```
$ kubectl -n default exec deploy/sleep -c sleep -- \
    curl -s webapp.istioinaction/api/catalog

[
  {
    "id": 1,
    "color": "amber",
    "department": "Eyewear",
    "name": "Elinor Glasses",
    "price": "282.00"
  },
  <omitted>
]
```

请求成功返回了。尽管将网格范围的策略设置为 STRICT 模式，但通过设置针对特定于工作负载的策略，允许非双向认证的流量通过，直到这些服务最终被迁移到网格中（见图 9.6）。

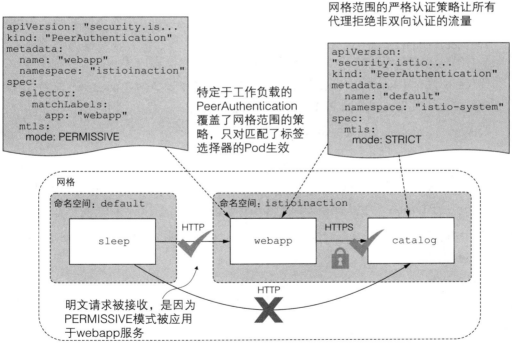

图 9.6　webapp 接收 HTTP 流量；catalog 服务需要双向认证

注意：现在，我们已经能很好地理解 Istio 的工作原理了，下面再深入一点：istiod 监听 PeerAuthentication 资源的创建，将该资源转变为 Envoy 特定的配置，并使用监听器发现服务（LDS）将其应用于服务代理。对于每一个传入的请求，都会使用该配置进行验证。

另外两种双向认证模式

在大多数情况下，我们使用的都是 STRICT 或 PERMISSIVE 模式。不过，Istio 还提供了另外两种模式：

- UNSET——继承父类的 PeerAuthentication 策略。
- DISABLE——不需要通道，将流量直接发送到服务。

这就是 PeerAuthentication 资源的使用方法。它允许我们指定发送到工作负载的流量类型，如双向认证的流量、明文流量，或者将请求直接转发到应用程序。在下一节中，我们验证使用双向 TLS 时流量是加密的。

使用 tcpdump 捕获服务间流量

Istio 代理预装了 tcpdump 命令行工具，它可以捕获和分析网络流量。为了安全起见，它需要一些特殊权限；而在默认情况下，这些权限是关闭的。要开启权限，需要更新 Istio 的安装，使用 istioctl 设置 values.global.proxy.privileged= true 属性。

```
$ istioctl install -y --set profile=demo \
    --set values.global.proxy.privileged=true
```

一旦更新了 Istio 并注入特权 sidecar 代理，就需要重新创建 webapp 工作负载，以便在新 Pod 取代被删除的 Pod 时自动注入这些变化。

```
$ kubectl delete po -l app=webapp -n istioinaction
```

> 提示：服务代理上的权限提升为恶意用户提供了一个攻击目标。因此，不要在生产环境中开启特权代理。为了快速调试服务，你可以通过 kubectl edit 手动改变 Deployment 的字段。

一旦新的 webapp 服务启动，我们就可以通过执行下面的 tcpdump 命令获取 Pod 的流量信息：

```
$ kubectl -n istioinaction exec deploy/webapp -c istio-proxy \
    -- sudo tcpdump -l --immediate-mode -vv -s 0 \
    '(((ip[2:2] - ((ip[0]&0xf)<<2)) - ((tcp[12]&0xf0)>>2)) != 0)'
```

打开另一个终端，触发从 sleep 到 webapp 的请求：

```
$ kubectl -n default exec deploy/sleep -c sleep -- \
    curl -s webapp.istioinaction/api/catalog
```

现在，如果检查第一个终端，我们可以看到类似于图 9.7 所示的明文信息。

响应从webapp服务　　到sleep服务

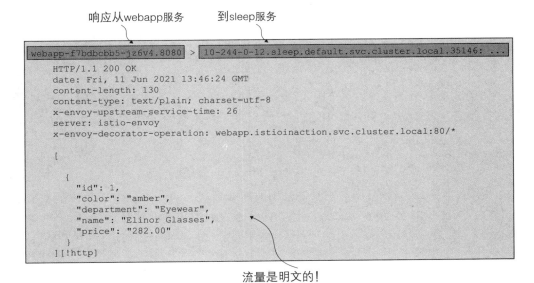

流量是明文的！

图 9.7　终端 1 输出的明文流量信息

恶意用户可以很容易地利用明文流量，通过在任何中间网络设备中拦截它来获取终端用户的数据。你应该始终以服务间流量加密为目标，就像从 webapp 到 catalog 那样，流量是双向认证和加密的。图 9.8 显示了这种流量。

响应从catalog服务　　　　　　　　　　到webapp服务

流量是加密的，不可读取。

图 9.8　双向认证的流量是加密的且无法被捕获

这验证了双向认证的流量在传输中是加密的。此外，它显示了在服务网格中有存量服务并不安全。因为往来的数据是明文的，当它在多个网络设备中传输时可以被嗅探到。

验证工作负载身份与 ServiceAccount 的绑定

在结束双向认证部分之前，我们检查所颁发的证书是否是有效的 SVID 文件，并在其中编码了 SPIFFE ID，而且该 ID 与工作负载的 ServiceAccount 相匹配。使用 openssl 命令工具，检查 catalog 工作负载的 X.509 证书的内容。

```
$  kubectl -n istioinaction exec deploy/webapp -c istio-proxy \
   -- openssl s_client -showcerts \
   -connect catalog.istioinaction.svc.cluster.local:80 \
   -CAfile /var/run/secrets/istio/root-cert.pem | \
   openssl x509 -in /dev/stdin -text -noout
```

使用这个复杂的命令，我们可以查询 catalog 服务的证书，并以人类可读的格式打印它。证书包含 SPIFFE ID，它被设置为工作负载的 ServiceAccount：

```
# shortened for brevity
X509v3 Subject Alternative Name: critical
    URI:spiffe://cluster.local/ns/istioinaction/sa/catalog
```

使用 openssl verify 工具，根据被挂载到 istio-proxy 容器中的 CA 根证书检查 X.509 SVID 的签名，以确保其内容是有效的。证书路径是：/var/run/secrets/istio/root-cert.pem。通过执行下面的命令进入运行中的 Pod：

```
$  kubectl -n istioinaction exec -it \
   deploy/webapp -c istio-proxy -- /bin/bash
```

   验证证书：

```
$  openssl verify -CAfile /var/run/secrets/istio/root-cert.pem \
   <(openssl s_client -connect \
   catalog.istioinaction.svc.cluster.local:80 -showcerts 2>/dev/null)
```

```
/dev/fd/63: OK
```

   验证成功后，命令输出中会显示一个 OK 信息，意思是 Istio CA 签署了该证书，其中的数据是值得信任的。

   注意：记得输入 exit 命令，退出 Pod 的 shell 终端。

   现在，我们已经验证了所有对等认证的组件，可以确信所发布的身份是可验证的，并且流量是安全的。拥有可验证的身份是能够控制访问的先决条件。换句话说，由于我们知道工作负载的身份，所以就可以定义它能被允许做什么。在下面的章节中，我们将讨论授权策略。

9.3   授权服务间流量

   授权是定义一个认证主体是否被允许执行操作的过程，如访问、编辑或删除一个资源。策略是与认证主体（"谁"）和授权（"什么"）一起形成的，定义谁可以做什么。

   Istio 提供了 AuthorizationPolicy 资源，它是一个声明式 API，用于在服务网格中定义网格、命名空间或特定于工作负载范围的访问策略。图 9.9 显示了如果一个特定的身份被破坏，访问策略是如何限制访问范围的。

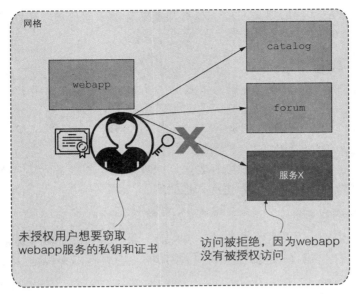

图 9.9　授权将攻击范围缩小到只允许被授权访问的内容

在深入研究授权策略之前，有必要了解授权在 Istio 中是如何实现的。我们在下一节中将快速探索相关的基础知识。

9.3.1　了解 Istio 中的授权

服务代理是授权的执行引擎，因为它包含所有用于确定请求是否应该被拒绝或允许的策略。因此，Istio 中的访问控制十分有效，因为可以在代理中做出决定。使用 `AuthorizationPolicy` 资源配置代理并定义授权策略。下面是一个 `AuthorizationPolicy` 定义的例子：

```
apiVersion: "security.istio.io/v1beta1"
kind: "AuthorizationPolicy"
metadata:
  name: "allow-catalog-requests-in-web-app"
  namespace: istioinaction
spec:
  selector:
    matchLabels:
      app: webapp
  action: ALLOW
  rules:
  - to:
    - operation:
        paths: ["/api/catalog*"]
```

当 `istiod` 看到一个新的 `AuthorizationPolicy` 被应用到集群时，它会

使用该资源（和其他 Istio 资源一样）处理和更新数据平面代理。现在还不用理解配置的每个部分，我们将在下面的章节中详细探讨它。

授权策略属性

AuthorizationPolicy 提供了三个字段来配置和定义策略：

- selector 字段，定义策略应用的工作负载子集。
- action 字段，声明是否是 ALLOW、DENY 或者 CUSTOM 策略。只有当其中一个规则与请求匹配时，才会应用该操作。
- rules 字段，定义一个规则列表，这些规则标识了触发策略的请求。

rules 属性更加复杂，值得更深入地研究。

理解授权策略规则

授权策略规则指定了连接的源和（可选的）操作，在匹配时会激活该规则。只有当其中一个规则与源和操作匹配时，授权策略才会执行，并根据 action 属性允许或拒绝该连接。

单个规则的字段如下：

- from 字段，指定请求的来源，可以是以下类型之一。
  - principals——源标识列表（SPIFFE ID，就像在 mTLS 例子中所看到的）。notPrincipals 是负属性，当请求不在列表中时才会应用该属性。服务必须双向认证才能工作。
  - namespaces——与源命名空间匹配的命名空间列表。源命名空间是从对等的 SVID 中检索出来的，因此必须启用 mTLS 它才能工作。
  - ipBlocks——单个 IP 地址或使用 CIDR（无类别域间路由）的范围列表，与源 IP 地址相匹配。
- to 字段，指定请求的操作，如请求的 host 或 method。
- when 字段，指定规则匹配后需要满足的条件列表。

注意：Istio 文档提供了 AuthorizationPolicy 的字段参考。

这些属性看起来有点复杂，但不要担心，我们会在下面的几个例子中对它们进行解释。

9.3.2　设置工作区

我们将继续沿用前面几节中的示例。如果你想重新开始，请执行下面的命令重置应用状态。

```
$ kubectl config set-context $(kubectl config current-context) \
 --namespace=istioinaction                                    重置
$ kubectl delete virtualservice,deployment,service,\          环境
destinationrule,gateway --all

$ kubectl apply -f services/catalog/kubernetes/catalog.yaml
$ kubectl apply -f services/webapp/kubernetes/webapp.yaml         安装
$ kubectl apply -f services/webapp/istio/webapp-catalog-gw-vs.yaml 应用
$ kubectl apply -f ch9/sleep.yaml -n default

$ kubectl apply -f ch9/meshwide-strict-peer-authn.yaml        应用 PeerAuthentica-
$ kubectl apply -f ch9/workload-permissive-peer-authn.yaml    tion 资源配置
```

我们总结一下目前运行环境的状态（参见图 9.7）。

- sleep 工作负载被部署在 default 命名空间中，用于触发明文的 HTTP 请求。
- webapp 工作负载被部署在 istioinaction 命名空间中，并接收来自 default 命名空间的工作负载的未认证请求。
- catalog 工作负载被部署在 istioinaction 命名空间中，只接收来自同一命名空间的已认证工作负载的请求。

9.3.3 当策略被应用于工作负载时行为的变化

在讨论细节之前，有一个"疑难杂症"需要提前知道，因为它很容易被触发（并浪费很多小时的调试时间）：如果一个或多个 ALLOW 授权策略被应用到工作负载上，对该工作负载的访问默认会拒绝所有流量。为了使流量被接收，至少要有一个 ALLOW 策略与之匹配。

我们举例说明。下面的 AuthorizationPolicy 资源允许请求到包含 HTTP 路径 /api/catalog* 的 webapp 服务。

```
apiVersion: "security.istio.io/v1beta1"
kind: "AuthorizationPolicy"
metadata:
  name: "allow-catalog-requests-in-web-app"
  namespace: istioinaction
spec:
  selector:
    matchLabels:              工作负载
      app: webapp        ←    选择器
  rules:
  - to:
    - operation:                          匹配路径为 /api/
        paths: ["/api/catalog*"]    ←    catalog 的请求
  action: ALLOW         ←     如果匹配，
                              则允许
```

我们检测以下两个请求的结果：

```
$   kubectl -n default exec deploy/sleep -c sleep -- \      授权策略匹
      curl -sSL webapp.istioinaction/api/catalog      ◄──  配到路径,
                                                            请求被允许

$   kubectl -n default exec deploy/sleep -c sleep -- \
      curl -sSL webapp.istioinaction/hello/world      ◄──  请求被拒绝,因
                                                            为授权策略没有
                                                            匹配到请求
```

第一种情况简单明了 : 策略允许请求,因为路径匹配。然而,第二种情况可能会引起困惑——当策略既不允许也不拒绝时,为什么会拒绝请求?这是因为,默认是拒绝行为,这只适用于 ALLOW 策略被应用于工作负载的情况。换句话说,如果一个工作负载有 ALLOW 策略,则必须有一个流量的匹配项才会被允许。

为了简化思考过程,不必为每个服务都设置 ALLOW 策略,可以添加一个 DENY 全局策略,只要没有其他策略适用于入站流量,该策略就被激活。因此,只需要为想要允许的请求创建策略就可以了。

图 9.10 显示了 DENY 全局策略如何将我们的思考过程改为"如果没有明确指定,就拒绝请求"。因此,我们只考虑允许通过的流量。

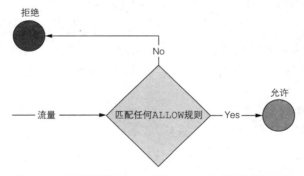

图 9.10   在默认情况下,我们只考虑允许通过的流量

9.3.4   默认使用一个全局策略拒绝所有请求

为了提高安全性并简化思考过程,我们定义一个网格范围的策略,拒绝所有没有明确指定 ALLOW 策略的请求。换句话说,定义一个全局的 deny-all 策略。

```
apiVersion: security.istio.io/v1beta1
kind: AuthorizationPolicy
metadata:
 name: deny-all
 namespace: istio-system          ◄──  将策略应用于
spec: {}       ◄──  声明为空的          istio-system
                    策略会拒绝          命名空间
                    所有请求
```

把这个 `deny-all` 策略应用于集群中：

```
$ kubectl apply -f ch9/policy-deny-all-mesh.yaml
```

等待一会儿，直到代理接收到新的配置，触发 `sleep` 服务的请求。因为没有其他策略允许该请求，所以它会被 `deny-all` 策略拒绝：

```
$ kubectl -n default exec deploy/sleep -c sleep -- \
    curl -sSL webapp.istioinaction/api/catalog

RBAC: access denied
```

输出显示 `deny-all` 授权策略已经生效并拒绝了该请求。

全局授权策略

正如没有任何规则表明不允许任何请求一样，相反，空规则意味着所有的请求都被允许。例如，以下规则默认允许所有的请求：

```
apiVersion: security.istio.io/v1beta1
kind: AuthorizationPolicy
metadata:
  name: allow-all
  namespace: istio-system
spec:
  rules:
  - {}
```

9.3.5 允许来自单一命名空间的请求

在通常情况下，你会允许某个命名空间下所有服务的流量。这可以通过 `source.namespace` 属性来实现。下面的例子允许单一命名空间的 HTTP GET 流量。

```
apiVersion: "security.istio.io/v1beta1"
kind: "AuthorizationPolicy"
metadata:
 name: "webapp-allow-view-default-ns"      ← istioinaction 命名空间中
 namespace: istioinaction                     的工作负载
spec:
  rules:                    请求的来源是
  - from:              ← default 命名空间
    - source:
        namespaces: ["default"]
    to:                      ← 只匹配
    - operation:               GET 请求
        methods: ["GET"]
```

我们配置了 istioinaction 命名空间中的工作负载以允许来自 default 命名空间的工作负载的 GET 请求。如果应用这个配置，webapp 服务将会接收到来自 sleep 服务的请求，是这样吗？

在这个示例中，这是不会发生的。sleep 服务是一个没有 sidecar 的工作负载，它缺乏身份验证。因此，webapp 的代理无法验证该请求是否来自 default 命名空间的工作负载。

为了解决这个问题，我们可以采取以下任意一种措施：

- 在 sleep 服务中注入一个服务代理。
- 在 webapp 服务中允许非认证的请求。

推荐的方法是将服务代理注入 sleep 服务中。这样做可以初始化身份，并与其他工作负载进行双向认证，使其能够验证请求的来源和命名空间。但为了演示，我们采用第二种（不太安全的）方法：允许非认证的请求。

9.3.6   允许来自非认证的工作负载的请求

为了允许来自非认证的工作负载的请求，需要删除 from 字段：

```
apiVersion: "security.istio.io/v1beta1"
kind: "AuthorizationPolicy"
metadata:
 name: "webapp-allow-unauthenticated-view"
 namespace: istioinaction
spec:
  selector:
    matchLabels:
      app: webapp
  rules:
  - to:
    - operation:
        methods: ["GET"]
```

我们添加 app 为 webapp 的选择器，让策略只作用于 webapp 服务。这样，catalog 服务依然需要双向认证。

执行下面的命令应用这一策略：

```
$ kubectl apply -f ch9/allow-unauthenticated-view-default-ns.yaml
```

重新发送从 sleep 到 webapp 的请求，我们会得到如下错误的响应：

```
$ kubectl -n default exec deploy/sleep -c sleep -- \
    curl -sSL webapp.istioinaction/api/catalog

error calling Catalog service
```

这是应用程序的错误，而不是 Istio 的错误。webapp 接收到来自 sleep 服务的请求，但是网格范围的 deny-all 策略拒绝了对 catalog 服务的请求。还记得为什么添加了这个 deny-all 策略吗？我们只考虑到接收流量，没有对发送到 catalog 服务的请求添加 ALLOW 策略，所以请求就被拒绝了。在下一节中我们来解决这个问题。

9.3.7 允许来自单一服务账户的请求

验证流量是否来自 webapp 服务，一种简单的方法是注入服务账户。服务账户信息会被编码到 SVID 中，在双向认证期间，该数据被验证并存储在过滤器元数据中。下面的策略将 catalog 服务配置为使用过滤器元数据，它只接收具有 webapp 服务账户的工作负载的流量。

```yaml
apiVersion: "security.istio.io/v1beta1"
kind: "AuthorizationPolicy"
metadata:
 name: "catalog-viewer"
 namespace: istioinaction
spec:
 selector:
   matchLabels:
     app: catalog
 rules:
 - from:
   - source:
       principals: ["cluster.local/ns/istioinaction/sa/webapp"]   允许带有 webapp
   to:                                                             身份的请求
   - operation:
       methods: ["GET"]
```

执行下面的命令应用这一策略：

```
$ kubectl apply -f ch9/catalog-viewer-policy.yaml
```

现在，如果再次尝试就会发现，请求已经成功地到达 catalog 服务：

```
$ kubectl -n default exec deploy/sleep -c sleep -- \
    curl -sSL webapp.istioinaction/api/catalog
[
  {
    "id": 0,
    "color": "teal",
    "department": "Clothing",
    "name": "Small Metal Shoes",
    "price": "232.00"
  }
  <omitted>
]
```

更重要的是，严格的授权策略可以在工作负载的身份被盗用时，将损害限制在尽可能小的范围内。

9.3.8　策略的条件匹配

通常，策略只有在满足某个条件时才会生效，比如允许用户在管理员身份下进行所有操作。这可以通过使用授权策略的 when 属性来实现，比如下面这个例子：

```
apiVersion: "security.istio.io/v1beta1"
kind: "AuthorizationPolicy"
metadata:
  name: "allow-mesh-all-ops-admin"
  namespace: istio-system
spec:
  rules:
    - from:
      - source:
          requestPrincipals: ["auth@istioinaction.io/*"]
      when:
      - key: request.auth.claims[group]          ←┐ 指定 Istio
        values: ["admin"]        ←┐ 指定必须匹配的     属性
                                   值列表
```

这个策略只允许满足两个条件的请求：第一，令牌由请求主体 auth@istio-inaction.io/* 发出；第二，JWT 包含值为 admin 的组声明。

另外，我们可以使用 notValues 属性来定义所有不适用于该策略的值。在条件中可以使用的 Istio 属性完整列表，可以在 Istio 文档中找到。

---

principals 与 requestPrincipals

在定义源的文档（"链接 1"）中，from 从句提供了两个选项来识别请求主体：principals 和 requestPrincipals。其区别在于，principals 来自配置了 PeerAuthentication 的 mTLS 连接，而 requestPrincipals 用于终端用户的 RequestAuthentication，来自 JWT。我们将在后续章节中介绍 RequestAuthentication。

9.3.9　了解值匹配表达式

在前面的例子中，我们看到，值并不总是必须完全匹配。Istio 支持简单的匹配表达式，使规则更加通用。

- 精确匹配——例如，GET 只匹配精确的值。
- 前缀匹配——例如，/api/catalog* 匹配所有以该前缀开头的值，如 /api/catalog/1。
- 后缀匹配——例如，*.istioinaction.io 匹配其所有的子域，如 login

.istioinaction.io。

- *存在匹配*——匹配所有值，用 * 表示。这指定了一个字段必须存在，但其值并不重要，可以是任何东西。

了解如何评估策略规则

为了理解策略规则，我们来分解一个复杂的规则，看看它适用于哪些请求：

```
apiVersion: "security.istio.io/v1beta1"
kind: "AuthorizationPolicy"
metadata:
  name: "allow-mesh-all-ops-admin"
  namespace: istio-system
spec:
  rules:                            第一个
  - from:           ⊲──┐           规则
    - source:
        principals: ["cluster.local/ns/istioinaction/sa/webapp"]
    - source:
        namespaces: ["default"]
    to:
    - operation:
        methods: ["GET"]
        paths: ["/users*"]
    - operation:
        methods: ["POST"]
        paths: ["/data"]
    when:
    - key: request.auth.claims[group]
      values: ["beta-tester", "admin", "developer"]
  - to:                    ⊲──────────────┐  第二个
    - operation:                            规则
        paths: ["*.html", "*.js", "*.png"]
```

对于应用这一授权策略的请求来说，第一个规则和第二个规则都需要匹配。先来看看第一个规则：

```
  - from:      ⊲──┤ 源
    - source:
        principals: ["cluster.local/ns/istioinaction/sa/webapp"]
    - source:
        namespaces: ["default"]
    to:             ⊲──┤ 操作
    - operation:
        methods: ["GET"]
        paths: ["/users*"]
    - operation:
        methods: ["POST"]
        paths: ["/data"]
    when:            ⊲──────────────┤ 条件
    - key: request.auth.claims[group]
      values: ["beta-tester", "admin", "developer"]
```

对于这个规则来说，需要匹配所有的三个属性：源列表中定义的一个源需要与操作列表中定义的一个操作相匹配，并且所有的条件都需要匹配。换句话说，`from` 中定义的一个源与 `to` 中定义的一个操作相加，而两者都要与 `when` 中指定的所有条件叠加。

我们来进一步了解这些操作是如何匹配的：

```
to:
  - operation:        ←—┤ 第一个操作
      methods: ["GET"]
      paths: ["/users*"]                   第一个操作中的两
                                           个属性都需要匹配
  - operation:        ←—┤ 第二个操作
      methods: ["POST"]
      paths: ["/data"]                     第二个操作中的两
                                           个属性都需要匹配
```

对于这个规则来说，两个操作中所有的属性都需要同时匹配，这些属性是并列关系。此外，对于 `when` 属性，所有的条件也都需要匹配，因为它们也是并列关系。

9.3.10 了解评估授权策略的顺序

当许多策略被应用于同一个工作负载时情况就会变得复杂，理解策略的执行顺序是比较困难的。通常的解决方法是使用一个优先级字段来定义顺序。Istio 使用了一种不同的评估方法。

1. 评估 `CUSTOM` 策略。我们将在后面展示一个与外部授权服务器集成的 `CUSTOM` 策略的例子。

2. 评估 `DENY` 策略。

3. 如果没有匹配到 `DENY` 策略，则评估 `ALLOW` 策略。如果匹配到一个策略，请求就被允许。否则：

4. 根据全局策略存在与否，会有两种结果。

　　a. 当存在一个全局策略时，它决定了请求是否被批准。

　　b. 当全局策略不存在时，该请求：

　　　　– 如果没有 `ALLOW` 策略，则允许。

　　　　– 如果有 `ALLOW` 策略但没有匹配的，则拒绝。

因为行为是根据条件而变化的，所以人们发现使用图 9.11 所示这样的流程图更容易理解。这个流程稍显复杂，但是当你定义一个全局的 `DENY` 策略时，它就变得简单多了。如果没有 `CUSTOM` 和 `DENY` 策略拒绝请求，只需要确保有一个 `ALLOW` 策略能允许请求即可。

现在，我们已经了解了工作负载间请求的认证和授权。在下一节中，我们将讨论终端用户的认证和授权。

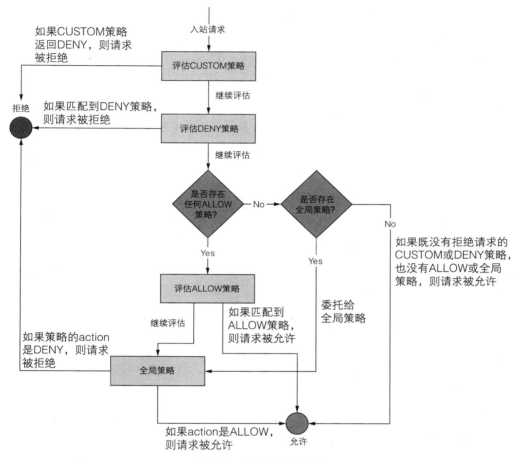

图 9.11　授权策略工作流

9.4　终端用户的认证和授权

我们之前提到过，当使用 JWT 时，Istio 支持终端用户的认证和授权。在深入了解其工作细节之前，让我们简单回顾一下 JWT 的内容。如果你已经具备相关的知识，则可以跳到下一节。

9.4.1　什么是 JWT

JWT 是 JSON Web Token 的缩写，用于客户端与服务端的关系验证。JWT 由以下三个部分组成：

- 头（header）——由类型和 Hash 算法组成。
- 有效载荷（payload）——包含用户声明的信息。
- 签名（signature）——用于验证 JWT。

这三个部分用点（.）分开，并以 Base64 URL 编码，使得 JWT 非常适合在 HTTP 请求中使用。

查看 ch9/enduser/user.jwt 中的令牌内容，并使用 jwt-cli 对它进行解码：

```
$ cat ./ch9/enduser/user.jwt | jwt decode -
Token header
------------
{
  "typ": "JWT",
  "alg": "RS256",
  "kid": "CU-ADJJEbH9bXl0tpsQWYuo4EwlkxFUHbeJ4ckkakCM"
}
Token claims
------------
{
  "exp": 4743986578,          ←┤ 过期
                                 时间
  "group": "user",    ←┤ 组声明
  "iat": 1590386578,            ←┤ 发行时间    ┌→ 令牌
  "iss": "testing@secure.istio.io",           发行者    ┐ 令牌
  "sub": "9b792b56-7dfa-4e4b-a83f-e20679115d79"        ┘ 主体
}
```

这些数据代表了主体内容，使服务能够确定客户端的身份并授权。例如，该令牌属于 user 组中的一个主体。服务可以使用这些信息来决定主体的访问级别。为了确认声明是可信的，令牌需要通过验证。

如何发布和验证 JWT

JWT 是由一个认证服务器发布的，其包含一个用于签署令牌的私钥和一个用于验证令牌的公钥。公钥被称为 JSON 网络密钥集（JWKS），通常被公布在某些知名的 HTTP 站点上。服务可以检索到公钥来验证认证服务器发布的令牌。

实现认证服务器有很多方法，例如：

1. 可以在应用程序的后端框架中实现。
2. 可以作为一个独立的服务来实现，如 OpenIAM 或 Keycloak 等。
3. 可以作为身份即服务的解决方案来实现，如 Auth0、Okta 等。

图 9.12 展示了服务端如何使用 JWKS 来验证一个令牌。JWKS 包含用于解密签名的公钥，将其与令牌数据的哈希值进行比对，如果值是一致的，令牌声明就是可信的。

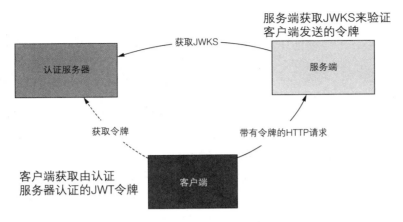

图 9.12 服务端获取 JWKS 来验证客户端提供的令牌

9.4.2 入口网关的终端用户认证和授权

Istio 工作负载可以被配置为通过 JWT 对终端用户请求进行认证和授权。终端用户指的是被身份提供者认证的用户，并接收到代表其身份的令牌。

尽管终端用户授权可以在任何工作负载层面进行，但这一功能通常会被放在 Istio 入口网关。这样做的目的是提高性能，让无效的请求在早期就被拒绝。此外，Istio 能够编辑请求中的 JWT，以便后续服务不会轻易地泄露它或不被恶意用户使用来进行攻击。

设置工作区

我们删除所有创建过的资源，从一个干净的环境开始：

```
$ kubectl config set-context $(kubectl config current-context) \
 --namespace=istioinaction
$ kubectl delete virtualservice,deployment,service,\
destinationrule,gateway,peerauthentication,authorizationpolicy --all
$ kubectl delete peerauthentication,authorizationpolicy \
-n istio-system --all
```

现在安装示例工作负载：

```
$ kubectl apply -f services/catalog/kubernetes/catalog.yaml
$ kubectl apply -f services/webapp/kubernetes/webapp.yaml
```

在设置认证和授权之前，我们需要使用 Gateway 资源将流量导入 Istio 的入口网关，如第 4 章所述。此外，还需要一个 VirtualService 资源将流量路由到 webapp 服务。这些资源可以通过执行下面的命令来应用：

```
$ kubectl apply -f ch9/enduser/ingress-gw-for-webapp.yaml

gateway.networking.istio.io/webapp-gateway created
virtualservice.networking.istio.io/webapp-virtualservice created
```

现在工作环境已经准备好，可以开始探索 RequestAuthentication 资源了。

9.4.3 使用 RequestAuthentication 验证 JWT

RequestAuthentication 资源的主要目的是验证 JWT，提取有效令牌信息，并存储在过滤器元数据中，授权策略基于这些元数据采取相应的动作。过滤器元数据是服务代理中的一组键值对，在过滤器间处理请求。作为一个 Istio 用户，这主要是一个实现细节。例如，如果一个带有 group: admin 声明的（claim）请求被验证通过，这个值将被存储为过滤器元数据，被授权策略用来允许或拒绝请求。

根据最终用户的请求，可以有三种不同的结果：

- 允许具有有效令牌的请求进入集群，其声明以过滤器元数据的形式被提供给策略。
- 拒绝具有无效令牌的请求。
- 允许没有令牌的请求进入集群，但缺乏请求标识，这意味着没有声明被存储在过滤器元数据中。

有 JWT 和没有 JWT 的请求的区别是，前者被 RequestAuthentication 过滤器验证过，并且有 JWT 声明被存储在过滤器元数据中；没有 JWT 的请求在其过滤器元数据中缺少声明。一个重要的隐含细节是，RequestAuthentication 资源本身并不执行授权，你仍然需要 AuthorizationPolicy 来实现这一点。

在下一节中，我们将创建一个 RequestAuthentication 资源，并通过实际例子来展示之前提到的所有情况。

创建一个 RequestAuthentication 资源

下面的 RequestAuthentication 资源被应用于 Istio 的入口网关。它配置了入口网关验证由 auth@istioinaction.io 签发的令牌：

```
apiVersion: "security.istio.io/v1beta1"
kind: "RequestAuthentication"
metadata:
 name: "jwt-token-request-authn"        ┐应用的命名
 namespace: istio-system          ◄─    ┘空间
spec:
  selector:
    matchLabels:
      app: istio-ingressgateway
jwtRules:                                        ┐ 发行者
 - issuer: "auth@istioinaction.io"      ◄─       ┘
```

```
jwks: |                                                    使用特定的
  { "keys": [{"e":"AQAB","kid":"##REDACTED##",            JWKS 验证
    "kty":"RSA","n":"##REDACTED##"}]}
```

将这个资源应用到集群中：

```
$ kubectl apply -f ch9/enduser/jwt-token-request-authn.yaml
```

资源创建完成后，让我们来验证三种类型的请求及其预期的结果。

接收带有有效发行者令牌的请求

我们创建一个带有有效 JWT 的请求，其位于 ch9/enduser/user.jwt 文件中：

```
$ USER_TOKEN=$(< ch9/enduser/user.jwt); \
  curl -H "Host: webapp.istioinaction.io" \
      -H "Authorization: Bearer $USER_TOKEN" \
      -sSl -o /dev/null -w "%{http_code}" localhost/api/catalog
```

```
200
```

响应码显示认证成功了。由于没有对工作负载应用授权策略，因此默认是允许的。

拒绝带有无效发行者令牌的请求

为了演示，我们创建一个带有由 old-auth@istioinaction.io 发行的令牌的请求，其位于 ch9/enduser/not-configured-issuer.jwt 文件中：

```
$ WRONG_ISSUER=$(< ch9/enduser/not-configured-issuer.jwt); \
  curl -H "Host: webapp.istioinaction.io" \
      -H "Authorization: Bearer $WRONG_ISSUER" \
      -sSl localhost/api/catalog
```

```
Jwt issuer is not configured
```

果然请求失败了。错误信息显示，我们使用的 JWT 不能被应用于工作负载的 RequestAuthentication 资源所验证。

允许没有令牌的请求进入集群

在这个示例中，我们使用 curl 命令执行一个没有令牌的请求：

```
$ curl -H "Host: webapp.istioinaction.io" \
    -sSl -o /dev/null -w "%{http_code}" localhost/api/catalog
```

```
200
```

响应码显示，该请求被允许进入集群。这令人困惑，因为你认为没有令牌的请求会被拒绝。但在实践中，许多场景下的请求都没有令牌，例如应用程序的前端服务。因此，拒绝没有令牌的请求需要做一些额外的工作，接下来会展示。

拒绝没有 JWT 的请求

为了拒绝没有 JWT 的请求,我们需要创建一个 `AuthorizationPolicy` 资源:

```
apiVersion: security.istio.io/v1beta1
kind: AuthorizationPolicy
metadata:
 name: app-gw-requires-jwt
 namespace: istio-system
spec:
 selector:
   matchLabels:
     app: istio-ingressgateway
 action: DENY
 rules:
 - from:
   - source:
       notRequestPrincipals: ["*"]        ← 匹配所有请求主体不
                                             包含任何值的来源
     to:
   - operation:
       hosts: ["webapp.istioinaction.io"]  ← 规则仅被应用于
                                             特定主机名
```

这个策略匹配所有缺少 `requestPrincipals` 属性来源的请求,然后拒绝这些请求(由 `action` 属性指定)。你可能会对 `requestPrincipals` 的初始化信息感到惊讶:它是由发行者和主体 JWT 声明(以 *iss/sub* 格式连接)组成的。声明由 `RequestAuthentication` 资源验证,然后作为连接元数据提供给其他过滤器使用,例如 `AuthorizationPolicy` 过滤器。

将这个资源应用到集群中:

```
$ kubectl apply -f ch9/enduser/app-gw-requires-jwt.yaml
```

现在,发送一个不带令牌的请求,并验证它因为缺少请求主体而认证失败:

```
$ curl -H "Host: webapp.istioinaction.io" \
    -sSl -o /dev/null -w "%{http_code}" localhost/api/catalog

403
```

很好!现在禁止了没有令牌的请求,确保只有经过认证的终端用户才能完全访问 webapp 所暴露的端点。对于真实的应用程序,另一个常见需求是允许不同的用户有不同的访问级别。

基于 JWT 声明的不同访问级别

在这个例子中,我们允许普通用户从 API 读取数据,但禁止写入任何新的数据或改变现有的数据。同时,允许管理员有完全访问的权限。对于本节中使用的示例请求,"普通"用户令牌可以在 `ch9/enduser/user.jwt` 文件中找到,而"管理员"用户令牌在 `ch9/enduser/admin.jwt` 文件中。这些令牌有不同的声明:普通用户的声明是 `group: user`,而管理员用户的声明是 `group: admin`。

　　添加一个 `AuthorizationPolicy` 资源，允许普通用户在访问 webapp 服务时可以读取数据：

```
apiVersion: security.istio.io/v1beta1
kind: AuthorizationPolicy
metadata:
 name: allow-all-with-jwt-to-webapp
 namespace: istio-system
spec:
 selector:
   matchLabels:
     app: istio-ingressgateway
 action: ALLOW
 rules:
 - from:
   - source:
       requestPrincipals: ["auth@istioinaction.io/*"]  ←——— 表示终端用户
   to:                                                        请求主体
   - operation:
       hosts: ["webapp.istioinaction.io"]
       methods: ["GET"]
```

　　在 `AuthorizationPolicy` 资源中，允许管理员用户的所有操作：

```
apiVersion: "security.istio.io/v1beta1"
kind: "AuthorizationPolicy"
metadata:
  name: "allow-mesh-all-ops-admin"
  namespace: istio-system
spec:
  rules:
    - from:
      - source:
          requestPrincipals: ["auth@istioinaction.io/*"]
      when:
      - key: request.auth.claims[group]    ←——— 只允许包含
        values: ["admin"]                         此声明的请求
```

　　　注意：在这个例子中，没有显式声明 action 的值为 ALLOW，因为它是默认值。

　　将资源应用到集群中：

```
$ kubectl apply -f \
     ch9/enduser/allow-all-with-jwt-to-webapp.yaml
$ kubectl apply -f ch9/enduser/allow-mesh-all-ops-admin.yaml
```

　　现在，我们来验证普通用户可以读取数据：

```
$  USER_TOKEN=$(< ch9/enduser/user.jwt);
   curl -H "Host: webapp.istioinaction.io" \
     -H "Authorization: Bearer $USER_TOKEN" \
```

```
    -sSl -o /dev/null -w "%{http_code}" localhost/api/catalog
```

```
200
```

但写操作还是不被允许：

```
$  USER_TOKEN=$(< ch9/enduser/user.jwt);
   curl -H "Host: webapp.istioinaction.io" \
     -H "Authorization: Bearer $USER_TOKEN" \
     -XPOST localhost/api/catalog \
     --data '{"id": 2, "name": "Shoes", "price": "84.00"}'
```

接下来，验证管理员用户具有写权限：

```
$  ADMIN_TOKEN=$(< ch9/enduser/admin.jwt);
   curl -H "Host: webapp.istioinaction.io" \
     -H "Authorization: Bearer $ADMIN_TOKEN" \
     -XPOST -sSl -w "%{http_code}" localhost/api/catalog/items \
     --data '{"id": 2, "name": "Shoes", "price": "84.00"}'
```

```
200
```

响应信息显示，声明为 `group：admin` 的请求被允许进入集群，因此管理员有权限在 `catalog` 中创建新条目。

9.5　与自定义的外部授权服务集成

我们已经看到了基于 SPIFFE 建立的 Istio 认证机制是如何为实现服务授权提供基础的。Istio 使用 Envoy 的开箱即用的基于角色的访问控制（RBAC）功能来实现授权，但如果需要一种更复杂或自定义的授权机制呢？我们可以配置 Istio 的服务代理调用不同的授权服务来决定是否允许请求通过。

在图 9.13 中，当代理调用外部授权（ExtAuthz）服务时，进入服务代理的请求就会暂停。这个外部授权服务可以在网格内，作为应用程序的 sidecar，也可以在网格外。外部授权服务需要实现 Envoy 的 `CheckRequest` API。下面是实现这个 API 的外部授权服务的例子：

- Open Policy Agent（"链接 2"）
- Signal Sciences（"链接 3"）
- Gloo Edge Ext Auth（"链接 4"）
- Istio sample Ext Authz（"链接 5"）

外部授权服务返回允许或拒绝的消息，然后使用代理执行授权。

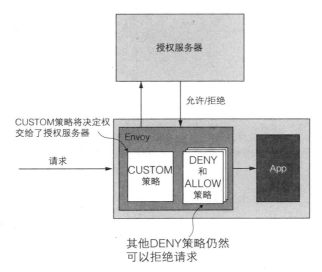

图 9.13　使用 CUSTOM 策略来获得外部服务器的授权请求

外部授权服务的性能取舍

　　对 ExtAuthz 服务的调用发生在请求路径中，因此使用这种方法时会遇到延迟问题。Istio 的内置授权足够灵活，但如果需要更全面的控制，就必须评估使用外部授权服务带来的性能问题。正如前面段落中所提到的，可以将 ExtAuthz 服务作为一个 sidecar，以减少网络开销。要了解更多细节，请参见 Istio 文档。

9.5.1　外部授权实践

　　为了测试自定义授权策略和外部授权功能，我们先清理掉现有的认证和授权策略：

```
$  kubectl delete authorizationpolicy,peerauthentication,\
requestauthentication --all -n istio-system
```

　　我们正在删除这些策略，所以可以看到自定义授权本身是如何工作的。就像在本章中把认证和授权分层一样，我们也可以对自定义授权做同样的事情。

　　我们先来部署一个 Istio 自带的示例外部授权服务。进入 Istio 发行版的根目录下，执行下面的命令：

```
$  kubectl apply \
    -f istio-1.13.0/samples/extauthz/ext-authz.yaml \
    -n istioinaction
```

查看 `istioinaction` 命名空间中的 Pod 列表，应该可以看到新部署的 `ext-authz` 服务：

```
$ kubectl get pod -n istioinaction

NAME                        READY   STATUS    RESTARTS   AGE
webapp-f7bdbcbb5-cpng5      2/2     Running   0          5d14h
catalog-68666d4988-pb498    2/2     Running   0          5d14h
ext-authz-6c85b4d8d-drh4x   2/2     Running   0          52s
```

还创建了一个名为 `ext-authz` 的 **Kubernetes** 服务。我们可以使用此服务名称来配置 Istio 的 `ExtAuthz` 功能：

```
$ kubectl get svc -n istioinaction

NAME        TYPE        CLUSTER-IP      PORT(S)            AGE
webapp      ClusterIP   10.99.80.174    80/TCP             5d14h
catalog     ClusterIP   10.99.216.206   80/TCP             5d14h
ext-authz   ClusterIP   10.106.20.54    8000/TCP,9000/TCP  94s
```

我们创建的 `ext-authz` 服务非常简单，只检查一个传入的请求是否包含 `x-ext-authz` 头。如果请求中包含该头信息，则该请求被允许；否则，该请求被拒绝。你可以编写自己的外部授权服务来判断请求的其他属性，或者使用前面提到的现有服务。

9.5.2   配置 ExtAuthz

为了了解 `ExtAuthz` 服务是如何工作的，我们需要在 Istio `meshconfig` 主配置中添加一个 `extensionProviders` 配置项。它位于 `istio-system` 命名空间的 `istioconfigmap` 中。编辑这个 `configmap`，为新的 `ExtAuthz` 服务添加适当的配置：

```
$ kubectl edit -n istio-system cm istio
```

将下面的配置添加到 `configmap` 中：

```
  extensionProviders:
- name: "sample-ext-authz-http"
  envoyExtAuthzHttp:
    service: "ext-authz.istioinaction.svc.cluster.local"
    port: "8000"
    includeHeadersInCheck: ["x-ext-authz"]
```

现在，你的配置与下面的类似：

```
apiVersion: v1
data:
  mesh: |-
    extensionProviders:
```

```
 - name: "sample-ext-authz-http"
   envoyExtAuthzHttp:
     service: "ext-authz.istioinaction.svc.cluster.local"
     port: "8000"
     includeHeadersInCheck: ["x-ext-authz"]
accessLogFile: /dev/stdout
defaultConfig:
  discoveryAddress: istiod.istio-system.svc:15012
  proxyMetadata: {}
  tracing:
    zipkin:
      address: zipkin.istio-system:9411
enablePrometheusMerge: true
rootNamespace: istio-system
trustDomain: cluster.local
meshNetworks: 'networks: {}'
```

我 们 为 Istio 配 置 了 一 个 名 为 sample-ext-authz-http 的 扩 展，它 是
envoyExtAuthz 服务的 HTTP 实现。这个服务被定义为 ext-authz.istio-
inaction.svc.cluster.local，这与在上一节中看到的 Kubernetes 服务一
致。我们可以向 ExtAuthz 服务传递头信息，在这个示例中，x-ext-authz 头
被用来确定授权的结果。使用 ExtAuthz 功能的最后一步是配置一个 Authori-
zationPolicy 资源。下面我们来看看它是如何工作的。

9.5.3　使用自定义的 AuthorizationPolicy 资源

在前面的章节中，我们创建了具有 DENY 或 ALLOW 行为的 Authorization-
Policy 资源。在这一节中，我们会创建一个具有 CUSTOM 行为的 Authoriza-
tionPolicy 资源，然后指定要使用的 ExtAuthz 服务。

```
apiVersion: security.istio.io/v1beta1
kind: AuthorizationPolicy
metadata:
  name: ext-authz
  namespace: istioinaction
spec:
  selector:
    matchLabels:
      app: webapp
  action: CUSTOM          ← 使用自定义的行为
  provider:
    name: sample-ext-authz-http   ← 必须匹配 meshconfig 中的名称
  rules:
  - to:
    - operation:
        paths: ["/"]      ← 应用 authz 的路径
```

这个 AuthorizationPolicy 资源被应用于 istioinaction 命名空间中
的 webapp 工作负载，委托给名为 sample-ext-authz-http 的 ExtAuthz 服

务。请注意，`provider` 部分指定的名称必须与之前配置的 Istio `configmap` 中给出的名称一致：

```
$ kubectl apply -f ch9/custom-authorization-policy.yaml
```

在上一节中，我们在 `default` 命名空间中部署了一个不属于网格的 `sleep` 服务。如果从 `sleep` 服务中调用 `webapp` 服务，它将不能通过 `ExtAuthz` 服务的授权检查。

```
$ kubectl -n default exec -it deploy/sleep -- \
    curl webapp.istioinaction/api/catalog

denied by ext_authz for not found header `x-ext-authz: allow` in the request
```

`ExtAuthz` 服务的例子很简单，它只检查值为 `allow` 的 `x-ext-authz` 头是否存在。把这个头信息添加到请求中，并验证它是否能通过授权检查：

```
$ kubectl -n default exec -it deploy/sleep -- \
    curl -H "x-ext-authz: allow" webapp.istioinaction/api/catalog
[
  {
    "id": 1,
    "color": "amber",
    "department": "Eyewear",
    "name": "Elinor Glasses",
    "price": "282.00"
  },
  <omitted>
]
```

现在调用成功了！如果没有成功，则需要检查配置是否正确，还需要仔细检查是否已经删除了可能阻碍请求的任何其他 `AuthorizationPolicy` 或 `PeerAuthentication` 策略。

在下一章中，我们将深入探讨如何对服务网格的数据平面组件进行故障诊断，以及如何利用 Envoy 访问日志获得更多的可见性。

本章小结

- `PeerAuthentication` 用于定义对等认证，通过严格的认证要求来确保流量是加密的且不能被窃听。
- `PERMISSIVE` 策略允许 Istio 工作负载同时接收加密流量和明文流量，并可用于迁移而不需要停机维护。
- `AuthorizationPolicy` 用于基于从工作负载身份证书或终端用户的 JWT 中提取的一组可验证的元数据来授权服务间请求或终端用户请求。
- `RequestAuthentication` 用于验证包含 JWT 的终端用户请求。
- 我们可以使用授权策略的 `CUSTOM` 行为来集成外部授权服务。

第3部分

Istio运维

在这一部分，我们会讨论故障排查和 day-2 运维。第 10 章和第 11 章会介绍如何排查数据平面的问题并保持控制平面的稳定性和性能。

数据平面的故障排查

10

本章内容包括

■ 排查工作负载配置错误的故障
■ 使用 istioctl 和 Kiali 检测与防止配置错误
■ 使用 istioctl 检查服务代理的配置
■ 理解 Envoy 日志
■ 使用遥测技术深入了解应用程序

当通过网络进行通信时，很多事情都可能会出错，正如我们在本书中所展示的那样。Istio 存在的一个主要原因，就是当错误发生时，帮助我们了解网络通信的情况，并实现超时、重试和熔断等弹性能力，以便应用程序能够自动地应对网络问题。服务代理可以告诉我们网络通信中的细节，但是当代理本身出现非预期的行为时会发生什么呢？

图 10.1 展示了参与服务请求的组件：

- istiod，保障数据平面和期望状态同步。
- 入口网关，允许流量进入集群。
- 服务代理（istio-proxy），提供访问控制，并处理从下游进入当前应用程序的流量。
- 应用程序，为请求提供服务，并可能调用另一个服务，从而使调用链延续到另一个上游服务，依此类推。

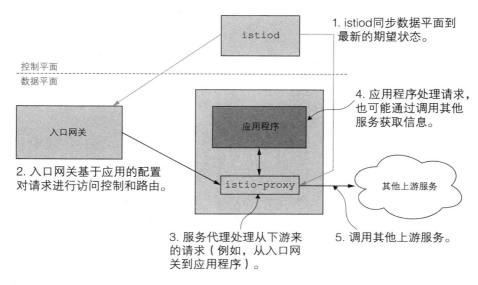

图 10.1　参与路由请求的组件

因此，非预期错误可能与调用链中的任何一个组件有关。调试每个组件可能需要很多时间，当应用程序影响到整个集群或系统时，为时已晚。在本章中，我们会使用一些工具，通过检查代理及其相关配置，对错误场景进行故障排查。

10.1　最常见错误：数据平面配置错误

Istio 使用了易读的格式，通过自定义资源定义（CRD）配置服务代理，如 VirtualService、DestinationRule 等。这些资源被转换成 Envoy 配置并应用于数据平面。在应用了新的资源后，如果数据平面的行为与预期不一致，最直接的原因就是配置错误。

为了展示如何排查配置错误，我们将设置以下例子：使用一个 Gateway 资源允许流量通过 Istio 的入口网关，并使用 VirtualService 资源将 20% 的请求路由到 version-v1 子集，将 80% 的请求路由到 version-v2 子集，如图 10.2 所示。关于路由和流量切分的更多信息，参见第 5 章。

你可能会认为目前一切正常——其实并不是。因为没有 DestinationRule 资源，入口网关没有 version-v1 和 version-v2 子集的定义，所有的请求都会失败。这是一个很好的用于故障排查的例子。

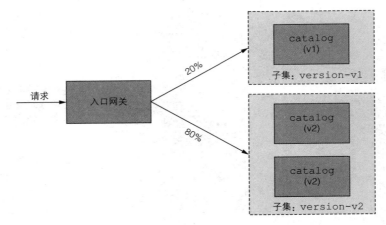

图 10.2   配置入口网关把请求路由到不存在的子集

我们首先假设已经部署了 Istio（参见第 2 章），但没有部署任何其他应用程序组件。如果你的集群是基于前几章的内容配置的，则可能要清理掉遗留的部署、服务、网关和虚拟服务，如下所示：

```
$  kubectl config set-context $(kubectl config current-context) \
 --namespace=istioinaction
$  kubectl delete virtualservice,deployment,service,\
destinationrule,gateway,authorizationpolicy,peerauthentication --all
$ kubectl delete authorizationpolicy,peerauthentication --all -n istio-system
```

为了部署本节中用到的应用程序，在本书源代码的根目录下运行以下命令：

```
$  kubectl apply -f services/catalog/kubernetes/catalog.yaml
$  kubectl apply -f ch10/catalog-deployment-v2.yaml
$  kubectl apply -f ch10/catalog-gateway.yaml
$  kubectl apply -f ch10/catalog-virtualservice-subsets-v1-v2.yaml
```

这将启动集群中的 catalog 工作负载，并创建一个 Gateway 资源，以定义接收 HTTP 流量的入口网关。然后创建一个 VirtualService 资源，将流量路由到 catalog 工作负载。

在创建了这些资源之后，打开一个新的终端，执行如下命令，以持续产生到 catalog 工作负载的流量：

```
$  for i in {1..100}; do curl http://localhost/items \
-H "Host: catalog.istioinaction.io" \
-w "\nStatus Code %{http_code}\n"; sleep .5s;  done

Status Code 503
```

在输出中可以看到，由于缺少子集，响应码是 503，即“服务不可用”。这个例子给了我们足够的信息来展示，当工作负载配置错误时，如何对数据平面进行故障排查。

10.2　识别数据平面的问题

在日常操作中，我们最常处理的是数据平面的问题。直接调试数据平面可能成为一种常态，但迅速排查控制平面的问题也至关重要。考虑到控制平面的主要功能是将最新的配置下发到数据平面，因此第一步应该是验证控制平面和数据平面是否同步。

10.2.1　如何验证数据平面是最新的

数据平面配置被设计为最终一致性。这意味着环境（服务、端点、健康）的变化或配置的变化不会立即反映在数据平面上，直到它与控制平面同步。正如我们在前几章中所看到的，控制平面将某一特定服务的每个单独的端点 IP 地址发送到数据平面（大致相当于服务中每个 Pod 的 IP 地址）。如果其中任何一个端点变得不可用，Kubernetes 都需要一段时间来识别，并将该 Pod 标记为不健康状态。有些时候，控制平面也会意识到这个问题，并从数据平面上删除该端点。这样，数据平面就得到了最新的配置，代理的配置也再次一致。图 10.3 显示了更新数据平面所发生的事件。

> **注意**：对于较大的集群，随着工作负载和事件数量的增加，数据平面同步所需的时间也会成比例地增加。我们将在第 11 章中探讨如何提高大型集群的性能。

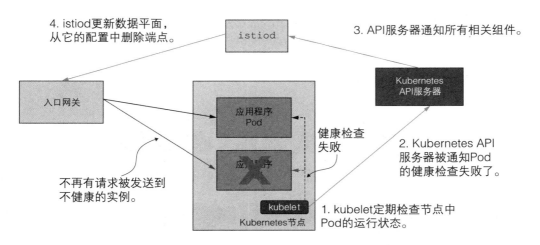

图 10.3　工作负载变得不健康之后，更新数据平面配置的一系列事件

我们使用 `istioctl proxy-status` 命令检查数据平面是否与最新的配置同步：

```
$ istioctl proxy-status
```

```
NAME                                        CDS       LDS       RDS
catalog.<...>.istioinaction                 SYNCED    SYNCED    SYNCED
catalog.<...>.istioinaction                 SYNCED    SYNCED    SYNCED
catalog.<...>.istioinaction                 SYNCED    SYNCED    SYNCED
istio-egressgateway.<...>.istio-system      SYNCED    SYNCED    NOT SENT
istio-ingressgateway.<...>.istio-system     SYNCED    SYNCED    SYNCED
```

输出中列出了每个 xDS API 的所有工作负载和它们的同步状态。为了提高可读性，输出中修改了 EDS 的状态（关于 Envoy xDS 的更多细节，参见第 3 章）。

- SYNCED——Envoy 已经确认控制平面发送了最新配置。
- NOT SENT——控制平面还没有向 Envoy 发送配置。这通常是因为控制平面没有更新可以发送。前面片段中显示的 istio-egressgateway 的路由发现服务（RDS）就是这种情况。
- STALE——控制平面已经发送了更新，但没有被确认。这代表了以下情况之一：控制平面过载；Envoy 和控制平面之间缺少连接或失去连接；Istio 有 bug。

而输出显示，没有工作负载没收到配置。此时，可以确信问题不太可能出现在控制平面上，我们应该着手调查数据平面组件。

数据平面组件最常见的问题是由于工作负载配置错误造成的。使用 Kiali 可以对配置进行快速验证。

10.2.2 使用 Kiali 发现配置错误

在第 8 章中，我们简要地提到了 Kiali 可以发现服务的配置错误。现在，我们看看这些功能的实际应用。打开 Kiali 仪表板，如图 10.4 所示。

```
$ istioctl dashboard kiali
http://localhost:20001/kiali
```

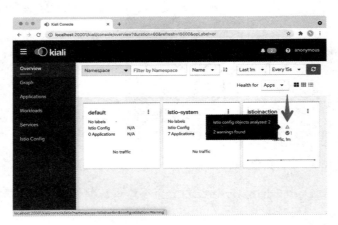

图 10.4 Kiali 概览仪表板显示了 istioinaction 命名空间中的一个错误

仪表板显示了 istioinaction 命名空间中的一个警告。点击它，可以跳转到 Istio 配置视图（见图 10.5），其中列出了在选定的命名空间中应用的所有 Istio 配置。配置错误会有通知，如 catalog-v1-v2 VirtualService 资源。点击图 10.5 所示的警告图标，会跳转到 VirtualService 的 YAML 视图，其中配置错误的部分会在嵌入式编辑器中突出显示（见图 10.6）。

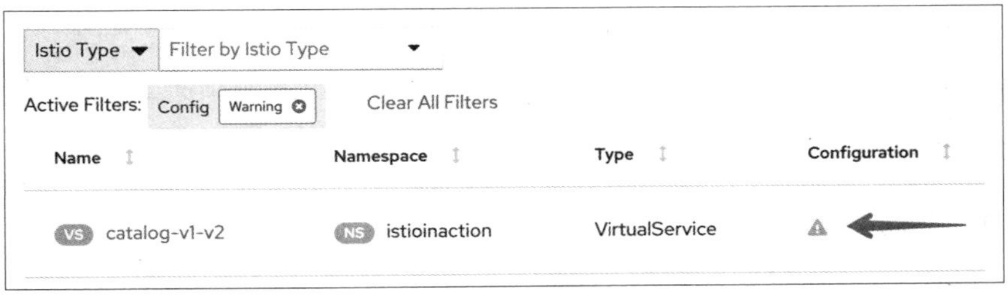

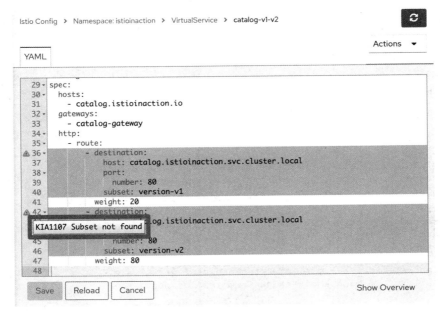

图 10.5　catalog VirtualService 有警告

图 10.6　Kiali 的 YAML 配置视图显示了具体的警告信息

将鼠标悬停在警告图标上，会显示警告信息 "KIA1107 Subset not found"。关于警告的更多信息，可以查看 Kiali 文档中的 Kiali 验证页面；此页面提供了已识别错误的描述、严重程度和解决方案。例如，下面是 KIA1107 警告的解决方案：

> 修复指向不存在的子集的路由信息。这可能是修复子集名称中的一个
> 拼写错误，或者在 DestinationRule 中定义缺少的子集。

这种描述有助于我们识别和解决配置问题，它能正确地指出配置错误的地方。在当前的例子中缺少了对子集的定义，所以应该创建一个 DestinationRule 资源来定义它们。

Kiali 对配置的校验检查很有帮助，当工作负载没有按照预期工作时，第一步就应该使用它。接下来可以使用 istioctl，它提供了另一套验证方法。

10.2.3　通过 istioctl 发现配置错误

为了自动排查配置错误的工作负载，我们来介绍两个最有用的 istioctl 命令：istioctl analyze 和 istioctl describe。

使用 istioctl 分析配置

istioctl analyze 命令是一个强大的分析 Istio 配置的诊断工具，它可以在已经出现问题的集群上运行，也可以在将配置应用到集群之前对其进行分析，以防止一开始资源就配置错误。

analyze 命令运行一组分析器，每个分析器都专门用来检测某一组问题。它很容易扩展，这保证了它可以和 Istio 一起演进。

我们来分析 istioinaction 命名空间，并看看能检测到什么问题：

```
$  istioctl analyze -n istioinaction

Error [IST0101] (VirtualService catalog-v1-v2.istioinaction)
➡Referenced host+subset in destinationrule not found:

➡"catalog.istioinaction.svc.cluster.local+version-v1"
Error [IST0101] (VirtualService catalog-v1-v2.istioinaction)
➡Referenced host+subset in destinationrule not found:
➡"catalog.istioinaction.svc.cluster.local+version-v2"
Error: Analyzers found issues when analyzing namespace: istioinaction.

See https://istio.io/v1.13/docs/reference/config/analysis
➡for more information about causes and resolutions.
```

输出显示，没有找到子集的配置。除了错误信息 Referenced host+subset in destinationrule not found，它还返回了错误代码 IST0101，我们可以在 Istio 文档中找到关于这个问题的更多细节。

检测特定于工作负载的错误配置

describe 子命令用于描述特定于工作负载的配置。它分析了直接或间接影响一个工作负载的 Istio 配置,并打印出一份摘要。该摘要回答了关于工作负载的问题,例如:

- 它是服务网格的一部分吗?
- 哪些 VirtualService 和 DestinationRule 适用于它?
- 它需要双向认证流量吗?

选择一个 catalog 服务的 Pod,然后执行下面的 describe 命令:

```
$ istioctl x describe pod catalog-68666d4988-vqhmb

Pod: catalog-68666d4988-q6w42
   Pod Ports: 3000 (catalog), 15090 (istio-proxy)
--------------------
Service: catalog
   Port: http 80/HTTP targets pod port 3000

Exposed on Ingress Gateway http://13.91.21.16
VirtualService: catalog-v1-v2
  WARNING: No destinations match pod subsets (checked 1 HTTP routes)

    Warning: Route to subset version-v1 but NO DESTINATION RULE defining
    subsets!

    Warning: Route to subset version-v2 but NO DESTINATION RULE defining
    subsets!
```

输出的警告信息是:Route to subset version-v1 but NO DESTI-NATION RULE defining subsets。这意味着路由是为不存在的子集配置的。为了完整起见,我们看看如果工作负载配置正确,istioctl describe 的输出会是什么样子:

```
Pod: catalog-68666d4988-q6w42
   Pod Ports: 3000 (catalog), 15090 (istio-proxy)
--------------------
Service: catalog
   Port: http 80/HTTP targets pod port 3000
DestinationRule: catalog for "catalog.istioinaction.svc.cluster.local"
   Matching subsets: version-v1                           匹配的
      (Non-matching subsets version-v2)    ◁── 没有匹配   子集
   No Traffic Policy                            的子集

Exposed on Ingress Gateway http://13.91.21.16    ┌── VirtualService 将流
VirtualService: catalog-v1-v2                  ◁─┘   量路由到这个 Pod
   Weight 20%
```

analyze 和 describe 子命令对于识别配置中的常见错误很有帮助,通常都能根据提示修复错误。对于那些不能用命令,或者命令没有提供足够的指导来解决的问题，就需要进一步调试了。这就是下一节的内容。

10.3　从Envoy配置中发现错误

一旦自动化的分析器发现不了问题，就需要手动检查整个 Envoy 配置。我们可以使用 Envoy 管理界面或 `istioctl` 检索工作负载的 Envoy 配置。

10.3.1　Envoy 管理界面

Envoy 管理界面开放了 Envoy配置和修改代理的功能，例如，提升日志记录级别。每个服务代理都可以通过 15000 端口访问这个界面。使用 `istioctl`，我们可以把它转发到本地主机：

```
$ istioctl dashboard envoy deploy/catalog -n istioinaction
http://localhost:15000
```

这将会打开一个新的浏览器窗口，其中列出了管理界面开放的所有选项。图 10.7 展示了其中的一部分。

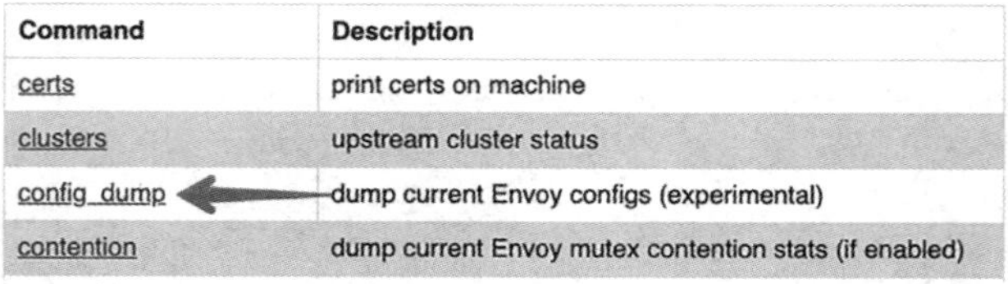

Command	Description
certs	print certs on machine
clusters	upstream cluster status
config_dump	dump current Envoy configs (experimental)
contention	dump current Envoy mutex contention stats (if enabled)

图 10.7　Envoy 管理界面的一部分

我们可以使用 `config_dump` 查看代理中加载的 Envoy 配置。不过，需要注意的是，它包含了大量的数据。我们使用下面的命令查看到底有多少行数据：

```
$  curl -s localhost:15000/config_dump | wc -l
   13934
```

输出的数据量如此之大，几乎是人类无法阅读的。出于这个原因，`istioctl` 提供了过滤输出的方法，可以将我们感兴趣的内容过滤出来，有助于提高可读性。

　　注：你可以从 Envoy 官方文档中找到关于管理界面的详细信息。

10.3.2　使用 istioctl 查询代理配置

`istioctl proxy-config` 命令使我们能够根据 Envoy 的 xDS API 检索和过滤工作负载的代理配置，其包含了下面的子命令：

- `cluster`——检索集群配置。

- endpoint——检索端点配置。
- listener——检索监听器配置。
- route——检索路由配置。
- secret——检索密钥配置。

当你了解了 Envoy 的底层 API 时，就更容易理解要查询的配置了。让我们简单地复习一下在第 3 章中提到的 EnvoyAPI。

通过 Envoy API 交互路由请求

图 10.8 显示了配置请求路由的 Envoy API。这些 API 会对代理产生以下影响：

- Envoy 监听器定义了一个网络配置，如 IP 地址和端口，允许下游流量进入代理。
- 为允许的连接创建一个 HTTP 过滤器链。该链中最重要的过滤器是路由过滤器，它执行高级路由任务。
- Envoy 路由是一组将虚拟主机匹配到集群的规则。路由会按照列出的顺序执行。第一个被匹配的规则会将流量路由到集群的工作负载。路由可以以静态方式配置，但在 Istio 中，它们由 RDS 动态配置。
- 在 Envoy 集群中，每个集群都有一组相似的工作负载的端点。子集用于进一步划分集群内的工作负载，从而实现精细化的流量管理。
- Envoy 端点代表为请求服务的工作负载的 IP 地址。

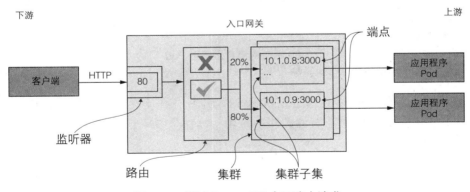

图 10.8　通过 Envoy API 交互路由请求

在下一节中，我们将查看入口网关的监听器、路由、集群和端点的配置，并验证通过这些配置是否可以将流量路由到 catalog 工作负载。

查询 Envoy 监听器配置

首先要确保从入口网关到达本地主机 80 端口的流量被允许进入集群。如前所述，Envoy 监听器的责任是接收流量，这些监听器是通过 Istio 的 Gateway 资源配置的。

我们可以使用下面的命令查询网关的监听器配置，并验证流量是否由 80 端口接收。

```
$ istioctl proxy-config listeners \
    deploy/istio-ingressgateway -n istio-system

ADDRESS PORT  MATCH DESTINATION
0.0.0.0 8080  ALL   Route: http.8080        ←────┐  路由到 8080 端口的
0.0.0.0 15021 ALL   Inline Route: /healthz/ready*     请求基于 http.8080
0.0.0.0 15090 ALL   Inline Route: /stats/prometheus*  的规则
```

从上面的输出信息中可以看到：

- 在 8080 端口配置了一个监听器。
- 流量是根据该监听器的 `http.8080` 规则进行路由的。

你可能会感到意外，为什么 `http.8080` 路由被配置为监听 8080 端口，而不是 80 端口？这其实并没有问题，Kubernetes 服务 `istio-ingressgateway` 会将流量从 80 端口转发到 8080 端口，通过查看服务定义可以印证这一点，如下所示。此外，入口网关可以监听 8080 端口，因为它不是受限的端口。

```
$ kubectl -n istio-system get svc istio-ingressgateway -o yaml \
| grep "ports:" -A 10
  ports:
  - name: status-port
    nodePort: 30618
    port: 15021
    protocol: TCP
    targetPort: 15021
  - name: http2
    nodePort: 32589
    port: 80          ←────┐  80 端口的流量指向了 Pod
    protocol: TCP            │  的 8080 端口
    targetPort: 8080  ←────┘
```

我们已经验证了流量会到达 8080 端口，并且存在一个监听器允许其进入入口网关。此外，我们还看到监听器的路由是由 `http.8080` 规则完成的，这正是下一个要介绍的内容。

查询 Envoy 路由配置

Envoy 路由配置定义了一组规则，用于确定流量被路由到的集群。Istio 使用 `VirtualService` 资源来配置 Envoy 路由。同时，集群是被自动发现或通过 `DestinationRule` 资源定义的。

为了找出 `http.8080` 的流量会被路由到哪些集群，我们来查询它的配置：

```
$ istioctl pc routes deploy/istio-ingressgateway \
    -n istio-system --name http.8080
NOTE: This output only contains routes loaded via RDS.
NAME        DOMAINS                   MATCH      VIRTUAL SERVICE
http.8080   catalog.istioinaction.io  /*         catalog.istioinaction
```

从输出中可以看到，catalog.istioinaction.io 主机的 URL 与路径前缀 /* 匹配的流量会被路由到位于 istioinaction 命名空间的 catalog VirtualService。关于 catalog.istioinaction VirtualService 背后的集群细节，可以通过 JSON 格式打印出来：

```
$ istioctl pc routes deploy/istio-ingressgateway -n istio-system \
     --name http.8080 -o json

<omitted>
"routes": [
  {
    "match": {                      必须匹配的
      "prefix": "/"          ◁──┤  路由规则
    },
    "route": {
      "weightedClusters": {         当规则被匹配时，流量
        "clusters": [         ◁──┤  被路由到的集群
          {
            "name": "outbound|80|version-
  v2|catalog.istioinaction.svc.cluster.local",
            "weight": 80
          },
          {
            "name": "outbound|80|version-
  v1|catalog.istioinaction.svc.cluster.local",
            "weight": 20
          }
        ]
    },
<omitted>
}
```

输出显示，当路由被匹配时，有两个集群正在接收流量：

- outbound|80|version-v1|catalog.istioinaction.svc.cluster.local
- outbound|80|version-v2|catalog.istioinaction.svc.cluster.local

我们来了解一下用管道分隔符分隔的每个部分的含义，以及工作负载是如何被分配成为这些集群的成员的。

查询 Envoy 集群配置

Envoy 集群配置定义了请求可以被路由到的后端服务。集群通过多个实例或端点进行负载平衡。这些端点通常是 IP 地址，代表服务于终端用户流量的单个工作负载实例。

使用 istioctl，我们可以查询入口网关所能感知的集群；不过有许多集群，每个后端可路由的服务都会配置一个集群。我们可以使用 istioctl `proxy-config clusters` 命令来查看集群配置：方向、端口、子集、全限定域名，这些信息组成了集群名称，正如图 10.9 所展示的那样。

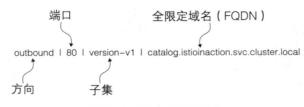

图 10.9　集群名称的组成

我们来查询其中的一个集群，例如，配置了入口网关的子集是 `version-v1` 的集群。我们可以在查询中指定集群属性：

```
$ istioctl proxy-config clusters \
    deploy/istio-ingressgateway.istio-system \
    --fqdn catalog.istioinaction.svc.cluster.local \
    --port 80 \
    --subset version-v1

SERVICE FQDN    PORT    SUBSET    DIRECTION    TYPE    DESTINATION RULE
```

`version-v1` 和 `version-v2` 子集都没有集群。如果子集没有集群，请求就会失败，因为虚拟服务正在把请求路由到不存在的集群。

显然，这是一个配置错误的示例，我们可以通过创建一个定义子集集群的 `DestinationRule` 资源来解决问题。本示例的 `DestinationRule` 位于第 10 章目录下的 `catalog-destinationrule-v1-v2.yaml` 文件中。在将其应用于集群之前，我们使用 `istioctl analyze` 子命令来验证该配置是否可以修复服务网格错误：

```
istioctl analyze ch10/catalog-destinationrule-v1-v2.yaml \
    -n istioinaction

✓ No validation issues found when analyzing
  ➥ch10/catalog-destinationrule-v1-v2.yaml.
```

从输出信息中可以知道，在集群中没有发现验证错误，这说明我们定义的 `DestinationRule` 可以修复上面的问题。现在将配置应用到集群中：

```
$  kubectl apply -f ch10/catalog-destinationrule-v1-v2.yaml

destinationrule.networking.istio.io/catalog created
```

再次查看集群，可以看到新定义的 `version-v1` 和 `version-v2` 子集：

```
$  istioctl pc clusters deploy/istio-ingressgateway -n istio-system \
    --fqdn catalog.istioinaction.svc.cluster.local --port 80
```

```
SERVICE FQDN          PORT  SUBSET       DIRECTION  TYPE  DESTINATION RULE
catalog.<...>.local   80    -            outbound   EDS   catalog.<...>
catalog.<...>.local   80    version-v1   outbound   EDS   catalog.<...>
catalog.<...>.local   80    version-v2   outbound   EDS   catalog.<...>
```

现在，因为 DestinationRule 资源定义了 version-v1 和 version-v2 子集的集群，流量可以被路由到集群成员中。

回顾一下，在 Envoy 中，所谓的一个集群就是一组端点（或 IP 地址）。下面我们来探讨如何检索端点。

集群是如何配置的

Envoy 代理提供了多种方法来发现一个集群的端点。其中一种方法是使用 istioctl，以 JSON 格式输出集群 version-v1（下面的输出被截断以显示 edsClusterConfig 部分）。

```
$ istioctl pc clusters deploy/istio-ingressgateway -n istio-system \
--fqdn catalog.istioinaction.svc.cluster.local --port 80 \
--subset version-v1 -o json

# Output is truncated
"name": "outbound|80|version-v1|catalog.istioinaction.svc.cluster.local",
"type": "EDS",
"edsClusterConfig": {
    "edsConfig": {
        "ads": {},
        "resourceApiVersion": "V3"
    },
    "serviceName":
      "outbound|80|version-v1|catalog.istioinaction.svc.cluster.local"
},
```

输出显示，edsClusterConfig 被配置为使用 ADS（Aggregated Discovery Service）来查询端点。服务名称 outbound|80|version-v1|catalog.istioinaction.svc.cluster.local 被用作过滤器，用于从 ADS 查询端点。

查询 Envoy 集群端点

现在我们知道 Envoy 代理被配置为通过服务名称查询 ADS，可以利用这一信息，通过 istioctl proxy-config endpoints 命令来查询入口网关中这个集群的端点：

```
$ istioctl pc endpoints deploy/istio-ingressgateway -n istio-system \
--cluster "outbound|80|version-v1|catalog.istioinaction.svc.cluster.local"
```

```
ENDPOINT           STATUS    OUTLIER CHECK    CLUSTER
10.1.0.60:3000     HEALTHY   OK               outbound|80|version-v1|catalog...
```

输出中列出了这个集群背后唯一的工作负载端点。我们通过这个 IP 地址来查询

Pod，并验证其后面是否有实际的工作负载：

```
$ kubectl get pods -n istioinaction \
    --field-selector status.podIP=10.1.0.60
NAME                       READY   STATUS    RESTARTS    AGE
catalog-5b56677c4c-v7hkj   2/2     Running   0           3h47m
```

这就对了！我们已经完成了 Envoy API 资源的整个链路配置，这些配置可以让服务代理把流量路由到工作负载。理解这些内容需要花费一些时间，不过多复习几次，相信你一定能掌握。

关于发现配置错误的内容到这里就结束了。在下一节中，我们将研究如何通过服务代理来调试应用程序。

10.3.3 应用程序的故障排查

对于基于微服务的应用程序，服务代理产生的日志和指标有助于排查许多问题，如发现导致性能瓶颈的服务、识别经常失败的端点、检测性能下降等。在第 6 章中，我们介绍了如何处理应用程序的弹性问题。在本节中，我们将使用 Envoy 的访问日志和指标进行故障排查。首先需要更新服务，以便有一个可以用来演示的问题。

设置间歇性变慢的工作负载超时

使用以下命令可以将 catalog 工作负载配置为间歇性的响应变慢：

```
$  CATALOG_POD=$(kubectl get pods -l version=v2 -n istioinaction -o \
    jsonpath={.items..metadata.name} | cut -d ' ' -f1) \

$ kubectl -n istioinaction exec -c catalog $CATALOG_POD  \
  -- curl -s -X POST -H "Content-Type: application/json" \
  -d '{"active": true, "type": "latency", "volatile": true}' \
  localhost:3000/blowup

blowups=[object Object]
```

将 catalog-v1-v2 VirtualService 配置为当请求的处理时间超过 0.5s 时就超时：

```
$  kubectl patch vs catalog-v1-v2 -n istioinaction --type json \
    -p '[{"op": "add", "path": "/spec/http/0/timeout", "value": "0.5s"}]'
```

图 10.10 显示了这些变化。

接下来，我们持续地给 catalog 服务发送请求。这样做会产生一些日志和遥测数据，在后面的章节中会用到：

```
$  for i in {1..9999}; do curl http://localhost/items \
-H "Host: catalog.istioinaction.io" \
-w "\nStatus Code %{http_code}\n"; sleep 1s;  done
```

可以看到，部分请求被路由到响应变慢的工作负载，因此它们触发了超时：

```
upstream request timeout
Status Code 504
```

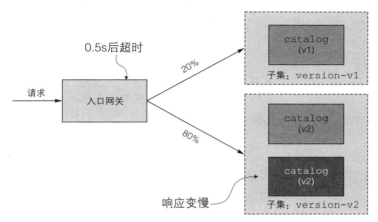

图 10.10　两个变化：0.5s 后请求超时，工作负载间歇性变慢

我们可以从 Envoy 的日志中看到状态码 504，"Gateway timeout"这样的一条信息。

理解 Envoy 访问日志

Envoy 访问日志记录了 Envoy 代理处理的所有请求，这有助于进行调试和故障排查。在默认情况下，Istio 将代理配置为使用文本格式展示日志，这种格式很简洁，但难以阅读。

```
$ kubectl -n istio-system logs deploy/istio-ingressgateway \
 | grep 504

# output is truncated to a single failing request
[2020-08-22T16:20:20.049Z] "GET /items HTTP/1.1" 504 UT "-" "-" 0 24
501 - "192.168.65.3" "curl/7.64.1" "6f780bed-9996-9c95-a899-a5e293cd9fe4"
"catalog.istioinaction.io" "10.1.0.68:3000"
outbound|80|version-v2|catalog.istioinaction.svc.cluster.local
10.1.0.69:34488 10.1.0.69:8080 192.168.65.3:55962 - -
```

每个请求都有很多信息被记录下来（这对调试很有帮助），但要理解当前的格式是非常困难的。特别是对新用户而言更是如此，他们不知道每个值的含义是什么。幸运的是，我们可以将日志配置为 JSON 格式显示，以方便阅读。

启用网格范围的访问日志

　　服务代理的访问日志是可配置的。在默认情况下，只有 Istio 的 demo 安装配置文件会将访问日志打印到标准输出。如果你使用任何其他的配置文件或者和第 2 章中的安装方法不一样，则需要在 Istio 安装时设置属性：`meshConfig.accessLogFile="/dev/stdout"`。

```
$ istioctl install --set meshConfig.accessLogFile="/dev/stdout"
```

　　请注意，这将启用整个网格的访问日志。如果你只想启用某个特定工作负载的访问日志，则可以使用 Telemetry API，就像第 7 章中介绍的那样。

改变 Envoy 访问日志的格式

　　使用 `istioctl`，我们可以修改 Istio 的安装配置，以 JSON 格式打印访问日志。这种格式的好处是数据都是键值对，可以很容易理解其含义：

```
$ istioctl install --set profile=demo \
    --set meshConfig.accessLogEncoding="JSON"
```

　　这一更新适用于整个网格，它极大地增加了每个代理的日志量。在大规模集群中，不建议这样做，因为这会给与日志相关的基础设施带来压力。

　　Istio 安装更新后，再次查看日志。因为输出已经改成了 JSON 格式，所以我们可以通过 `jq` 来渲染以提高可读性：

```
$ kubectl -n istio-system logs deploy/istio-ingressgateway \
| grep 504 | tail -n 1 | jq
{
  "user_agent":"curl/7.64.1",
  "Response_code":"504",                    ← Envoy 响应标志
  "response_flags":"UT",
  "start_time":"2020-08-22T16:35:27.125Z",
  "method":"GET",
  "request_id":"e65a3ea0-60dd-9f9c-8ef5-42611138ba07",
  "upstream_host":"10.1.0.68:3000",          ← 接收到请求的上游主机
  "x_forwarded_for":"192.168.65.3",
  "requested_server_name":"-",
  "bytes_received":"0",
  "istio_policy_status":"-",
  "bytes_sent":"24",
  "upstream_cluster":
    "outbound|80|version-v2|catalog.istioinaction.svc.cluster.local",
  "downstream_remote_address":"192.168.65.3:41260",
  "authority":"catalog.istioinaction.io",
  "path":"/items",
  "protocol":"HTTP/1.1",
```

```
    "upstream_service_time":"-",
    "upstream_local_address":"10.1.0.69:48016",
    "duration":"503",                              ◁———  超出了
    "upstream_transport_failure_reason":"-",              500ms
    "route_name":"-",
    "downstream_local_address":"10.1.0.69:8080"
}
```

现在，理解日志要容易得多，其中有两点非常重要：

- `response_flags` 的值是 `UT`，其代表"上游请求超时"。
- `upstream_host` 代表处理请求的工作负载的实际 IP 地址。

Envoy 响应标志

Envoy 使用响应标志可以为连接失败提供更多的细节。例如，响应标志 UT 意味着"因为超时配置，上游响应速度非常慢"。将响应标志 UT 与该请求关联是很重要的，因为它能让我们区分出超时设置是代理做出的，而不是应用程序做出的。常见的一些响应标志如下：

- UH——没有健康的上游（集群没有工作负载）。
- NR——没有配置路由。
- UC——上游连接终止。
- DC——下游连接终止。

在 Envoy 文档中可以找到整个列表。

`upstream_host` 可以帮助我们识别出哪个应用程序出了问题。接下来就是通过 IP 地址查找 Pod，看看它出了什么问题。调试方法有很多种，我们将探索所有这些方法。

我们把变慢的 `catalog` **Pod** 存储在 `SLOW_POD` 变量中，以便后面使用。

```
$  SLOW_POD_IP=$(kubectl -n istio-system logs deploy/istio-ingressgateway \
|  grep 504 | tail -n 1 | jq -r .upstream_host | cut -d ":" -f1)
$  SLOW_POD=$(kubectl get pods -n istioinaction \
     --field-selector status.podIP=$SLOW_POD_IP \
     -o jsonpath={.items..metadata.name})
```

在这个例子中，我们能够很容易地通过日志找到出问题的 Pod。如果日志不能提供足够的信息，则可以提高 Envoy 的日志级别以获取更详细的信息。

为入口网关调高日志级别

`istioctl` 提供了修改 Envoy 日志级别的工具。当前日志级别可以通过下面的方式打印出来：

```
$  istioctl proxy-config log \
     deploy/istio-ingressgateway -n istio-system

active loggers:
  connection: warning          ◁───  与网络层相关的
  conn_handler: warning              连接日志信息
  filter: warning
  http: warning          ◁───  与应用层相关的 HTTP
  http2: warning               范围的日志信息，如
  jwt: warning                 HTTP 头、路径等
  pool: warning
  router: warning        ◁───  路由日志信息，
  stats: warning               例如，请求被路由
# output is truncated           到哪个集群
```

我们根据输出结果来解释 connection: warning 的含义：关键字 connection
代表日志记录的范围，值 warning 代表这个范围的日志级别，这意味着只有日志
级别为 warning 且与连接相关的日志才会被打印出来。

其他可能的日志级别还包括 none、error、info 和 debug。我们可以为不
同的范围指定不同的日志级别，从而精确地找到自己感兴趣的日志，避免它们被淹
没在 Envoy 所生成的海量日志中。

在当前示例中，我们可以在这些范围中找到有用的日志：

- connection——与第 4 层（传输层）相关的日志；TCP 连接细节。
- http——与第 7 层（应用层）相关的日志；HTTP 细节。
- router——与 HTTP 请求的路由相关的日志。
- pool——与连接池获取或丢弃上游主机连接相关的日志。

我们把 connection、http 和 router 的日志级别设置为 debug，以便更
深入地了解 Envoy 代理的行为：

```
$  istioctl proxy-config log deploy/istio-ingressgateway \
   -n istio-system \
   --level http:debug,router:debug,connection:debug,pool:debug
```

现在，打印入口网关的日志。为了简单起见，我们直接把日志输出到一个临时
文件里：

```
$  kubectl logs -n istio-system deploy/istio-ingressgateway \
>  /tmp/ingress-logs.txt
```

使用你喜欢的编辑器打开这个文件，查找 HTTP 响应码为 504 的输出信息，将
会发现类似于这样的片段：

```
2020-08-29T13:59:47.678259Z     debug     envoy http
[C198][S86652966017378412] encoding headers via codec (end_stream=false):
':status', '504'
```

```
'content-length', '24'
'content-type', 'text/plain'
'date', 'Sat, 29 Aug 2020 13:59:47 GMT'
'server', 'istio-envoy'
```

找到连接 ID 后（本例中是 C198），就可以查看所有与这个连接有关的日志了：

```
2020-08-29T13:59:47.178478Z    debug    envoy http      ┐创建一个新的
[C198] new stream                               ◄─┘连接流
2020-08-29T13:59:47.178714Z    debug    envoy http
[C198][S86652966017378412] request headers complete (end_stream=true):
':authority', 'catalog.istioinaction.io'
':path', '/items'

2020-08-29T13:59:47.178739Z    debug    envoy http
[C198][S86652966017378412] request end stream
2020-08-29T13:59:47.178926Z    debug    envoy router
[C198][S86652966017378412] cluster
'outbound|80|version-v2|catalog.istioinaction.svc.cluster.local'
match for URL '/items'                    ◄────┐匹配流量路由到
2020-08-29T13:59:47.179003Z    debug    envoy router │的集群
[C198][S86652966017378412] router decoding headers:
':authority', 'catalog.istioinaction.io'
':path', '/items'
':method', 'GET'
':scheme', 'https'
```

在日志中，我们看到一个新的连接流被创建出来，流 ID S86652966017378412 被添加到后续日志中。基于这个流 ID，路由范围的日志打印出与路由规则匹配的集群：out bound|80|version-v2|catalog.istioinaction.svc.cluster .local。

在决定将请求路由到哪个集群后，在该集群的实例中创建了一个新的上游连接，如下所示：

```
2020-08-29T13:59:47.179215Z    debug    envoy connection
[C199] connecting to 10.1.0.15:3000               ◄────┐创建与上游的
2020-08-29T13:59:47.179392Z    debug    envoy connection │新连接
[C199] connection in progress
2020-08-29T13:59:47.179818Z    debug    envoy connection
[C199] connected
2020-08-29T13:59:47.180484Z    debug    envoy connection
[C199] handshake complete
2020-08-29T13:59:47.180548Z    debug    envoy router
[C198][S86652966017378412] pool ready
2020-08-29T13:59:47.67788Z     debug    envoy router    ┐超过了连接
[C198][S86652966017378412] upstream timeout       ◄─┘超时限制
2020-08-29T13:59:47.677983Z    debug    envoy router
[C198][S86652966017378412] resetting pool request
2020-08-29T14:52:37.036988Z    debug    envoy pool      ┐断开
[C199] client disconnected, failure reason:       ◄─┘连接
2020-08-29T14:52:37.037060Z    debug    envoy http
[C198][S17065302543775437839] Sending local reply with details
```

```
➥upstream_response_timeout
2020-08-29T13:59:47.678259Z      debug      envoy http
[C198][S86652966017378412] encoding headers via
➥codec (end_stream=false):                    响应码 504 被
':status', '504'                               发送到下游
'content-length', '24'
'content-type', 'text/plain'
'date', 'Sat, 29 Aug 2020 13:59:47 GMT'
'server', 'istio-envoy'

2020-08-29T13:59:47.717360Z      debug      envoy connection
[C198] remote close                                          下游连接
2020-08-29T13:59:47.717419Z      debug      envoy connection  被关闭
[C198] closing socket: 0
```

　　这里有两个重要的发现：第一，响应缓慢的上游 IP 地址与在日志中检索到的 IP 地址一致，这进一步证实了只有一个实例出了问题；第二，客户端（代理）中止了与上游的连接，如 [C199]client disconnected 日志所示。这符合预期，即客户端（代理）中止请求是因为上游实例超过了超时配置的限制。

　　Envoy 日志提供了对代理行为的深入洞察。在下一节中，我们将研究服务器端的网络流量。

10.3.4　使用 ksniff 检查网络流量

　　我们可以通过检查 Pod 的网络流量来验证代理是否中止了连接。虽然已经使用 Envoy 日志验证了这一点，但有时候还需要使用网络抓包工具来发现问题。

- ksniff——一个 kubectl 插件，使用 tcpdump 来捕获 Pod 的网络流量，并将其重定向到 Wireshark。
- Wireshark——一个网络数据包分析工具。

将两者结合起来使用可以提供流畅的调试体验。

安装 Krew、ksniff 和 Wireshark

　　为了安装 ksniff，我们需要先安装 Krew，它是一个 kubectl 插件管理器。Krew 的安装过程见"链接 1"。有了它，安装 ksniff 就像安装一个包一样简单。

```
$  kubectl krew install sniff
```

　　另一个必要的工具是 Wireshark。根据你的系统情况来下载并安装即可。安装完 Wireshark 后，验证可以从命令行进行访问（这也就是 ksniff 调用它的方法）。

```
$  wireshark -v

Wireshark 3.2.5 (v3.2.5-0-ged20ddea8138)
```

　　当工具安装完成后，我们就可以正式开始了。

在本地接口检查网络流量

使用下面的命令来检查故障 Pod 的网络流量：

```
$  kubectl sniff -n istioinaction $SLOW_POD -i lo  ◁——
```

> $SLOW_POD 在"改变 Envoy 访问日志的格式"部分设置过

在一个成功的连接中，ksniff 使用 tcpdump 从本地网络接口捕获网络流量，并将输出重定向到本地 Wireshark 实例以查看。如果你有生成流量的脚本，则可以在很短的时间内捕获足够多的流量。你也可以执行如下命令生成流量：

```
$ for i in {1..100}; do curl http://localhost/items \
-H "Host: catalog.istioinaction.io" \
-w "\nStatus Code %{http_code}\n"; sleep .5s;  done
```

几秒钟后，点击工具栏上的停止图标停止抓取网络包（见图 10.11）。

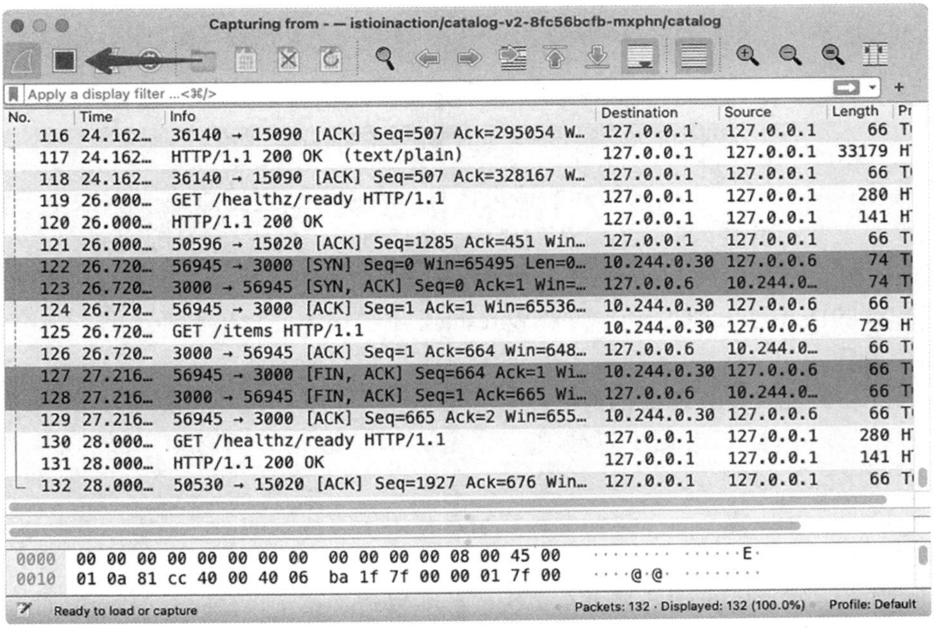

图 10.11　停止抓取网络包

为了方便查看，这里只显示路径为 `/items` 的 GET 方法的 HTTP 数据包。使用 Wireshark 的显示过滤器就能实现，把查询条件设置为 `http contains "GET /items"`，如图 10.12 所示。

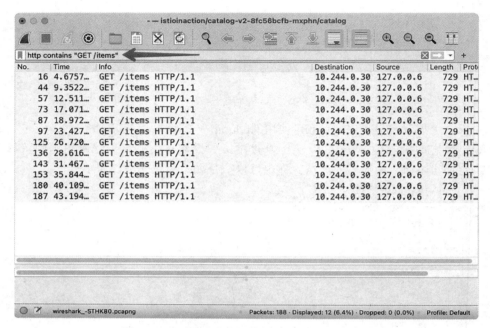

图 10.12   过滤只显示 HTTP "GET /items" 请求

输出中只显示了我们感兴趣的请求信息。我们可以通过追踪一个 TCP 连接的流信息，来获得更多关于该连接从创建到取消的细节。右击第一行，选择"Follow"菜单项，然后选择"TCP Stream"。这会打开"Follow TCP Stream"窗口，它以一种易于理解的格式显示 TCP 流。如果 Wireshark 主窗口中的输出已经足够，则可以关闭这个窗口。

图 10.13 显示了 TCP 流的情况。

- ①——执行三次握手以建立一个新的 TCP 连接，标志为 [SYN]、[SYN, ACK] 和 [ACK]。
- ②——连接建立后，我们看到它被重复用于客户端的多个请求，并且这些请求都执行成功。
- ③——来自客户端的另一个请求，服务器端确认了该请求，但响应时间超过 0.5s。这可以从 133 号数据包到 137 号数据包的时间差看出。
- ④——由于请求时间过长，客户端通过发送 FIN 标志启动了 TCP 连接中止。服务器端确认后，中止连接。

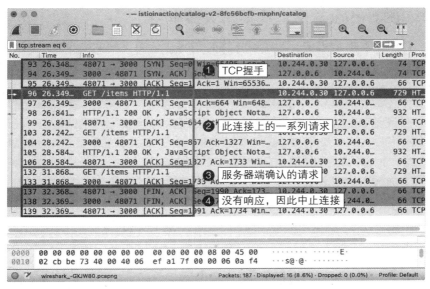

图 10.13　TCP 连接的流信息

TCP 控制标志

　　TCP 控制标志用来表示连接的特定状态。TCP 控制标志有以下几种：

- 同步（SYN）用于建立一个新的连接。
- 确认（ACK）用于确认一个数据包被成功接收。
- 完成（FIN）用于请求连接中止。

　　了解 TCP 控制标志，可以让我们更容易分析网络流量。

　　抓取网络流量包验证了先前的两个重要发现：服务器端响应很慢，客户端中止了连接。在下一节中，我们会研究服务器端的成功率，以确定问题出现的频度和严重性。

10.4　通过Envoy的遥测能力了解应用程序

　　在本书 7.2.1 节中，我们介绍了存储在 Envoy 代理中的指标。通过这些指标，可以发现服务的错误率。最简单的方法是使用 Grafana 和预装的仪表板插件来快速了解服务的情况。

10.4.1　在 Grafana 中查看请求失败率

继续使用本章中的示例。我们可以像之前那样使用下面的命令生成流量：

```
$ for i in {1..100}; do curl http://localhost/items \
-H "Host: catalog.istioinaction.io" \
-w "\nStatus Code %{http_code}\n"; sleep .5s;  done
```

现在，打开 Grafana 仪表板：

```
$ kubectl -n prometheus port-forward svc/prom-grafana 3000:80
```

使用下面的用户名和密码登录：

```
Username: admin
Password: prom-operator
```

导航到 Istio 服务仪表板，选择 `catalog.istioinaction.svc.cluster`
`.local` 服务并打开 "General" 面板，找到客户端成功率（非 5xx 响应）图表，将
会看到与图 10.14 所示类似的成功率。如果找不到 Istio 服务仪表板，请参考第 7 章
中安装 Prometheus 和 Grafana 的内容，并参考第 8 章中配置仪表板的内容。

图 10.14　客户端成功率展示大约 30% 的请求失败了

当与服务器端的成功率进行比较时（见图 10.15），我们发现了差异。服务器端
的成功率是 100%，因为 Envoy 代理将下游中止的请求的响应码标记为 0——这不是
一个 5xx 错误，因此不计入失败率。而客户端使用状态码 504（"Gateway timeout"）
来标记请求，因此它被记录为失败（见图 10.16）。

图 10.15　服务器端未发现任何问题

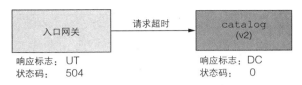

图 10.16　客户端和服务器端设置的响应标志和状态码不同

了解了这一点后，我们就知道客户端上报的才是正确的失败率。如果失败率达到 20％ ~ 30％，就需要注意了。此外，Grafana 显示的是 catalog 服务所有工作负载的成功率。因此，为了确定哪个实例有问题，还需要更详细的输出信息。

10.4.2　使用 Prometheus 查询受影响的 Pod

如果 Grafana 仪表板不能提供足够多的信息，我们可以直接从 Prometheus 查询指标。例如，查看每个 Pod 的失败率，能帮助我们隔离不健康的应用程序。

打开 Prometheus 仪表板：

```
$ kubectl -n prometheus port-forward \
svc/prom-kube-prometheus-stack-prometheus 9090
```

现在，查询符合这些标准的指标：

- 目标地址报告的请求。
- 请求的目标服务是 catalog。
- 请求的响应标志是 DC（下游连接关闭）。

```
sort_desc(sum(irate(
    istio_requests_total{                              ← 过滤出目标报告的指标
      reporter="destination",
      destination_service=~"catalog.istioinaction.svc.cluster.local",   ←
      response_flags="DC"}[5m]))                        ←        过滤出目标
by (response_code, kubernetes_pod_name, version))                是 catalog
                                                                 的指标
                         过滤出与下游连接中止
                         相关的指标
```

执行该查询后，导航到"Graph"视图，可以直观地看到失败率（见图 10.17）。图表中显示出只有一个工作负载有错误。这一重要信息减少了我们对 version-v2 有问题的怀疑。但它并不能完全排除这种可能性——需要进一步调查。

> **注意**：建议不要删除 Pod，而只删除它的标签，这样它就与 Kubernetes 服务标签选择器不匹配了（在当前例子中，需要从 Pod 中删除 app：catalog 标签）。这将从 Kubernetes 服务端点中删除 Pod 的 IP 地址，而这一变化也会被广播到数据平面。

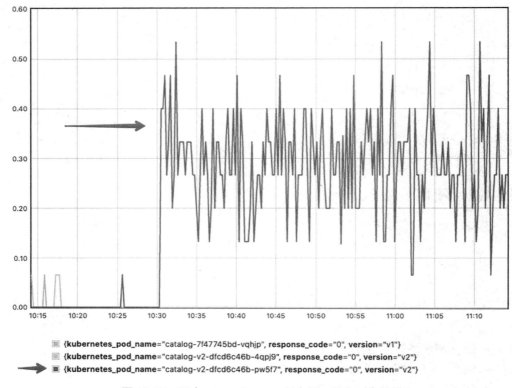

图 10.17   两个 `version-v2` 实例，只有一个报错

如果 Istio 的标准指标不能提供所需的信息，你可以按照 7.4 节中的要求添加自定义指标。此外，还可以使用 Prometheus 客户端库，根据需要对应用程序进行检测。

至此，我们完成了对排除数据平面故障的常用工具的探索。现在，在面对各种数据平面问题时，你应该有信心并知道怎么做了——这些问题以前看起来可能像黑盒，让人无从下手。有了适当的工具和对 Istio 工作原理的深入了解，调试数据平面问题就变得容易多了（但这也绝不是小菜一碟）。

在下一章中，我们将了解如何排除发生在控制平面上的问题。我们会讨论如何提高控制平面的性能，使其随着服务网格中工作负载数量的增加而扩展。

本章小结

- 使用 `istioctl` 命令，可以深入了解服务网格和服务代理：
  - `proxy-status`，提供了一个数据平面同步状态的概览。
  - `analyze`，分析服务网格配置。

　　 – describe，生成一个验证服务代理配置的摘要。

　　 – proxy-config，查询和修改服务代理配置。

- 在把配置应用到集群之前，可以先使用 istioctl analyze 来验证它。

- 可以使用 Kiali 及其验证功能来检测常见的配置错误。

- 要获取失败信息，可以使用 Prometheus 和收集的指标。

- 可以使用 ksniff 抓取受影响的 Pod 的网络流量。

- 可以使用 istioctl proxy-config log 命令来修改 Envoy 代理的日志记录级别。

控制平面性能优化

本章内容包括：

- 了解影响控制平面性能的因素
- 如何监控性能
- 什么是关键性能指标
- 了解如何优化性能

在第 10 章关于数据平面的故障排查中，我们深入研究了一些用来诊断代理配置问题的调试工具。当代理的行为与预期不一致时，了解服务代理配置有助于简化故障排查。本章将重点讨论如何优化控制平面的性能。我们将研究控制平面如何配置服务代理、影响控制平面性能的因素、如何监控控制平面，以及使用哪些方式来提高性能。

11.1 控制平面的主要目标

在前几章中，我们提到控制平面是服务网格的"大脑"，它为服务网格的运维人员提供了 API。这个 API 可以用来操纵网格的行为，配置部署在每个工作负载实例旁边的服务代理。为了简单起见，我们省略了一点，即服务网格的运维人员向这个 API 提出请求，并不是影响网格行为和配置的唯一方式。总之，控制平面抽象了运行时环境的细节，如有哪些服务（服务发现）、哪些服务是健康的、自动伸缩等。

Istio 的控制平面会监听来自 Kubernetes 的事件，当 Kubernetes 的期望状态变更时，Istio 会更新配置。这是一个持续的过程，用来维持网格的正常运转，而且及时地进行状态调谐是很重要的。如果控制平面没有做到状态调谐，就会造成意想不到的后果，因为工作负载的状态已经被 Kubernetes 改变了。

性能下降时出现的常见现象被称为幻影工作负载（phantom workload）：因为服务的流量被配置路由到早已不存在的端点，导致请求失败。图 11.1 说明了幻影工作负载的概念。

1. 工作负载变得不健康时会触发一个事件。
2. 该事件到 istiod 的更新延迟会导致服务的配置过时。
3. 由于配置过时，服务将流量路由到不存在的工作负载。

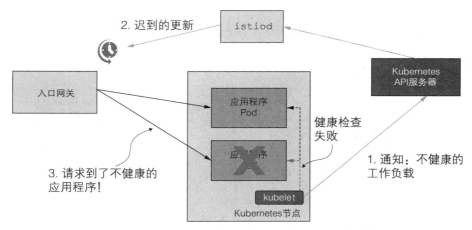

图 11.1　由于配置过时，将流量路由到幻影工作负载

由于数据平面的最终一致性，短期内有过时的配置不会造成太大的负面影响，因为我们还可以采用其他保护机制。例如，在默认情况下，如果一个请求由于网络原因而失败，它将被重试两次，而其他健康的端点还可以提供服务。

另一个补救措施是异常点检测，当对某个端点的请求失败时，Istio 会将该端点从集群中踢出。然而，当延迟超过几秒钟时，就会开始对终端用户产生负面影响。这一点必须避免——这也是本章要讲的内容。

11.1.1　了解数据平面同步的步骤

将数据平面同步到期望状态有很多步骤：控制平面从 Kubernetes 接收事件，该事件被转换为 Envoy 配置，并推送给数据平面的服务代理。在微调和优化控制平面的性能时，了解底层实现有助于指导决策。

图 11.2 展示了数据平面同步更新配置的步骤。

1. 传入的事件触发同步过程。

2. `istiod` 的 DiscoveryServer 组件监听这些事件。为了提高性能，它延迟将事件添加到推送队列中，并批量合并一个时间段内的事件。这被称为防抖（debouncing）[1]，确保耗时的任务不会频繁发生。

3. 在延迟期过后，DiscoveryServer 将合并的事件添加到推送队列中，该队列保存着等待处理的推送列表。

4. `istiod` 服务器节流（throttle）[2] 同时处理的推送请求的数量，这确保了加快被处理项的进度，防止 CPU 资源被浪费在任务的上下文切换上。

5. 被处理项会被转换为 Envoy 配置并推送到工作负载。

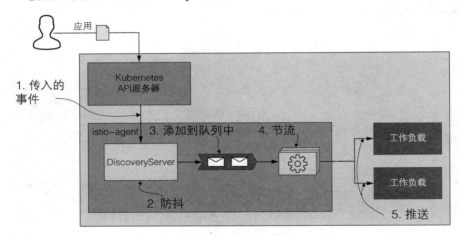

图 11.2　向工作负载推送最新配置的步骤

在这些步骤中，我们看到 `istiod` 是通过防抖和节流这两种做法来保护自己不至于过载的，正如后面要介绍的，可以通过配置来提高性能。

11.1.2　决定性能的因素

有了对同步过程的充分了解，我们就可以详细说明影响控制平面性能的因素（见图 11.3）：

- 变化率——变化率越高，为保持数据平面同步而进行的处理就越多。
- 分配的资源——如果处理变化的任务需要的资源超过 `istiod` 分配的资源，则任务必须排队，这将导致更新的分配速度变慢。
- 需要更新的工作负载的数量——需要更新的工作负载越多，所需要的处理能

1　译者注：将一段时间内连续的调用归为一个，防止事件的连续触发对资源的消耗。

2　译者注：类似于速率限制，限制同时请求的数量。

力和网络带宽就越大。

● 配置大小——要下发的 Envoy 配置越多，所需要的处理能力和网络带宽就越大。

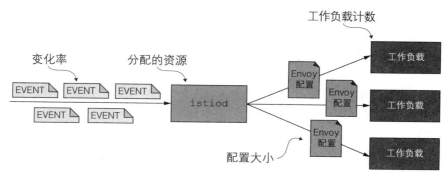

图 11.3　影响控制平面性能的因素

我们将介绍如何针对这些因素进行性能优化。但在此之前，让我们学习如何使用 Grafana 仪表板（如第 8 章中的设置）来确定性能瓶颈，该仪表板把 Prometheus 收集的指标以可视化的方式展示出来。

11.2　监控控制平面

`istiod` 提供的一些指标可以用来衡量关键性能指标的持续时间和频率，如资源利用率、传入或传出流量造成的负载、错误率等。这些指标有助于我们了解控制平面的性能，发现哪里可能有问题，以及如何排查故障。

Istio 官方文档中描述了这些指标，但指标的数量非常大。因此，我们需要关注其中的一些关键指标，并将符合四个黄金信号（four golden signals）的指标组织在一起。

控制平面的四个黄金信号

谷歌的 *Site Reliability Engineering*（《SRE：Google 运维解密》）一书中所定义的四个黄金信号，是了解服务性能的四个关键指标。如果一个特定的服务超出了它的服务水平目标（SLO），黄金指标就可以提供对原因的深入洞察。这四个信号是延迟（latency）、饱和度（saturation）、流量（traffic）和错误（error）。

为了快速了解控制平面的指标，我们可以使用下面的命令对其进行查询：

```
kubectl exec -it -n istio-system deploy/istiod -- curl localhost:15014/metrics
```

在本章的其余部分，我们将通过 Grafana 仪表板来研究这些指标。

延迟：更新数据平面所需的时间

延迟信号提供了一个视角，即在终端用户眼中服务的表现如何。延迟增加表明服务的性能下降。然而，该信号并不能告诉我们是什么导致了性能下降。因此，还需要研究其他信号。

对于 Istio 的控制平面，延迟是由控制平面向数据平面下发配置的速度决定的。测量延迟的关键指标是 `pilot_proxy_convergence_time`。但为了了解同步过程，还有两个辅助指标：`pilot_proxy_queue_time` 和 `pilot_xds_push_time`。图 11.4 显示了这些指标所涵盖的同步过程。

1. `pilot_proxy_convergence_time` 测量的是整个过程的持续时间，从代理推送请求进入队列到被分配到工作负载所消耗的时间。

2. `pilot_proxy_queue_time` 测量的是推送请求在队列中等待被 worker 处理的时间。如果在推送队列中花费了相当多的时间，则可以垂直扩展 `istiod`，增加并发处理能力。

3. `pilot_xds_push_time` 测量的是向工作负载推送 Envoy 配置所需的时间。该指标的增加表明网络带宽因传输的数据量而过载。我们将在后面的章节中学习到，通过减小 sidecar 配置更新的大小和代理的更新频率，可以极大地改善这种情况。

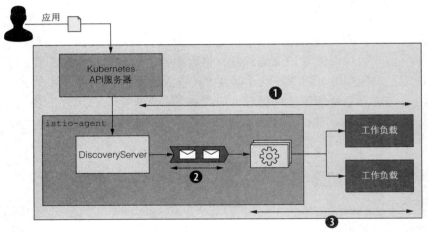

❶ `pilot_proxy_convergence_time`

❷ `pilot_proxy_queue_time`

❸ `pilot_xds_push_time`

图 11.4　测量指标所涵盖的总体延迟的部分内容

我们可以在 Grafana 仪表板中查看 `pilot_proxy_convergence_time` 指标，它位于 "Istio Control Plane Dashboard" 的 "Pilot Push Information" 部分，标题

为"Proxy Push Time"（见图 11.5）。

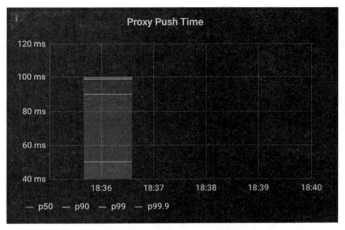

图 11.5　该图显示，99.9% 的推送请求被分配给工作负载的时间少于 100ms，这是很理想的情况

提示：更新 Istio 仪表板，以显示延迟指标 `pilot_proxy_queue_time` 和 `pilot_xds_push_time`。

随着更多的工作负载被纳入网格，这些指标的延迟会逐渐增加。这是预料中的，你不用担心这些轻微的增加。但是需要定义可接受的阈值，并在延迟超过阈值时触发警报。

我们建议使用这些基线来定义阈值：

- 当延迟超过 1s 且持续时间超过 10s 时，警报级别为警告（warning）。
- 当延迟超过 2s 且持续时间超过 10s 时，警报级别为严重（critical）。

当收到第一个警报时不必惊慌失措，它只是一个行动呼吁，表明服务延迟已经增加，性能需要优化。然而，如果不加以检查，更严重的延迟将影响到终端用户。

延迟增加是判断控制平面性能下降的最佳指标，但通过它并不能了解性能下降的原因。为此，我们需要更深入地挖掘其他指标。

饱和度：控制平面的资源利用率有多高

饱和度指标显示了资源的利用情况。如果利用率超过 90%，则代表服务已经饱和或即将饱和。当 istiod 饱和时，由于推送请求排队等待的时间较长，下发配置更新的速度就会减慢。

饱和通常是由最稀缺的资源引起的。由于 istiod 是 CPU 密集型的业务，因此通常 CPU 会先变得饱和。测量 CPU 利用率的指标是：

- `container_cpu_usage_seconds_total`——测量 Kubernetes 容器报告

的 CPU 利用率。

- `process_cpu_seconds_total`——测量 istiod 报告的 CPU 利用率。

图 11.6 展示了可视化 CPU 利用率指标的图表。它代表了 istiod 最常见的 CPU 使用情况，其中大部分时间是空闲的；当服务被部署时，计算请求激增，因为 istiod 正在生成和推送 Envoy 配置给工作负载。

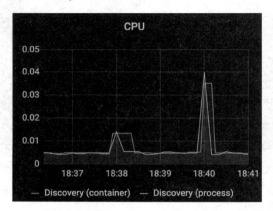

图 11.6　在"Resource Usage"部分，"Istio Control Plane Dashboard"中的 CPU 利用率指标图表

当控制平面饱和时，其资源就会短缺，你需要重新考虑分配多少资源给控制平面。如果你已经尝试过用其他方法来优化控制平面的行为，那么增加资源可能是最好的选择。

流量：控制平面上的负载有哪些

流量指标测量的是系统的负载。例如，对于一个 Web 应用程序，负载定义的是每秒请求数。Istio 的控制平面接收传入流量（以配置变更的形式），并有传出流量（将变更推送到数据平面）。我们需要测量两个方向的流量，以找到性能的限制因素；基于流量指标，我们可以利用不同的方法来提高性能。

传入流量的指标如下：

- `pilot_inbound_updates` 显示了每个 istiod 实例接收到的配置更新的数量。
- `pilot_push_triggers` 是触发推送的事件的总数。推送触发器可以是以下类型之一：`service`、`endpoint` 或 `config`，其中 `config` 代表任何 Istio 自定义资源，如 `Gateway` 或 `VirtualService`。
- `pilot_services` 测量已知的服务数量。pilot 知道的服务越多，为了生成 Envoy 配置，就要对传入事件进行更多的处理。因此，这个指标在 istiod 因传入流量而承担的负载中起着重要作用。

传出流量的指标如下：

- `pilot_xds_pushes` 测量控制平面所做的所有类型的推送，如 `listener`、`route`、`cluster`、`endpoint`。该指标被展示在"Istio Control Plane Dashboard"中，标题为"Pilot Pushes"（见图 11.7）。

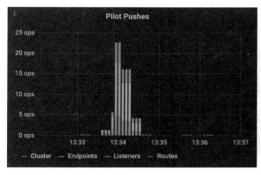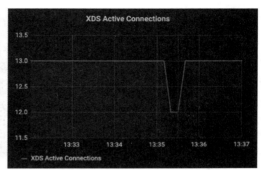

图 11.7 "Pilot Pushes"图表展示了推送的频率。
"XDS Active Connections"图表展示了由控制平面管理的端点数量

- `pilot_xds` 显示了每个 pilot 实例处理的工作负载的总连接数。该指标在 "Istio Control Plane Dashboard"中，标题为"ADS Monitoring"。
- `envoy_cluster_upstream_cx_tx_bytes_total` 测量通过网络传输的配置大小。

传入流量和传出流量之间的区别阐明了饱和的原因和可能的缓解方法。当传入流量导致饱和时，性能瓶颈是因为变化的速度过快导致的，解决方案是增加事件的批次或扩容。如果饱和与传出流量有关，解决方案是扩大控制平面的规模，使每个 pilot 管理更少的实例，并为每个工作负载定义 `Sidecar` 资源（在后面的章节中演示）。

错误：控制平面的失败率是多少

错误代表 `istiod` 的失败率，通常在服务饱和和性能下降时出现。表 11.1 中列出了最重要的错误指标。你可以在"Istio Control Plane Dashboard"中看到它们，标题为"Pilot Errors"。

表 11.1　最重要的错误指标

指　　标	描　　述
`pilot_total_xds_rejects`	被拒绝的配置推送计数
`pilot_xds_eds_reject`,`pilot_xds_lds_reject`,`pilot_xds_rds_reject`,`pilot_xds_cds_reject`	`pilot_total_xds_rejects` 指标的子集，这对缩小 API 推送被拒绝的范围很有用
`pilot_xds_write_timeout`	启动推送时的错误和超时的总和
`pilot_xds_push_context_errors`	在生成 Envoy 配置时，Istio Pilot 的错误计数；通常是 Istio Pilot 中的错误

这里涵盖了最重要的一些指标，通过它们可以深入了解控制平面的运行状态，并帮助我们发现性能瓶颈。

11.3　性能调整

让我们回顾一下影响控制平面性能的因素：集群 / 环境的变化率、分配给它的资源、它所管理的工作负载的数量，以及推送给这些工作负载的配置大小。如果其中某一项成为瓶颈，我们将有多种方法来解决并提高性能，如图 11.8 所示。

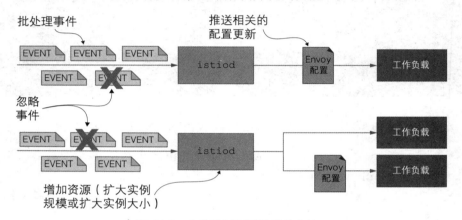

图 11.8　改善控制平面性能的方法

改善控制平面性能的方法主要有以下几种。
- 忽略事件：忽略与服务网格无关的事件。
- 批处理事件：增加批处理的时间间隔，以减少更新数据平面所需的推送次数。
- 分配额外的资源：
  - 扩大 istiod 的部署，通过在 pilot 实例中分割所管理的工作负载数量来减少负载。
  - 扩大 istiod 的部署，加快 Envoy 配置的生成，同时处理更多的推送请求。
- 仅推送相关更新：通过定义 sidecar 配置，只向工作负载推送与其相关的更新。这有两个好处：
  - 只发送其进程所需的最小配置，减小发送到服务代理的配置大小。
  - 减少为单一事件更新的代理数量。

为了展示如何通过这些方法来提高性能，我们将在集群中设置一些服务，并演示一个性能测试示例。

11.3.1　设置工作区

首先假设已经部署了 Istio，但没有部署任何其他应用程序组件。如果你的环境中有前几章部署的资源，则需要清理掉之前遗留的部署、服务、网关和虚拟服务。

```
$ kubectl config set-context $(kubectl config current-context) \
--namespace=istioinaction
$ kubectl delete virtualservice,deployment,service,\
destinationrule,gateway --all
```

为了给 `istiod` 提供一些可管理的工作负载，我们来创建 catalog 服务和另外 10 个模拟的工作负载：

```
$ kubectl -n istioinaction apply -f services/catalog/kubernetes/catalog.yaml
$ kubectl -n istioinaction apply -f ch11/catalog-virtualservice.yaml
$ kubectl -n istioinaction apply -f ch11/catalog-gateway.yaml
$ kubectl -n istioinaction apply -f ch11/sleep-dummy-workloads.yaml
```

对于 pilot 来说，这样的负载还是很容易处理的。我们在 Envoy 配置中加入一些模拟的服务来进一步增加负载。

```
$ kubectl -n istioinaction apply -f ./ch11/resources-600.yaml
```

现在单个 `istiod` 实例管理了 13 个工作负载，包括入口网关和出口网关，另外还有 600 个服务，这增加了生成 Envoy 配置的处理量，并增大了推送给工作负载的配置大小。

11.3.2　测量优化前的性能

现在，我们通过重复创建服务来产生负载，以测试控制平面的性能。然后测量推送次数和第 99 百分位数（P99）的延迟，以便将配置更新分发到代理中。

> **了解 P99**
>
> P99，即第 99 百分位数，衡量的是最快的 99% 的传播更新的最大延迟。例如，80ms 的 P99 延迟告诉我们，99% 的请求的传播速度超过 80ms。我们并不能确切地知道每个请求的延迟是多少，大多数可能在几毫秒范围内。但我们知道，即使是性能最差的请求，在只考虑最快的 99% 的情况下，也能在 80ms 内得到服务响应。

重复运行 10 次测试，间隔为 2.5s，以分散变更，避免出现数据误差。

```
$   ./bin/performance-test.sh --reps 10 --delay 2.5

gateway.networking.istio.io/service-003c-0 created
service/service-003c-0 created
virtualservice.networking.istio.io/service-003c-0 created
<omitted>
==============
Push count: 700
Latency in the last minute: 0.49 ms
```

更新推送的次数 ← Push count: 700

最后 1 分钟内的延迟 ← Latency in the last minute: 0.49 ms

根据测试，使用目前的配置下发更新，进行了 700 次推送，P99 延迟为 0.49ms。如果删除服务之间的延迟，我们将看到推送次数和延迟都下降了。这是因为事件是分批进行的，并且以较少的工作量提供服务（在后面的章节中会探讨如何配置分批）。请注意，你的测量结果会有所不同，但这没关系。这个测试的目的是做一个"足够好"的测量，以验证在后续章节中优化后的性能提升。

减小配置的大小和使用 sidecar 推送的次数

在微服务应用中，服务之间的依赖是很常见的。然而，一个服务需要访问其他所有服务的情况很少见（或者，至少应该避免这种情况）。Istio 在部署后无法确定每个服务的依赖，所以在默认情况下，它会配置每个服务代理以了解网格中的其他所有工作负载。可以想象，这会使代理的配置变得十分臃肿。比如计算 catalog 工作负载的配置大小：

```
$ CATALOG_POD=$(kubectl -n istioinaction get pod -l app=catalog \
    -o jsonpath={.items..metadata.name}  | cut -d ' ' -f 1)
$ kubectl -n istioinaction exec -ti $CATALOG_POD -c catalog \
    -- curl -s localhost:15000/config_dump > /tmp/config_dump

$ du -sh /tmp/config_dump
2M      /tmp/config_dump
```

可以看到，配置的大小为 2MB。这是一个很大的数字！即使是一个有 200 个工作负载的中型集群，加起来也有 400MB 的 Envoy 配置，这需要更大的计算能力、网络带宽和内存，因为它被存储在每个 sidecar 代理中。

Sidecar 资源

为了解决这一问题，我们可以使用 Sidecar 资源来调整代理的入站流量和出站流量的配置。为了了解这是如何实现的，我们仔细看一个 Sidecar 资源的例子：

```
apiVersion: networking.istio.io/v1beta1
kind: Sidecar
metadata:
  name: default
  namespace: istioinaction
spec:
  workloadSelector:
```

```
    labels:
      app: foo
egress:
- hosts:
  - "./bar.istioinaction.svc.cluster.local"
  - "istio-system/*"
```

这些字段的含义如下：

- `workloadSelector` 字段限制了 sidecar 配置所适用的工作负载。
- `ingress` 字段指定了当前应用程序的入站流量。如果省略，Istio 会通过查找 Pod 定义来自动配置服务代理。
- `egress` 字段指定了通过 sidecar 访问外部服务的出站流量。如果省略，配置将继承来自更通用的 sidecar 的 `egress` 配置（如果存在的话）；否则，它将返回访问其他所有服务的默认行为。
- `outboundTrafficPolicy` 字段指定了处理出站流量的策略。它可以被设置为以下两种模式之一：
  - `REGISTRY_ONLY` 模式，将工作负载配置为只允许向它所配置的服务提供出站流量。
  - `ALLOW_ANY` 模式，允许出站流量到任何目标地址。

当 Sidecar 资源被应用于一个工作负载时，控制平面使用 `egress` 字段来确定工作负载需要访问哪些服务。这使得 Istio 的控制平面能够分辨出与之相关的配置和更新，并只将这些配置发送给各自的代理。这就避免了生成和分发关于如何到达其他所有服务的配置，从而减少了 CPU、内存和网络带宽的消耗。

定义网格范围的 sidecar 配置，设置更好的默认值

减少发送到每个服务代理的 Envoy 配置并提高控制平面性能的最简单方法是定义一个网格范围的 sidecar 配置，该配置只允许出口流量到 `istio-system` 命名空间中的服务。定义这样的默认配置，可以将网格中所有的代理都配置为只连接到控制平面，并放弃连接到其他服务的配置。这种方法促使服务所有者为其工作负载定义更具体的 sidecar，并明确说明服务所需的出口流量，从而确保工作负载获得其进程所需的最小相关配置。

通过下面的 Sidecar 定义，我们将网格中所有服务的 sidecar 配置为只连接到位于 `istio-system` 命名空间的 Istio 服务（并让 Prometheus 监控指标）：

```
apiVersion: networking.istio.io/v1beta1
kind: Sidecar
metadata:
  name: default                    │ istio-system 命名空间中的 sidecar
  namespace: istio-system          │ 配置将被应用到整个网格
```

```
spec:
  egress:
  - hosts:
    - "istio-system/*"        ◁────┐    仅允许 istio-system
    - "prometheus/*"               │    命名空间中工作负载
  outboundTrafficPolicy:                的出口流量
    mode: REGISTRY_ONLY    ◁────  REGISTRY_ONLY 模式仅允许使用 sidecar 配置
                                  的服务的出站流量
```

我们把这个资源应用到集群中：

```
$ kubectl apply -f ch11/sidecar-mesh-wide.yaml

sidecar.networking.istio.io/default created
```

现在，控制平面更新了当前的服务代理，使其只具有能够连接到 istio-system 命名空间中的服务的最小配置。如果我们的假设是正确的，catalog 工作负载的 Envoy 配置大小应该会大大减小。我们来验证一下。

```
$ kubectl -n istioinaction exec -ti $CATALOG_POD -c catalog \
    -- curl -s localhost:15000/config_dump > /tmp/config_dump

$ du -sh /tmp/config_dump
644K     /tmp/config_dump
```

可以看到，配置大小从 2MB 减小到 600KB。而且，这还带来了额外的好处：控制平面将减少推送，因为它决定哪些工作负载需要更新，哪些不需要。我们使用性能测试来验证一下：

```
$ ./bin/performance-test.sh --reps 10 --delay 2.5

<omitted>
==============
Push count: 135
Latency in the last minute: 0.10 seconds
```

正如预期的那样，推送次数和延迟都下降了。这种性能的提高表明了定义网格范围的 Sidecar 资源的重要性。这样做有利于降低网格的运营成本，提高其性能，并培养服务所有者的良好习惯，明确定义其工作负载的出口流量。

对于已经存在的集群，为了不造成服务中断，你需要与服务所有者仔细核对，让他们首先使用更具体的 Sidecar 资源定义工作负载的出口流量。然后，你可以创建一个默认的网格范围的 sidecar 配置。你应该始终在部署到生产环境之前测试这些变化。

sidecar 配置范围

　　Sidecar 资源类似于 PeerAuthentication 资源，可以在不同的范围内应用：

- 网格范围的 Sidecar 适用于网格范围的所有工作负载，并且可以定义默认值，例如限制出口流量。要创建一个网格范围的 sidecar 配置，请在 Istio 安装命名空间中应用它（对于我们来说，是 istio-system）。根据约定，网格范围的 sidecar 会被命名为 default。
- 命名空间范围的 sidecar 配置更加具体，并覆盖了网格范围的配置。要创建一个命名空间范围的 sidecar 配置，请在所需的命名空间中应用它，并且不要定义 workloadSelector 字段。根据约定，命名空间范围的 sidecar 被命名为 default。
- 特定于工作负载的 sidecar 配置针对的是符合 workloadSelector 属性的特定工作负载。作为最细粒度的配置，它覆盖了网格范围和命名空间范围的配置。

　　在撰写本书时，Istio 不支持在同一个范围内有多个 sidecar 定义，而且预期的行为也没有记录。

11.3.3　忽略事件：使用发现选择器缩小发现的范围

　　Istio 控制平面默认会观察所有命名空间中的 Pod、服务和其他资源的创建事件，你可能会对此感到惊讶！在大型集群中，这会增加控制平面的压力——为了保持数据平面的更新，控制平面会处理并生成每个事件的 Envoy 配置。

　　为了减少这种压力，在 Istio 1.10 中，增加了一个名为命名空间发现选择器（namespace discovery selector）的新功能，它允许你精确调整控制平面关心的入站事件。这项功能可以让你准确地指定要关注哪些命名空间的工作负载和端点。使用命名空间选择器，你可以动态地将命名空间及其各自的工作负载纳入网格管理，或者将它们排除在网格之外。当某个集群有很多工作负载，而这些工作负载可能永远都不会被网格中的工作负载路由到时，或者当某个集群的工作负载不断变化时（如 Spark 作业），你可能希望这样做。在这种情况下，你希望控制平面能够忽略为这些工作负载产生的事件。

　　你可以使用 IstioOperator 启用发现选择器功能，如下所示：

```
apiVersion: install.istio.io/v1alpha1
kind: IstioOperator
metadata:
  namespace: istio-system
spec:
  meshConfig:
    discoverySelectors:          ◁── 启用发现
      - matchLabels:                  选择器
          istio-discovery: enabled  ◁──┐ 指定要使用
                                        └ 的标签
```

这里将控制平面处理的命名空间的子集限制为只带有 `istio-discovery:` `enabled` 标签的命名空间。如果一个命名空间没有这个标签，它将被忽略。

如果你只想排除集群中命名空间的一小部分，则可以使用标签匹配表达式来指定不包括哪些命名空间。例如，你可以这样做：

```
apiVersion: install.istio.io/v1alpha1
kind: IstioOperator
metadata:
  namespace: istio-system
spec:
  meshConfig:
    discoverySelectors:
      - matchExpressions:
        - key: istio-exclude
          operator: NotIn
          values:
            - "true"
```

我们可以通过以下方式更新 Istio 安装，使用 `istio-exclude: true` 标签排除某些命名空间，而不破坏现有配置的行为：

```
$  istioctl install -y -f ch11/istio-discovery-selector.yaml
```

然后使用新的工作负载创建一个新的命名空间，并给这个新的命名空间打上标签：

```
$  kubectl label ns new-namespace istio-exclude=true
```

如果将一个新的工作负载部署到这个命名空间中，`istioninaction` 命名空间中的工作负载将不会看到这些端点。你可以自己验证一下。

当使用 `discoverySelectors` 将发现的范围缩小到只有相关的命名空间时，如果控制平面仍然是饱和的，那么下一个选择就是批处理事件，将事件成组处理，而不是单独处理每个事件。

11.3.4 事件批处理和推送节流特性

在运行时环境中导致数据平面配置变更的事件，通常不在运营商的控制范围内。诸如新服务上线、扩大副本规模或服务变得不健康等事件都是由控制平面检测到的，并调整数据平面代理。然而，在确定可以延迟多长时间更新和批量处理这些事件时，我们有一定的控制权。这样做的好处是，批处理的事件将被成组处理，产生的 Envoy 配置将作为一个单元被推送到数据平面代理上。

图 11.9 中的序列图显示了传入的事件是如何延迟（防抖）向服务代理推送变更的。如果进一步增加延迟期，最后一个事件（刚进入延迟周期中）也会被包括在批处理中，确保所有的事件都被合并成同一个批处理请求进行推送。此外，延迟推送的周期过长会导致数据平面配置过时，我们也不希望这样。

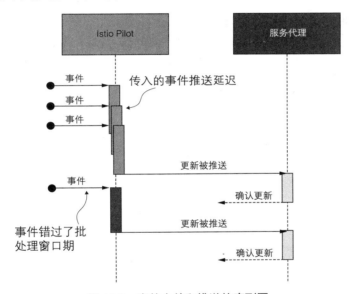

图 11.9 事件合并和推送的序列图

同时，缩短周期可以确保更快地更新。然而，这样做会产生许多控制平面可能无法分配的推送请求；这些请求会被阻塞在推送队列中，导致延迟增加。

定义批处理周期和推送节流的环境变量

定义批处理周期的环境变量如下：

- PILOT_DEBOUNCE_AFTER——指定防抖延迟的时间，将一个事件添加到推送队列中。默认为 100ms，这意味着当控制平面接收到一个事件时，它将放弃推送，并将该事件添加到推送队列中保持 100ms。只要是在这段时间内发生的事件，就都会被合并为一个批处理。

- PILOT_DEBOUNCE_MAX——指定允许事件防抖延迟的最长时间。当超过这个时间时，当前合并的事件将被添加到推送队列中。默认为 10s。
- PILOT_ENABLE_EDS_DEBOUNCE——指定端点更新是否符合防抖规则或具有优先权并立即进入推送队列。默认为 true，这意味着端点更新也会被防抖延迟。
- PILOT_PUSH_THROTTLE——指定同时处理的推送请求。默认是 100 次并发推送。如果 CPU 可以被充分利用，则可以把节流器（throttle）设置为一个更大的数字，以加快更新。

使用这些配置选项的原则如下：

- 当控制平面饱和，传入流量导致性能瓶颈时，应该增加批处理事件。
- 如果目的是更快地下发更新，则应该减少批处理事件，增加并发推送的次数。只有在控制平面没有饱和的情况下，才建议这样做。
- 当控制平面饱和，出站流量成为性能瓶颈时，应该减少并发推送的次数。
- 当控制平面没有饱和，或者控制平面已经扩容，想要更快地更新时，应该增加并发推送的次数。

延长批处理周期

为了展示批处理的影响，我们把 PILOT_DEBOUNCE_AFTER 设置为一个离谱的很高的值——2.5s。离谱这个词很好地说明了在生产环境中不应该这样做！这里只是为了演示事件的批处理：

```
$  istioctl install --set profile=demo \
      --set values.pilot.env.PILOT_DEBOUNCE_AFTER="2500ms"
```

除非超过了 PILOT_DEBOUNCE_MAX 定义的限制，否则所有的事件都会被合并并添加到推送队列中，这大大减少了推送次数。我们执行性能测试来验证这一点：

```
$  ./bin/performance-test.sh --reps 10 --delay 2.5

<omitted>
==============
Push count: 27
Latency in the last minute: 0.10 seconds
```

推送次数减少到只有 27 次！所有生成 Envoy 配置并将其推送给工作负载的额外工作都被避免了，CPU 利用率降低了，网络带宽消耗减少了。请记住，这个例子只是为了说明事件防抖的效果，而不是配置 istiod 的常规操作。我们建议根据自己观察到的指标和环境来调整 Istio 控制平面的配置，并以小幅度递增的方式进行，这比做出可能对控制平面的性能产生不利影响的大改动要安全得多。

延迟指标没有考虑到防抖周期

在延长防抖周期后，延迟指标显示推送仅需要 10ms，但事实并非如此。回顾一下，延迟指标所测量的周期是从推送请求被添加到队列中的那一刻开始的（见图 11.4）。这意味着在事件被转发的同时，更新并没有被下发。因此，推送更新的时间增加了，但这并没有出现在延迟指标中！

这种因事件防抖的周期过长而造成的延迟增加，会导致配置过时，就像性能低下一样。出于这个原因，可以通过略微增大或减小该值，对批处理属性进行适度修改。

> **注意**：数据平面通常会受到延迟的端点更新的影响。将环境变量 PILOT_ENABLE_EDS_DEBOUNCE 设置为 false 可以确保端点更新不被延迟，并跳过防抖周期。

为控制平面分配额外的资源

在定义 Sidecar 资源、使用发现选择器和配置批处理之后，另一个提高性能的选择是为控制平面分配额外的资源。我们可以通过水平扩展（增加更多的 istiod 实例）或垂直扩展（为实例增加更多的系统资源）来扩容。

使用水平扩展还是垂直扩展，取决于造成性能瓶颈的原因：

- 当传出流量成为瓶颈时，使用水平扩展。只有当每个 istiod 实例都管理过多的工作负载时，才会出现这种情况。通过扩容减少了每个 istiod 实例所管理的工作负载的数量。
- 当传入流量成为瓶颈时，使用垂直扩展。当 istiod 为了产生 Envoy 配置而需要处理的资源（Service、VirtualService、DestinationRule 等）过多时，就会出现这种情况。通过扩容增强了 istiod 实例的处理能力。

下面的命令将 istiod 的部署副本数量设置为 3，并通过增加分配给每个实例的资源来扩容 istiod：

```
$  istioctl install --set profile=demo \
   --set values.pilot.resources.requests.cpu=2 \          ← 将 CPU 请求设置
   --set values.pilot.resources.requests.memory=4Gi \       为两个虚拟核
   --set values.pilot.replicaCount=3        ←                ← 将内存请求
                                    将部署副本数量              设置为 4GB
                                    设置为 3
```

通过设置 CPU 请求和内存请求，通知 kubelet（在节点上运行容器的 Kubernetes 组件）为 istiod 实例保留这些资源。同时，增加副本数量，确保部署有三个副本，管理工作负载的工作将被分发到三个副本中进行。

自动伸缩 istiod 部署

　　自动伸缩是一个优化资源消耗的好办法，特别是对于像 Istio 控制平面这样的有突发处理需求的系统。但就目前而言，自动伸缩对 istiod 没有用，因为它与数据平面的服务代理启动了一个 30 分钟的连接，用于使用聚合发现服务（ADS）配置和更新代理。所以，新启动的 istiod 副本不会接收到任何负载，直到服务代理和已有的 pilot 的连接过期并中断。因为这些新的 istiod 副本没有任何负载，所以它们又会被销毁。这就导致了副本反复伸缩，即部署实例数量反复地增加和减少，如下图所示。

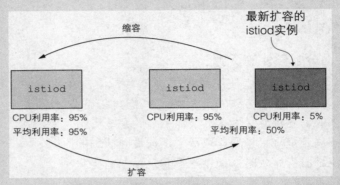

　　目前，配置自动伸缩的最佳方式是逐渐增加负载——如几天、几周，甚至几个月。这减少了持续监控性能，并做出关于扩容或缩容部署决定的人力资源开销

　　优化控制平面性能的主要原则如下：
- 始终为工作负载定义 sidecar 配置。仅此一项，就能为你提供大部分好处。
- 只有当控制平面已经趋于饱和，并且有大量的资源要分配给它时，才修改事件批处理。
- 当瓶颈是传出流量时，增加实例个数。
- 当瓶颈是传入流量时，提升实例性能。

11.4　性能优化准则

　　在优化性能之前，请记住，Istio 的确是高性能的。Istio 团队对每一个新发布的版本都会用以下参数进行测试：
- 启动 1 000 个 Kubernetes 服务使 Envoy 配置变得臃肿。

- 创建 2 000 个需要同步的工作负载。
- 在整个服务网格中每秒产生 70 000 个请求。

这些负载只消耗 Istio Pilot 实例的一个 vCPU 和 1.5GB 内存，就可以完成同步整个网格的工作（性能由 Istio 社区测量，见"链接 1"）。即使是适度的资源分配，如两个 vCPU 和 2GB 内存的三个副本，对于大多数生产集群来说也足够了。

> **注意**：性能是 Istio 的一个重要因素。除了确保 Istio 的可扩展性，还有利于建立在 Istio 之上的其他开源项目，如 Knative、Kyma 等。

下面还有一些控制平面性能优化的准则。

- 首先思考确认这是性能问题。例如：
  - 数据平面和控制平面之间是否有连接？
  - 是否是平台问题？例如，在 Kubernetes 上，API 服务器是否健康？
  - Sidecar 资源是否被定义了变化范围？
- 识别性能瓶颈。使用收集到的延迟、饱和度和流量的指标来指导优化决策。例如：
  - 在控制平面没有饱和的情况下，延迟增加表明资源没有得到最佳利用。你可以增大并发推送阈值，这样就可以并发处理更多的推送。
  - 利用率低，但在负载下迅速饱和，说明你的变更非常突然。也就是说，有很长一段时间没有变更，然后在短时间内出现事件的高峰。增加 Istio Pilot 的副本数量，或者，如果有延迟更新的空间，则可以调整批处理属性。
- 进行增量变更。在确定了瓶颈之后，进行增量变更。例如，为了解决控制平面在短时间内接收到一连串事件的情况，把防抖周期增加 1 倍甚至 4 倍是很诱人的，尽管这样做很容易导致数据平面配置过时。相反，可以做一些微调，比如在 10%~30% 的范围内增加或减少属性，然后观察几天效果，并根据新的数据做出明智的决定。
- 谨慎行事。Istio Pilot 管理整个网格的网络，停机很容易造成服务离线。在分配控制平面的资源时一定要慎重，实例数量永远不要少于 2 个，要以安全为前提。
- 考虑使用突发型虚拟机。Istio Pilot 不需要连续的 CPU 资源，并且有突发的性能需求。

在本章结束之前，我们删除之前创建的 Sidecar 资源，因为它可能会在后面的章节中造成意外的连接问题。

```
$ kubectl delete -f ch11/sidecar-mesh-wide.yaml
```

在下一章中，你将学习如何在组织中落地 Istio。我们将讨论使用多个网关、增加对非 Kubernetes 工作负载的支持、使用现有的证书授权，以及在服务网格中实现控制平面的可用性模式。

本章小结

- 控制平面的主要目标是将数据平面同步到期望状态。
- 影响 Istio Pilot 性能的因素有变化率、分配给 pilot 的资源、它所管理的工作负载数量和代理配置的大小。
- 从底层平台接收到的变化率不在我们的控制范围之内。但是我们可以定义事件批处理周期，以减少更新数据平面的工作量。
- 慷慨地分配资源给 istiod。默认的生产配置文件是一个很好的开始。
- 始终使用 Sidecar 资源来确定变更范围。这样做可以确保：
  - 在一个事件中更新更少的工作负载。
  - 压缩 Envoy 配置的大小，因为只有相关的配置才会被发送。
- 忽略与发现选择器定义的命名空间无关的事件。
- 使用 Grafana 的 "Istio Control Plane Dashboard" 来决定如何优化控制平面。

第4部分

在组织中落地Istio

在前面几章中，我们介绍了如何配置和使用 Istio 的强大功能。在第 12~14 章中，我们将介绍如何在组织中落地 Istio，包括：在大规模集群中，如何对 Istio 进行调整、扩展和排查故障；如何部署多个集群，引入虚拟机和其他约束。最后，我们将介绍如何利用 WebAssembly（Wasm）等技术为特定用例定制和调整服务网格的行为。

在组织中扩展Istio

12

本章内容包括：
- 在多个集群中扩展服务网格
- 加入两个集群的先决条件
- 在不同集群的工作负载之间建立互信
- 发现跨集群的工作负载
- 为东西向流量配置 Istio 入口网关

在前面的章节中，我们已经看到了 Istio 的许多特性，以及它们在单集群网格中的功能。然而，服务网格并不局限于单集群；它可以跨许多集群，并为所有的集群提供相同的功能。事实上，当有更多的工作负载加入网格时，网格的价值会变得更大。

但是，我们什么时候会希望一个服务网格跨多个集群呢？与单集群相比，多集群的服务网格有什么好处？为了回答这些问题，让我们重温一下虚构的 ACME 公司，它已经将应用程序迁移到云平台上，经历了微服务架构所带来的网络复杂性问题。

12.1　多集群服务网格的好处

在云迁移工作的早期，ACME 遇到了如何确定集群规模的难题。该公司一开始选择了一个大型集群，但很快就改变了决定。ACME 决定采用多个较小的集群，因为这样有很多好处：

- 提高隔离度——确保一个团队的错误不会影响到其他团队。
- 故障边界——在可能影响整个集群的配置或操作周围划定一个边界，如果一个集群发生故障，则可以降低对架构中其他部分的影响。
- 监管和合规——将访问敏感数据的服务从架构的其他部分隔离出来。
- 提高可用性和性能——在不同的区域运行集群以提高可用性，并将流量路由到最近的集群以降低延迟。
- 多云和混合云——能够在不同的环境中运行工作负载，无论是多云供应商还是混合云。

在最初的评估中，ACME 认为支持跨集群和实现跨集群的流量管理、可观测性和安全性是选择服务网格的主要动力。为了支持多集群，该公司考虑了两种方法：

- 多集群服务网格——跨多个集群的网格，并配置工作负载来路由跨集群的流量。所有这些都是 Istio 的配置，如 VirtualService、DestinationRule和 Sidecar 资源。
- 网格联邦，也被称为多网格——在两个独立的服务网格中暴露工作负载以让它们通信。该方法的自动化程度较低，需要在两个网格上手动配置，以控制服务之间的流量。不过，当网格由不同的团队管理或有严格的安全隔离需求时，这是一个不错的选择。

本书中介绍的方法是多集群服务网格。关于网格联邦，你可以参考 Istio 文档。

12.2　多集群服务网格概述

多集群服务网格以对应用程序完全透明的方式连接各集群的服务，同时保留了服务网格的所有功能：细粒度的流量管理、弹性、可观测性和跨集群通信的安全性。Istio 通过查询所有集群中的服务来实现跨集群访问，然后使用查询到的信息来配置服务代理，以确定如何跨集群路由服务间流量。

图 12.1 展示了将集群连接成单一网格的条件：

- 跨集群的工作负载发现——控制平面必须发现对等集群中的工作负载，以便配置服务代理（集群的 API 服务器必须能被对等集群中的 Istio 控制平面访问）。
- 跨集群的工作负载连接——工作负载之间必须能连接。除非能够启动与工作负载端点的连接，否则对工作负载端点的感知是没有用的。
- 集群间互信——跨集群的工作负载必须双向认证，以启用 Istio 的安全功能。

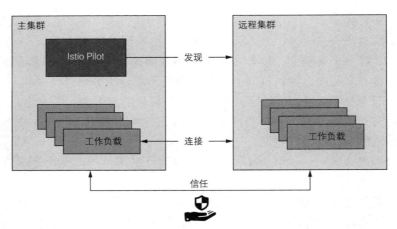

图 12.1   多集群服务网格需要跨集群发现、连接和互信

只有满足这些条件，才可以确保主集群能够感知其他集群中运行的工作负载，工作负载之间相互连接，并且可以使用 Istio 策略进行验证和授权。所有这些都是建立多集群服务网格的先决条件。

多集群连接和安全

如前所述，Istio 要建立多集群连接，必须通过访问对等集群中的 Kubernetes API 才能发现工作负载。对于一些组织来说，这种安全态势可能并不理想——每个集群都可以访问其他所有集群的 API。在这种情况下，网格联邦是一种更好的方法。Gloo Mesh 等可以帮助实现自动化和安全保证。

12.2.1   Istio 多集群部署模型

我们将多集群服务网格中的集群划分为两种类型：

- 主集群——安装了 Istio 控制平面的集群。
- 远程集群——未安装控制平面的对端集群。

根据需要实现的可用性，我们有以下部署模型：主—远程（共享控制平面）和主—主（复制控制平面）和外部控制平面。

主—远程部署模型（见图 12.2）有一个单一的控制平面用来管理网格，所以它经常被称为单一控制平面或共享控制平面部署模型。这种模型使用的资源较少，但主集群的故障会影响整个网格。因此，它的可用性很低。

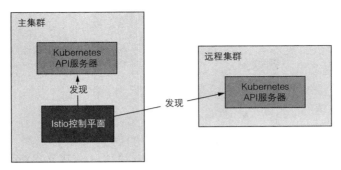

图 12.2 主—远程部署模型

主—主部署模型（见图 12.3）有多个控制平面，这确保了更高的可用性，但也需要更多的资源。这种模型提高了可用性，因为发生故障的集群是有范围限制的。我们把这种模型称为复制控制平面部署模型。

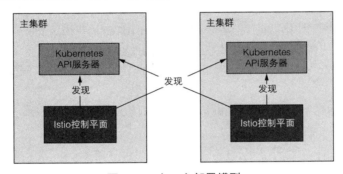

图 12.3 主—主部署模型

外部控制平面（见图 12.4）也是一种部署模型，对于控制平面来说，所有的集群都是远程的。这种部署模型使云提供商能够将 Istio 作为一种托管服务。

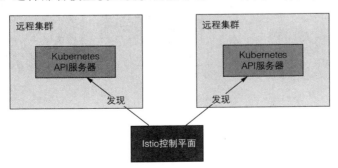

图 12.4 外部控制平面部署模型

12.2.2 在多集群部署中如何发现工作负载

Istio 的控制平面需要与 Kubernetes API 服务器通信，以收集信息来配置服务代理，比如服务和服务背后的端点。向 Kubernetes API 服务器发出请求算是一种超能力，因为可以查看资源细节、查询敏感信息、更新或删除资源，这有可能会破坏集群设置，使其变成不可逆转的状态。

注意：尽管我们使用令牌和基于角色的访问控制（RBAC）来确保对远程 Kubernetes API 服务器的访问，但细心的读者必须考虑这种方法的得失。关于网格联邦如何减轻这种风险，请参见上一节。

Kubernetes 使用 RBAC 确保对 API 服务器的访问。RBAC 是一个广泛的话题，不在本书的讨论范围之内，但我们可以强调一些用于促进跨集群发现的概念：

- 服务账户（Service Account）为非人类客户（如机器或服务）提供身份。
- 服务账户令牌（Service Account Token）是为每个服务账户自动生成的，代表其身份。令牌被格式化为 JWT（JSON Web Token），并由 Kubernetes 注入 Pod 中，Pod 可以使用令牌与 API 服务器进行身份验证。
- 角色（Role）和集群角色（Cluster Role）定义了身份的权限集，如服务账户或普通用户。

图 12.5 展示了为 istiod 提供认证和授权的 Kubernetes 资源。

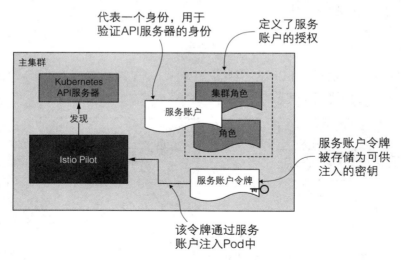

图 12.5 配置 istiod 的身份和访问的资源

跨集群的工作负载发现在技术上是一样的。如图 12.6 所示，我们需要向 istiod 提供远程集群的服务账户令牌（同时提供证书，以启动与 API 服务器的安全连接）。`istiod` 使用该令牌来验证远程集群并发现其中运行的工作负载。

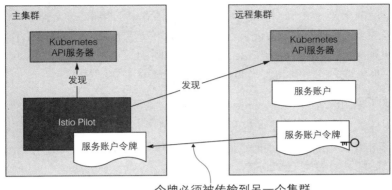

图 12.6 `istiod` 使用服务账户令牌来查询第二个集群的工作负载信息

这看起来可能是一个艰巨的过程，但没有什么可担心的。`istioctl` 将这一过程自动化了，我们会在后面的章节中看到。

12.2.3 跨集群的工作负载连接

另一个前提条件是工作负载必须能够跨集群连接。当集群在一个扁平的网络，比如共享网络（如亚马逊 **VPC**）中，或者使用对等网络连接时，工作负载可以使用 **IP** 地址进行连接，条件就满足了。但是当集群处在不同的网络中时，我们必须使用特殊的 Istio 入口网关，它们位于网络的边缘并代理跨集群的流量。桥接多网络网格中集群的入口网关被称为东西向网关（见图 12.7）。我们将在本章后面详细介绍它。

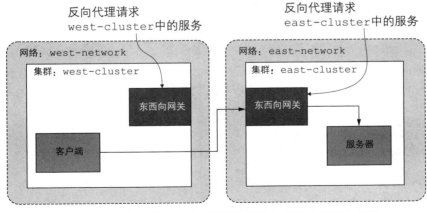

图 12.7 东西向网关反向代理请求到其各自集群中的工作负载

12.2.4　集群间互信

需要满足的最后一个条件是，多集群服务网格中的集群必须互信。互信可以确保对等集群的工作负载双向认证。有两种方法可以实现对等集群的工作负载互信。第一种方法是使用插件式 CA 证书：由一个共同的根 CA 颁发的用户定义的证书。第二种方法是集成一个外部 CA，两个集群都使用它来签署证书。

插件式 CA 证书

使用插件式中间 CA 证书很容易！你不用让 Istio 生成中间 CA，而是通过 Istio 安装命名空间中提供的密钥来指定要使用的证书。对两个集群都这样做，并使用由共同的根 CA 签署的中间 CA 证书，如图 12.8 所示。

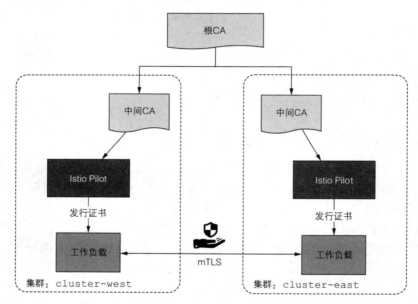

图 12.8　使用由同一个根 CA 签署的中间 CA 证书

这种方法最大的好处是简单。不过，如果中间 CA 暴露就会带来安全风险，攻击者可以用它来签署证书并获取信任，直到该问题被检测出来并且中间 CA 证书被撤销。由于这个原因，组织不愿意交出中间 CA，只是通过将中间 CA 加载到内存中，而不是将其作为 Kubernetes 的密钥持久化到 etcd（存储密钥等 Kubernetes 资源的数据存储）中来降低暴露风险。更安全的做法是集成一个签署证书的外部 CA。

集成外部 CA

在这种解决方案中，istiod 作为一个注册机构，验证和批准被存储为 Kubernetes CSR 的证书签署请求。被批准的 Kubernetes CSR 会以下列方式之一提交给外部 CA：

- 使用 cert-manager——只有当外部 CA 被 cert-manager 支持时才可行（见支持的外部发行者："链接 1"）。如果支持，通过 cert-manager 的 istio-csr，我们可以监听 Kubernetes CSR，并将其提交给外部 CA 进行签名。这在 Jetstack 的博文中有更详细的讨论，见"链接 2"。
- 自定义部署——创建一个 Kubernetes 控制器，监听已被批准的 Kubernetes CSR，并将其提交给外部 CA 进行签名。你可以参考 Istio 关于使用自定义 CA 的文档；但是，你需要对该解决方案进行调整，以使用外部 CA，而不是用本地密钥自签证书。外部 CA 签署证书后，将其存储在 Kubernetes CSR 中，由 Istio 使用密钥发现服务（SDS）转发到工作负载。

在这一章中，我们将使用插件式 CA 证书在集群之间建立互信，因为这样更简单，只需要关注多集群服务网格就行。现在，大体上已经满足了建立多集群服务网格的所有必要条件。

12.3　多集群、多网络、多控制平面的服务网格

本节我们将模仿真实情况下的企业应用，建立一个运行在多个集群中、部署在不同的区域、位于不同网络中的服务网格。它由以下部分组成（见图 12.9）：

- west-cluster——Kubernetes 集群，其私有网络位于 us-west 区域。这也是要运行 webapp 服务的地方。
- east-cluster——Kubernetes 集群，其私有网络位于 us-east 区域。catalog 服务会被部署在这里。

将集群放在两个不同的区域，可以保证当其中一个区域发生灾难时，应用不会完全不可用。webapp 和 catalog 工作负载位于不同的集群中并不是出于技术的原因，只是为了演示方便。只要有可能，互相通信的工作负载就应该被部署在一起，以减少延迟。

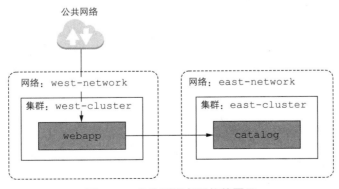

图 12.9　多集群服务网格的图示

12.3.1　选择多集群部署模型

　　多网络基础设施决定了我们需要使用东西向网关来桥接网络，以实现跨集群连接，但却无法决定是使用复制控制平面还是共享控制平面的部署模型。这一决定应该由业务需求来驱动。在 ACME 的案例中，在线商店非常受欢迎——即使是 1 分钟的故障，也会给企业带来数百万元的损失。因此，保持高可用性是首要任务。我们将使用主—主部署模型，将 Istio 控制平面部署在每个集群中。总结一下，我们将建立一个多集群、多网络、多控制平面的服务网格，使用东西向网关来桥接网络，并使用主—主部署模型。让我们开始吧！

12.3.2　建立云基础设施

　　对于多集群，构建本地环境是不够的，还需要使用云提供商。本例中，我们会使用 Azure 云环境。不过，你也可以在任何云提供商的独立网络中建立两个 Kubernetes 集群，并完成后面的操作。

在 Azure 中创建集群

　　基础设施由两个 Kubernetes 集群组成，它们位于不同的网络中（见图 12.9）。这两个集群的创建是通过以下脚本自动完成的。要执行该脚本，需要安装 Azure CLI，并登录以获得访问权。满足这些先决条件后，执行以下脚本来创建基础设施：

```
$ sh ch12/scripts/create-clusters-in-azure.sh

== Creating clusters ==
Done
== Configuring access to the clusters for `kubectl` ==
Merged "west-cluster" as current context in ~/.kube/config
Merged "east-cluster" as current context in ~/.kube/config
```

　　该脚本创建了集群并配置了 kubectl 命令行工具，其有两个上下文：west-cluster 和 east-cluster。你可以在执行 kubectl 命令时指定上下文：

```
$ kubectl --context="west-cluster" get pods -n kube-system
$ kubectl --context="east-cluster" get pods -n kube-system
```

　　每个命令都会打印出各自集群中正在运行的 Pod 列表，以确认集群的设置是否正确。我们先创建一些别名以方便命令的输入：

```
$ alias kwest='kubectl --context="west-cluster"'
$ alias keast='kubectl --context="east-cluster"'
```

　　使用别名 kwest 和 keast，命令被简化为：

```
kwest get pods -n kube-system
keast get pods -n kube-system
```

随着基础设施的建立完成，下一步是设置中间证书并在集群之间建立互信。

12.3.3 配置插件式 CA 证书

在第 9 章中，在介绍工作负载身份初始化——也就是工作负载如何获得证明其身份的签名证书时，为了简单起见，省略了 Istio 在安装时生成 CA 来签署证书的事实。这个生成的 CA 在 Istio 安装命名空间中被存储为一个名为 `istio-ca-secret` 的密钥，并与 `istiod` 副本共享。默认行为可以通过生成的 CA 覆盖，Istio 会接收这个 CA，而不是生成一个新的 CA。为此，我们必须将 CA 证书作为一个名为 `cacerts` 的密钥存储在 `istio-system` 命名空间中，它包含以下数据（见图 12.10）：

- `ca-cert.pem`——中间 CA 的证书。
- `ca-key.pem`——中间 CA 的私钥。
- `root-cert.pem`——根 CA 签发给中间 CA 的证书。根 CA 验证其任何一个中间 CA 颁发的证书，这是集群间相互信任的关键。
- `cert-chain.pem`——中间 CA 的证书和根 CA 证书的连接，形成信任链。

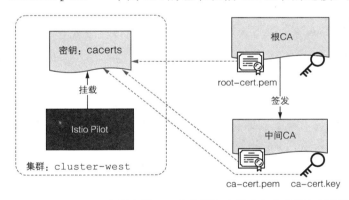

图 12.10 `cacerts` 密钥由根 CA 的公钥和中间 CA 的公钥与私钥组成。
根 CA 的私钥被安全地存储在集群之外

为了方便起见，中间 CA 和根 CA 都是在 `./ch12/certs` 目录下创建的。它们是使用 `./ch12/scripts/generate-certificates.sh` 脚本生成的，该脚本创建了一个根 CA 并用它来签署两个中间 CA 的证书。这产生了两个具有共同信任的中间 CA。

应用插件式 CA 证书

通过创建 `istio-system` 命名空间来配置每个集群的中间 CA，然后将证书作为名为 `cacerts` 的密钥来应用。

```
$  kwest create namespace istio-system
$  kwest create secret generic cacerts -n istio-system \
      --from-file=ch12/certs/west-cluster/ca-cert.pem \          为 west-cluster
      --from-file=ch12/certs/west-cluster/ca-key.pem \           设置证书
      --from-file=ch12/certs/root-cert.pem \
      --from-file=ch12/certs/west-cluster/cert-chain.pem

$  keast create namespace istio-system
$  keast create secret generic cacerts -n istio-system \
      --from-file=ch12/certs/east-cluster/ca-cert.pem \          为 east-cluster
      --from-file=ch12/certs/east-cluster/ca-key.pem \           设置证书
      --from-file=ch12/certs/root-cert.pem \
      --from-file=ch12/certs/east-cluster/cert-chain.pem
```

在配置好插件式证书后，我们可以安装 Istio 控制平面，它可以获取插件式 CA 证书（用户定义的中间证书）来签署工作负载证书。

12.3.4　在每个集群中安装控制平面

在安装 Istio 的控制平面之前，为每个集群都添加网络元数据。Istio 能够利用网络元数据中的拓扑信息来配置工作负载。因此，工作负载可以使用位置信息，优先将流量路由到邻近的工作负载。让 Istio 了解网络拓扑结构的另一个好处是，在将流量路由到处于不同网络中的远程集群的工作负载时，可以配置它们使用东西向网关。

标记用于跨集群连接的网络

网络拓扑结构可以在 Istio 安装中使用 MeshNetwork 配置。这是一个老的配置，只为罕见的高级用例保留。更简单的选择是在 Istio 安装命名空间中标记网络拓扑信息。对于我们来说，Istio 安装命名空间是 istio-system，而 west-cluster 中的网络是 west-network。因此，我们用 topology.istio.io/network=west-network 来标记 west-cluster 中的 istio-system：

```
$  kwest label namespace istio-system \
      topology.istio.io/network=west-network
```

而对于 east-cluster，我们将网络拓扑标签设置为 east-network：

```
$  keast label namespace istio-system \
      topology.istio.io/network=east-network
```

通过这些标签，Istio 能够理解网络拓扑结构，并利用它来决定如何配置工作负载。

使用 IstioOperator 资源安装控制平面

因为需要做较多的修改，我们打算使用 IstioOperator 资源来定义 west-cluster 的 Istio 安装配置：

```
apiVersion: install.istio.io/v1alpha1
metadata:
 name: istio-controlplane
 namespace: istio-system
kind: IstioOperator
spec:
  profile: demo
  components:                          禁用
    egressGateways:                    出口网关
    - name: istio-egressgateway
      enabled: false
 values:
  global:                              网格
    meshID: usmesh                     名称
    multiCluster:                         多集群网格中的
      clusterName: west-cluster           集群身份标识
    network: west-network
                                       发生安装
                                       的网络
```

　　注意：Kubernetes 集群可以有很多租户，并且可以跨很多团队。Istio 提供了在一个集群内安装多个网格的选项，允许不同的团队单独管理他们的网格操作。meshID 属性使我们能够识别此安装属于哪个网格。

　　之前的定义被存储在 ch12/controlplanes/cluster-west.yaml 文件中，你可以使用 istioctl 来安装 Istio：

```
$ istioctl --context="west-cluster" install -y \
    -f ch12/controlplanes/cluster-west.yaml

✓ Istio core installed
✓ Istiod installed
✓ Ingress gateways installed
✓ Installation complete
```

　　在成功安装 west-cluster 后，可以在 east-cluster 中安装复制控制平面。east-cluster 的 IstioOperator 定义与 west-cluster 的定义只有集群名称和网络不同。因为我们希望两个控制平面组成同一个网格，所以指定了与 west-cluster 安装时相同的 meshID：

```
apiVersion: install.istio.io/v1alpha1
metadata:
  name: istio-controlplane
  namespace: istio-system
kind: IstioOperator
spec:
  profile: demo
  components:
    egressGateways:
    - name: istio-egressgateway
```

```
      enabled: false
  values:
    global:
      meshID: usmesh
      multiCluster:
        clusterName: east-cluster
      network: east-network
```

接下来，将控制平面安装在 east-cluster 中：

```
$ istioctl --context="east-cluster" install -y \
      -f ch12/controlplanes/cluster-east.yaml

✓ Istio core installed
✓ Istiod installed
✓ Ingress gateways installed
✓ Installation complete
```

　　在继续下一步之前，在 istioctl 中为不同的集群上下文创建别名，就像之前为 kubectl 做的那样：

```
$ alias iwest='istioctl --context="west-cluster"'
$ alias ieast='istioctl --context="east-cluster"'
```

　　在两个集群中安装了控制平面后，我们有两个独立的网格——每个网格都运行一个只能发现本地服务的 istiod 副本，以及一个入口网关（见图 12.11）。

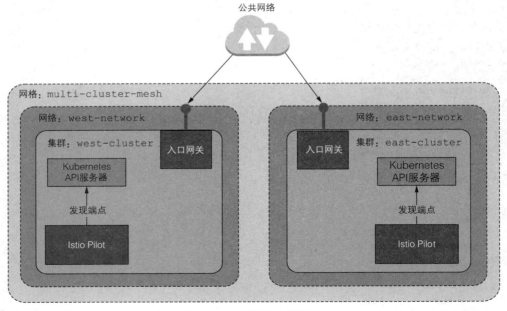

图 12.11　网格的当前设置

　　这些网格缺乏跨集群的工作负载发现和连接，我们会在下面的章节中设置。在继续之前，在每个集群中都运行一些工作负载，它们将有助于验证跨集群发现和连接是否设置正确。

在两个集群中部署工作负载

　　安装好控制平面后，我们部署一些工作负载。在 west-cluster 中部署 webapp 服务：

```
$  kwest create ns istioinaction
$  kwest label namespace istioinaction istio-injection=enabled
$  kwest -n istioinaction apply -f ch12/webapp-deployment-svc.yaml
$  kwest -n istioinaction apply -f ch12/webapp-gw-vs.yaml
$  kwest -n istioinaction apply -f ch12/catalog-svc.yaml
```

> catalog 服务，webapp 向其发出请求

　　在这个清单中，几乎所有的东西都有意义。例如，我们创建了一个命名空间，并将其标记为自动注入，这样工作负载就会被注入 sidecar 代理中。然后部署 webapp，包括为其提供服务，通过使用 Gateway 资源接收流量和使用 VirtualService 资源将流量路由到入口网关，并利用入口网关暴露该服务。

　　考虑到我们只想在 east-cluster 中运行 catalog 工作负载，那为什么还需要为它创建 Service 资源呢？这是因为如果没有 Service 资源，webapp 容器无法将完全限定域名（FQDN）解析为任何 IP 地址，请求在离开应用程序并被重定向到代理之前就会失败。通过添加 Service 资源，FQDN 被解析为服务的 ClusterIP，流量由应用程序发起，这使得它能被重定向到 Envoy 代理，那里有实际的 Envoy 配置并可以处理跨集群的路由。这是一个较特殊的案例，Istio 社区计划进一步增强 DNS 代理，并在新版本中完善它。这是下一章研究的主题。

　　现在，我们在 east-cluster 中安装 catalog 服务：

```
$  keast create ns istioinaction
$  keast label namespace istioinaction istio-injection=enabled
$  keast -n istioinaction apply -f ch12/catalog.yaml
```

　　假设现在有两个集群，每个集群都有需要连接的工作负载。但是，如果没有跨集群的工作负载发现，sidecar 代理就无法识别对等集群中的工作负载。因此，下一步就是启用跨集群的工作负载发现。

12.3.5　启用跨集群的工作负载发现

　　为了让 Istio 有权限查询到远程集群的信息，它需要一个服务账户来为权限定义身份和绑定角色。为此，Istio 在安装时创建了一个服务账户（名为 istio-reader-service-account），该账户具有最小权限集，可以被另一个控制平面用来认证

并查询工作负载相关信息，如服务和端点。然而，我们需要将服务账户令牌提供给对等集群，同时提供证书以启动与远程集群的安全连接。

创建用于访问远程集群的密钥

`istioctl` 有一个 `create-remote-secret` 子命令，它默认使用 `istio` `-reader-service-account` 服务账户来创建访问远程集群的密钥。在创建密钥时，重要的是要指定在 IstioOperator 中使用的集群名称（见前面"使用 IstioOperator 资源安装控制平面"一节中关于 `west-cluster` 和 `east-cluster` 的清单）。注意集群名称是如何作为配置的标识符来访问远程集群的：

```
$ ieast x create-remote-secret --name="east-cluster"

# This file is autogenerated, do not edit.
apiVersion: v1
kind: Secret
metadata:
  annotations:
    networking.istio.io/cluster: east-cluster
  labels:
    istio/multiCluster: "true"          ◁──── Istio 的控制平面会监视这
  name: istio-remote-secret-east-cluster       个标签被设置为 "true" 的
  namespace: istio-system                       密钥，以注册新的集群
stringData:
  east-cluster: |
    apiVersion: v1
    kind: Config
    preferences: {}
    clusters:
    - cluster:
        certificate-authority-data: <omitted>   ◁────
        server: https://east-clust-dkjqiu.hcp.eastus.azmk8s.io:443
      name: east-cluster                              用于启动与该
    users:                                            集群安全连接
    - name: east-cluster                              的 CA
      user:                      代表服务账户
        token: <omitted>    ◁─── 身份的令牌
    contexts:
    - context:
        cluster: east-cluster
        user: east-cluster
      name: east-cluster
    current-context: east-cluster
```

> **kubectl 如何与 Kubernetes API 服务器通信**
>
> 如果你了解如何配置 `kubectl` 与 API 服务器通信，那么前面的数据看起来就会很熟悉。它被格式化为 `kubeconfig` 文件，包含以下数据：
> - `clusters`——一个包含了集群地址和 CA 数据的集群列表，以验证 API 服务器呈现的连接。
> - `users`——一个定义了包含令牌的用户列表，以认证 API 服务器。
> - `contexts`——一个上下文列表，上下文对用户和集群进行分组，这样可以简化集群的切换（与我们的用例无关）。
>
> 这是 `kubectl` 启动与 Kubernetes API 服务器的安全连接并对其进行认证所需要的全部内容。`istiod` 使用同样的方法来安全地查询远程集群。

与其打印密钥，不如把它输送到 `kubectl` 命令中，并应用于 west-cluster：

```
$ ieast x create-remote-secret --name="east-cluster" \
  | kwest apply -f -

secret/istio-remote-secret-east-cluster created
```

一旦创建了密钥，`istiod` 就会接收它并查询新添加的远程集群中的工作负载。这会被 `istiod` 记录下来并打印在日志中：

```
$ kwest logs deploy/istiod -n istio-system | grep 'Adding cluster'
2021-04-08T08:47:32.408052Z     info
➥Adding cluster_id=east-cluster from
➥secret=istio-system/istio-remote-secret-east-cluster
```

日志证明了集群的初始化已完成，west-cluster 的控制平面可以发现east-cluster 中的工作负载。对于主—主部署，还需要配置 east-cluster来查询 west-cluster：

```
$ iwest x create-remote-secret --name="west-cluster" \
  | keast apply -f -

secret/istio-remote-secret-west-cluster created
```

现在，控制平面可以查询到对等集群上的工作负载。这是否意味着已经安装完成了？还没有！但我们离成功又近了一步。接下来，我们要设置跨集群连接。

12.3.6 设置跨集群连接

在第 4 章中，我们讨论了 Istio 的入口网关，它也是基于 Envoy 代理实现的。它代表了来自公共网络的流量的入口点，并将流量引导到内部网络。这种类型的流量通常被称为南北向流量。相反，不同内部网络（在我们的例子中，是集群的网络）之间的流量，被称为东西向流量（见图 12.12）。

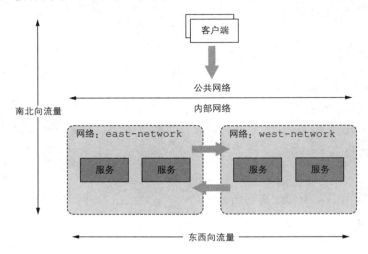

图 12.12   南北向流量和东西向流量

为了简化东西向流量，大多数云提供商都支持虚拟网络的对等连接——只要网络地址空间不重叠即可。对等虚拟网络中的服务使用 IPv4 和 IPv6 地址启动直接连接。然而，网络对等是云的特定功能。我们想连接不同的云提供商或企业内部的集群，网络对等是不可能的，Istio 提供的东西向网关可以解决此问题。该网关必须被暴露在一个负载均衡器中，它可以被对等集群的工作负载访问到。

在本节中，我们设置跨集群连接，并展示它的底层原理。它可能看起来很复杂，但我们相信理解其工作原理比仅仅会使用它更重要。如果出了问题，你应该有能力来排除故障并恢复连接。

Istio 的东西向网关

东西向网关除了作为跨集群的东西向流量的入口点，还能使这个过程对服务的运维团队透明。为了达到这个目标，网关必须：

- 实现跨集群的细粒度流量管理。
- 对加密的流量进行路由，以实现工作负载之间的双向认证。

而服务网格的运维人员不需要配置任何额外的资源！换句话说，不应该配置任何额外的 Istio 资源！这确保了在路由集群内流量与跨集群的流量时没有任何区别。在这两种情况下，工作负载可以以细粒度的方式对应服务，并启动双向认证的连接（当负载均衡跨集群边界时会有细微的差别。我们将在下一节中探讨这个问题）。为了理解它是如何实现的，我们需要介绍 Istio 的两个功能——*SNI* 集群和 *SNI* 自动穿透——以及它们是如何修改网关的行为的。

使用 SNI 集群配置东西向网关

东西向网关是入口网关，它为服务的 SNI（服务器名称指示）集群进行了额外配置。什么是 SNI 集群呢？SNI 集群就像普通的 Envoy 集群一样（见 10.3.2 节中的"查询 Envoy 集群配置"部分），由方向、子集、端口和 FQDN 组成，它们将一组类似的工作负载分组，流量可以被路由。然而，SNI 集群有一个关键的不同：它们在 SNI 中编码所有的 Envoy 集群信息。这使得东西向网关能够将加密的流量代理给客户端在 SNI 中指定的集群。举一个具体的例子。当一个客户端服务（如 webapp）发起与远程集群中的工作负载（如 catalog）的连接时，它会将其目标集群编码到 SNI 中，如图 12.13 所示。

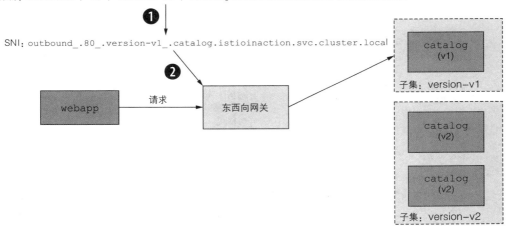

图 12.13 ①集群信息被编码到 SNI 中。②SNI 包含方向、端口、版本和服务名称，决定了路由决策

因此，客户端可以做出细粒度的路由决定，而网关可以从 SNI 头读取集群信息，然后将流量代理给客户端预定的工作负载。所有这些都是在工作负载之间保持安全和双向认证的连接下发生的。

使用 SNI 集群安装东西向网关

对于网关来说，SNI 集群的配置是可选的，可以通过设置环境变量 ISTIO_META_ROUTER_MODE 的值为 sni-dnat 来启用，如下面的 IstioOperator 定义所示：

```
apiVersion: install.istio.io/v1alpha1
kind: IstioOperator
metadata:
  name: istio-eastwestgateway          ◁─── IstioOperator 名称不应该
  namespace: istio-system                    覆盖之前的 Istio 安装
spec:
  profile: empty          ◁─── empty 配置文件不
  components:                   安装其他 Istio 组件
    ingressGateways:
    - name: istio-eastwestgateway      ◁── 网关
      label:                               名称
        istio: eastwestgateway
        app: istio-eastwestgateway
      enabled: true
      k8s:
        env:
          - name: ISTIO_META_ROUTER_MODE        sni-dnat 模式添加用于
            value: "sni-dnat"                   代理流量的 SNI 集群
          - name: ISTIO_META_REQUESTED_NETWORK_VIEW   网关路由流量
            value: east-network                       的网络
        service:
          ports:
            # redacted for brevity
  values:
    global:
      meshID: usmesh
      multiCluster:                    网关、集群
        clusterName: east-cluster      和网络的身
      network: east-network            份信息
```

在这个定义中，有相当多的内容需要解读：

- `IstioOperator` 资源的名称不得与最初用于安装控制平面的资源相同。如果使用相同的名称，之前的安装将被覆盖。
- 将 `ISTIO_META_ROUTER_MODE` 设置为 `sni-dnat` 会自动配置 SNI 集群。当没有指定时，它将回到 `standard` 模式，不配置 SNI 集群。
- `ISTIO_META_REQUESTED_NETWORK_VIEW` 定义了网络流量被代理的对象。

使用之前的 `IstioOperator` 定义安装东西向网关，该定义位于 `ch12/gateways/cluster-east-eastwest-gateway.yaml` 文件中：

```
$ ieast install -y -f ch12/gateways/cluster-east-eastwest-gateway.yaml

✓ Ingress gateways installed
✓ Installation complete
```

随着东西向网关的安装和路由器模式被设置为 `sni-dnat`，下一步是通过东西向网关使用 SNI 自动穿透模式暴露多集群 mTLS 端口。Istio 很智能，只在此时对网关与 SNI 集群进行配置。

使用 SNI 自动穿透路由跨集群的流量

为了理解 SNI 自动穿透，我们来回顾一下手动 SNI 穿透配置入口网关，根据 SNI 头来接收流量（见 4.4.2 节）。这表明，为了路由允许的流量，服务运维人员必须手动定义一个 `VirtualService` 资源（见图 12.14）。SNI 自动穿透，顾名思义，不需要手动创建 `VirtualService` 来路由允许的流量。它是使用 SNI 集群完成的，当东西向网关的路由器模式被设置为 `sni-dnat` 时，这些集群会被自动配置在东西向网关中（见图 12.15）。

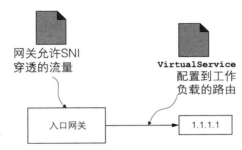

图 12.14　SNI 穿透的流量路由需要定义 `VirtualService` 资源

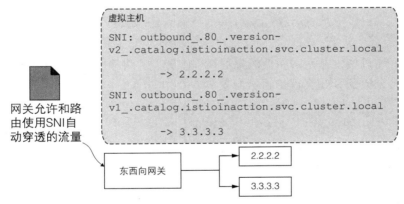

图 12.15　SNI 自动穿透的流量路由使用在 `sni-dnat` 路由器模式下初始化的 SNI 集群

SNI 自动穿透模式是使用 Istio 的 `Gateway` 资源配置的。在下面的定义中，我们对 SNI 头与 `*.local` 表达式相匹配的所有流量使用 SNI 自动穿透，所有的 Kubernetes 服务都是这种情况：

```
apiVersion: networking.istio.io/v1alpha3
kind: Gateway
metadata:
  name: cross-network-gateway
```

```
  namespace: istio-system
spec:
  selector:
    istio: eastwestgateway       ←──┐  配置只适用于
  servers:                            符合选择器的
  - port:                             网关
      number: 15443          ←──┐
      name: tls                    在 Istio 中，15443 端口是
      protocol: TLS                为多集群 mTLS 流量指定
    tls:                            的一个特殊端口
      mode: AUTO_PASSTHROUGH  ←──┐
    hosts:                         使用 SNI 头和
    - "*.local"        ←──┐       SNI 集群解析目
                           仅允许匹配 *.local 正则  的地
                           表达式的流量
```

这个资源在 `ch12/gateways/expose-services.yaml` 文件中定义。将其应用于集群，可以把 `east-cluster` 中的工作负载暴露给 `west-cluster`：

```
$ keast apply -n istio-system -f ch12/gateways/expose-services.yaml

gateway.networking.istio.io/cross-network-gateway created
```

在继续之前，我们在 `west-cluster` 中创建一个东西向网关，并将其服务暴露给 `east-cluster` 中的工作负载：

```
$ iwest install -y -f ch12/gateways/cluster-west-eastwest-gateway.yaml
$ kwest apply -n istio-system -f ch12/gateways/expose-services.yaml
```

现在，通过查询东西向网关的集群代理配置，并将输出过滤为只包含 `catalog` 文本的行，来验证 SNI 集群是否已配置：

```
$ ieast pc clusters deploy/istio-eastwestgateway.istio-system  \
    | grep catalog | awk '{printf "CLUSTER: %s\n", $1}'
                                                         catalog 服务
                                                         的 SNI 集群
CLUSTER: catalog.istioinaction.svc.cluster.local
CLUSTER: outbound_.80_._.catalog.istioinaction.svc.cluster.local  ←──
```

输出显示，SNI 集群是为 `catalog` 工作负载定义的！由于将网关配置为 SNI 自动穿透，网关上的传入流量使用 SNI 集群路由到预定的工作负载。Istio 的控制平面会监听这些资源的创建，并发现现在存在一条路径来路由跨集群流量。因此，它使用在远程集群中新发现的端点来更新所有的工作负载。

验证跨集群的工作负载发现

现在，由于 `east-cluster` 中的工作负载被暴露在 `west-cluster` 中，我们期望 `webapp` 的 Envoy 集群有一个指向 `catalog` 工作负载的端点。

这个端点应该指向东西向网关的地址，将请求代理给其网络中的 `catalog` 工作负载。为了验证这一点，我们来获取东西向网关在 `east-cluster` 中的地址：

```
$ keast -n istio-system get svc istio-eastwestgateway \
    -o jsonpath='{.status.loadBalancer.ingress[0].ip}'

40.114.190.251
```

现在，将它与 `west-cluster` 中的工作负载在路由跨集群的流量时使用的地址进行比较：

```
$ iwest pc endpoints deploy/webapp.istioinaction | grep catalog
```

图 12.16 中展示了前面命令的输出。

图 12.16 `catalog` 端点指的是东西向网关的多集群端口

如果 `catalog` 资源的端点与东西向网关的地址相匹配，那么就会发现工作负载，且可以进行跨集群通信。考虑到代理配置，一切都被正确设置了。下面我们手动触发一个请求，进行最后的验证：

```
$ EXT_IP=$(kwest -n istio-system get svc istio-ingressgateway \
    -o jsonpath='{.status.loadBalancer.ingress[0].ip}')
$ curl http://$EXT_IP/api/catalog -H "Host: webapp.istioinaction.io"

[
  {
    "id": 0,
    "color": "teal",
    "department": "Clothing",
    "name": "Small Metal Shoes",
    "price": "232.00"
  }
]
```

没错！我们看到，当触发一个请求到入口网关时，它被路由到 `west-cluster` 中的 `webapp`。然后，它被解析到 `east-cluster` 中的 `catalog` 工作负载，响应请求服务。这样，我们就验证了多集群、多网络、多控制平面的服务网格的建立，以及跨集群的工作负载发现；它们可以使用东西向网关来启用双向认证的连接。

我们来回顾一下建立一个多集群服务网格所需的条件：

1. 跨集群的工作负载发现，向每个控制平面提供对对等集群的访问，使用包含服务账户令牌和证书的 `kubeconfig`。这个过程使用 `istioctl` 来完成,我们只将其应用于对等集群。

2. 跨集群的工作负载连接,配置东西向网关,在不同集群(位于不同的网络中)的工作负载之间路由流量,并为每个集群标记网络信息,以便 Istio 知道工作负载所在的网络。

3. 集群间互相,使用一个共同的信任根来签发对等集群的中间证书。

只需这几步,而且它们大多是自动设置多集群服务网格的。在下一节中,我们来验证一些跨集群的服务网格行为。

12.3.7 跨集群的负载均衡

在第 6 章中,我们承诺要探索跨集群、位置感知的负载均衡。而现在,有了多集群服务网格,我们已经准备好了。为此,我们将部署两个示例服务,每个服务都将返回工作负载所在的集群的名称。因此,我们可以很容易地确定提供请求的工作负载的位置。

在 `west-cluster` 中部署第一个服务:

```
$ kwest apply -f \                                    ← 在 west-cluster 中
ch12/locality-aware/west/simple-backend-deployment.yaml    部署一个简单的后
                                                        端部署

$ kwest apply -f \
ch12/locality-aware/west/simple-backend-svc.yaml      ← 简单的后端部署的
                                                        Kubernetes 服务

$ kwest apply -f \
ch12/locality-aware/west/simple-backend-gw.yaml       ← 应用接收流量的
                                                        Gateway 资源

$ kwest apply -f \
ch12/locality-aware/west/simple-backend-vs.yaml       ← 应用用于路由从 Gateway
                                                        到简单的后端工作负载的
                                                        VirtualService 资源
```

创建好资源后,向 `west-cluster` 中的服务发出请求,可以看到它返回集群名称:

```
$ curl -s $EXT_IP -H "Host: simple-backend.istioinaction.io" | jq ".body"
"Hello from WEST"
```

现在,可以在 `east-cluster` 中部署服务了:

```
$ keast apply -f ch12/locality-aware/east/simple-backend-deployment.yaml
$ keast apply -f ch12/locality-aware/east/simple-backend-svc.yaml
```

随着服务在两个集群中运行,它们的端点被配置在入口网关中,请求在它们之间进行负载均衡（见图 12.17）。

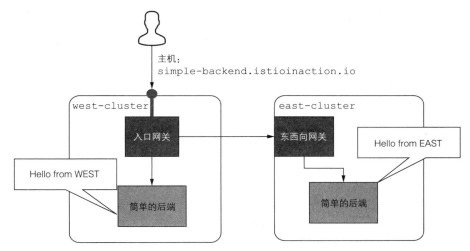

图 12.17　跨集群的负载均衡

在默认情况下，Istio 使用轮询算法在工作负载之间进行负载均衡。因此，流量的负载均衡是平等的：

```
$  for i in {1..10}; do curl --max-time 5 -s $EXT_IP \
   -H "Host: simple-backend.istioinaction.io" | jq .body; done

"Hello from EAST"
"Hello from WEST"
<...>
```

这很好！然而，使用位置感知的负载均衡可以进一步提高性能，因此工作负载会优先将流量路由到其定位范围内的工作负载。我们在前几章中提到，云提供商将位置信息作为标签添加到节点中。Istio 使用从标签中获取的这些信息来配置工作负载的位置。

验证跨集群的位置感知路由

因为在 Azure 中创建了多集群服务网格，所以节点被标记为来自云提供商的位置信息，如该输出中所示：

```
$ kwest get nodes -o custom-columns="\
NAME:{.metadata.name},\
REGION:{.metadata.labels.topology\.kubernetes\.io/region},\
ZONE:{metadata.labels.topology\.kubernetes\.io/zone}"          格式化输出以显示
                                                                节点名称、地区和
NAME                               REGION   ZONE                区域
aks-nodepool1-31209271-vmss000003  westus   0
```

正如预期的那样，west-cluster 中的节点被标记为 westus 区域。检查 east-cluster，显示的是 eastus 区域。这一信息被 istiod 接收，并在配置端点时传递到工作负载中：

```
$ iwest pc endpoints deploy/istio-ingressgateway.istio-system \
    --cluster \
    'outbound|80||simple-backend.istioinaction.svc.cluster.local' \
    -o json

[{
  "name": "outbound|80||simple-backend.istioinaction.svc.cluster.local",
  "addedViaApi": true,
  "hostStatuses": [
      {
          "address": <omitted>,
          "stats": <omitted>,
          "healthStatus": {
              "edsHealthStatus": "HEALTHY"
          },
          "weight": 1,
          "locality": {
              "region": "westus",       west-cluster 中工作负
              "zone": "0"               载的位置信息
          }
      },
      {
          "address": <omitted>,
          "stats": <omitted>,
          "healthStatus": {
              "edsHealthStatus": "HEALTHY"
          },
          "weight": 1,
          "locality": {
              "region": "eastus",       east-cluster 中工作
              "zone": "0"               负载的位置信息
          }
      }
  ],
  "circuitBreakers": <omitted>
}]
```

输出显示，两个端点都有位置信息。回顾第 6 章内容，为了让 Istio 使用位置信息，需要进行被动的健康检查。我们定义一个 DestinationRule，使用异常点检测功能来被动地检查端点的健康状况：

```
$ kwest apply -f ch12/locality-aware/west/simple-backend-dr.yaml
```

在配置生效后（通常需要几秒钟），我们可以验证请求是否使用了位置信息并在同一个集群内被路由：

```
$ for i in {1..10}; do curl --max-time 5 -s $EXT_IP \
    -H "Host: simple-backend.istioinaction.io" | jq .body; done

"Hello from WEST"
"Hello from WEST"
"Hello from WEST"
<...>
```

正如预期的那样，所有的请求都在 west-cluster 内被路由，这是最接近当前路由流量入口网关的地方。因为所有的路由决定都是在 Envoy 代理中做出的，所以可以得出结论，控制平面一定是修改了它的配置才有这样的结果的。再次打印配置，我们来看看配置是如何被修改的：

```
$ iwest pc endpoints deploy/istio-ingressgateway.istio-system \
    --cluster \
    'outbound|80||simple-backend.istioinaction.svc.cluster.local' \
    -o json

[{
  "name": "outbound|80||simple-backend.istioinaction.svc.cluster.local",
  "addedViaApi": true,
  "hostStatuses": [
        {
            <omitted>
            "weight": 1,
            "locality": {
                "region": "westus",
                "zone": "0"
            }
        },
        {
            <omitted>
            "weight": 1,
            "priority": 1,        ◁─┐ 第二个主机的
            "locality": {              └─ 优先级是 1
                "region": "eastus",
                "zone": "0"
            }
        }
  ],
  "circuitBreakers": <omitted>
}]
```

现在我们看到优先级字段，它指定了路由到该主机的流量的优先级。最高的优先级是 0（默认值，当没有指定时）——这就是为什么在 westus 的主机中没有这个值，因为它有最高的优先级。值 1 的优先级较低，依此类推。当具有最高优先级的主机不可用时，流量会被路由到具有较低优先级的主机。我们来验证这一点。

验证跨集群的故障转移

为了模拟简单的后端部署失败情况，我们可以将环境变量 ERROR_RATE 设置

为1，使请求失败。对于 west-cluster 中的工作负载，执行下面的命令：

```
$ kwest -n istioinaction set env \
    deploy simple-backend-west ERROR_RATE='1'
```

一段时间后，异常点检测功能检测到主机不健康，并将流量路由到 east-cluster 中的工作负载，该集群具有第二高优先级：

```
$ for i in {1..10}; do curl --max-time 5 -s $EXT_IP \
    -H "Host: simple-backend.istioinaction.io" | jq .body; done
"Hello from EAST"
"Hello from EAST"
"Hello from EAST"
<...>
```

这展示了跨集群故障转移的实际情况：流量被路由到 east-cluster，因为具有最高优先级的工作负载未能通过被动的健康检查。

> **注意**：正如在这个详细的演示中所看到的，跨集群的流量会穿越对等集群的东西向网关，并被视为 SNI 穿透。一旦流量到达远程集群，就会对负载均衡有影响。由于这个调用是一个 SNI/TCP 连接，并且网关没有中止 TLS 连接，东西向网关只能将连接原封不动地转发到后端服务。这打开了一个从东西向网关到后端服务的连接，没有请求级的负载均衡能力。因此，从客户端的角度来看，在多个集群之间进行故障转移是失败的，负载是均衡的，但不一定在远程集群的所有实例之间均衡。

使用授权策略验证跨集群的访问控制

我们要验证的最后一个功能是跨集群的访问控制。回顾一下，访问控制要求流量在工作负载之间进行双向认证，产生可靠的元数据，用于决定是否允许或拒绝流量。为了验证这一点，假设我们希望只有当流量的来源是 Istio 的入口网关时，才允许其进入服务；否则，流量将被拒绝。定义一个实现这一目的的策略，存储在 ch12/security/only-ingress-policy.yaml 文件中。把它应用到 east-cluster 中：

```
$ keast apply -f ch12/security/allow-only-ingress-policy.yaml
authorizationpolicy.security.istio.io/allow-only-ingress created
```

在执行任何请求之前，清理 west-cluster 的服务，以便只有 east-cluster 的实例为流量服务：

```
$ kwest delete deploy simple-backend-west -n istioinaction
deployment.apps "simple-backend-west" deleted
```

在更新生效后，我们可以通过触发 `west-cluster` 中工作负载的请求来测试该策略。为此，运行一个临时的 Pod：

```
$ kubectl run -i --rm --restart=Never sleep --image=curlimages/curl \
--command -- curl -s simple-backend.istioinaction.svc.cluster.local
RBAC: access denied
```

正如预期的那样，该请求被拒绝了。同时，触发了对入口网关的请求，并让请求从网关路由，结果是成功响应：

```
$ curl --max-time 5 -s $EXT_IP \
  -H "Host: simple-backend.istioinaction.io" | jq .body
"Hello from EAST"
```

我们可以看到，该策略允许来自入口网关的流量。这表明，工作负载在集群之间双向认证，策略可以使用编码在身份证书中的认证数据进行访问控制。

所有关于负载均衡、位置感知路由、跨集群故障转移、双向认证的流量和访问控制的例子表明，多集群服务网格中的工作负载可以使用 Istio 的所有功能，而不管它们在哪个集群中运行。而且，不需要任何额外的配置就能做到这一点。

> **注意**：请记住，要清理云提供商中的资源。如果你使用的是 Azure，则可以执行 `$sh ch12/scripts/cleanup-azure-resources.sh` 脚本。

希望本章已经向你展示了 Istio 如何在组织内扩展，并将多个集群纳入同一个网格，以及为什么这对许多组织来说很重要。在下一章中，我们将把虚拟机集成到服务网格中，这对那些必须操作传统工作负载的成熟企业来说是非常理想的选择。

本章小结

- Istio 支持三种多集群服务网格部署模型：共享控制平面（主—远程）、复制控制平面（主—主）和外部控制平面。
- 我们可以通过在 `istio-system` 命名空间中安装中间证书，使用插件式 CA 证书建立跨集群的共同信任。
- 通过复制控制平面部署模型验证了跨集群的工作负载发现，使用服务账户作为远程集群的身份，并将服务账户令牌作为密钥提供给对等集群。
- 我们可以使用东西向网关来桥接多网络服务网格的网络。`sni-dnat` 路由器模式配置 SNI 集群，以细粒度的方式路由跨集群的流量。
- 东西向网关可以被配置为自动穿透流量，并根据自动配置的 SNI 集群进行路由。
- Istio 的功能在跨集群模式下的工作方式和在单集群内完全相同。

将虚拟机工作负载纳入网格 13

本章内容包括：
- 将传统工作负载纳入 Istio 的服务网格
- 在虚拟机中安装并配置 `istio-agent`
- 为虚拟机提供身份
- 将集群服务暴露给虚拟机，同时将虚拟机中的服务添加到集群中
- 使用本地 DNS 代理来解析集群服务的 FQDN

到目前为止，我们已经从容器和 Kubernetes 的角度介绍了 Istio 服务网格。然而，在现实中，应用程序经常在虚拟机（VM）或物理机上运行。容器和 Kubernetes 经常被用于改进技术栈，本章将展示如何使用 Istio 连接应用程序和网络层。你可能会疑惑，为什么不直接将传统工作负载迁移到 Kubernetes 集群中，而是要将虚拟机集成到网格中？通常我们会尽可能迁移遗留系统，但在少数情况下并不推荐这样做，或者至少在考虑成本的时候不推荐。主要原因有：

- 由于监管的需要，企业可能不得不基于物理机运行系统，因为其缺乏设置和操作 Kubernetes 集群的专业知识。
- 容器化应用程序并不简单。一些应用程序可能需要重构；另一些应用程序可能需要修改依赖关系，从而导致依赖关系的冲突，即产生依赖地狱问题。
- 有的服务对运行的虚拟机有唯一性依赖。

在本章中，我们将展示如何通过安装与配置 sidecar 代理将任何工作负载加入网格中。这种方法为那些拥有传统工作负载并希望以弹性、安全和高可用的方式将其集成到网格中的企业提供了可能。

13.1 Istio的虚拟机支持

Istio 很早就支持将虚拟机集成到网格中，但这需要大量的变通方法且依赖控制平面外部的自动化支持。Istio 的虚拟机支持在 Istio 1.9.0 中升级为 beta 版，一些关键功能提供了 API 支持。这些关键功能包括：

- 使用 `istioctl` 简化了虚拟机中 sidecar 代理的安装与配置。
- 通过引入两个新的 Istio 资源——`WorkloadGroup` 和 `WorkloadEntry`，实现了虚拟机的高可用性。
- 使用本地 DNS 代理实现了来自虚拟机的网格内服务的 DNS 解析，该代理与 Istio 的 sidecar 一起设置。

因为本章有很多细节，所以我们先从总体上介绍这些新功能，然后通过一个具体的例子演示如何将虚拟机集成到网格中。

13.1.1 简化虚拟机中 sidecar 代理的安装与配置

为了使虚拟机成为网格的一部分，我们需要：

- 安装 sidecar 代理来管理网络流量。
- 配置代理连接到 `istiod` 并接收网格配置。
- 为虚拟机提供一个身份令牌，用于验证 `istiod` 的身份。

图 13.1 展示了将工作负载加入网格中所需的先决条件。在 Kubernetes 中运行的工作负载也需要同样的步骤。

- 通过 webhook 或使用 `istioctl` 自动安装与配置 sidecar。
- 拥有一个身份令牌——Kubernetes 会自动将其注入 Pod 中。

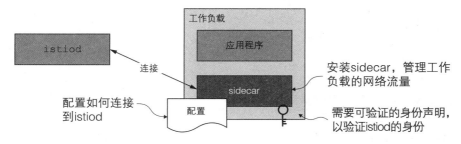

图 13.1 工作负载成为网格的一部分所需的条件

这些便利并没有被应用到 Kubernetes 外部的工作负载上。因此，虚拟机所有者必须安装和配置代理，并为工作负载身份提供引导令牌。只有这样，工作负载才能成为网格的一部分。

为虚拟机提供身份

Istio 使用 Kubernetes 作为信任源来提供虚拟机的身份。这通过在 Kubernetes 中生成一个令牌并将其转移到机器上来实现。这个令牌被安装在机器中的 `istio-agent` 所获取并用来验证 `istiod`。图 13.2 和图 13.3 展示了集群工作负载与虚拟机中工作负载不同的身份验证方式。

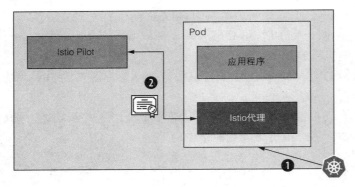

图 13.2   集群中的工作负载：①获取被注入 Pod 中的服务账户令牌；
②使用该令牌来验证和检索 SVID

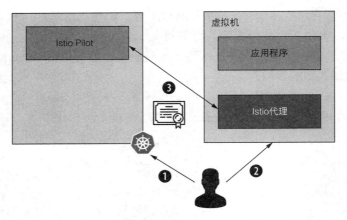

图 13.3   由于虚拟机是外部的，因此需要手动：①创建一个服务账户；
②将令牌转移到虚拟机上；③使用令牌来验证和接收 SVID

这些方法很类似，唯一的区别是 Kubernetes 要将令牌自动注入 Pod 中。相比之下，对于虚拟机来说，这必须由服务网格操作者来完成，他们必须手动将令牌安全地转移到虚拟机上。`istio-agent` 使用该令牌来验证 `istiod`，因此，`istiod` 以 SPIFFE 可验证身份文件（SVID）的形式发布其身份。

这种解决方案的缺点是，需要服务网格操作者在 Kubernetes 中创建令牌，并将其安全地转移到虚拟机上。这可能不需要太多的工作量，但如果像大多数企业那样遵循多云战略，则将增加很多工作量。

平台分配的身份

Istio 社区正在开展工作，以提供一种自动化的解决方案，为不同云提供商的机器提供工作负载身份。这种解决方案使用虚拟机的平台分配的身份作为信任源，由 `istio-agent` 获取并用于验证 `istiod`。按照预期，Istio 将暴露一个 API 来配置针对云提供商的令牌验证。这个过程的示意图如下：

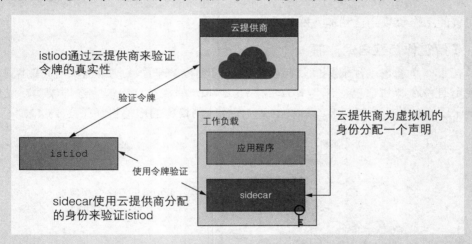

如何使用平台分配的身份来验证工作负载

该解决方案还未被开发出来，但你可以在身份提供者的设计文件中找到更多信息。

在下面的例子中，我们将使用 Kubernetes 作为信任源来为机器提供身份信息。为保持章节的简洁，我们手动将令牌转移到虚拟机上。

13.1.2 虚拟机的高可用性

为了实现虚拟机的高可用性，Istio 模仿了 Kubernetes 对容器化工作负载采用的方法。Kubernetes 通过以下资源实现了容器的高可用性：

- Deployment 作为更上层的资源，包含了应该如何创建副本的配置。
- Pod 是由该配置创建的副本。这确保了它们没有任何独特之处，只要其不健康，就可以被处理和替换（或在不需要时缩小规模），从而保持服务的高可用性。

Istio 为虚拟机引入的资源与 Kubernetes 的 Deployment 和 Pod 类似：

- WorkloadGroup 资源与 Kubernetes 的 Deployment 类似，定义了它所管理的工作负载的配置模板。它指定了一些公共属性，如应用程序暴露的端口、分配给该组实例的标签、代表工作负载在网格中身份的服务账户，以及如何探测应用程序的健康状况等。
- WorkloadEntry 资源类似于 Kubernetes 的 Pod，它代表了为终端用户流量提供服务的单一虚拟机。除了 WorkloadGroup 定义的公共属性，WorkloadEntry 还拥有独特的属性，如它所代表的实例的地址和健康状态。

WorkloadEntry 可以手动创建；但是，推荐的方法是使用工作负载自动注册，新配置的工作负载会自动加入网格中。

了解工作负载自动注册

在工作负载自动注册期间，工作负载连接到控制平面（使用提供给它的配置），并使用身份令牌将自己认证为 WorkloadGroup 的成员。当这一过程成功完成后，控制平面会创建一个 WorkloadEntry 来代表网格中的虚拟机（见图 13.4）。

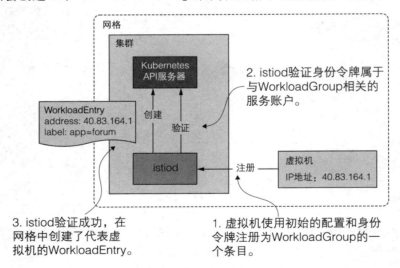

图 13.4   工作负载自动注册过程

使用 WorkloadEntry 来表示网格中的虚拟机很重要，原因有很多。特别是，它可以由 Kubernetes Service 或 Istio ServiceEntry 资源使用标签选择器来选择，并用作路由流量的后端。使用 Kubernetes Service（即它们在集群中的完全限定域名（FQDN）〕而不是它们的实际地址来选择工作负载，就有可能在工作负载不健康时将其剔除，或者轻松地启动新的工作负载以满足不断增长的需求，而不会对客户端有任何影响。

图 13.5 说明了如何使用包含 WorkloadEntry 和 Pod 的 Service。例如，你可能想这样做，将虚拟机中运行的传统工作负载迁移到 Kubernetes 集群中运行的工作负载，以降低风险。这可以通过并行运行两种工作负载，然后使用服务网格的流量转移功能（如第 5 章所述）逐步将所有流量从虚拟机转移到 Pod 来实现。如果错误增加了，则可以选择将流量转移回虚拟机。

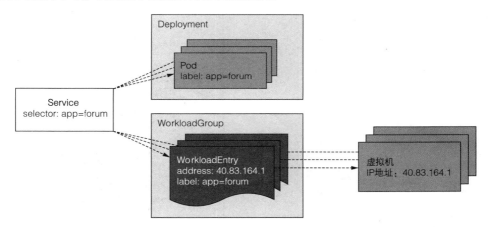

图 13.5 WorkloadGroup 和 WorkloadEntry 与 Deployment 和 Pod 的关系

了解 Istio 进行的健康检查

在成为服务网格的一部分后，工作负载需要准备好接收流量，并持续进行健康检查。为了保持服务的高可用性，我们需要两种类型的健康检查（这与 Kubernetes 进行健康检查的方式类似）：

- 就绪探针检查工作负载启动后是否准备好接收流量。
- *存活探针*检查应用程序运行后是否健康；如果不健康，则应该重新启动。

*存活探针不是服务网格的关注点！*确保工作负载的有效性是工作负载运行的平台特性。例如，Kubernetes 也是一个平台，它使用 Deployment 配置中定义的探针来执行有效性检查。同样，当在云中的虚拟机上运行工作负载时，我们需要使用云的功能来实现有效性探测，并在探测失败时采取纠正措施来修复虚拟机，例如提供一个新的实例。

为了开始后面的内容，这里有三个最流行的云提供商的有效性检查和自动修复的文档：

- Azure 实现了虚拟机规模集的自动实例修复："链接 1"。

- 亚马逊云服务（AWS）实现了对自动伸缩组实例的健康检查："链接 2"。
- 谷歌云平台（GCP）为管理的实例组实现了健康检查和自动修复："链接 3"。

Istio 如何在虚拟机中实现就绪探针

`istio-agent` 根据 `WorkloadGroup` 定义中的规范，定期探测应用程序接收流量的就绪情况。代理向 `istiod` 报告应用程序的健康状态，例如，当状态从健康切换到不健康时会报告，反之亦然（见图 13.6）。

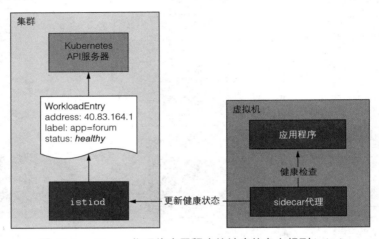

图 13.6   sidecar 代理将应用程序的健康信息上报到 istiod

控制平面根据工作负载的健康状态来确定流量是否应该被路由。例如，当应用程序健康时，数据平面将被配置为承载该应用程序的虚拟机的端点。反之亦然：当应用程序不健康时，端点会被从数据平面中移除。

作为服务网格的操作者，你必须在 `WorkloadGroup` 中配置应用程序的就绪探针，并按照云提供商的建议在基础设施层中创建存活探针。我们建议使用不同的配置来进行存活探测和就绪探测：

- `istio-agent` 应该积极执行就绪探测，并防止流量被路由到返回错误的实例上。
- 由云提供商执行的存活探测应该更加保守，并允许虚拟机有时间恢复。

其目的是避免过于匆忙地杀死实例，中止没有宽限期的请求，从而导致最终用户可见的失败。我们的经验是——就绪探测总是在存活探测之前失败。

13.1.3   网格内服务的 DNS 解析

因为虚拟机在 Kubernetes 集群的外部，无法访问集群内部的 DNS 服务器，所以虚拟机无法解析集群服务的主机名。这是将虚拟机集成到服务网格中的一大障碍。

你可能想知道为什么首先需要 DNS 解析。与应用程序一起部署的服务代理，不是拥有将流量路由到所有工作负载的配置吗？是的，代理拥有如何路由流量的配置！然而，问题在于如何将流量从应用程序中转移到代理上。实现这一目标的前提条件是能够正确解析主机名。如果做不到这一点，流量就不会离开应用程序，也不能被重定向到 Envoy 代理。这个问题如图 13.7 所示。

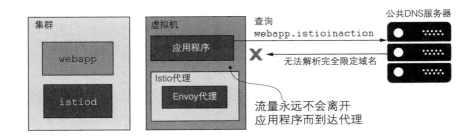

图 13.7　因为 DNS 解析失败，出站流量永远不会到达 Envoy 代理

以前，集群主机名通常使用配置了所有 Kubernetes 服务的私有 DNS 服务器来解析。为虚拟机配置名称服务器，并向它发送 DNS 查询。由于 Kubernetes 中工作负载的动态性质，配置私有 DNS 服务器必须使用 Kubernetes 控制器来自动监测这些变化，并保持 DNS 服务器的同步。external-dns 是一个开源的解决方案，它就是这样做的。

然而，这只是一种变通方法，不是服务网格用户所期望的综合解决方案。Istio 的后期版本（1.8 及以后的版本）为 istio-agent sidecar 引入了一个本地 DNS 代理，它由 istiod 与所有网格内服务一起配置（见图 13.8）。DNS 代理在 Istio 的 sidecar 中与 Envoy 代理一起运行，处理来自应用程序的 DNS 查询，使用 iptables 规则将这些查询重定向到 DNS 代理——通常的 Istio 流量捕获方法。在使用 istio-cni 时，情况略有不同。

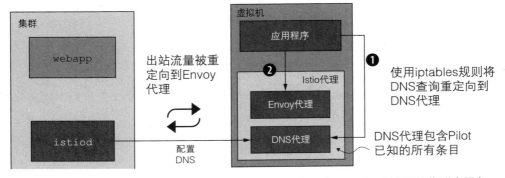

图 13.8　DNS 查询被重定向到 DNS 代理进行解析，它是由 istiod 配置的集群内服务

为了保持 DNS 代理的持续更新，Istio 引入了一个新的 API，名为 NDS（名称发现服务）。有了 NDS，每当 Kubernetes 服务或 Istio ServiceEntry 被添加到网格中时，控制平面就会使用新的 DNS 条目来同步数据平面。然而，DNS 代理并不局限于虚拟机。它可以实现一系列额外的功能，正如 Istio 官方博客文章中所描述的那样（见"链接 4"）。

至此，我们完成了对上层概念及其目标的讨论。接下来，我们通过将一个虚拟机集成到服务网格中来实施它们。

13.2　设置基础设施

图 13.9 中显示了我们将设置的基础设施，以展示网格扩展。我们将创建一个 Kubernetes 集群和一个虚拟机，并部署 cool-store 应用程序：

- webapp 和 catalog 服务被部署在 Kubernetes 集群中。
- forum 服务被部署在虚拟机中。

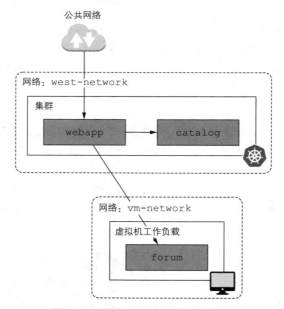

图 13.9　服务网格中的虚拟机集成

值得注意的是，集群和虚拟机处于不同的网络中，这需要一个东西向网关来反向代理从虚拟机到集群服务的流量。

13.2.1 设置服务网格

在本章中，我们在 Azure 中创建基础设施。如果你使用的是其他云提供商，也不必担心，只要设置了基础设施，其他步骤就都是一样的。此外，由于设置这个基础设施可能会超过云提供商的免费级别，所以我们对这一章进行了结构化设计，你不一定要执行所有步骤，就可以了解整个过程。

首先创建一个 Kubernetes 集群：

```
$ sh ch13/scripts/create-cluster-in-azure.sh

== Create cluster ==
Cluster created

== Configure access to the cluster for kubectl ==
Merged "west-cluster" as current context in ~/.kube/config
```

在创建了集群并配置了 kubectl 访问之后，就可以部署 Istio 了。由于集群和虚拟机处于不同的网络中，我们需要在 Istio 安装命名空间中标记网络信息：

```
$ kubectl create namespace istio-system

$ kubectl label namespace istio-system \
    topology.istio.io/network=west-network
```

现在安装控制平面并指定 west 网络：

```
$ istioctl install -y -f ch13/controlplane/cluster-in-west-network.yaml
```

安装好控制平面后，部署 cool-store 服务：

```
$ kubectl create ns istioinaction                        创建和标记
$ kubectl label namespace istioinaction \                命名空间
    istio-injection=enabled

$ kubectl -n istioinaction apply \                       部署 webapp 并
    -f ch12/webapp-deployment-svc.yaml                   为其创建服务
$ kubectl -n istioinaction apply \
    -f ch12/webapp-gw-vs.yaml                            部署 catalog
                                                         并为其创建
$ kubectl -n istioinaction apply \                       服务
    -f ch12/catalog.yaml
```

我们通过 Istio 的入口网关部署和暴露工作负载。现在触发一个 HTTP 请求来验证配置：

```
$ EXT_IP=$(kubectl -n istio-system get svc istio-ingressgateway -o \
    jsonpath='{.status.loadBalancer.ingress[0].ip}')
```

```
$  curl -H "Host: webapp.istioinaction.io" \
     http://$EXT_IP/api/catalog/items/1
{
 "id": 1,
 "color": "amber",
 "department": "Eyewear",
 "name": "Elinor Glasses",
 "price": "282.00"
}
```

　　如果你的结果不一样，则很可能是因为速度太快了，工作负载还没有准备好接收流量。你可以等工作负载准备好了再试一次。响应成功后，我们就可以进入下一节了。

13.2.2   配置虚拟机

　　我们越来越接近本章的关键部分：虚拟机。我们将在 Azure 中为它提供自己的私有网络，并使其具有以下属性（你的属性不一定与之相同；如果不相同，这里显示的脚本和命令可能对你不起作用）：

- 该虚拟机的操作系统是 Ubuntu 18.04。Istio 只发布了 Debian 和 Red Hat 发行版的二进制文件。对于其他发行版，你必须从源代码中构建 istio-agent 二进制文件。
- 它有一个公共 IP 地址，所以集群可以访问它。请记住，这只是为了演示。在真实场景中，你可以打通这两个网络，这样虚拟机和集群就可以通过私有连接进行连接了。
- 它可以通过 SSH（Secure Shell）连接进行访问。为了配置虚拟机进行远程访问，我们在 ch13/keys/ 目录中添加了 SSH 密钥，在创建机器时，脚本和命令使用该密钥。
- 应用程序的 8080 端口是公开的，这样集群服务就可以到达在该端口监听的 forum 应用程序。

　　注意：请记住，你的虚拟机可以有一组不同的属性（这里列出的属性只是为了在本章中进行演示）。例如，你的虚拟机可能在集群的私有网络中，没有一个可公开访问的 IP 地址，但是只要确保虚拟机和控制平面之间能够连接，它就仍然可以工作。

　　下面的脚本使用这些属性创建了一个虚拟机，暴露了应用程序端口，并配置了远程访问：

```
$  sh ch13/scripts/create-vm-in-azure.sh
```

需要等待一段时间，直到机器启动并运行起来。等机器运行起来后，验证是否可以进行远程访问。一种简单的验证方法是列出虚拟机中的文件。首先检索虚拟机的 IP 地址：

```
$ VM_IP=$(az vm show -d --resource-group west-cluster-rg \
   --name forum-vm | jq .publicIps -r)
```

然后执行下面的命令：

```
$ ssh -i ch13/keys/id_rsa azureuser@$VM_IP -- ls -la
```

如果该命令列出了目录，那么虚拟机就是可访问的，并且可以进行远程 shell 连接。另一种有效的验证方法是确保已经在基础设施层打开了 8080 端口（我们的应用程序端口），以便集群中的工作负载可以使用 TCP 连接到它。我们可以使用 Nmap 工具来验证。Nmap 是一个开源的命令行工具，用于探索网络（例如，通过扫描虚拟机的开放端口）；它可用于大多数软件包管理器（apt、yum、Homebrew 和 Chocolatey）中的大多数操作系统。安装好后，使用以下命令验证 8080 端口是否是可访问的：

```
$ nmap -Pn -p 8080 $VM_IP
```

输出如图 13.10 所示。如果你的输出结果与此相符，那么该端口是可访问的；如果不相符，你需要配置基础设施以暴露该端口。请注意，图中显示端口的状态是 closed，这意味着目前没有应用程序在该端口上监听数据包。当稍后运行应用程序时，情况就会发生变化。现在，一切都准备好了，我们可以将工作负载集成到网格中。

图 13.10　使用 Nmap 工具验证 8080 端口的可访问性

13.3　将网格扩展到虚拟机

集成虚拟机的功能还处于 beta 阶段 [1]，默认没有启用。因此，我们需要使用 `IstioOperator` 来更新 Istio 的安装，它可以启用以下功能：工作负载自动注册；健康检查；捕获 DNS 查询，并将这些查询重定向到 DNS 代理。正如本章前面所讲的，这些功能是将虚拟机集成到网格中所必需的：

```
apiVersion: install.istio.io/v1alpha1
metadata:
  name: istio-controlplane
  namespace: istio-system
kind: IstioOperator
spec:
  profile: demo
  components:
    egressGateways:
    - name: istio-egressgateway
      enabled: false
  meshConfig:
    defaultConfig:
      proxyMetadata:
        ISTIO_META_DNS_CAPTURE: "true"      ◁── 捕获 DNS 查询并将其
                                                重定向到 DNS 代理
  values:
    pilot:
      env:
        PILOT_ENABLE_WORKLOAD_ENTRY_AUTOREGISTRATION: true  ◁── 工作负载可以自动
                                                                注册到控制平面
        PILOT_ENABLE_WORKLOAD_ENTRY_HEALTHCHECKS: true      ◁── 对虚拟机中的工作负
                                                                载进行健康检查
    global:
      meshID: usmesh
      multiCluster:
        clusterName: west-cluster
      network: west-network
```

执行以下命令来更新控制平面的安装并启用这些功能：

```
$ istioctl install -y -f \
    ch13/controlplane/cluster-in-west-network-with-vm-features.yaml
```

更新后的控制平面配置了服务代理以捕获 DNS 查询，并将其重定向到 sidecar 的本地 DNS 代理进行解析。此外，工作负载可以自动注册并向 `istiod` 报告健康状态。使用这些功能还有一个条件：虚拟机必须能够连接到 `istiod` 并接收其配置。这是接下来要解决的问题。

13.3.1　向虚拟机暴露 istiod 和集群服务

要成为网格的一部分，虚拟机必须能够与 `istiod` 通信并与集群服务连接。当

1　欲了解更多Istio的功能状态，请查看文档："链接5"。

虚拟机和集群在同一个网络中时，这是开箱即用的；但在我们的案例中，它们在不同的网络中，需要东西向网关来转发从虚拟机到 Istio 控制平面或工作负载的流量。

我们先来安装东西向网关：

```
$  istioctl install -y -f ch13/gateways/cluster-east-west-gw.yaml
```

✓ Ingress gateways installed
✓ Installation complete

安装完成后，可以为虚拟机暴露所需的端口，以访问集群服务和 istiod。图 13.11 展示了暴露的端口，使虚拟机能够连接到 istiod 和集群服务。首先暴露多集群 mTLS 端口（15443），它可以反向代理从虚拟机到网格内服务的请求：

```
$  kubectl apply -f ch13/expose-services.yaml
```

gateway.networking.istio.io/cross-network-gateway created

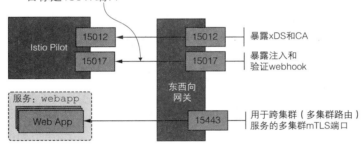

图 13.11   向虚拟机暴露 istiod 和集群服务的端口

接下来，通过部署 Gateway 和 VirtualService 资源来暴露 istiod 的端口，以接收流量并将其路由到 istiod。通过应用以下文件来配置这两个资源：

```
$  kubectl apply -f ch13/expose-istiod.yaml
```

gateway.networking.istio.io/istiod-gateway created
virtualservice.networking.istio.io/istiod-vs created

有了创建的基础设施、更新的控制平面，以及代理与控制平面通信的能力，在将虚拟机集成到服务网格方面就取得了很大进展。剩下的就是创建一个代表虚拟机所属的工作负载组的 WorkloadGroup。

13.3.2   使用 WorkloadGroup 表示一个工作负载组

WorkloadGroup 定义了虚拟机成员的公共属性，包括特定于应用程序的信息，如暴露的端口，以及如何测试应用程序接收流量的就绪情况。例如，forum 工作负载的公共属性是在这个 WorkloadGroup 中定义的：

```
apiVersion: networking.istio.io/v1alpha3
kind: WorkloadGroup
metadata:
  name: forum
  namespace: forum-services
spec:
  metadata:
    annotations: {}
    labels:                        服务可以使用标签定位
      app: forum          ◁────    这个组中的工作负载
  template:
    ports:
      http: 8080                       验证工作负载是否拥有来自
    serviceAccount: forum-sa   ◁──     forum-sa 的认证令牌，以注
    network: vm-network   ◁──          册到该 WorkloadGroup 中
  probe:                    ◁──     使得 Istio 能够配置同
    periodSeconds: 5                 一个网络中工作负载
    initialDelaySeconds: 1           之间的直接访问
    httpGet:                      在该 WorkloadGroup 实例中运行的
      port: 8080                  istio-agent，通过在 8080 端口和
      path: /api/healthz          /api/healthz 路径上发出 HTTP GET
                                  请求来检查应用程序的就绪情况
```

将虚拟机集成到服务网格中的一些相关属性如下：

- labels——启用 Kubernetes 服务来选择注册到该 WorkloadGroup 的工作负载条目。
- network——使用这个属性，控制平面配置服务代理，将流量路由到虚拟机：如果是同一个网络，则使用 IP 地址；否则，使用部署在该网络中的东西向网关。
- serviceAccount——代表工作负载的身份。工作负载要想注册为该组的成员，其必须满足服务账户身份的要求。

我们创建命名空间和服务账户，然后将 WorkloadGroup 配置应用到集群中：

```
$  kubectl create namespace forum-services
$  kubectl create serviceaccount forum-sa -n forum-services
$  kubectl apply -f ch13/workloadgroup.yaml
```

应用 WorkloadGroup 之后会发生什么？现在集群被配置为自动注册工作负载，这些工作负载可以代表 WorkloadGroup 中指定的服务账户 forum-sa 的有效令牌。

为虚拟机的 sidecar 生成配置

除了工作负载自动注册，WorkloadGroup 还可以用来为该组中的虚拟机生成通用配置。使用 istioctl 创建虚拟机配置非常简单。它使用 WorkloadGroup 中的信息，查询 Kubernetes 集群的其他信息，以生成该 WorkloadGroup 实例的

配置。例如，下面的命令为运行 forum 工作负载的机器生成配置：

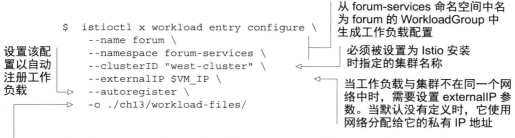

```
$ istioctl x workload entry configure \
    --name forum \
    --namespace forum-services \
    --clusterID "west-cluster" \
    --externalIP $VM_IP \
    --autoregister \
    -o ./ch13/workload-files/
```

设置该配置以自动注册工作负载

从 forum-services 命名空间中名为 forum 的 WorkloadGroup 中生成工作负载配置

必须被设置为 Istio 安装时指定的集群名称

当工作负载与集群不在同一个网络中时，需要设置 externalIP 参数。当默认没有定义时，它使用网络分配给它的私有 IP 地址

```
Warning: a security token for namespace "forum-services" and
service account "forum-sa" has been generated and stored at
"ch13/workload-files/istio-token"

configuration generation into directory ./ch13/workload-files/
was successful
```

存储与执行命令的位置相关的配置文件的目录

如果检查生成的配置，你会发现有许多变化的部分。你不需要了解所有这些东西；然而，这样做会减少你在排查故障时可能遇到的问题。出于这个原因，我们在附录 E 中更详细地讨论了该配置。

重要的是要知道这些文件包含哪些内容：

- 东西向网关的 IP 地址，通过它暴露 istiod。
- 根证书，用于验证 istiod 提交的证书的真实性。它是启动服务代理和 istiod 之间安全连接的前提。
- 服务账户令牌，用于向 istiod 认证为 forum WorkloadGroup 的成员。
- 关于服务网格、网络和公共属性的配置，如 WorkloadGroup 中所定义的。

在这种配置存在的情况下，服务代理可以启动与控制平面的安全连接，获得其 SVID，并通过 xDS 接收其 Envoy 配置，成为网格的成员。

将生成的文件转移到虚拟机上

因为配置文件包含敏感数据——特别是服务账户令牌，我们必须安全地将它们转移到虚拟机上。出于演示的目的，我们将使用最简单的方式，通过 SSH 使用 rsync 复制文件，这是安全的。但你需要明白，在生产环境中这个过程必须是自动化的，不能有任何人工干预。

```
$ rsync -e "ssh -i ch13/keys/id_rsa" \
    -avz ch13/workload-files/ azureuser@$VM_IP:~/
```

随着文件被复制到虚拟机上，我们已经准备好安装与配置 sidecar 来加入服务网格了。

13.3.3　在虚拟机中安装与配置 istio-agent

使用 SSH 客户端打开一个与该机器的远程 shell 会话：

```
$  ssh -i ch13/keys/id_rsa azureuser@$VM_IP
```

　　注意：在下文中，我们使用 bash 提示符 azureuser@forum
-vm:~$ 表示在虚拟机中运行的命令。对于在本地计算机上运行的命令，
继续只使用美元符号（$）。

我们需要下载并在虚拟机上安装 istio-agent。问题是，安装代理都有哪些
选项呢？Istio 发布的 istio-agent 有以下几种包格式：

- Debian Software Package（.deb），可用于在任何基于 Debian 的 Linux 发行版
  中安装代理，如 Ubuntu 和 Linux Mint。
- Red Hat Package Manager（.rpm），可用于在基于 Red Hat 的 Linux 发行版中
  安装代理，如 Fedora、RHEL 和 CentOS。

因为我们的虚拟机操作系统是基于 Debian 的，所以下载并安装了 Debian 包中
的 istio-agent：

```
azureuser@forum-vm:~$
 curl -LO https://storage.googleapis.com/\
istio-release/releases/1.13.0/deb/istio-sidecar.deb
azureuser@forum-vm:~$
 sudo dpkg -i istio-sidecar.deb
```

istio-agent 从特定位置读取配置文件，所以要把它们移动到特定位置运行：

```
azureuser@forum-vm:~$
  sudo mkdir -p /etc/certs                          根证书必须位于
azureuser@forum-vm:~$                                /etc/certs/
  sudo cp \                                          目录下
    "${HOME}"/root-cert.pem /etc/certs/root-cert.pem
azureuser@forum-vm:~$
  sudo  mkdir -p /var/run/secrets/tokens
azureuser@forum-vm:~$                                服务账户令牌使
  sudo cp "${HOME}"/istio-token \                    用与 Pod 中相同
    /var/run/secrets/tokens/istio-token              的目录
azureuser@forum-vm:~$
  sudo cp "${HOME}"/cluster.env \
    /var/lib/istio/envoy/cluster.env                 配置必须被
azureuser@forum-vm:~$                                移动到它的
  sudo cp \                                          读取目录中
    "${HOME}"/mesh.yaml /etc/istio/config/mesh
```

差不多完成了！接下来，我们在系统的 hosts 文件中配置一个条目，将主机

名 istiod.istio-system.svc 静态解析为东西向网关的 IP 地址，它将请求
代理到 istiod 实例。这是由先前的 istioctl 命令生成的，并存储在一个名为
hosts 的文件中。我们已经把它复制到虚拟机上。接下来，将 hosts 文件的内容
附加到系统的 hosts 文件中：

```
azureuser@forum-vm:~$
  cat "${HOME}"/hosts | \
    sudo sh -c 'cat >> /etc/hosts'
```

> ### DNS 代理不应该解析集群内的主机名吗？
>
> 　　的确如此；但此时，当 sidecar 仍然没有连接到控制平面时，它将缺乏 pilot
> 所知道的 DNS 条目。
>
> 　　此外，如果在 /etc/hosts 中静态定义东西向网关的主机名不适合你的环
> 境，则可以建立一个网络负载均衡器来指向东西向网关。关于如何配置和使用
> 网络负载均衡器，请参考特定的云提供商或企业内部环境。

　　接下来，将机器的主机名硬编码到 hosts 文件中，这样 istio-agent 就不
会干扰其主机名解析了：

```
$ echo "$(hostname --all-ip-addresses | cut -d ' ' -f 1) $(hostname)" | \
 sudo sh -c 'cat >> /etc/hosts'
```

　　启动代理前的最后一步是，给它要读取和写入的目录的所有者权限：

```
azureuser@forum-vm:~$
  sudo mkdir -p /etc/istio/proxy
azureuser@forum-vm:~$
  sudo chown -R istio-proxy /var/lib/istio \
    /etc/certs /etc/istio/proxy /etc/istio/config \
    /var/run/secrets /etc/certs/root-cert.pem
```

　　最后，将 istio-agent 作为系统服务启动起来：

```
azureuser@forum-vm:~$
  sudo systemctl start istio
```

　　验证服务的状态，确保它正在运行：

```
azureuser@forum-vm:~$
  sudo systemctl status istio

● istio.service - istio-sidecar: The Istio sidecar
   Loaded: loaded (/lib/systemd/system/istio.service; disabled;
   ➡vendor preset: enabled)
```

```
  Active: active (running) since Tue 2021-06-01 12:02:40 UTC; 4s ago
    Docs: http://istio.io/
Main PID: 2826 (su)
   Tasks: 0 (limit: 4074)
  CGroup: /system.slice/istio.service
          ➥2826 su -s /bin/bash -c INSTANCE_IP=138.91.144.131
          ➥POD_NAME=forum-vm POD_NAMESPACE=forum-services
          ➥exec /usr/local/bin/pilot-agent proxy  2> /var/log/ist...
```

状态显示，它是活跃的且正在运行！接下来，我们通过检查代理日志来验证它是否连接到控制平面。

检查代理日志

Istio 的代理日志被写在以下两个位置：

- 标准输出通道被写入 /var/log/istio/istio.log 文件中。
- 标准错误通道被写入 /var/log/istio/istio.err.log 文件中。

为了验证与 Istio 控制平面的连接是否成功，我们可以检查标准输出日志：

```
azureuser@forum-vm:~$
 cat /var/log/istio/istio.log | grep xdsproxy

2021-07-15T12:25:20.229041Z     info    xdsproxy
➥Initializing with upstream address "istiod.istio-system.svc:15012"
➥and cluster "west-cluster"

2021-07-15T12:25:21.405275Z     info    xdsproxy connected to          ← istio-agent 连接
➥upstream XDS server: istiod.istio-system.svc:15012                       到 istiod
```

你的日志输出可能不一样，但如果在 xdsproxy 范围内寻找日志，则会发现一个条目，显示与上游的连接是成功的。但如果日志文件没有被创建呢？只有在服务启动失败时才会出现这种情况。

当出现这种情况时，使用 journalctl 检查 systemd 日志，命令如下（这将显示任何阻碍服务启动的故障）：

```
journalctl -f -u istio
```

但在我们的案例中，连接是成功的，所以不必这样做。

验证注册到网格的工作负载

在启用工作负载自动注册的情况下，只要机器的 istio-agent 连接到 istiod，就会立即创建一个 WorkloadEntry。我们通过列出 forum-services 命名空间中的 WorklaodEntry 来验证这一点：

```
$ kubectl get workloadentry -n forum-services

NAME                          AGE     ADDRESS
forum-40.83.164.1-vm-network  17s     40.83.164.1
```

正如预期的那样，输出展示了为该虚拟机注册的工作负载条目。此外，它还展示了可以启动与该实例及其提供的服务连接的地址。这些是这个条目所代表的虚拟机的独特属性。接下来，我们看看流量是如何被路由到集群内服务的，以及相反情况。

13.3.4 将流量路由到集群服务

为了检查流量是否被路由到集群服务，从虚拟机向 webapp 工作负载发出一个 curl 请求：

```
azureuser@forum-vm:~$
  curl webapp.istioinaction/api/catalog/items/1
{
  "id": 1,
  "color": "amber",
  "department": "Eyewear",
  "name": "Elinor Glasses",
  "price": "282.00"
}
```

响应成功，验证了从虚拟机到集群工作负载的流量路由。让我们深入了解一下请求提供的细节（见图 13.12）：

1. 为了使流量离开应用程序，请求必须解析主机名。为此，DNS 查询必须被重定向到 DNS 代理。

2. 随着名称被解析为 IP 地址，应用程序可以触发一个出站请求，该请求被 iptables 规则重定向到 Envoy 代理。

3. Envoy 代理将流量路由到东西向网关。

4. 东西向网关将请求代理到 webapp，它为项目查询 catalog 服务。

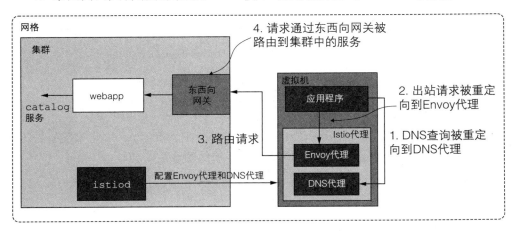

图 13.12　流量如何到达集群服务

纵观此过程，可以回答诸如"DNS 代理是如何配置的"和"应用程序如何与之交互"等问题，并解释从虚拟机工作负载路由流量到集群服务的整个过程。作为服务网格的用户，这就足够了；但如果你很好奇，则可以在 13.4 节中找到更多细节。

13.3.5　将流量路由到 WorkloadEntry

在上一节中，我们验证了从机器到集群内 / 网格内服务的路由。接下来，我们验证与之相对的情况：从集群内服务到虚拟机工作负载的路由。

我们应该如何发出请求，才能到达虚拟机中运行的服务呢？我们应该使用在 WorkloadEntry 中看到的 IP 地址吗？肯定不行，这与在 Kubernetes 中不使用 Pod 的静态 IP 地址的理由一样：允许平台灵活地更换实例。

正如前面所提到的，我们必须创建一个 Kubernetes 服务，使用标签选择实例，让 Istio 动态配置所有服务的正确 IP 地址。例如，为了选择 forum 工作负载条目，我们使用以下 Kubernetes 服务：

```
apiVersion: v1
kind: Service
metadata:
  labels:
    app: forum
  name: forum
spec:
  ports:
  - name: http
    port: 80
    protocol: TCP
    targetPort: 8080
  selector:
    app: forum
```

该服务定义选择所有符合标签选择器 app: forum 的工作负载（Pod 和 WorkloadEntry）的端点。因此，它选择了 forum 服务的工作负载条目。

我们执行下面的命令将这个服务应用到集群中：

```
$ kubectl apply -f services/forum/kubernetes/forum-svc.yaml \
    -n forum-services
```

随着服务的创建，WorkloadEntry 端点被选中，istiod 用它来配置数据平面。我们可以通过向 forum 服务发出请求来轻松地验证这一点：

```
$ EXT_IP=$(kubectl -n istio-system get svc istio-ingressgateway -o \
    jsonpath='{.status.loadBalancer.ingress[0].ip}')
$ curl -is -H "Host: webapp.istioinaction.io" \
    http://$EXT_IP/api/users | grep HTTP

HTTP/1.1 500 Internal Server Error
```

请求失败了。这是否意味着我们做错了什么？我们需要进行故障排查，找到问题的根本原因。让我们从返回错误的实例开始：webapp 工作负载。首先查看其访问日志：

```
$ kubectl -n istioinaction logs deploy/webapp -c istio-proxy | tail -2
```

图 13.13 展示了这个命令的输出。正如第 10 章所述，UH 响应标志代表"没有健康的上游"，这只发生在集群没有健康的端点可供流量路由的情况下。如果是这种情况，webapp 应该没有 forum 服务的端点。

webapp应用程序无法连接
到任何forum实例，并因内
部服务器错误而失败

与forum服务的连接以UH
响应标志结束

```
$  kwest -n istioinaction logs deploy/webapp -c istio-proxy | tail -2

[2021-05-10T13:40:16.648Z] "GET /api/users HTTP/1.1" 503 UH no_healthy_upstream
- "-" 0 19 0 - "10.244.0.1" "Go-http-client/1.1"
"c942191b-5c0f-4a99-a6e8-3a06633fc2c9" "forum.forum-services:80" "-" - - 10.0.199.116:80
10.244.0.1:0 - default

[2021-05-10T13:40:16.647Z] "GET /api/users HTTP/1.1" 500 - via_upstream - "-"
0 28 19 18 "10.244.0.1" "curl/7.64.1" "c942191b-5c0f-4a99-a6e8-3a06633fc2c9"
"webapp.istioinaction.io" "127.0.0.1:8080" inbound|8080|| 127.0.0.1:47518
10.244.0.10:8080 10.244.0.1:0
outbound_.80_._.webapp.istioinaction.svc.cluster.local default
```

图 13.13　webapp 服务的 Envoy 访问日志

注意：Envoy 响应标志被记录在 Envoy 访问日志中。

使用 istioctl 命令进行验证：

```
$ istioctl proxy-config endpoints deploy/webapp.istioinaction | \
    grep forum
```

```
<empty>
```

端点肯定是缺失的！我们知道（并验证了）WorkloadEntry 已经注册；但是，没有检查它是否通过了健康检查。

验证 forum 工作负载的健康状况

当我们以冗长的 YAML 格式打印一个 WorkloadEntry 的定义时，就会显示出它的健康状况，或者准确地说，它是否准备好接收流量：

```
$  WE_NAME=$(kubectl get workloadentry -n "forum-services" \
      -o jsonpath='{.items..metadata.name}')                    ◁────── 获取工作负载
                                                                         条目的名称
$  kubectl get workloadentry $WE_NAME \        │ 打印工作负载条目
      -n forum-services -o yaml                │ 的 YAML 定义
```

```yaml
apiVersion: networking.istio.io/v1beta1
kind: WorkloadEntry
metadata:
  name: forum-10.0.0.4
  namespace: forum-services
  labels:
    app: forum
    service.istio.io/canonical-name: forum
    service.istio.io/canonical-version: latest
spec:
  address: 138.91.249.118
  labels:
    app: forum
    service.istio.io/canonical-name: forum
    service.istio.io/canonical-version: latest
  network: vm-network
  serviceAccount: forum-sa
status:
  conditions:
  - lastProbeTime: "2021-07-29T09:33:50.281295466Z"
    lastTransitionTime: "2021-07-29T09:33:50.281296166Z"
    message: 'Get "http://40.85.149.87:8080/api/healthz":
    ➥dial tcp 127.0.0.6:0->40.85.149.87:8080:
      connect: connection refused'
    status: "False"            │ False 状态显示工作
    type: Healthy              │ 负载不健康
```

输出显示，WorkloadEntry 没有通过健康检查，如 status: "False" 所示。为什么会出现这种情况？回想一下，当我们使用 Nmap 检查机器的端口时，8080 端口的状态是 closed，这表明没有应用程序在该端口上监听数据包。我们甚至都没有在虚拟机中启动应用程序！这解释了为什么应用程序的健康检查会失败。让我们启动应用程序。

在虚拟机中启动 forum 应用程序

为了启动这个应用程序，我们必须下载 forum 的二进制文件，给它执行权限，然后启动它来监听 8080 端口的流量：

```
azureuser@forum-vm:~$
 wget -O forum https://git.io/J3QrT
azureuser@forum-vm:~$
 chmod +x forum
azureuser@forum-vm:~$
 ./forum
Server is listening on port:8080
```

启动应用程序后，等待健康检查成功，并由 istio-agent 通知 istiod 工作负载最新的健康状态。这通常只需要几秒钟。我们可以通过详细的 YAML 格式来验证更新的状态：

```
$ kubectl get workloadentry $WE_NAME -n forum-services -o yaml

apiVersion: networking.istio.io/v1beta1
kind: WorkloadEntry
metadata:
  name: forum-138.91.249.118-vm-network
  namespace: forum-services
spec: <omitted>
status:
  conditions:
  - lastProbeTime: "2021-05-05T12:06:45.474329543Z"
    lastTransitionTime: "2021-05-05T12:06:45.474330043Z"
    status: "True"
    type: Healthy
```

状态类型被设置为 Healthy，
状态被设置为 True

现在，WorkloadEntry 是健康的！所以 istiod 用它的端点配置了数据平面，当再次打印 webapp 端点时就会显示出来：

```
$ istioctl proxy-config endpoints deploy/webapp.istioinaction |\
    grep forum

52.160.67.232:8080  HEALTHY  OK  outbound|80||
forum.forum-services.svc.cluster.local
```

在解决了这个问题后，流量应该被路由到虚拟机中的 forum 工作负载。我们来触发另一个请求：

```
$ curl -is -H "Host: webapp.istioinaction.io" \
    http://$EXT_IP/api/users | grep HTTP

HTTP/1.1 200 OK
```

如果你也得到一个成功的响应，则意味着流量从集群中被路由到 forum 工作负载。

这样，我们就验证了从集群服务到 WorkloadEntry 的流量。此外，这个例子还展示了 Istio 不会向没有准备好接收流量的工作负载发送流量——未配置数据平面与它的端点。在这个例子中，好处并不明显，但在生产集群中，这将保护客户端不会向返回错误的实例发送流量，而是只将流量路由到健康的实例。

13.3.6　虚拟机是由控制平面配置的：强制执行双向认证

由于虚拟机被集成在网格中，而且 sidecar 代理管理网络流量，我们可以将 Istio

的丰富功能应用于虚拟机。为了展示这一点，创建一个 `PeerAuthentication` 来强制执行双向认证的流量并提高安全性。目前，由于暴露了虚拟机的 8080 端口，任何人都可以向它发送请求，甚至是未经授权的用户！我们可以通过从本地计算机向虚拟机发起请求来验证，这台计算机没有被集成到网格中：

```
$ curl -is $VM_IP:8080/api/users | grep HTTP

HTTP/1.1 200 OK
```

　　请求被送达了，这是我们所期望的，但现在要禁止该行为。为此，在服务网格中配置一个策略，只为双向认证的流量提供服务，从而保护我们的服务免受未经授权的访问：

```
$ kubectl apply -f ch13/strict-peer-auth.yaml
```

　　等待一段时间，以便策略被下发到数据平面。然后，验证它是否可以禁止非双向认证的流量：

```
$ curl $VM_IP:8080/api/users

curl: (56) Recv failure: Connection reset by peer
```

　　该请求被拒绝了！现在，验证服务间的流量是否在继续工作：

```
$ curl -is -H "Host: webapp.istioinaction.io" \
    http://$EXT_IP/api/users | grep HTTP

HTTP/1.1 200 OK
```

　　输出显示，来自 webapp 的请求得到了服务，这意味着虚拟机遵守了控制平面应用的配置。`PeerAuthentication` 策略只是一个例子；你也可以使用其他 Istio API 来配置虚拟机的代理。

13.4　揭开DNS代理的神秘面纱

　　DNS 代理是 Istio sidecar 中的新组件，我们来仔细研究一下它的工作原理。本节的目标是让你了解 DNS 代理是如何解析集群服务主机名的。

13.4.1　DNS 代理如何解析集群内主机名

　　为了理解解析集群内主机名所涉及的所有步骤，我们用一个具体的例子来说明 `webapp.istioinaction` 主机名是如何解析的。其步骤如图 13.14 所示。

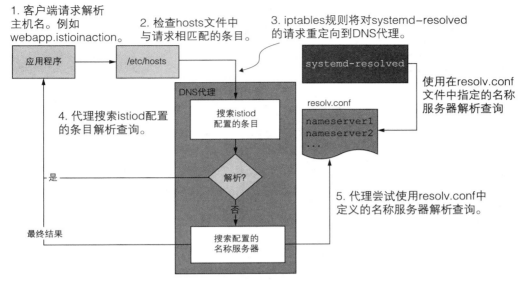

图 13.14 集群服务主机名解析流程

1. 客户端进行 DNS 查询，以解析 webapp.istioinaction。

2. 操作系统处理 DNS 解析。它首先检查主机名是否与 hosts 文件中定义的任何条目相匹配。如果没有匹配的，请求将被转发到默认的 DNS 解析器。

3. Ubuntu 的默认解析器是 systemd-resolved（一个为本地应用程序提供主机名解析的系统服务），它监听 53 端口上的回环地址 127.0.0.53。然而，请求从未到达它，因为 istio-agent 配置了 iptables 规则，将其重定向到 DNS 代理。

4. DNS 代理包含了解析服务网格内已知服务的条目。如果主机名匹配，它就会被解析，webapp.istioinaction 就是这种情况，因为它是由控制平面使用 NDS 配置的。

5. 否则，如果它不是一个集群服务，DNS 代理会退回到在 resolv.conf 文件中指定的名称服务器，在那里解析要么成功，要么失败。

与其仅仅从理论上理解一个概念，还不如验证它的每一个步骤。让我们开始验证 iptables 规则是否将针对 systemd-resolved（在 127.0.0.53 上监听）的查询重定向到在本地主机 15053 端口监听 UDP 包和 TCP 包的 DNS 代理。为此，打印 iptables 规则，并搜索路由到 15053 端口的流量：

```
azureuser@forum-vm:~$
 sudo iptables-save | grep 'to-ports 15053'

-A OUTPUT -d 127.0.0.53/32 -p udp -m udp --dport 53
  ➥-j REDIRECT --to-ports 15053
-A ISTIO_OUTPUT -d 127.0.0.53/32 -p tcp -m tcp --dport 53
  ➥-j REDIRECT --to-ports 15053
```

在输出中，我们看到流量被重定向到 DNS 代理端口。打印进程和它们使用的端口，验证 `istio-agent` 是否启动了 DNS 代理并在该端口上进行监听：

```
azureuser@forum-vm:~$
 sudo netstat -ltunp

Active Internet connections (only servers)
Proto Recv-Q Send-Q Local Address        State        PID/Program name
tcp       0      0 0.0.0.0:15021        LISTEN       1553/envoy
tcp       0      0 127.0.0.1:15053      LISTEN       1544/pilot-agent
tcp       0      0 0.0.0.0:15090        LISTEN       1553/envoy
tcp       0      0 127.0.0.53:53        LISTEN       850/systemd-resolve
tcp       0      0 127.0.0.1:15000      LISTEN       1553/envoy
tcp       0      0 0.0.0.0:15001        LISTEN       1553/envoy
tcp       0      0 0.0.0.0:15006        LISTEN       1553/envoy
tcp6      0      0 :::15020             LISTEN       1544/pilot-agent
udp       0      0 127.0.0.53:53                     850/systemd-resolve
udp       0      0 10.0.0.4:68                       828/systemd-network
udp       0      0 127.0.0.1:15053                   1544/pilot-agent
```

istio-agent 在 15053 端口上监听 TCP 连接

istio-agent 在 15053 端口上监听 UDP 连接

输出显示 `pilot-agent`（对 `istio-agent` 的另一种称呼）正在 15053 端口上监听以解析 DNS 查询。如果是这样的话，我们甚至可以手动（使用 `dig` 命令行工具）发出一个临时请求，以解析集群内主机名：

```
azureuser@forum-vm:~$
 dig +short @localhost -p 15053 webapp.istioinaction
10.0.183.159
```

正如预期的那样，监听 15053 端口的 `pilot-agent` 解析了 FQDN。在例子中，我们手动指定了 DNS 服务器来解析请求；然而，这并不是必需的——当应用程序解析主机名时，请求会被 iptables 规则自动重定向到这个端口。接下来，我们看看控制平面为 DNS 代理配置了哪些条目。

13.4.2 DNS 代理知道哪些主机名

为了发现 DNS 代理所知道的所有条目，我们需要使用 `istiod` 的调试端点（更多信息见附录 D）。使用它们，可以查询每个工作负载的 sidecar 的 NDS 配置。

首先选择自己感兴趣的工作负载名称，如 `forum-vm`：

```
$  iwest proxy-status  | awk '{print $1}'

NAME
webapp-644c89c6bc-c47l2.istioinaction
istio-eastwestgateway-8696b67f7f-d4xqf.istio-system
istio-ingressgateway-f7dff857c-f8zgd.istio-system
forum-vm.forum-services
```

我们感兴趣的工作负载名称

在检索其 NDS 配置时，使用 `proxyID` 参数的名称。这个命令需要在本地计算机上执行：

```
$ kubectl -n istio-system exec deploy/istiod \
    -- curl -Ls \
    "localhost:8080/debug/ndsz?proxyID=forum-vm.forum-services"

...
"webapp.istioinaction.svc.cluster.local": {
  "ips": [
    "10.0.183.159"
  ],
  "registry": "Kubernetes",
  "shortname": "webapp",
  "namespace": "istioinaction"
},
...
```

输出展示了 webapp 服务的条目，其中包含解析 `webapp.istioinaction.svc.cluster.local` 名称所得到的 IP 地址列表。仔细检查输出结果，你会发现没有更短的变体，如 `webapp.istioinaction`，那么解析是如何进行的？这很简单：当 istio-agent 接收到 NDS 配置时，它生成了所有在 Kubernetes 集群中配置的变体，例如：

- `webapp.istioinaction`
- `webapp.istioinaction.svc`
- `webapp.istioinaction.svc.cluster`

而且，所有这些都解析为相同的 IP 地址列表——正如我们在上面看到的，是 `10.0.183.159`。

总结：

- DNS 代理是由 istiod 配置的，它的服务是已知的。
- istio-agent 生成了较短的主机名变体（以符合 Kubernetes 的规范）。
- 这些条目（在 DNS 代理中）被用来解析集群内服务主机名。
- 对于非集群主机名（如公共域）的查询，解析将返回到机器最初配置的名称服务器。

13.5 自定义代理的行为

代理有大量的配置选项：记录什么、如何格式化，以及有什么样的行为，如配置代理要求的证书寿命，以获得签发的证书。假设我们想做两个修改：

- 将 DNS 代理的日志记录级别提高到 Debug。
- 将证书寿命缩短到 12 小时。

我们可以更新 `/var/lib/istio/envoy/sidecar.env` 文件，这是为特定于 sidecar 的配置而准备的：

```
ISTIO_AGENT_FLAGS="--log_output_level=dns:debug"
SECRET_TTL="12h0m0s"
```

重新启动 Istio 服务，使这些变化生效：

```
sudo systemctl restart istio
```

你会看到 DNS 代理的调试日志。当证书被轮换时，你也可以验证新证书的到期时间，它被存储在 `/etc/certs/cert-chain.pem` 文件中。关于所有配置选项的列表，请查看 Istio 的 `pilot-agent` 文档。

13.6   将WorkloadEntry从网格中删除

就像虚拟机自动注册到网格中一样，当它被删除时，`WorkloadEntry` 也会被清理掉：

```
$  az vm delete \
    --resource-group west-cluster-rg \
    --name forum-vm -y
```

一段时间后，查看 `WorkloadEntry` 是否被清理掉了：

```
$  kubectl get workloadentries -n forum-services
No resources found in forum-services namespace.
```

为了支持云原生工作负载的生命周期比较短的特性，`WorkloadEntry` 的自动清理与自动注册同样重要。

到这里，本章的内容就介绍完了。表 13.1 中列出了 Kubernetes Pod 和虚拟机如何被集成到网格中的区别。

表 13.1   Kubernetes Pod 和虚拟机如何被集成到网格中的区别

功　　能	Kubernetes 实现	虚拟机实现
安装代理	使用 `istioctl` 手动注入或使用 webhook 自动注入	下载并手动安装
配置代理	在 sidecar 注入时进行	使用 `istioctl` 从 `WorkloadGroup` 生成配置，并通过代理传输到虚拟机上
引导性的工作负载身份	通过 Kubernetes 机制，将服务账户令牌注入 Pod 中	手动将服务账户令牌转移到虚拟机上

续表

功　　能	Kubernetes 实现	虚拟机实现
健康检查	就绪探测和存活探测由 Kubernetes 执行	就绪探针被配置在 `WorkloadGroup` 中
注册	由 Kubernetes 处理	将虚拟机自动注册为 `WorkloadGroup` 的成员
DNS 解析	集群内 DNS 服务器用于解析集群内 FQDN。DNS 代理是可选的	DNS 代理是由 istiod 配置的，解析 FQDN

我们还想提醒你一句。在本章示例中，我们手动安装和配置了代理，并展示了如何将工作负载集成到网格中所有的细节。但是在真实的项目中，这个过程必须是自动化的。手动将虚拟机添加到网格中会导致网格非常脆弱，而且很可能会让你在凌晨 3 点被报警电话叫醒，手动重建一个虚拟机并将其注册到网格中以恢复服务。

自动化这个词可能听起来令人生畏。但实际上，很多项目都遵循良好的实践，以自动化的方式来构建和部署虚拟机，比如使用 Packer、Ansible 和 Terraform 等工具。只要有预先存在的自动化，它就能将你的工作减少到只更新脚本，将 Istio 的 sidecar 随应用程序一起安装，并向它提供配置和令牌。这样虚拟机就会被自动集成到网格中！

> **注意**：记住要清理云提供商中的资源。如果你使用的是 Azure，则可以执行 `$ az group delete --resource-group west-cluster-rg -y` 脚本。

本章小结

- 从 Istio 1.9 开始，虚拟机逐渐进入 beta 测试阶段。还有更多的改进值得期待，这将是未来几个月内一个有趣的发展方向。同时，它已经非常稳定，我们在本章中介绍的内容预计不会改变。
- `WorkloadGroup` 和 `WorkloadEntry` 能够将虚拟机自动注册到网格中。
- 自动注册对于实现虚拟机中工作负载的高可用性非常重要。
- `istioctl` 可以生成虚拟机配置，使其连接到 `istiod`。
- 东西向网关暴露了 `istiod`，以便虚拟机可以连接到它。
- DNS 代理解析集群内主机名，由 `istiod` 使用 NDS API 进行配置。
- 虚拟机 sidecar 与其他工作负载一样遵循 Istio 的配置。

在请求路径上扩展Istio

本章内容包括：
- 了解 Envoy 过滤器
- 使用 Istio 的 `EnvoyFilter` 资源配置 Envoy
- 使用 Lua 自定义请求路径
- 使用 WebAssembly 自定义请求路径

正如你在本书中所看到的，Istio 可以通过其强大的网络功能为组织带来很多价值。但采用 Istio 的团队可能会有其他限制，使得无法直接使用 Istio，很可能需要扩展 Istio 的功能，以便更好地应对这些限制。

在第 3 章中我们介绍过，Envoy 代理是 Istio 服务网格的一个基础组件。作为服务代理，Envoy 与应用程序实例一起部署，并工作在网格中服务之间的请求路径上。尽管 Envoy 有一套强大的功能，但你很可能会遇到需要增强 Envoy 以满足自定义集成的场景。以下是一些扩展的例子：

- 与限流或外部授权服务集成。
- 添加、删除或修改头信息。
- 调用其他服务以充实请求有效载荷。
- 实施自定义协议，如 HMAC 签名 / 验证。
- 非标准的安全令牌处理。

Envoy 可能会提供你所需要的几乎所有东西，但你仍然有可能需要自定义 Envoy。本章将介绍扩展 Istio 在请求路径上配置的能力，这不可避免地需要扩展 Envoy。

14.1　Envoy的扩展能力

Envoy 代理的优势之一就是易于扩展。Envoy 的 API 在设计时花了很多心思，其受欢迎的一个重要原因就是可以为它编写扩展。过滤器是 Envoy 的一种重要的扩展方式。为了了解可以在哪些方面扩展 Envoy，以及哪些方面可以为应用程序带来好处，我们先来了解一下 Envoy 的架构。

14.1.1　了解 Envoy 的过滤器链

在第 3 章中，我们介绍了 Envoy 的监听器、路由和集群等概念，如图 14.1 所示。这些都是高层次的概念，在本章中会有更多的具体内容。在这里，我们重点讨论监听器，以及如何使用过滤器和过滤器链来扩展监听器模型。

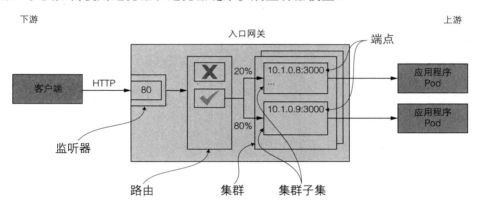

图 14.1　请求从下游系统通过监听器进来，然后经过路由规则，最后进入集群，该集群将其发送至上游服务

Envoy 中的监听器是一种在网络接口上打开一个端口并开始监听传入流量的组件。Envoy 是一个三层和四层（L3/L4）代理，从网络连接上获取字节，并以某种方式处理它们。这就把我们带到了架构的第一个重要部分：过滤器。监听器从网络流中读取字节，并通过各种过滤器或功能阶段来处理它们，如图 14.2 所示。

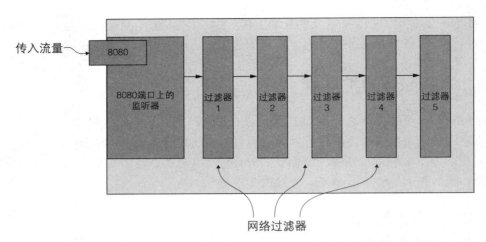

图 14.2   字节通过监听器从网络进来，而监听器通过网络过滤器处理字节

Envoy 最基本的过滤器是网络过滤器，它对字节流进行编码或解码操作。你可以配置一个以上的过滤器按序列对流进行操作，这个序列被称为过滤器链，这些链可以用来实现代理的功能。

例如，Envoy 默认具有以下协议以及许多其他协议的网络过滤器：

- MongoDB
- Redis
- Thift
- Kafka
- HTTP Connection Manager

最常用的网络过滤器之一是 HttpConnectionManager。它负责抽象出将字节流转换为基于 HTTP 协议（即 HTTP/1.1、HTTP/2、gRPC，以及最新的 HTTP/3 等）的 HTTP 头、主体和尾部的细节，如图 14.3 所示。

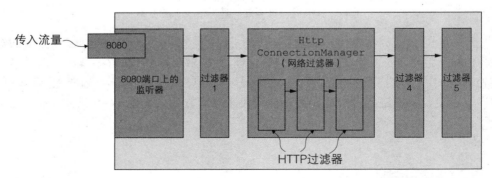

图 14.3   HttpConnectionManager 网络过滤器用于将字节流转换为
HTTP（HTTP/1、HTTP/2 等）请求，并根据 L7 属性（如头或主体细节）对其进行路由

HttpConnectionManager（有时被称为 HCM）处理 HTTP 请求，以及诸如访问日志记录、请求重试、头操作和基于头、路径前缀、其他请求属性的请求路由等。HCM 还有一个基于过滤器的架构，允许你将 HTTP 过滤器构建或配置成一个过滤器序列或链，对 HTTP 请求进行操作。一些原生的 HTTP 过滤器的例子包括：

- 跨源资源共享（CORS）
- 防止跨站请求伪造（CSRF）
- ExternalAuth（外部授权）
- RateLimit（限流）
- 故障注入
- gRPC/JSON 转码
- Gzip
- Lua
- 基于角色的访问控制（RBAC）
- Tap
- Router（路由器）
- WebAssembly（Wasm）

HTTP 过滤器的完整列表可以在"链接 1"中找到。

HTTP 过滤器可以被配置成一个序列，对 HTTP 请求进行操作。HTTP 过滤器链必须以一个终端过滤器（Terminal Filter）结束，将请求发送到上游集群。负责这项工作的 HTTP 过滤器是路由器过滤器，如图 14.4 所示。路由器过滤器使用可配置的超时和重试参数将请求匹配到上游集群。关于这个功能，请参见第 6 章和 Envoy 文档来了解更多信息。

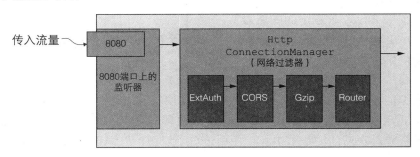

图 14.4　HttpConnectionManager 有一个处理 HTTP 请求的过滤器链，它以一个路由器过滤器结束

用户还可以编写自己的过滤器，并将其叠加在代理之上，而不必改变 Envoy 的任何核心代码。例如，Istio 的代理在 Envoy 之上添加了过滤器，并为其数据平面建立了一个自定义的 Envoy。其他开源项目如 Gloo Edge 也采用了这种方法。然而，

这引入了一个自定义的 Envoy 代理构建，可能需要进行大量的维护，并要求开发人员使用 C++。

14.1.2　用于扩展的过滤器

尽管你可以使用 C++ 编写自己的过滤器，并将其构建到代理中，但这超出了本书的讨论范围。通过使用以下 HTTP 过滤器，可以扩展 Envoy 的 HTTP 功能，包括编写过滤器，而不需要将改动编译到 Envoy 二进制文件本身：

- 外部处理
- Lua
- WebAssembly（Wasm）

通过这些过滤器，你可以配置对外部服务的调用，运行 Lua 脚本，或者运行自定义代码来增强 HCM 在处理 HTTP 请求或响应时的能力。对于调用外部服务进行处理，我们将专注于限流过滤器。我们还可以调用外部授权服务，正如在第 9 章中介绍的那样。

> 注意：Envoy 有一个外部处理过滤器（External Processing Filter），用于在调用外部服务时进行通用处理。这个过滤器存在于代码库中，但在撰写本书时，它还没有生效。我们将聚焦于其他调用外部服务的方式，比如全局限流过滤器。

14.1.3　定制 Istio 的数据平面

有了对 Envoy 过滤器架构的大体理解，在接下来的几节中，我们将使用以下方法之一来扩展 Envoy 数据平面的能力：

- 使用 Istio API 的 EnvoyFilter 资源配置 Envoy HTTP 过滤器。
- 调用限流服务器。
- 编写一个 Lua 脚本并将其加载到 Lua HTTP 过滤器中。
- 为 Wasm HTTP 过滤器实现一个 Wasm 模块。

我们需要了解如何直接配置 Envoy 的过滤器，为此，将使用 Istio 的 EnvoyFilter 资源。在前面的章节中我们使用过这个资源，这里再深入地了解一下它。

14.2　使用EnvoyFilter资源配置Envoy过滤器

扩展 Istio 数据平面的第一步是搞清楚 Envoy 中现有的过滤器是否足以满足我们的需要。如果满足，我们就可以使用 EnvoyFilter 资源来直接配置 Istio 的数据平面。

　　Istio 的 API 通常会抽象出底层的 Envoy 配置，专注于特定的网络或安全场景。像 `VirtualService`、`DestinationRule` 和 `AuthorizationPolicy` 这样的资源最终都会被转换成 Envoy 配置，成为过滤器链中特定的 HTTP 过滤器配置。Istio 并没有尝试为底层的 Envoy 代理暴露每一个可能的过滤器或配置，在某些情况下，我们需要直接配置 Envoy。Istio 的 `EnvoyFilter` 资源是一种更高阶的功能，用户可以通过它配置 Istio API 中未公开的 Envoy 功能。该资源可以配置 Envoy 中的任何东西（有一些限制），包括监听器、路由、集群和过滤器。

　　`EnvoyFilter` 资源是 Istio 的高级用法，但可能是一种没有回头路的解决方案。底层的 Envoy API 可能会在 Istio 版本更新的时候发生变化，所以一定要验证你所部署的任何 `EnvoyFilter`。不要假设它有任何向后兼容性。对它的错误配置，有可能会导致整个 Istio 数据平面崩溃。

　　我们通过一个例子来了解它是如何工作的。如果你已经学习了前面的章节内容，那么让我们重新设置工作空间，这样就可以从头开始了：

```
$ kubectl config set-context $(kubectl config current-context) \
 --namespace=istioinaction
$ kubectl delete virtualservice,deployment,service,\
destinationrule,gateway,authorizationpolicy,envoyfilter --all
```

　　部署本章中要用到的服务：

```
$ kubectl apply -f services/catalog/kubernetes/catalog.yaml
$ kubectl apply -f services/webapp/kubernetes/webapp.yaml
$ kubectl apply -f services/webapp/istio/webapp-catalog-gw-vs.yaml
$ kubectl apply -f ch9/sleep.yaml
$ kubectl delete sidecar --all -n istio-system
```

　　假设想用工具来扩展数据平面，以调试流经 webapp 服务的某些请求。我们可以使用一些自定义的过滤器来扩展 Envoy——Envoy 中有一个 Tap 过滤器可以实现这种功能。它不在 Istio 的公开 API 中，所以我们可以使用 `EnvoyFilter` 资源为 webapp 服务配置这个过滤器。

　　关于 `EnvoyFilter` 资源，首先要知道的是，该资源适用于声明它的命名空间中的所有工作负载，除非另外指定。如果在 `istio-system` 命名空间中创建 `EnvoyFilter` 资源，它将被应用于网格中的所有工作负载。如果你想更具体地了解自定义 `EnvoyFilter` 配置所适用的命名空间中的工作负载，则可以使用 `workloadSelector`，在这个例子中将会看到。

　　其次，你需要知道，`EnvoyFilter` 资源在所有其他 Istio 资源被转换和配置后适用。例如，如果你有 `VirtualService` 或 `DestinationRule` 资源，这些配置将首先被应用于数据平面。

　　最后，在使用 `EnvoyFilter` 资源配置工作负载时，你应该非常小心。你需要熟悉 Envoy 的命名规则和配置细节。这确实是 Istio API 的高级用法，如果配置错误，则可能会导致网格瘫痪。

在这个例子中，我们要配置 Envoy 的 Tap 过滤器来采样经过数据平面的 webapp 工作负载的消息，如图 14.5 所示。每次有请求或响应流经 Tap 过滤器时，它都会将其流向某个监听代理。在这个例子中，把它流向控制台 / CLI。

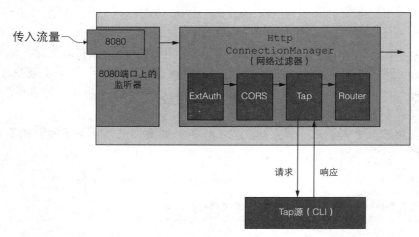

图 14.5   Envoy HTTP Tap 过滤器允许你在不影响客户端或上游的情况下，对请求和响应进行流式处理，作为一种调试 / 检查数据平面的方式

像下面这样配置 EnvoyFilter 资源：

```
apiVersion: networking.istio.io/v1alpha3
kind: EnvoyFilter
metadata:
  name: tap-filter
  namespace: istioinaction
spec:
  workloadSelector:
    labels:
      app: webapp          ←—┤工作负载选择器
  configPatches:
  - applyTo: HTTP_FILTER    ←—┐在哪里
    match:                     ┘配置
      context: SIDECAR_INBOUND
      listener:
        portNumber: 8080
        filterChain:
          filter:
            name: "envoy.filters.network.http_connection_manager"
            subFilter:
              name: "envoy.filters.http.router"
```

```
patch:                        ←──────┐  Envoy 配置
  operation: INSERT_BEFORE           │  补丁
  value:
   name: envoy.filters.http.tap
   typed_config:
      "@type": "type.googleapis.com/
envoy.extensions.filters.http.tap.v3.Tap"
        commonConfig:
          adminConfig:
            configId: tap_config
```

我们来仔细看看以了解细节。首先要注意的是，这个 EnvoyFilter 资源被部署到了 istioinaction 命名空间。如前所述，这将适用于该命名空间中所有工作负载的 sidecar，但我们使用了一个 workloadSelector，具体指定该配置适用于哪些工作负载。

接下来，需要指定它在 Envoy 配置中的哪里生效。在这个例子中，指定为入站监听器（SIDECAR_INBOUND）的 HTTP_FILTER。如前所述，监听器有网络过滤器，其中之一就是 HCM。HCM 也有一连串的 HTTP 特定过滤器来处理 HTTP 请求。在这个例子中，还指定了一个特定监听器：将监听器上的 HCM 绑定到 8080 端口。最后，我们在这个 HCM HTTP 过滤器链中挑选了 envoy.filters.http.router HTTP 过滤器。之所以挑选这个过滤器，是因为想把新的过滤器排在它的前面，正如将在下一节中看到的。

在这个 EnvoyFilter 资源的 patch 部分，指定要如何修补配置。在这种情况下，我们把配置合并到在前面配置部分选择的特定过滤器之前。我们添加的 envoy.filters.http.tap 过滤器，在 HCM 过滤器链中位于 http.filters.http.router 之前。我们必须对 Tap 过滤器配置的结构进行明确说明，所以给了它一个明确的类型。关于 tap 配置格式的细节，请参见 Envoy 文档。

把这个 EnvoyFilter 资源应用于 istioinaction 命名空间中的 webapp 工作负载：

```
$ kubectl apply -f ch14/tap-envoy-filter.yaml
```

我们可以使用以下命令验证 webapp sidecar 代理中的 Envoy 配置。尝试找到 HCM 的 HTTP 过滤器，并找到新的 Tap 过滤器配置：

```
$ istioctl pc listener deploy/webapp.istioinaction \
--port 15006 --address 0.0.0.0 -o yaml
```

请注意，我们正在查看 15006 端口上的监听器，因为它是 sidecar 代理中的默认入站端口。所有其他端口都重新路由到这个监听器。

当运行上面的命令时，你应该看到类似于这样的内容：

```
- name: envoy.filters.http.tap
    typedConfig:
    '@type': type.googleapis.com/envoy.extensions.filters
.http.tap.v3.Tap
    commonConfig:
        adminConfig:
        configId: tap_config
- name: envoy.filters.http.router
    typedConfig:
    '@type': type.googleapis.com/envoy.extensions.filters
.http.router.v3.Router
```

我们来验证 tap 的功能是否正常。为此，需要两个终端窗口。在一个窗口中，使用 curl 传入一个 tap 配置，启动 webapp 工作负载上的 tap：

```
{
  "config_id": "tap_config",
  "tap_config": {
    "match_config": {
        "http_request_headers_match": {
          "headers": [
              {
                "name": "x-app-tap",
                "exact_match": "true"
              }
          ]
        }
    },
    "output_config": {
      "sinks": [
          {
            "streaming_admin": {}
          }
      ]
    }
  }
}
```

这个配置指示 Tap 过滤器匹配任何 x-app-tap 头等于 true 的 HTTP 请求。当 Tap 过滤器发现这样的请求时，它将请求流向一个 tap 处理程序，在本例中是 curl（它会自动发送到 stdout）。在到达 admin 的 tap 端点之前，我们应该在一个窗口中把端点端口转发到本地主机：

```
$  kubectl port-forward -n istioinaction deploy/webapp 15000
```

在另一个窗口中，启动 tap：

```
$  curl -X POST -d @./ch14/tap-config.json localhost:15000/tap
```

在另一个窗口中，调用服务：

```
$ curl -H "Host: webapp.istioinaction.io" -H "x-app-tap: true" \
http://localhost/api/catalog
```

你应该在启动 tap 的窗口中看到 tap 输出。它给出了关于请求的所有信息，比如 header、body、tailer 等。继续研究 Envoy Tap 过滤器，以及如何在 Istio 中使用它来调试整个网络的请求。

14.3 调用外部的限流请求

在上一节中，我们使用默认 HTTP 过滤器中的功能扩展了 Istio 数据平面。也有一些过滤器可以通过调用的方式来增强数据平面。使用这些过滤器，我们可以调用一个外部服务,让它执行一些功能,以决定如何或者是否继续一个请求。在这一节中，我们将探讨如何配置 Istio 的数据平面，以调用限流服务，为特定的工作负载执行服务端限流（见图 14.6）。

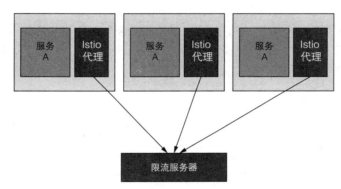

图 14.6 同一个服务的多个副本调用同一个限流服务，以获得特定服务的全局限流

就像 Istio 使用 Envoy 做数据平面一样，限流的具体调用来自 Envoy 的 HTTP 过滤器。在 Envoy 中，有几种进行限流的方法（作为网络过滤器、本地限流和全局限流），我们将主要探讨全局限流，让某个特定工作负载的所有 Envoy 代理调用同一个限流服务，该服务调用一个后端全局键值存储，如图 14.7 所示。通过这种架构，可以确保无论一个服务有多少个副本，都会执行限流。

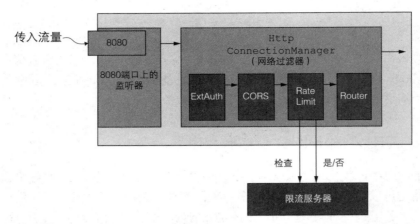

图 14.7　通过 Envoy 全局限流，调用一个限流服务器，以确定是否需要对某个特定的请求进行限流。请求的属性会被发送到限流服务器，以做出决定

为了配置限流，我们需要部署限流服务器，它来自 Envoy 社区，或者更准确地说，是一个实现了 Envoy 限流 API 的限流服务器。这个服务器与后端 Redis 缓存通信，将限流计数器存储在 Redis 中（也可以选择使用 Memcache）。在部署限流服务器之前，我们需要把它配置为预期的限流行为。

了解 Envoy 的限流

在配置 Envoy 限流服务器（RLS）之前，我们需要了解限流的工作原理。特别是要了解 Envoy 的 HTTP 全局限流，作为 HTTP 过滤器，它需要被配置到 HCM 的 HTTP 过滤器链中。当限流过滤器处理 HTTP 请求时，它会从请求中获取某些属性，并将其发送给 RLS 进行评估。Envoy 的限流术语使用描述符（descriptor）一词来指代属性或属性组。请求的这些描述符或属性可以是远程地址、请求头、目的地，或任何其他关于请求的通用属性。

如图 14.8 所示，RLS 根据一组预定义的属性来评估请求中的属性，并为这些属性增加计数器。请求属性可以被分组或定义在一棵树中，以确定哪些属性应该被计算。如果一个属性或一组属性符合 RLS 的定义，那么这些限制的计数就会增加。如果计数超过一个阈值，该请求就会被限流。

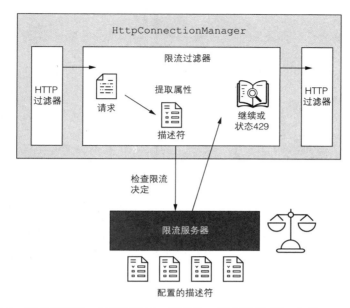

图 14.8 请求的属性，如远程地址、请求头、客户端 ID 等，在 Envoy 术语中
也被称为描述符，被发送到限流服务器，以根据预先配置的描述符集做出限流决定

配置 Envoy 限流服务器

让我们来配置 RLS 的属性计数器和限制。在本例中，我们想根据用户在组织中
的忠诚度等级来限制某些用户组。通过检查 x-loyalty 头来确定请求中的忠诚度
等级。

对于黄金级（x-loyalty: gold）的用户组，允许每分钟有 10 个请求；银级
（x-loyalty: silver）允许每分钟有 5 个请求；铜级（x-loyalty: bronze）允许
每分钟有 3 个请求。对于无法确定的忠诚度等级，限流为每分钟 1 个请求。

捕获请求的这些属性（描述符）的 RLS 配置可以表示如下：

```
apiVersion: v1
kind: ConfigMap
metadata:
  name: catalog-ratelimit-config
  namespace: istioinaction
data:
  config.yaml: |
    domain: catalog-ratelimit
    descriptors:
      - key: header_match
        value: no_loyalty
        rate_limit:
          unit: MINUTE
          requests_per_unit: 1
      - key: header_match
```

```
        value: gold_request
        rate_limit:
          unit: MINUTE
          requests_per_unit: 10
      - key: header_match
        value: silver_request
        rate_limit:
          unit: MINUTE
          requests_per_unit: 5
      - key: header_match
        value: bronze_request
        rate_limit:
          unit: MINUTE
          requests_per_unit: 3
```

注意，我们不直接处理实际的请求头，只是处理作为请求的一部分发送的属性。在下一节中，我们将探讨如何定义这些属性。如前所述，RLS 配置定义了限流应该遵循的规则。当一个请求通过 Istio 数据平面处理时，属性被发送到 RLS；如果规则匹配，限流就会发生。

配置用于限流的请求路径

一旦配置了 RLS，就需要配置 Envoy 为特定的请求发送哪些属性。Envoy 将这种配置称为对特定请求路径的限流动作（action）。例如，如果在 /items 路径上调用 catalog 服务，我们希望捕获一个有 x-loyalty 头的请求和它所属的组。

为了配置发送至 RLS 的适当属性（动作），我们需要为特定的 Envoy 路由配置指定 rate_limit 配置。Istio 还没有这方面的 API（在写作本节内容的时候），所以必须使用 EnvoyFilter 资源。下面展示了如何为 catalog 服务上的任何路由指定限流动作：

```yaml
apiVersion: networking.istio.io/v1alpha3
kind: EnvoyFilter
metadata:
  name: catalog-ratelimit-actions
  namespace: istioinaction
spec:
  workloadSelector:
    labels:
      app: catalog
  configPatches:
  - applyTo: VIRTUAL_HOST
    match:
      context: SIDECAR_INBOUND
      routeConfiguration:
        vhost:
          route:
            action: ANY
    patch:
      operation: MERGE
```

```
value:
  rate_limits:              限流
    - actions:              动作
      - header_value_match:
          descriptor_value: no_loyalty
          expect_match: false
          headers:
          - name: "x-loyalty"
    - actions:
      - header_value_match:
          descriptor_value: bronze_request
          headers:
          - name: "x-loyalty"
            exact_match: bronze
    - actions:
      - header_value_match:
          descriptor_value: silver_request
          headers:
          - name: "x-loyalty"
            exact_match: silver
    - actions:
      - header_value_match:
          descriptor_value: gold_request
          headers:
          - name: "x-loyalty"
            exact_match: gold
```

现在，我们来部署这些规则和 RLS，看看如何配置数据平面。

将这些规则部署为 Kubernetes 的 configmap，然后将 RLS 部署为一个 Redis 后端，运行以下命令：

```
$ kubectl apply -f ch14/rate-limit/rlsconfig.yaml
$ kubectl apply -f ch14/rate-limit/rls.yaml
```

如果列出了 istioinaction 命名空间中的 Pod，我们应该看到新的限流服务器：

```
NAME                        READY   STATUS    RESTARTS   AGE
webapp-f7bdbcbb5-qk8fx      2/2     Running   0          24h
catalog-68666d4988-qg6v5    2/2     Running   0          24h
ratelimit-7df4b47668-4x2q9  1/1     Running   1          24s
redis-7d757c948f-c84dk      1/1     Running   0          2m26s
```

到目前为止，我们所做的就是配置和部署 RLS，但是还需要配置 Envoy 的属性，将其发送到 RLS，以进行计数和限流。为此，我们应用 EnvoyFilter 资源：

```
$ kubectl apply -f ch14/rate-limit/catalog-ratelimit.yaml
$ kubectl apply -f ch14/rate-limit/catalog-ratelimit-actions.yaml
```

为了测试限流功能，我们把 sleep 应用程序部署到 istioinaction 命名空间，以模拟客户端调用 catalog 服务。如果你在本章前面没有安装 sleep 应用程序，请运行以下命令：

```
$ kubectl apply -f ch9/sleep.yaml
```

Pod 成功出现后，调用 catalog 服务，如下所示：

```
$ kubectl exec -it deploy/sleep -c sleep -- \
curl http://catalog/items
```

只能大约每分钟运行一次这个命令。这与没有 x-loyalty 头的请求的限流一致。如果改变请求以添加 x-loyalty 头，那么每分钟将允许更多的请求。通过传递不同的 x-loyalty 头的值来测试限流的执行，如下所示：

```
kubectl exec -it deploy/sleep -c sleep -- \
curl -H "x-loyalty: silver" http://catalog/items
```

如果发现限流没有生效，则可以检查 EnvoyFilter 资源，看它们是否被应用，RLS 是否已经启动并运行，日志中是否有错误。为了仔细检查底层 Envoy 配置是否有正确的限流动作，可以使用 istioctl 来获取 catalog 服务的底层路由：

```
$ istioctl proxy-config routes deploy/catalog.istioinaction -o json \
| grep actions
```

你应该看到多个带有 actions 字样的输出行。如果没有看到，则说明有些东西没有配置好，你应该仔细检查前面的配置是否被正确应用。

14.4　使用Lua扩展Istio的数据平面

通过配置现有的 Envoy 过滤器来扩展 Istio 的数据平面是很方便的，但是如果想添加的功能不在 Envoy 过滤器中该怎么办呢？如果想在请求路径上实现一些自定义逻辑呢？在本节中，我们将研究如何使用自定义逻辑来扩展数据平面。

我们在前面的章节中看到，Envoy 有很多开箱即用的过滤器，可以将其添加到过滤器链中以增强数据平面。Lua 过滤器是其中之一，我们可以通过编写 Lua 脚本并将其注入代理中来自定义请求路径或响应路径的行为（见图 14.9）。这些脚本可以用来操作请求或响应的头并检查主体。我们将继续使用 EnvoyFilter 资源来配置数据平面，注入 Lua 脚本来改变请求路径的行为。

> **Lua 编程语言**
>
> Lua 是一种强大的、可嵌入的脚本语言，可以用来增强系统的功能。Lua 是具有动态类型的解释型语言，由 Lua VM（在 Envoy 中，是 LuaJIT）提供自动内存管理。

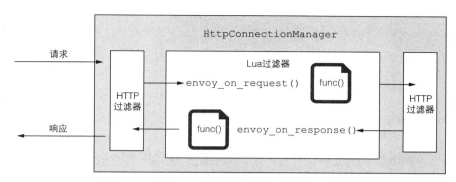

图 14.9 使用 Lua 脚本语言扩展请求路径的功能

注意：检查请求体可能会影响在代理中对流的处理方式。例如，你可能会操作请求体，使它被完全缓冲到内存中。这可能会对性能产生影响。关于 Lua 过滤器，请参见 Envoy 代理文档。

我们举一个自定义请求路径行为的例子。假设想把每个进来的请求都划分为 A/B 测试组。我们只能在运行时根据请求的特征来确定请求属于哪个组。为此，需要调用 A/B 测试引擎，以确定请求所属的组。这个调用的响应应该作为一个请求头被添加到请求中，任何上游服务都可以使用这个头为 A/B 测试的目的做出路由决定。

在开始之前，先删除之前的配置：

```
$  kubectl delete envoyfilter -n istioinaction --all
```

现在为这个示例部署一些支持服务。我们部署了一个 httpbin 服务，它将回显发送到服务中的请求头信息。还部署了用于 A/B 测试的 bucket 服务，该服务评估一个请求的头信息，并返回一个字符串，用来表示该请求所属的特定组：

```
$  kubectl apply -f ch14/httpbin.yaml
$  kubectl apply -f ch14/bucket-tester-service.yaml
```

接下来，我们将编写一个 Lua 脚本来操作请求头或响应头。在 Envoy 中，可以实现 Lua 函数 envoy_on_request() 或 envoy_on_response() 来分别检查和操作请求与响应。如果需要从 Lua 内部调用另一个服务，则必须使用 Envoy 提供的函数（不应该使用通用的 Lua 库来进行 RPC 调用，因为我们希望 Envoy 能够通过其非阻塞线程架构正确地管理调用）。我们可以使用 httpCall() 函数与外部服务通信。下面的脚本实现了用例：

```
function envoy_on_request(request_handle)
  local headers, test_bucket = request_handle:httpCall(
  "bucket_tester",
```

```
  {
    [":method"] = "GET",
    [":path"] = "/",
    [":scheme"] = "http",
    [":authority"] = "bucket-tester.istioinaction.svc.cluster.local",
    ["accept"] = "*/*"
  }, "", 5000)

  request_handle:headers():add("x-test-cohort", test_bucket)
end
```

我们实现了 `envoy_on_request()` 函数，并使用 `httpCall()` 内置函数与外部服务通信。我们获取响应并向其添加了一个名为 `x-test-cohort` 的头。更多关于内置函数的信息，包括 `httpCall()`，请参见 Envoy 文档。

像上一节那样，把这个脚本添加到 EnvoyFilter 资源中：

```yaml
apiVersion: networking.istio.io/v1alpha3
kind: EnvoyFilter
metadata:
  name: webapp-lua-extension
  namespace: istioinaction
spec:
  workloadSelector:
    labels:
      app: httpbin
  configPatches:
  - applyTo: HTTP_FILTER
    match:
      context: SIDECAR_INBOUND
      listener:
        portNumber: 80
        filterChain:
          filter:
            name: "envoy.filters.network.http_connection_manager"
            subFilter:
              name: "envoy.filters.http.router"
    patch:
      operation: INSERT_BEFORE
      value:
       name: envoy.lua
       typed_config:
          "@type": "type.googleapis.com/
envoy.extensions.filters.http.lua.v3.Lua"
          inlineCode: |
            function envoy_on_request(request_handle)
              -- some code here
            end
            function envoy_on_response(response_handle)
              -- some code here
            end
```

将这个过滤器应用于前面清单中 `workloadSelector` 所定义的 httpbin 工

作负载：

```
$ kubectl apply -f ch14/lua-filter.yaml
```

如果调用 `httpbin` 服务，则应该看到一个新的请求头 `x-test-cohort`，它是在调用 A/B 测试服务时添加的：

```
$ kubectl exec -it deploy/sleep \
-- curl httpbin.istioinaction:8000/headers

{
  "headers": {
    "Accept": "*/*",
    "Content-Length": "0",
    "Host": "httpbin.istioinaction:8000",
    "User-Agent": "curl/7.69.1",
    "X-B3-Sampled": "1",
    "X-B3-Spanid": "1d066f4b17ee147b",
    "X-B3-Traceid": "1ec27110e4141e131d066f4b17ee147b",
    "X-Test-Cohort": "dark-launch-7"
  }
}
```

你可以在本书源代码的 `ch14/lua-filter.yaml` 文件中更仔细地研究这些细节。在这个例子中，我们看到了如何使用过滤器，这个过滤器是为了扩展数据平面的功能而特意建立的。我们使用 Lua 脚本语言来实现这个功能，并使用一些内置函数来调用其他服务。在下一节中，我们将介绍如何通过 WebAssembly 来实现自定义功能。

14.5 使用WebAssembly扩展Istio的数据平面

本节将介绍在请求路径上扩展 Istio 的最后一种方法——使用 WebAssembly 编写 Envoy 过滤器。在前面的章节中，我们复用了现有的 Envoy 过滤器，并对其进行了配置，以扩展 Istio 已有的功能，比如注入自定义脚本来操作请求路径。在本节中，我们将探讨如何构建自己的 Envoy 过滤器，并将其动态部署到 Istio 数据平面上。

14.5.1 WebAssembly 简介

WebAssembly（Wasm）是一种二进制指令格式，旨在实现跨环境移植，可以以不同的编程语言编译并运行在虚拟机中。Wasm 最初是为了加快浏览器中 CPU 密集型 Web 应用程序的执行速度，并将基于浏览器的应用程序支持扩展到 JavaScript 以外的语言（见图14.10）。它在 2019 年成为 W3C 建议，并在所有主流浏览器中得到支持。

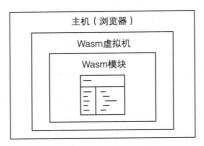

图 14.10　WebAssembly 是打包成模块的定制代码，
可以在目标主机（如 Web 浏览器）的沙盒虚拟机中安全运行

　　Wasm 的目标是紧凑、高效并以接近原生的速度执行。它也可以安全地嵌入主机应用程序（即浏览器）中，因为它是内存安全的，并在一个沙盒执行环境（虚拟机）中运行。Wasm 模块只能访问主机系统允许的内存和功能。

14.5.2　为什么使用 WebAssembly

　　编写自己的原生 Envoy 过滤器主要有两个缺点：
- 必须使用 C++ 语言。
- 必须将更新编译到一个新的 Envoy 二进制文件中，这实际上成为 Envoy 的一个"定制"版本。

　　Envoy 嵌入了一个 WebAssembly 执行引擎，可以用来定制和扩展 Envoy 的各个领域，包括 HTTP 过滤器。你可以使用 Wasm 支持的任何语言编写 Envoy 过滤器，并在运行时将其动态加载到代理中，如图 14.11 所示。这意味着你可以继续使用 Istio 中原生的 Envoy 代理，并在运行时动态加载自定义过滤器。

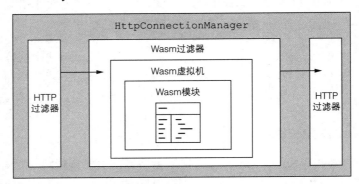

图 14.11　Wasm 模块可以被打包和运行在 Wasm HTTP 过滤器中

14.5.3 使用 WebAssembly 构建新的 Envoy 过滤器

要使用 WebAssembly 构建 Envoy 过滤器，你需要知道用什么语言、使用哪个 Envoy 版本，以及该版本的 Envoy 抽象二进制接口（ABI）支持什么。然后，你需要选择相应的 SDK，并正确设置构建和依赖工具链。在本节中，我们使用 Solo.io 公司的开源开发者工具 `wasme` 为 Envoy 创建和构建 Wasm 过滤器。通过 `wasme`，你可以快速为 Envoy 项目启动 Wasm，并自动完成任何模板脚手架的工作。让我们看看如何使用 Wasm 构建 Envoy 过滤器。

在撰写本书时，有用于以下四种编程语言的 Envoy Wasm SDK。

- C++
- Rust
- AssemblyScript（TypeScript）
- TinyGo

在本节中，我们将使用 AssemblyScript 语言来构建一个新的 Envoy 过滤器。AssemblyScript 是 TypeScript 的一个变体，JavaScript 开发者应该对它很熟悉。在为 Envoy 构建过滤器时，它提供了一个不错的 C++ 替代方案。

> **注意**：Envoy 中对 WebAssembly 的支持被认为是实验性的，可能会有变化。我们建议在部署到生产环境中之前，全面测试所创建的 Envoy Wasm 模块。

14.5.4 使用 meshctl 工具构建新的 Envoy 过滤器

`meshctl` 是一个类似于 Docker 的工具，用于创建、构建、发布和部署 Wasm 模块；它大大简化了为 Envoy 构建 Wasm 过滤器时的用户体验。首先下载 `meshctl` 并添加到系统路径上：

```
curl -sL https://run.solo.io/meshctl/install | sh
export PATH=$HOME/.gloo-mesh/bin:$PATH
```

接下来，选择一个文件夹来初始化新的 Wasm 项目，然后运行以下命令：

```
$ meshctl wasm init ./hello-wasm --language=assemblyscript
```

这将创建一个名为 `hello-wasm` 的新文件夹，其包含所有的依赖文件，还有一个带有过滤器初始实现的 `index.ts` 文件。这个初始实现展示了如何在 HTTP 响应中添加头信息。如果查看 `./hello-wasm/assembly/index.ts` 文件，则应该看到它创建了两个 TypeScript 类。第一个类，`AddHeaderRoot`，为 Wasm 模块设置了自定义配置。第二个类，`AddHeader`，包含了实现的内容，你可以实现最终处理请求路径的回调函数。在这个例子中，我们这样来实现 `AddHeader` 类的 `onResponseHeaders` 函数：

```
class AddHeader extends Context {
  root_context : AddHeaderRoot;
  constructor(root_context:AddHeaderRoot){
    super();
    this.root_context = root_context;
  }
  onResponseHeaders(a: u32): FilterHeadersStatusValues {
    const root_context = this.root_context;
    if (root_context.configuration == "") {
      stream_context.headers.response.add("hello", "world!");
    } else {
      stream_context.headers.response.add("hello",
        root_context.configuration);
    }
    return FilterHeadersStatusValues.Continue;
  }
}
```

还有其他一些有用的函数用于操作请求或响应。

- `onRequestHeaders`
- `onRequestBody`
- `onResponseHeaders`
- `onResponseBody`

如果导航到 `hello-wasm` 文件夹，我们可以使用 `meshctl wasm` 工具来建立 Wasm 模块：

```
$ meshctl wasm build assemblyscript ./hello-wasm/ \
 -t webassemblyhub.io/ceposta/istioinaction-demo:0.1
```

`meshctl wasm` 工具处理所有的模板工具链设置，并启动适合模块最初选择的语言的构建。构建过程的输出创建了一个符合开放容器标准（OCI）的镜像，并将 `.wasm` 模块作为镜像中的一个层打包。

使用 `meshctl wasm` 工具列出本地都有哪些模块：

```
$ meshctl wasm list
NAME                                          TAG SIZE     SHA
webasseblyhub.io/ceposta/cache-example        1.0 12.6 kB 10addc6d
webassemblyhub.io/ceposta/demo-filter         1.0 12.6 kB a515a5d2
webassemblyhub.io/ceposta/istioinaction-demo  0.1 12.6 kB a515a5d2
```

你可以把这个模块发布到能够存储 OCI 镜像的仓库。例如，为了使用免费的 `webassemblyhub.io` 资源库，可以这样发布模块：

```
$ meshctl wasm push webassemblyhub.io/ceposta/istioinaction-demo:1.0
```

> **WebAssembly Hub**
>
> 　　WebAssembly Hub（webassemblyhub.io）是一个免费、开放的社区注册中心，用于存储 Wasm 过滤器，然后可以部署到 Envoy 代理或 Istio 中。更多信息请参见 WebAssembly Hub 的最新文档。

　　想要查看一个特定的 OCI 镜像的细节，可以检查 ~/.gloo-mesh/wasm/store 文件夹，找到刚刚建立的镜像。例如：

```
$ ls -l ~/.gloo-mesh/wasm/store/bc234119a3962de1907a394c186bc486/

total 28
-rw-r--r-- 1 solo solo   224 Jul  2 19:04 descriptor.json
-rw-rw-r-- 1 solo solo 12553 Jul  2 19:04 filter.wasm
-rw-r--r-- 1 solo solo    43 Jul  2 19:04 image_ref
-rw-r--r-- 1 solo solo   221 Jul  2 19:04 runtime-config.json
```

　　在这里，你可以看到 filter.wasm 二进制文件以及一些元数据文件，这些文件描述了 OCI 镜像和与过滤器兼容的 Envoy 版本（以及相关的 ABI）。基于镜像封装的目的是将其存储在现有的 OCI 注册表中，并构建工具来支持它。

> **打包 Wasm 模块**
>
> 　　Istio 社区正在制定一个规范，用来描述打包成 OCI 镜像的 Wasm 模块。它基于 Solo.io 贡献的标准并用于 meshctl wasm 工具中。该领域还在继续发展，在撰写本书时它仍在不断变化。

14.5.5　部署新的 WebAssembly Envoy 过滤器

　　在开始之前，我们删除上一节中的配置（或之前部署过的 Wasm 过滤器）：

```
$ kubectl delete envoyfilter,wasmplugin -n istioinaction --all
```

　　现在为这个例子部署一些支持服务。我们部署了一个 httpbin 服务，该服务将回显发送到服务中的请求头信息：

```
$ kubectl apply -f ch14/httpbin.yaml
```

　　在上一节中，我们从头开始创建了一个新的 Wasm 模块，构建、打包，并将其发布到 Wasm 注册中心。在本节中，我们使用 Istio 的 WasmPlugin 资源，将

Wasm 过滤器部署到在服务网格中运行的工作负载上，以增强请求／响应路径的能力。

这里是一个简单的 WasmPlugin 资源，它选择了 httpbin 工作负载，并指定了模块 URL（oci、file 或 https），将 Wasm 过滤器加载到 Istio 数据平面上：

```yaml
apiVersion: extensions.istio.io/v1alpha1
kind: WasmPlugin
metadata:
  name: httpbin-wasm-filter
  namespace: istioinaction
spec:
  selector:
    matchLabels:              ┐ 工作负载
      app: httpbin    ←───────┘ 选择器
  pluginName: add_header
  url: oci://webassemblyhub.io/ceposta/istioinaction-demo:1.0  ←── ┐ 模块
                                                                    ┘ URL
```

在上一节中，我们已经将 Wasm 模块发布到 webasseblyhub.io 注册中心，在这个配置中，直接将它从注册中心拉取到代理中。

应用 Wasm 过滤器：

```
$ kubectl apply -f ch14/wasm/httpbin-wasm-filter.yaml
```

现在，通过调用 httpbin 服务来验证是否可以得到预期的结果。我们希望看到一个名为 hello 的响应头，其值为 world：

```
$ kubectl exec -it deploy/sleep -c sleep -- \
curl -v httpbin:8000/status/200

*   Trying 10.102.125.217:8000...
* Connected to httpbin (10.102.125.217) port 8000 (#0)
> GET /status/200 HTTP/1.1
> Host: httpbin:8000
> User-Agent: curl/7.79.1
> Accept: */*
>
* Mark bundle as not supporting multiuse
< HTTP/1.1 200 OK
< server: envoy
< date: Mon, 06 Dec 2021 16:02:37 GMT
< content-type: text/html; charset=utf-8
< access-control-allow-origin: *
< access-control-allow-credentials: true
< content-length: 0
< x-envoy-upstream-service-time: 3        ┐ 预期的
< hello: world!    ←─────────────────────┘ 响应头
<
* Connection #0 to host httpbin left intact
```

虽然这个例子很简单，但在过滤器中也可以嵌入更复杂的处理逻辑。使用

WebAssembly，你可以选择自己的语言来扩展 Envoy，并在运行时动态加载模块。通过 Istio 的 `WasmPlugin` 资源，我们可以以声明式配置的方式加载 Wasm 模块。

本章小结

- Envoy 架构是围绕监听器和过滤器建立的。
- Envoy 自带许多开箱即用的过滤器。
- 我们可以扩展 Istio 的数据平面（Envoy 代理）。
- Envoy 的 HTTP 过滤器可以直接使用 Istio 的 `EnvoyFilter` 资源进行更精细化的配置，或者实现没有通过 Istio API 暴露的 Envoy 功能。
- 我们可以通过限流或 Tap 过滤器等功能来扩展 Envoy 的请求路径，用于服务之间的通信。
- Lua 和 Wasm 可用于对数据平面进行更高级的定制，而不需要重建 Envoy。

自定义Istio安装

一开始在没有介绍 Istio 安装方法的情况下，我们就探讨了它的定制化安装。其实安装 Istio 很容易：把 Istio 资源应用到 Kubernetes 集群上就可以了。

有许多方法可以将 Istio 资源应用于集群：

- `helm`——Kubernetes 包管理工具可用于生成 Istio 资源并将其应用于集群。Istio 安装的所有定制项都可以由 Helm 模板提供支持。
- `istioctl`——它通过 `IstioOperator` 自定义资源定义（CRD），为安装和定制 Istio 提供了更简单、更安全的 API。它的底层实现是使用 Helm 生成 Istio 资源。
- `istio-operator`——它是运行在集群内的 Operator，通过 `IstioOperator` API 管理集群中的 Istio 安装。
- `kubectl`——或任何工具（ArgoCD、Flux 等），这些工具用于获取 Kubernetes 资源并将其应用于集群。

配置 Istio 在不同的环境中运行，如不同的云提供商或网络拓扑环境，并满足不同的应用程序和安全要求，将变得相当复杂！最初，Helm 是安装 Istio 的主要工具，但随着配置选项的增加，Helm 缺乏用户输入校验的功能，会导致太多的错误，处理起来很烦人。最糟糕的是，缩进错误还可能会导致部署中断。

A.1　IstioOperator API

`IstioOperator` API 是一个 Kubernetes 的 CRD，用于指定 Istio 安装的

期望状态。作为用户，你必须定义期望状态；然后由工具（如 `istioctl` 和 `istio-operator`）来使用它，并搞清楚如何从当前安装状态变为新的期望状态。

IstioOperator API 提供了两个好处：第一个是用户输入验证，这很重要！以前，当配置无效时，你必须查看源代码并对配置功能采用逆向工程，才能发现问题是打字错误还是缩进错误；第二个是有了一个定义明确的 API，你可以查阅文档，发现 Istio 中所有可能的配置，这样就可以直接编写所需的配置了。

这个 API 是一个重大改进；然而，要让 Istio 启动并运行起来，仍然需要大量的配置。Istio 也解决了这一问题，它带有直接可用的安装配置文件。

A.2　Istio安装配置文件

安装配置文件（profile）是预定义的配置，作为在集群中安装 Istio 的一个起点。在本书中，我们一直使用 demo 安装配置文件。这个配置文件带有控制平面，以及入口网关和出口网关。

在下面的清单中，使用 `istioctl` 来打印所有的内置配置文件。我们添加了代码注释来解释每个配置文件：

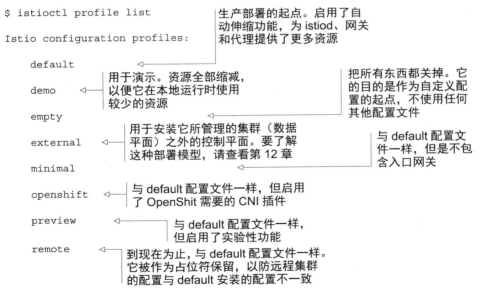

```
$ istioctl profile list

Istio configuration profiles:

    default

    demo

    empty

    external

    minimal

    openshift

    preview

    remote
```

生产部署的起点。启用了自动伸缩功能，为 istiod、网关和代理提供了更多资源

用于演示。资源全部缩减，以便它在本地运行时使用较少的资源

把所有东西都关掉。它的目的是作为自定义配置的起点，不使用任何其他配置文件

用于安装它所管理的集群（数据平面）之外的控制平面。要了解这种部署模型，请查看第 12 章

与 default 配置文件一样，但是不包含入口网关

与 default 配置文件一样，但启用了 OpenShit 需要的 CNI 插件

与 default 配置文件一样，但启用了实验性功能

到现在为止，与 default 配置文件一样。它被作为占位符保留，以防远程集群的配置与 default 安装的配置不一致

使用 `istioctl profile dump` 子命令查看配置文件的定义：

```
$ istioctl profile dump demo

apiVersion: install.istio.io/v1alpha1
```

```
kind: IstioOperator
spec:
  components:
    egressGateways:           ← 出口网关
    - enabled: true              列表
      name: istio-egressgateway    demo 配置文件有
    ingressGateways:              一个出口网关        ← 入口网关
    - enabled: true                                    列表
      name: istio-ingressgateway   demo 配置文件有
      #...                         一个入口网关
    istiodRemote: {...}
    pilot: {...}                   内容被
    #...                           折叠了
  meshConfig: {...}
  values: {...}
```

　　重要的是要知道，在安装 Istio 的时候，整本书使用的都是 demo 配置文件（如清单所示）。接下来，我们展示如何使用 IstioOperator 来自定义配置文件。下面是一个将数据平面的生命周期管理与控制平面的生命周期管理解耦的示例，这简化了安装，并使控制平面的升级对数据平面是透明的（这是推荐的最佳做法）。

A.3　使用istioctl安装和定制Istio

　　为了将控制平面和数据平面的安装解耦，你需要两个独立的 IstioOperator 自定义资源。第一个资源用于处理控制平面组件，第二个资源用于处理数据平面组件。

　　要安装没有网关的控制平面，使用 demo 配置文件，然后将网关组件设置为禁用。这可以通过下面的 IstioOperator 定义来实现：

```
apiVersion: install.istio.io/v1alpha1
kind: IstioOperator
metadata:
  name: control-plane
spec:
  profile: demo              ← demo 配置文件
  components:                   作为基础
    egressGateways:
    - name: istio-egressgateway    禁用在 demo 配置文
      enabled: false             件中定义的出口网关
    ingressGateways:
    - name: istio-ingressgateway   禁用在 demo 配置文
      enabled: false             件中定义的入口网关
```

　　该清单被存储在 appendices/demo-profile-without-gateways.yaml 文件中。使用下面的命令将其应用到集群中：

```
$ istioctl install -f appendices/demo-profile-without-gateways.yaml
```

　　你可以通过查询 Istio 安装命名空间中的 Pod 来验证控制平面是否已经安装，并且不带网关组件。

第一步完成后，就可以准备安装网关了。我们创建另一个 IstioOperator 定义，只定义一个入口网关。但是，应该使用哪个配置文件作为起点呢？如果使用 demo 配置文件，它将重新安装所有先前应用的资源，如角色和角色绑定、自定义资源定义和配置，从而干扰了先前的安装。正如我们在配置文件列表中所提到的，empty 配置文件会禁用这一切。然后，我们可以有选择地启用入口网关：

```
apiVersion: install.istio.io/v1alpha1
kind: IstioOperator
metadata:
  name: ingress-gateway        ◁─── 该名称必须与之前的安
spec:                               装不同。否则，它将覆
  profile: empty                    盖安装并删除控制平面
  components:                       组件
    ingressGateways:
    - name: ingressgateway
      namespace: istio-system
      enabled: true
      label:
        istio: ingressgateway
      k8s:
        resources:
          requests:
            cpu: 100m
            memory: 160Mi
```

将其应用到集群中：

```
$ istioctl install -f appendices/ingress-gateway.yaml
```

查询 Istio 安装命名空间，并验证网关是否被创建。在这里，我们把控制平面的管理与入口网关的管理分开。将控制平面与网关解耦是第一步，以便更灵活地管理和升级网关。

> **注意**：你可以在官方文档中了解更多关于管理和升级网关的信息。

当使用 istio-operator 展示同样的内容时，我们来清理环境，从一个干净的环境开始：

```
$ kubectl delete namespace istio-system
```

A.4　使用istio-operator安装和定制Istio

Kubernetes Operator 是一种 Kubernetes 控制器，它通过 Kubernetes 自定义资源来管理要安装的软件。对于 istio-operator 来说，它管理集群中的 Istio 安装，

使用 `IstioOperator` API 进行自定义安装。

　　`istio-operator`（就像其他 Operator 一样）必须能够与 Kubernetes API 服务器通信以履行其职责。最直接的方法是将 Operator 安装在集群中。集群内的 Operator 将使用 Kubernetes RBAC 对 API 服务器进行认证，并观察 `IstioOperator` 资源的事件。如果一个新的 `IstioOperator` 资源被创建，Operator 将根据其定义安装 Istio。如果现有的 `IstioOperator` 资源被更新，Operator 将更新现有的 Istio 安装，以匹配新的 `IstioOperator` 定义（见图 A.1）。

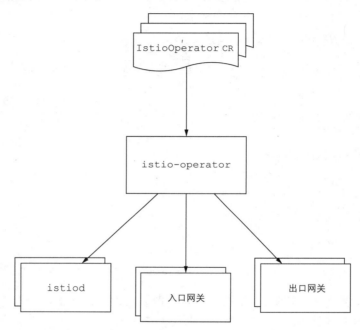

图 A.1　`istio-operator` 管理集群中的 Istio 安装

　　你可能担心，引入另一个组件会增加复杂性和额外的维护成本，并且可能还会出错。事实确实如此！不过，使用 Operator 利大于弊。它提倡使用 GitOps，通过持续交付流水线将提交给 Git 的变更部署到集群中，Operator 则更新 Istio 安装，以匹配新的期望状态。

A.4.1　安装 istio-operator

　　我们可以使用 `istioctl` 来安装 `istio-operator`：

```
$  istioctl operator init

✓ Istio operator installed
✓ Installation complete
```

安装完成后，就可以创建和应用 `IstioOperator` 资源了。还是用同样的例子，分别使用两个 `IstioOperator` 来定义控制平面和数据平面的安装：

```
$ kubectl apply -f appendices/demo-profile-without-gateways.yaml \
   -n istio-system

istiooperator.install.istio.io/control-plane created
```

当 Operator 接收到 `IstioOperator` 资源被创建的事件时，它会根据配置选项来安装控制平面。下一步是安装入口网关：

```
$ kubectl apply -f appendices/ingress-gateway.yaml -n istio-system

istiooperator.install.istio.io/ingress-gateway created
```

这样 Istio 就安装完成了。

A.4.2　更新网格安装

我们来说明 Operator 是如何使用"即发即弃"（fire-and-forget）[1] 的方法来更新部署的。即修改配置，让 Operator 做实际的工作来更新安装并匹配期望状态。我们修改一下控制平面的安装选项，以 JSON 格式打印访问日志：

```
apiVersion: install.istio.io/v1alpha1
kind: IstioOperator
metadata:
  name: control-plane          ◁━━┐ 必须匹配需要
spec:                              └ 更新的安装
  profile: demo
  meshConfig:
    accessLogEncoding: JSON     ◁━━┐ 将访问日志格式
  components:                       └ 化为 JSON
    egressGateways:
    - name: istio-egressgateway
      enabled: false
    ingressGateways:
    - name: istio-ingressgateway
      enabled: false
```

请注意，`IstioOperator` 资源的名称必须与我们要更新的安装的名称相匹配。如果名称不匹配，Operator 会认为我们要安装第二个控制平面——这在多租户、金丝雀升级等方面的确会用到。将更新后的定义应用到集群中：

```
$ kubectl apply -f appendices/demo-profile-without-gateways-json.yaml \
   -n istio-system

istiooperator.install.istio.io/control-plane configured
```

1　译者注：原指导弹发射后可自动搜索和标定目标，不再需要载机的导引。这里引申为用户只需要应用配置即可，Operator会帮助完成安装工作。

　　Operator 将新的配置分发到数据平面。在此期间，你可以去喝杯咖啡，或者，如果你是一个控制狂，则可以去验证一下变更是否被下发。

　　有了这么多的选择，你可能会想，"什么是安装 Istio 的正确方法？"我们的建议是使用 istio-operator 或 istioctl，因为它们会使用 IstioOperator API，在用户输入验证方面提高了安全性。我们经常看到企业倾向于使用 istio-operator，因为它基于 GitOps，更符合企业的思想观念。然而，在实践中，Operator 增加了复杂性并需要维护。此外，你也可以使用 istioctl，但仍然坚持 GitOps。请记住，GitOps 意味着服务的操作及其配置都来自 Git 仓库。使用什么工具来配置并不重要——istioctl、Ansible 或者其他任何工具都可以。

Istio的sidecar及其注入选项

在 Istio 社区中，我们将 Istio 的 sidecar 称为服务代理或 *Envoy* 代理，这是因为 Istio 中的大部分工作都是由代理完成的。然而，这并不是全部。如果没有支持组件，代理不能将自己注入应用程序中（稍后会解释）。在很多其他方面，Envoy 也无能为力，比如身份引导、证书轮换等。

sidecar 中的组件包括：

- Istio 代理（agent），通常被称为 *pilot* 代理，具有重要的功能，比如在 sidecar 容器中启动 Envoy 代理、身份引导等。之后，它与控制平面保持双向连接，接收最新的网格配置，并将配置应用到 Envoy 代理上。
- 本地 *DNS* 代理，当将虚拟机集成到网格中或将多个集群加入同一个网格中时，它可以解析集群的主机名。在默认情况下，DNS 代理是禁用的，但是可以在 Istio 安装时启用。
- *Envoy* 代理，作为进程被启动，并由 Istio 代理在 sidecar 容器内进行配置。

工作负载的另一个组成部分是 `istio-init` 容器，它配置了 Pod 环境，将应用程序的入站流量和出站流量重定向到服务代理。这个容器通过 Kubernetes 的 *init* 容器实现，在任何其他容器之前运行。因此，在流量到达应用程序之前，它就能配置好 iptables 规则并将 Envoy 代理注入应用程序中。

图 B.1 直观地展示了数据平面组件之间的关系、它们是如何合作将工作负载的身份和配置注入代理中的，以及配置的 iptables 规则是如何将流量重定向到代理的。

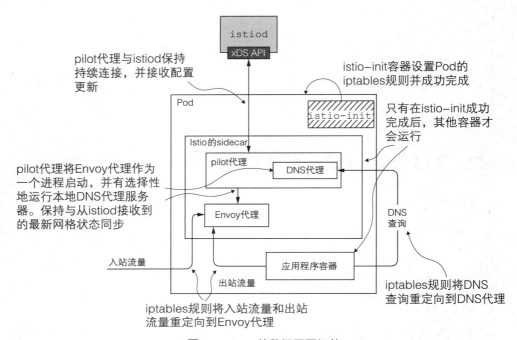

图 B.1   Istio 的数据平面组件

接下来，我们详细介绍将数据平面组件注入 Kubernetes 工作负载的选项。

B.1   sidecar注入

sidecar 注入本质上是修改 Kubernetes `Deployment` 脚本的过程，该脚本是用 YAML编写的，包含要部署的应用程序。下面是一个标准的 Kubernetes 应用程序定义：

```
apiVersion: apps/v1
kind: Deployment
metadata:
  name: httpbin
spec:
  selector:
    matchLabels:
      app: httpbin
  template:
    metadata:
      labels:
        app: httpbin
    spec:
      containers:
      - image: docker.io/kennethreitz/httpbin
        name: httpbin
        ports:
        - containerPort: 80
```

我们可以手动编辑这个定义并添加容器。然而，更新 YAML 是出了名的容易出错，而 Istio 为我们提供了更简单的选项。

B.1.1　手动 sidecar 注入

在手动 sidecar 注入的方法中，把应用程序定义提供给 `istioctl`，让它为我们添加数据平面组件。我们在之前的部署中使用过这种方法：

```
$  istioctl kube-inject -f deployment.yaml
```

图 B.2 展示了将数据平面组件注入 Deployment 后的输出内容。在测试阶段，你可以将上述命令的输出通过管道传输到 `kubectl apply`（正如我们在书中所做的那样），将其应用于集群。对于真正的生产集群，你会手动更新每个服务，并将变化存储在持续交付管道使用的 Git 仓库中，以便应用到集群中。

```
$ istioctl kube-inject -f deployment.yaml

apiVersion: apps/v1
kind: Deployment
metadata:
  name: httpbin
spec:
  template:
    spec:
      containers:                                                  应用程序
      - image: docker.io/kennethreitz/httpbin                      容器
        name: httpbin
        ports:
        - containerPort: 80
      - args:
        - proxy                                                    注入的
        - sidecar                                                  sidecar
        # ... more arguments                                      容器
        image: docker.io/istio/proxyv2:1.11.0
        name: istio-proxy
      initContainers:
      - args:
        - istio-iptables
        # ... even more arguments                                 注入的
        image: docker.io/istio/proxyv2:1.11.0                     init容器
        name: istio-init                                          istio-init
        securityContext:
          capabilities:
            add:                                                  istio-init容器需要有特权能力。
            - NET_ADMIN                                           一旦被滥用，就会构成安全威胁
            - NET_RAW
            drop:
            - ALL
```

图 B.2　向 Deployment 中注入数据平面组件

而有了自动 sidecar 注入，就不需要手动操作了。我们来看看。

B.1.2 自动 sidecar 注入

自动 sidecar 注入通过 Kubernetes 的变更准入（mutating admission）webhook 来实现，在 Pod 定义被应用于 Kubernetes 数据存储之前，将数据平面组件注入 Pod 中（见图 B.3）。修改的内容与使用 `istioctl` 时相同。然而，应用程序定义可以原封不动，webhook 会自动帮助我们注入组件。

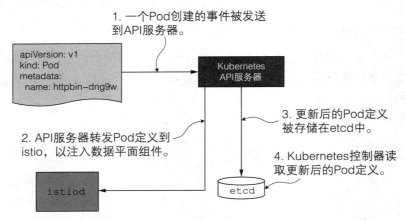

图 B.3 使用变更准入 webhook 实现自动 sidecar 注入

自动 sidecar 注入是一项可选功能，可以在命名空间上启用。为此，你可以使用 `istio-injection=enabled` 标记命名空间。我们创建一个命名空间，并将其标记为自动注入：

```
$ kubectl create namespace istioinaction
$ kubectl label namespace istioinaction istio-injection=enabled
```

切换到新创建的命名空间：

```
$ kubectl config set-context $(kubectl config current-context) \
 --namespace=istioinaction
```

从现在开始，数据平面组件将被自动注入在该命名空间中创建的 Pod 中。为了验证这一点，我们创建一个部署，然后创建 Pod，它们会被拦截和更新：

```
$ kubectl apply -f services/catalog/kubernetes/catalog.yaml
```

验证 Pod 定义是否被更新：

```
$ POD_NAME=$(kubectl get pod -o jsonpath={.items..metadata.name})
$ kubectl get pod $POD_NAME -o yaml

apiVersion: v1
kind: Pod
metadata:
  name: catalog-68666d4988-mfszp
  namespace: istioinaction
spec:
  containers:
  - image: istioinaction/catalog:latest          应用程序
    name: catalog
  - args:
    - proxy
    - sidecar                                     sidecar
    # ... more arguments
    image: docker.io/istio/proxyv2:1.13.0
    name: istio-proxy
  initContainers:
  - args:
    - istio-iptables
    # ... even more arguments                     istio-init 容器
    image: docker.io/istio/proxyv2:1.13.0
    name: istio-init
```

输出显示，webhook 做了与使用 istioctl 时相同的变更（如图 B.2 中的输出所示）。

如何配置 Kubernetes 将 Pod 创建事件路由到控制平面进行修改

通过 MutatingWebhookConfiguration 资源，Kubernetes API 服务器会将匹配的事件交由外部服务（webhook）进行修改。要列出注入 sidecar 的变更准入 webhook 配置，执行如下命令：

```
$ kubectl get MutatingWebhookConfiguration

NAME                      WEBHOOKS    AGE
istio-sidecar-injector    4           4d3h
```

要获得更多详细信息，可以使用 YAML 格式打印配置。你会看到必须匹配的资源和操作，以便将请求发送到 istiod 进行修改。

请自由选择对企业更合适的方式——手动或自动。我们经常看到企业采用自动 sidecar 注入，因为这种方法更容易，不需要手动更新所有服务定义。但是，手动注入的情况并不罕见，因为这使他们能够完全控制正在部署的内容。

B.2　istio-init的安全问题

istio-init 容器需要高级权限来实现将流量重定向到 Envoy 代理。这种要求可能会违反某些安全标准。对于那些使用多租户共享的大型集群的企业来说，这种情况经常出现。在这样的大型集群中，并且通常在所有的多租户环境中，最重要的安全标准是一个租户的操作不能影响另一个租户。然而，如果没有运行特权容器的权限，应用程序开发团队就不能运行包含 istio-init 容器的工作负载。而另一方面，如果授予团队运行高级容器的权限，这些权限可能会被滥用，并对其他租户造成伤害。

为了解决这个问题，Istio 引入了容器网络接口（CNI）插件。这个插件将 istio-init 容器的功能转移到在每个节点上运行的中心化的 Pod 中，由这些 Pod 配置流量重定向规则。因此，应用程序的 Pod 就不再需要 istio-init 容器，也不需要运行该容器所需的高级权限了。要了解更多有关信息，请查看"链接 1"。

Istio安全——SPIFFE

C.1 使用PKI进行认证

万维网上通信各方的认证基于公钥基础设施（PKI）提供的数字签名证书。PKI是一个框架，定义了向服务器（如 Web 应用程序）提供数字证书以证明其身份的过程，并向客户提供验证数字证书有效性的方法。要深入了解 PKI 的工作原理，请查看"链接 1"。

PKI 提供的证书有一个公钥和一个私钥。公钥被包含在提交给客户端的证书中，作为一种认证手段；客户端在通过公共网络将数据传输回服务器之前，用它来加密数据。只有拥有私钥的服务器才能解密数据。通过这种方式，数据在传输中是安全的。

注意： 公钥证书的标准格式被称为 X.509 证书。在本书中，"X.509 证书"和"数字证书"这两个术语可以互换使用。

互联网工程任务组（IETF）定义了传输层安全（TLS）协议（不限于 PKI 使用），并提供了 X.509 证书，以方便对流量进行认证和加密。

C.1.1 通过 TLS 和终端用户认证进行流量加密

TLS 协议使用 X.509 证书作为验证服务器有效性的主要机制，并在图 C.1 所示的 *TLS 握手过程* 中，安全地交换用于通信对称加密的密钥。

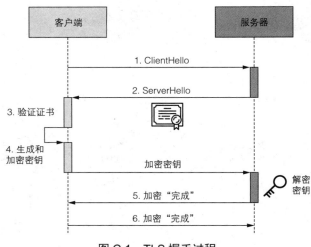

图 C.1 TLS 握手过程

我们来研究一下图中的步骤：

1. 客户端使用 ClientHello 发起握手，其中包含 TLS 版本和客户端支持的加密方法。

2. 服务器使用 ServerHello 和 X.509 证书回应，其中包含服务器身份数据和公钥。

3. 客户端验证服务器的证书数据没有被篡改，并验证信任链。

4. 在验证成功后，客户端向服务器发送一个密钥：一个随机生成的、用服务器的公钥加密的字符串。

5. 服务器使用它的私钥来解密密钥，然后使用密钥加密一条"完成"消息，作为回应发回给客户端。

6. 客户端使用密钥向服务器发送一条加密的"完成"消息，TLS 握手就完成了。

TLS 握手的结果是，客户端验证了服务器，并安全地交换了对称密钥。这个对称密钥将在整个连接期间用于加密客户端和服务器之间的通信，因为这种方法比非对称加密更有效。对于终端用户来说，这个过程是由浏览器透明地完成的，并由地址栏中的绿色锁表示，确保接收方经过认证，并且流量是加密的，只有接收方可以解密它。

终端用户到服务器的认证是一个应用细节。有多种方法可以做到这一点，但所有这些方法都围绕着用户知道密码，然后接收到一个会话 cookie 或 JWT（JSON Web Token）来实现，JWT 最好是短期的，并包含用于验证用户对服务器的后续请求的信息。Istio 在使用 JWT 时支持终端用户认证。我们在 9.4 节中讲过。

C.2　SPIFFE：适用于任何人的安全生产环境身份框架

　　SPIFFE 是一套开源标准，用于为高度动态和异构环境中的工作负载提供身份。为了发布和引导身份，SPIFFE 定义了以下规范：

- *SPIFFE ID*——在一个信任域中唯一标识一个服务。
- 工作负载端点——引导工作负载的身份。
- 工作负载 *API*——签署并颁发包含 SPIFFE ID 的证书。
- *SPIFFE 可验证的身份文件*（*SVID*）——表示为由工作负载 API 颁发的证书。

　　SPIFFE 规范定义了使用 SPIFFE ID 格式向工作负载发放身份并将其编码为 SVID 的过程，以及控制平面组件（工作负载 API）和数据平面组件（工作负载端点）如何共同验证、分配和确认工作负载的身份。由于这些规范是由 Istio 实现的，因此需要对其进行更深入的研究。

C.2.1　SPIFFE ID：工作负载身份

　　SPIFFE ID 是一个符合 RFC 3986 的 URI，格式是：spiffe://trust-domain/path。这里的两个变量如下：

- trust-domain（信任域）代表身份的签发者，如个人或组织。
- path（路径）唯一地标识了信任域内的工作负载。

　　关于路径如何识别工作负载的细节是开放式的，可以由 SPIFFE 规范的实施者决定。在本附录中，我们将看到 Istio 如何使用 Kubernetes 服务账户来定义识别工作负载的路径。

C.2.2　工作负载 API

　　工作负载 API 代表了 SPIFFE 规范的控制平面部分，它为工作负载提供了端点，以获取数字证书，这些数字证书以 SVID 格式定义其身份。

　　工作负载 API 的两个主要功能是：

- 使用证书颁发机构（CA）的私钥向工作负载颁发证书，以签署工作负载提出的证书签署请求（CSR）。
- 暴露一个 API，使其功能对工作负载端点可用。

　　该规范设定了一个限制，即工作负载不得拥有密钥或其他定义其身份的信息。否则，该系统很容易被获得这些密钥的恶意用户所利用。由于这一限制，工作负载缺乏认证手段，无法启动与工作负载 API 的安全通信。为了解决这种情况，SPIFFE 定义了工作负载端点规范，代表数据平面组件，并执行所有的活动来引导工作负载的身份，如启动与工作负载 API 的安全通信和获取 SVID，而不容易受到窃听或中间人攻击。

C.2.3　工作负载端点

工作负载端点代表了 SPIFFE 规范的数据平面部分。它与工作负载一起部署，并提供以下功能：

- 工作负载证明——使用内核自省或协调器查询等方法验证工作负载的身份。
- 工作负载 *API* 暴露——启动和维护与工作负载 API 的安全通信。这种安全通信是用来获取和轮换 SVID 的。

图 C.2 展示了为工作负载发放身份的步骤概况。

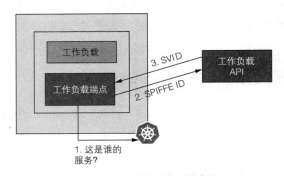

图 C.2　为工作负载发放身份

1. 工作负载端点验证工作负载的完整性（即执行工作负载证明），并创建一个 CSR，其中编码为 SPIFFE ID。

2. 工作负载端点将 CSR 提交给工作负载 API 进行签署。

3. 工作负载 API 签署 CSR，并以数字签名证书作为回应，该证书在 SAN 的 URI 扩展中包含 SPIFFE ID。该证书是代表工作负载身份的 SVID。

C.2.4　SPIFFE 可验证的身份文件

SVID 代表可验证的工作负载身份文件。可验证性是最重要的属性，否则接收方就无法信任工作负载的身份。SPIFFE 规范定义了两种类型的文件：X.509 证书和 JWT。它们符合表示 SVID 的标准，因为两者都是由以下部分组成的：

- SPIFFE ID，表示工作负载的身份。
- 一个有效的签名，确保 SPIFFE ID 没有被篡改。
- （可选）一个公钥，在工作负载之间建立安全的通信通道。

Istio 为 SVID 实现了 X.509 证书。它通过将 SPIFFE ID 编码为主题替代名称（SAN）扩展中的 URI 来做到这一点。使用 X.509 证书有一个额外的好处，即工作负载可以双向认证和加密彼此之间的流量（见图 C.3）。

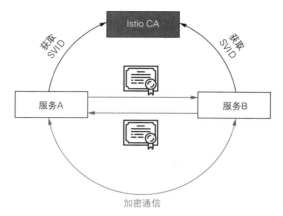

图 C.3　工作负载获取它们的 SVID 并启动安全通信

通过实施 SPIFFE 规范，Istio 自动确保所有的工作负载都有其身份规定，并接收到证书作为其身份证明。这些证书被用于双向认证和加密所有服务间的通信。因此，这个功能被称为自动 *mTLS*。

C.2.5　Istio 如何实现 SPIFFE

通过 SPIFFE，以下两个组件一起工作，为工作负载提供身份标识：
- 工作负载端点，引导身份。
- 工作负载 API，签发证书。

在 Istio 中，工作负载端点规范由 Istio 代理实现，因为它与工作负载一起部署。Istio 代理引导身份，并从 Istio CA 获取证书——Istio CA 是 `istiod` 的一部分，实现了工作负载 API 规范。

图 C.4 展示了 Istio 如何实现 SPIFFE 组件。
- 工作负载端点是由执行身份引导的 Istio Pilot 代理实现的。
- 工作负载 API 是由签发证书的 Istio CA 实现的。
- 在 Istio 中为其发放身份的工作负载是服务代理。

这就是 Istio 如何实现 SPIFFE 的概况。我们来一步一步地检查这个过程，以确保能理解它。

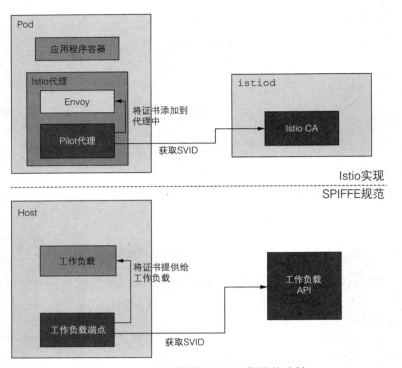

图 C.4   Istio 组件到 SPIFFE 规范的映射

C.2.6   引导工作负载身份的步骤

在默认情况下，在 Kubernetes 中初始化的每个 Pod 都有一个位于 /var/run/ secrets/kubernetes.io/serviceaccount/ 路径下的密钥。这个密钥包含了与 Kubernetes API 服务器安全通信所需的所有数据：

- ca.crt 验证由 Kubernetes API 服务器签发的证书。
- 命名空间代表 Pod 所在的位置。
- 服务账户令牌包含一组代表 Pod 的服务账户的要求。

对于身份引导过程，最重要的元素是令牌，它是由 Kubernetes API 发布的。它的有效载荷不能被修改，否则它将无法通过签名验证。有效载荷包含识别应用程序的数据：

```
{
  "iss": "kubernetes/serviceaccount",
  "kubernetes.io/serviceaccount/namespace": "istioinaction",
  "kubernetes.io/serviceaccount/secret.name": "default-token-jl68q",
  "kubernetes.io/serviceaccount/service-account.name": "default",
  "kubernetes.io/serviceaccount/service-account.uid":
```

```
    "074055d3-05ca-4968-943a-598b90d1072c",
    "sub": "system:serviceaccount:istioinaction:default"
}
```

Pilot 代理解码令牌并使用有效载荷数据创建 SPIFFE ID（如 spiffe://cluster.local/ns/istioinaction/sa/default），在 CSR 中作为 URI 类型的 SAN 扩展使用。令牌和 CSR 都会被发送到 Istio CA 的请求中，以获得为 CSR 签发的证书。

在签署 CSR 之前，Istio CA 使用 `TokenReview` API 来验证该令牌是由 Kubernetes API 发出的〔这与 SPIFFE 规范略有不同，根据该规范，工作负载端点（Istio 代理）应该进行工作负载验证〕。验证成功后，CSR 被签署，并将生成的证书返回给 Pilot 代理。

Pilot 代理使用密钥发现服务（SDS）将证书和密钥转发给 Envoy 代理，这标志着身份引导过程结束。代理现在可以在客户端中证明自己，并启动双向认证的连接。

图 C.5 简要地总结了这些步骤。

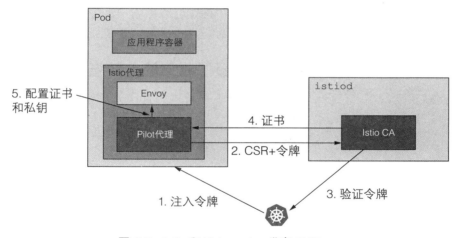

图 C.5　Istio 和 Kubernetes 发布 SVID

1. 一个服务账户令牌被分配给 Istio 代理容器。
2. 该令牌和一个 CSR 被发送到 `istiod`。
3. `istiod` 使用 Kubernetes `TokenReview` API 来验证令牌。
4. 一旦成功，它就会签发证书并回复响应。
5. Pilot 代理使用 Envoy SDS 来配置它，以使用包含身份的证书。

这就是 Istio 如何实现 SPIFFE 规范以提供工作负载身份的整个过程。这个过程对于每个注入了 Istio 代理 sidecar 的工作负载来说都是自动完成的。

C.3　了解请求身份

　　请求身份由存储在请求的过滤器元数据中的值表示。这个过滤器元数据包含从 JWT 或对等证书中提取的事实或声明，因此可以信任。在第 9 章中，我们介绍了验证 JWT 中的信息需要 RequestAuthentication 资源。同样，为了验证客户端工作负载的信息（比如它的来源命名空间），工作负载必须通过双向认证。Peer-Authentication 资源可以强制工作负载只使用双向认证。

　　在 JWT 被验证或工作负载通过双向认证后，其中包含的信息被存储为过滤器元数据。存储在过滤器元数据中的一些信息如下：

- 委托人（principal）——由 PeerAuthentication 定义的工作负载身份。
- 命名空间——由 PeerAuthentication 定义的工作负载命名空间。
- 请求委托人（request principal）——由 RequestAuthentication 定义的终端用户请求委托人。
- 请求认证声明——从终端用户令牌中提取的终端用户声明。

为了观察收集到的元数据，我们可以配置服务代理，将其记录到标准输出中。

C.3.1　RequestAuthentication 资源收集的元数据

　　在默认情况下，Envoy rbac 记录器不在日志中打印元数据。要打印它，需要将日志记录级别设置为 debug：

```
$ istioctl proxy-config log deploy/istio-ingressgateway \
  -n istio-system --level rbac:debug
```

　　接下来，需要启动一些服务。如果 Istio 环境是干净的，那么只需要创建 is-tioinaction 命名空间，部署工作负载，并配置入口网关将流量路由到它。所有这些都是通过以下命令完成的：

```
$ kubectl create namespace istioinaction
$ kubectl label namespace istioinaction istio-injection=enabled
$ kubectl config set-context $(kubectl config current-context) \
 --namespace=istioinaction

$ kubectl apply -f services/catalog/kubernetes/catalog.yaml
$ kubectl apply -f services/webapp/kubernetes/webapp.yaml
$ kubectl apply -f services/webapp/istio/webapp-catalog-gw-vs.yaml
$ kubectl apply -f ch9/enduser/ingress-gw-for-webapp.yaml
```

　　接下来，创建 RequestAuthentication 资源和一个使用过滤器元数据的 AuthorizationPolicy：

```
$ kubectl apply -f ch9/enduser/jwt-token-request-authn.yaml
$ kubectl apply -f \
    ch9/enduser/allow-all-with-jwt-to-webapp.yaml
```

利用 admin 令牌发出一些请求，这将在入口网关中产生日志：

```
$  ADMIN_TOKEN=$(< ch9/enduser/admin.jwt);
   curl -H "Host: webapp.istioinaction.io" \
     -H "Authorization: Bearer $ADMIN_TOKEN" \
     -s -o /dev/null -w "%{http_code}" localhost/api/catalog

200
```

现在，查询入口网关的日志，看看过滤器元数据：

```
$  kubectl -n istio-system logs \
     deploy/istio-ingressgateway -c istio-proxy

# logs omitted
, dynamicMetadata: filter_metadata {
  key: "envoy.filters.http.jwt_authn"
  value {
    fields {
      key: "auth@istioinaction.io"
      value {
        struct_value {
          fields {
            key: "exp"
            value {
              number_value: 4745145071
            }
          }
          fields {
            key: "group"
            value {
              string_value: "admin"
            }
          }
          fields {
            key: "iat"
            value {
              number_value: 1591545071
            }
          }
          fields {
            key: "iss"
            value {
              string_value: "auth@istioinaction.io"
            }
          }
          fields {
            key: "sub"
            value {
              string_value: "218d3fb9-4628-4d20-943c-124281c80e7b"
            }
          }
        }
      }
# further logs omitted
```

输出显示，RequestAuthentication 过滤器验证了最终用户令牌的声明，并将这些声明存储为过滤器元数据。相关策略现在可以根据这个过滤器元数据采取行动了。

C.3.2　请求流程概述

每一个针对工作负载的请求都要经过以下过滤器（见图 C.6）：

- *JWT* 认证过滤器——一个 Envoy 过滤器，它根据认证策略中的 JWT 规范进行 JWT 验证并提取认证声明和自定义声明等，这些声明被存储为过滤器元数据。
- 对等认证过滤器——一个 Envoy 过滤器，它强制执行服务认证要求，并提取认证属性（对等身份，如源命名空间和委托人）。
- 授权过滤器——授权引擎，它检查前面过滤器收集的过滤器元数据，并根据应用于工作负载的策略对请求进行授权。

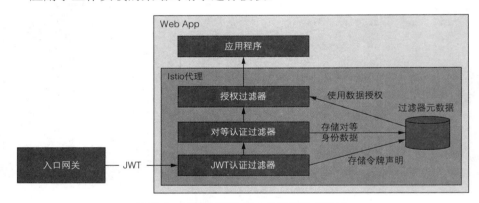

图 C.6　过滤器元数据中的验证数据集合

我们来看一个场景，在这个场景中，请求必须到达 webapp 服务：

1．请求通过 JWT 认证过滤器，该过滤器从令牌中提取声明，并将其存储在过滤器元数据中。这就为请求提供了一个身份。

2．对等认证在入口网关和 webapp 之间进行。对等认证过滤器提取客户端的身份数据，并将其存储在过滤器元数据中。

3．授权过滤器是按顺序执行的：

- 自定义授权过滤器——拒绝或允许对请求的进一步评估。
- 拒绝授权过滤器——拒绝或允许对请求的进一步评估。
- 允许授权过滤器——如果过滤器匹配，则允许该请求。
- 最后一个（*catch-all*）授权过滤器——仅在之前的过滤器没有处理过该请求时执行。

这就是请求被认证和授权的方式，以便请求能够到达 webapp 服务。

Istio故障排查

D

在本书中，我们经常查询 Istio 代理和 Pilot，以获得诸如代理的配置、暴露的指标等信息。这些查询是按使用情况展示的，而且分散在全书中，使读者很难回忆起 15000、15020 或其他任何端口是做什么的这类细节。本附录介绍了所有开放的端口和端点，你可以通过它们进行调试、排查故障，或者从控制平面或服务代理中获取信息，以了解网格的工作情况。

D.1 Istio代理暴露的信息

Istio sidecar 提供了很多功能，例如：

- 健康检查——作为代理的 Envoy，只要能处理流量就可以了。但是从服务网格的角度来看，这还不够，必须要进行更多的检查，比如代理是否接收到配置并被分配了身份，然后才能为流量提供服务。
- 指标的收集和暴露——在一个服务中，有三个组件生成指标——应用程序、代理（agent）和 Envoy 代理。代理从其他组件中收集指标并将其暴露出来。
- *DNS* 解析、路由入站流量和出站流量等。

这些服务被暴露在众多的端口上，当列出所有的端口时，可能会让人眼花缭乱：

```
$ kubectl -n istioinaction exec -it deploy/webapp \
    -c istio-proxy -- netstat -tnl

Active Internet connections (only servers)
```

```
Proto Recv-Q Send-Q Local Address        Foreign Address    State
tcp     0       0 0.0.0.0:15021         0.0.0.0:*          LISTEN
tcp     0       0 0.0.0.0:15021         0.0.0.0:*          LISTEN
tcp     0       0 0.0.0.0:15090         0.0.0.0:*          LISTEN
tcp     0       0 0.0.0.0:15090         0.0.0.0:*          LISTEN
tcp     0       0 127.0.0.1:15000       0.0.0.0:*          LISTEN
tcp     0       0 0.0.0.0:15001         0.0.0.0:*          LISTEN
tcp     0       0 0.0.0.0:15001         0.0.0.0:*          LISTEN
tcp     0       0 127.0.0.1:15004       0.0.0.0:*          LISTEN
tcp     0       0 0.0.0.0:15006         0.0.0.0:*          LISTEN
tcp     0       0 0.0.0.0:15006         0.0.0.0:*          LISTEN
tcp6    0       0 :::8080               :::*               LISTEN
tcp6    0       0 :::15020              :::*               LISTEN
```

图 D.1 展示了代理和 Envoy 代理所监听的端口以及各自暴露的功能。

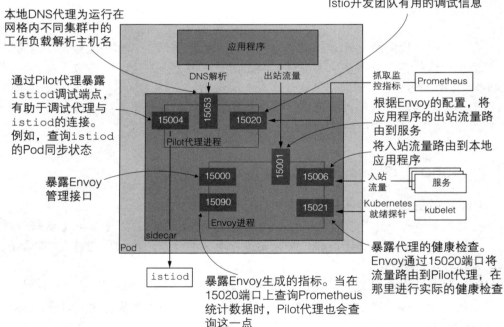

图 D.1　代理和 Envoy 代理的端口及其功能

面向服务的端口如下：

- *15020*——暴露各种功能，主要有以下几个方面。
  - 通过查询 15090 端口的指标、应用程序指标（如果配置了）和自身的指标，汇总并暴露 Envoy 代理的指标。
  - 对 Envoy 和 DNS 代理进行健康检查。代理也可以被配置为在这个端点上执行应用程序的健康检查，但这通常只用于非 Kubernetes 工作负载，如虚拟机。
  - 用于调试 Pilot 代理的端点——对 Istio 开发团队很有用，它暴露了内存、CPU 等信息。
- *15021*——该端口用于健康检查，以判断已注入 sidecar 的 Pod 是否准备好接收流量。如前所述，Envoy 代理将健康检查路由到 Pilot 代理的 15020 端口，实际的健康检查将发生在那里。
- *15053*——由 istiod 配置的本地 DNS 代理，用于解决 Kubernetes DNS 解析不了集群内部域名的情况。
- *15001*——应用程序的出站流量通过 iptables 规则被重定向到这个端口，由代理处理到 Pod 外部服务的流量路由。
- *15006*——应用程序的入站流量通过 iptables 规则被重定向到这个端口，最终被路由到本地应用程序。

对自检和调试代理有用的端口如下：

- *15000*——Envoy 代理管理接口（在第 10 章，特别是 10.3.1 节中有介绍）。
- *15090*——暴露 Envoy 代理的指标，如 xDS、连接、HTTP、异常值、健康检查、熔断等的统计数据。
- *15004*——通过代理暴露 Istio Pilot 的调试端点（在本附录后面会有更多的介绍）。对调试 Pilot 的连接问题很有用。
- *15020*——为调试 Pilot 代理提供端点（如上述面向服务的端口）。

你可能已经注意到，15020 端口提供了多种功能。我们来仔细看看它。

D.1.1　自检和排除 Istio 代理故障的端点

代理在 15020 端口暴露了一组端点，有助于故障诊断和自检。这些端点是：

- /healthz/ready——对 Envoy 和 DNS 代理进行一系列探测，以确保工作负载已经准备好处理客户端的请求。
- /stats/prometheus——将 Envoy 代理和应用程序的指标与它自己的指标合并，并将它们公开以供抓取。
- /quitquitquit——杀死 Pilot 代理的进程。
- /app-health/——执行在 Istio 代理 sidecar 中定义为环境变量 ISTIO_

　　　　KUBE_APP_PROBERS 的应用程序健康探测。当一个应用程序定义了 Kubernetes 的健康探测时，istiod 变更准入 webhook 会通过这个环境变量提取信息并配置健康检查。因此，代理将该路径上的查询重定向到应用程序。

- /debug/ndsz——列出 istiod 使用名称发现服务（NDS）API 配置的 DNS 代理的主机名。

- /debug/pprof/*——Golang profiling 端点，帮助调试性能问题、内存泄漏等。你可以通过查询基本路径 localhost:15020/debug/pprof 来查看整个调试端点的列表。输出是 HTML，最好在浏览器中查看（记住，可以把端口转发到本地主机上）。profiling 端点与 Istio 开发者有关，Istio 用户并不关心。

　　　　访问这些端点的最简单方法是使用 kubectl exec，在你感兴趣的任何工作负载中发出 HTTP 请求。例如，要检查 webapp 工作负载的合并统计数据，执行如下命令：

```
kubectl exec deploy/webapp -c istio-proxy -- \
    curl localhost:15020/stats/prometheus
```

　　　　在响应中，你会看到以 istio_agent（源自 Istio 代理）和 envoy（源自 Envoy）为前缀的指标，这表明这些指标是合并展示的。

D.1.2　通过 Istio 代理查询 Istio Pilot 的调试端点

　　　　代理（agent）暴露了一些 istiod 的调试端点——你将在本附录中了解更多关于这些端点的信息——默认为 15004 端口。这些端点上的请求会作为 xDS 事件被安全地转发到 istiod，这是一个用来验证从代理到控制平面的连接的好方法。

　　　　例如，其中一个暴露的端点允许我们查询工作负载的同步状态。要查看这一点，在其中的一个代理中获取 shell 连接，并向 Pilot 代理的 15004 端口上的 /debug/syncz 端点发出请求：

```
curl -v localhost:15004/debug/syncz
[
# other items are collapsed
  {
    "@type": "type.googleapis.com/
    ➥envoy.service.status.v3.ClientConfig",
    "node": {
      "id": "catalog-68666d4988-zjsmn.istioinaction"      ◁──┐ 工作负载
    },                                                        ┘ ID
    "genericXdsConfigs": [
      {
          "typeUrl": "type.googleapis.com/
          ➥envoy.config.listener.v3.Listener",
```

```
              "configStatus": "SYNCED"
        },
        {
              "typeUrl": "type.googleapis.com/
                ➡️envoy.config.route.v3.RouteConfiguration",
              "configStatus": "SYNCED"
        },
        {
              "typeUrl": "type.googleapis.com/
                ➡️envoy.config.endpoint.v3.ClusterLoadAssignment",
              "configStatus": "SYNCED"
        },
        {
              "typeUrl": "type.googleapis.com/
                ➡️envoy.config.cluster.v3.Cluster",
              "configStatus": "SYNCED"
        }
     ]
}]
```

xDS API 已同步
到最新状态

　　暴露的信息是 Istio Pilot 调试端点所暴露的信息的一个子集。同样的端点由 `istioctl x internal-debug` 命令暴露，这是 `istioctl` 的一个新功能。

　　了解这些端口和它们所暴露的服务有助于排查故障。你可以查询最新的 Envoy 配置、手动测试 DNS 解析、查询指标，以了解组件的工作状况等。接下来，我们看看 Istio Pilot 暴露了什么。

D.2　Istio Pilot暴露的信息

　　Istio Pilot 还暴露了用于自检和调试服务网格的信息。这些信息对于外部服务和服务网格的运维人员来说都很有用。

　　我们可以列出 Istio Pilot 打开的所有端口，如下所示：

```
$ kubectl -n istio-system exec -it deploy/istiod -- netstat -tnl

Active Internet connections (only servers)

Proto Recv-Q Send-Q Local Address           Foreign Address         State
tcp        0      0 127.0.0.1:9876          0.0.0.0:*               LISTEN
tcp6       0      0 :::15017                :::*                    LISTEN
tcp6       0      0 :::8080                 :::*                    LISTEN
tcp6       0      0 :::15010                :::*                    LISTEN
tcp6       0      0 :::15012                :::*                    LISTEN
tcp6       0      0 :::15014                :::*                    LISTEN
```

　　除了为工作负载获取配置和证书而暴露的端口，还有相当多的端口对于自检和调试控制平面很有用。图 D.2 展示了这些端口和它们所暴露的功能。

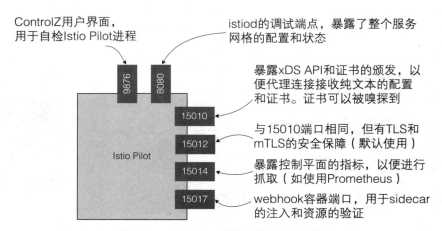

图 D.2   Istio Pilot 暴露的端口及其功能

- 面向服务的端口如下：
  - *15010*——暴露 xDS API 和纯文本证书的颁发。不建议使用这个端口，因为流量可以被嗅探到。
  - *15012*——暴露与 15010 端口相同的信息，但其更安全。这个端口使用 TLS 来发布身份信息，随后的请求是双向认证的。
  - *15014*——暴露控制平面的指标，如第 11 章中涉及的指标。
  - *15017*——暴露 Kubernetes API 服务器调用的 webhook 服务器，以将 sidecar 注入新创建的 Pod 中，并验证 Istio 资源，如 `VirtualServices`、`Gateway` 等。
- 调试和自检的端口如下：
  - *8080*——暴露 Istio Pilot 的调试端点（在下一节中讨论）。
  - *9876*——暴露 `istiod` 进程的自检信息。

D.2.1   Istio Pilot 的调试端点

Istio Pilot 的调试端点暴露了整个服务网格的状态。通过这些端点可以了解到：代理是否同步？最后一次向代理推送是什么时候？xDS API 的状态如何？这些信息对于解决棘手的问题和了解代理的配置都很重要。

要访问调试端点，请将 `istiod` 实例的端口转发到本地环境：

```
$  kubectl -n istio-system port-forward deploy/istiod 8080

Forwarding from 127.0.0.1:8080 -> 8080
Forwarding from [::1]:8080 -> 8080
```

然后导航到 `http://localhost:8080/debug`，可以看到一个包含所有调试端点的列表，如图 D.3 所示。

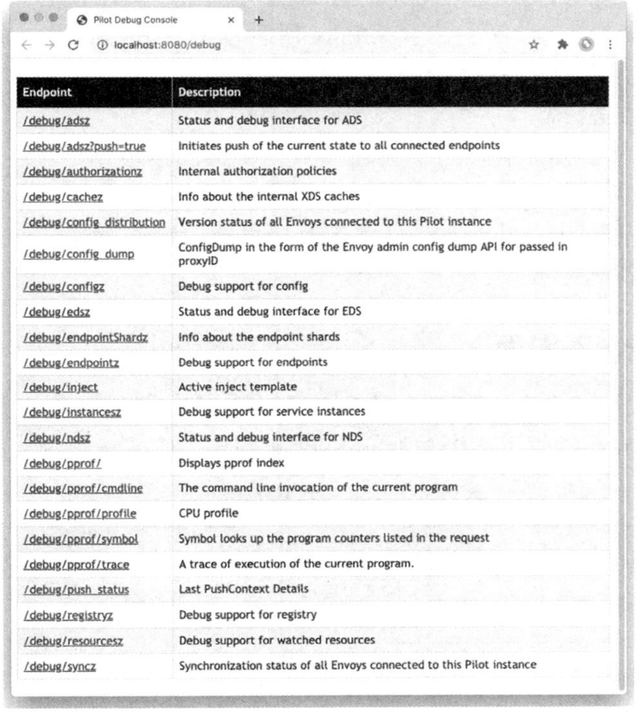

Endpoint	Description
/debug/adsz	Status and debug interface for ADS
/debug/adsz?push=true	Initiates push of the current state to all connected endpoints
/debug/authorizationz	Internal authorization policies
/debug/cachez	Info about the internal XDS caches
/debug/config_distribution	Version status of all Envoys connected to this Pilot instance
/debug/config_dump	ConfigDump in the form of the Envoy admin config dump API for passed in proxyID
/debug/configz	Debug support for config
/debug/edsz	Status and debug interface for EDS
/debug/endpointShardz	Info about the endpoint shards
/debug/endpointz	Debug support for endpoints
/debug/inject	Active inject template
/debug/instancesz	Debug support for service instances
/debug/ndsz	Status and debug interface for NDS
/debug/pprof/	Displays pprof index
/debug/pprof/cmdline	The command line invocation of the current program
/debug/pprof/profile	CPU profile
/debug/pprof/symbol	Symbol looks up the program counters listed in the request
/debug/pprof/trace	A trace of execution of the current program.
/debug/push_status	Last PushContext Details
/debug/registryz	Debug support for registry
/debug/resourcesz	Debug support for watched resources
/debug/syncz	Synchronization status of all Envoys connected to this Pilot instance

图 D.3 Istio Pilot 的调试端点

注意：调试端点包含敏感信息，如果暴露可能会被误用。我们建议在 Istio 安装过程中通过将环境变量 `ENABLE_DEBUG_ON_HTTP` 设置为 `false` 来禁用生产环境中的调试端点。这样做会破坏依赖这些端点的工具的功能；然而，在未来的版本中，这些端点将通过 xDS 被安全地暴露出来。

这些端点在逻辑上可分为以下几类。

- 代表 Pilot 已知的服务网格状态的端点：
  - `/debug/adsz`——集群、路由和监听器的配置。
  - `/debug/adsz?push=true`——触发推送到该 Pilot 所管理的所有代理。
  - `/debug/edsz=proxyID=<pod>.<namespace>`——代理已知的端点。
  - `/debug/authorizationz`——应用到命名空间的授权策略列表。
- 代表 Pilot 已知的数据平面配置的端点：
  - `/debug/config_distribution`——连接到这个 Pilot 实例的所有

Envoy 的版本状态。

- /debug/config_dump?proxyID=<pod>.<namespace>——根据 Istio Pilot 的当前已知状态生成 Envoy 配置。
- /debug/syncz——显示该 Pilot 所管理的代理服务器。此外，它还展示了发送给代理的最新 nonce 和确认的最新 nonce。当这些都相同时，代理有最新的配置。

作为服务网格的操作者，通常会通过其他工具间接地使用这些端点，如 Kiali、istioctl 等。例如，istioctl proxy-status 命令使用 /debug/syncz 端点来检查代理是否同步。然而，当这些工具提供的信息还不够时，你可以使用自己的调试端点进行深入挖掘。

D.2.2　ControlZ 界面

Istio Pilot 打包了一个管理用户界面，可以检查 Pilot 进程的当前状态和一些可能的配置。这个界面提供了一个与 Istio Pilot 实例相关的快速查询，如表 D.1 所示。

表 D.1　ControlZ 界面中的内容

页　　面	描　　述
日志记录范围（Logging Scopes）	这个进程的日志记录是按作用域组织的，使我们能够为每个作用域单独配置日志记录级别
内存使用（Memory Usage）	这个信息是从 Go 运行时收集的，代表了这个进程的持续内存消耗
环境变量（Environment Variables）	为该进程定义的环境变量集合
进程信息（Process Information）	关于进程的信息
命令行参数（Command-Line Arguments）	启动该进程时使用的命令行参数
版本信息（Version Info）	关于二进制文件的版本信息（如 Istio Pilot 1.7.3）和 Go 运行时（go1.14.7）
指标（Metrics）	获取由 Pilot 暴露的指标的另一种方式
信号（Signals）	启用发送 SIGUSER1 信号到运行时进程

要访问仪表板，使用 istioctl 将其端口转发到本地环境，并在浏览器中打开它。

```
$ istioctl dashboard controlz deploy/istiod.istio-system

http://localhost:9876
```

除了在简单的 Web 界面上查找与 Istio Pilot 相关的信息，ControlZ 仪表板最常见的用法是在需要调试 Istio Pilot 时改变日志记录级别。

如何配置虚拟机接入网格

在这个附录中，我们来看看当虚拟机被注册到网格中时，istioctl 为它们生成的配置。具体来说，这些文件是我们在第 13 章中执行以下命令时生成的：

```
$ tree ch13/workload-files

istioctl x workload entry configure \
    --name forum \
    --namespace forum-services \
    --clusterID "west-cluster" \
    --externalIP $VM_IP \
    --autoregister \
    -o ./ch13/workload-files/
```

生成的文件有很多，其中有很多结构化配置。如果由用户来写，则需要进行大量的测试才能得到正确结果。因此，该过程是由 istioctl 自动完成的。

首先列出所有的文件：

```
$ tree ch13/workload-files

ch13/workload-files
├── cluster.env
├── hosts
├── istio-token
├── mesh.yaml
├── root-cert.pem
```

具体介绍如下：

- hosts 文件中配置了主机条目 istiod.istio-system.svc，它将被解析为东西向网关的 IP 地址。在默认情况下，该主机条目使用名为 istio-eastwestgateway 的网关的 IP 地址。然而，你可以通过使用 --ingressService 标志指定名称或直接使用 --ingressIP 指定 IP 地址来修改它。

- istio-token 文件中包含一个生命周期短暂的令牌（默认为 1 小时），工作负载使用它来向 istiod 证明自己。你可以使用 --tokenDuration 标志指定过期时间。

- root-cert.pem 文件是根 CA（证书颁发机构）的公共证书，使工作负载能够验证控制平面证书。

- cluster.env 文件中包含工作负载的元数据，如命名空间、服务账户、网络、所属的 WorkloadGroup 等。为了更好地了解情况，让我们打印配置的值。

```
$  cat ch13/workload-files/cluster.env
```

```
ISTIO_META_AUTO_REGISTER_GROUP='forum'          ⟵  工作负载自动注册
ISTIO_META_CLUSTER_ID='west-cluster'   ⟵          到 forum 组
ISTIO_META_DNS_CAPTURE='true'    ⟵                          工作负载对
ISTIO_META_MESH_ID='usmesh'                                 west-cluster
ISTIO_META_NETWORK='vm-network'  ⟵         启用 DNS 捕        进行认证
ISTIO_META_WORKLOAD_NAME='forum' ⟵         获，流量在网
ISTIO_NAMESPACE='forum-services'           格中被正确地
ISTIO_SERVICE='forum.forum-services'        路由到服务
ISTIO_SERVICE_CIDR='*'                     工作负载位于
ISTIO_SVC_IP='138.91.249.118'              vm-network 中
POD_NAMESPACE='forum-services'
SERVICE_ACCOUNT='forum-sa'
TRUST_DOMAIN='cluster.local'
```

- mesh.yaml 文件中配置了发现地址和探针，sidecar 通过这些探针来测试应用程序是否准备好接收流量。

这就是将虚拟机集成到服务网格中所需的全部配置。最好总是使用 istioctl 来生成配置；但在排查工作负载无法连接到网格的故障时，直接对文件进行修改并重启服务代理来接收这些修改，可以更快地进行迭代。